FACHBUCHREIHE
für rechtliche Bildung

Rechnungswesen
für Rechtsanwalts- und Notarfachangestellte

11. Auflage

Ferdinand Lutz

VERLAG EUROPA-LEHRMITTEL
Nourney, Vollmer GmbH & Co. KG
Düsselberger Straße 23
42781 Haan-Gruiten

Europa-Nr.: 97410

Autor:
Dipl.-Kfm., Dipl.-Hdl. Ferdinand Lutz, Rodalben

11. Auflage 2013

Druck 5 4 3 2 1

Alle Drucke derselben Auflage sind parallel einsetzbar, da sie bis auf die Behebung von Druckfehlern untereinander unverändert sind.

ISBN 978-3-8085-7962-6

http://www.europa-lehrmittel.de
Umschlaggestaltung, Satz: Satz+Layout Werkstatt Kluth, 50374 Erftstadt
Umschlagfoto: © Julietphotography – Shutterstock.com
Druck: Medienhaus Plump, 53619 Rheinbreitbach

Vorwort

Rechnungswesen für Rechtsanwalts- und Notarfachangestellte liegt nunmehr in der 11. Auflage vor. Es wurde überarbeitet und auf den Gesetzesstand Winter 2013/2014 aktualisiert.

Das Buch richtet sich insbesondere an

- **Rechtsanwaltsfachangestellte und Notarfachangestellte in der Praxis (Nachschlagewerk)**
- **Schülerinnen und Schüler an Berufsschulen, Fachschulen und Berufskollegs**
- **Studentinnen und Studenten an Berufsakademien und Fachhochschulen**
- **Junge Rechtsanwältinnen und Rechtsanwälte in den Kanzleien**
- **Dozenten und Teilnehmer von Fort- und Weiterbildungsveranstaltungen der Rechtsfachwirte und Notarfachwirte**

Das Werk lehnt sich eng an den **Rahmenlehrplan für den Ausbildungsberuf Rechtsanwaltsfachangestellte** und an die **ReNoPat-AusbV** an. Aufgrund seines gut verständlichen und systematisch aufgebauten Inhalts werden beide Rechtsverordnungen in dem Konzept durch **Lernziele** vereint.

Um die **Leistung vergleichbar** zu machen, sind die **Lernziele den einzelnen Lerngebieten vorangestellt.** Für Lehrer und Ausbilder ist damit die Möglichkeit eröffnet, pädagogische und didaktische Schwerpunkte zu setzen. Die materielle Substanz wird nach der Voranstellung der Lernziele in dem Informationsteil dargeboten. So können **die Lerninhalte schrittweise den vorangestellten Lernzielen entsprechend behandelt** werden. Bezogen auf die Lernziele werden die Lerninhalte systematisch und schülergemäß dargestellt.

Das vorliegende Buch zeichnet sich dadurch aus, dass anhand **praktischer und praxisnaher Fälle** das Erlernte vertieft und angewandt wird, so dass nicht nur „Kenntnis“ der Materie besteht, sondern „Beherrschung“ des gesamten Stoffes. **Ganzheitliches Lernen** ist das prägende Element des Werkes. Dieser Forderung dienen die in jedem Kapitel dargestellten Übungs-, Prüfungs- und Wiederholungsaufgaben. Im Mittelpunkt des Ausbildungsbemühens steht deshalb der selbstständig denkende und mit **ausreichender Handlungskompetenz** ausgestattete Mitarbeiter des Rechtsanwalts/Notars.

Nach der ReNoPat-Ausbildungsverordnung umfasst das **Prüfungsfach Rechnungswesen** die **Buchführung** und das **Berufsbezogene Rechnen** (§ 14 Abs. 2 Nr. 2 ReNoPatAusbV). Rechtsanwälte und Notare ermitteln ihren Gewinn in der Regel durch die **Einnahmen-Überschussrechnung** gem. § 4 Abs. 3 EStG. In dieser Gewinnermittlungsart besteht grundsätzlich keine Buchführungspflicht. Nur für bestimmte Tatbestände werden Aufzeichnungen verlangt. In zunehmendem Maße orientieren sich jedoch Rechtsanwälte und Notare bei ihren Aufzeichnungen an den Regeln der doppelten Buchführung, um deren Vorteile, insbesondere die der Aufbereitung und Auswertung der Daten, zu nutzen.

Im vorliegenden Lehrbuch werden im Teil **Buchführung** das **System der doppelten Buchführung**, das bei der **Gewinnermittlung** nach **§ 4 Abs. 1 EStG vorgeschrieben** ist, **und** die **Einnahmen-Überschussrechnung** dargestellt, wobei die im Rahmenlehrplan und in der Ausbildungsverordnung geforderten Lernziele voll abgedeckt werden.

Im Teil **Berufsbezogenes Rechnen** steht die Darstellung mustergültiger Lösungen und Rechenschritte im Vordergrund. Die Heterogenität des Leistungsvermögens der Nutzerinnen und Nutzer erfordert, dass hierbei verschiedene Lösungsmöglichkeiten angeboten werden.

Die Aufgaben steigern sich in ihrem Schwierigkeitsgrad und sind praxisnah. Sie entsprechen auch den Anforderungen, die bei Prüfungen in allen Bundesländern gestellt werden.

Bedingt durch die seit Erscheinen der 10. Auflage eingetretenen zahlreichen Gesetzesänderungen, die teilweise bis zum 31. Dezember 2013 von den Betroffenen realisiert werden sollen, wurde das Kapitel

- **Personalkosten**

neu gefasst: Die bisher verwendete (Papier-) Lohnsteuerkarte ist abgeschafft und zum 1. Januar 2013 durch die „Elektronische LohnSteuerAbzugsMerkmale **(ELSTAM)**" ersetzt worden.

Ihr Feedback ist uns wichtig: Für Verbesserungsvorschläge sind Verlag und Autor stets dankbar. Schreiben Sie uns unter lektorat@europa-lehrmittel.de.

Rodalben-Neuhof, Juli 2013 Ferdinand Lutz

Inhaltsverzeichnis

Lernziele

A Buchführung

Kapitel 1

Grundlagen der Buchführung — Seiten 25 bis 36

Wenn Sie das entsprechende Kapitel im Informationsteil durchgearbeitet haben, sollten Sie

- die Notwendigkeit der Buchführung an selbst gewählten Beispielen begründen können,
- die Hauptaufgaben der Buchführung nennen können,
- das Wahlrecht der Rechtsanwälte und Notare im Hinblick auf die Gewinnermittlungsart nach § 4 Abs. 1 und § 4 Abs. 3 EStG aufzeigen können,
- den wesentlichen Unterschied zwischen dem Betriebsvermögensvergleich und der Einnahmen-Überschussrechnung erklären können,
- Gründe aufzählen können, warum die Buchführung und die Aufzeichnungen den Ordnungsvorschriften der Abgabenordnung (AO) und des Einkommensteuergesetzes (EStG) entsprechen müssen,
- an selbst gewählten Beispielen einige Ordnungsvorschriften nennen können,
- die Aufbewahrungsfristen für Bücher und Belege nennen können,
- Beispiele für Einnahmen und Ausgaben in der Kanzlei aufzählen können, die in einem Kostenblatt festgehalten werden sollen,
- ein Kostenblatt nach vorgegebenen Sachverhalten fehlerfrei aufstellen und abschließen können,
- Beispiele für Bargeldbewegungen nennen können, die im Kassenbuch einer Rechtsanwalts- oder Notariatspraxis aufgezeichnet werden sollen,
- Geschäftsfälle den Einnahmen und Ausgaben richtig zuordnen können,
- ein Kassenbuch fehlerfrei führen und den Schlussbestand ermitteln können,
- einige abnutzbare und bewegliche Gegenstände des Praxisvermögens aus der eigenen Ausbildungskanzlei aufzählen können,
- Eintragungen in dem Bestandsverzeichnis fehlerfrei durchführen können.

Kapitel 2

Das System der doppelten Buchführung — Seiten 37 bis 85

Sie sollten

- den Unterschied zwischen Inventur, Inventar und Bilanz erläutern können,
- erklären können, nach welchen Gesichtspunkten das Vermögen und die Schulden in Inventar und Bilanz gegliedert werden,

- sagen können, welche Seite der Bilanz die Vermögensformen und welche Seite der Bilanz die Vermögensquellen aufweist,
- vorgegebene Beispiele dem Anlage- oder Umlaufvermögen bzw. dem Eigen- oder Fremdkapital zuordnen können,
- anhand aufgezeigter Sachverhalte ein Inventar und eine Bilanz ordnungsgemäß erstellen und das Eigenkapital ermitteln können,
- den Grundsatz der Bilanzgleichheit erklären können,
- die Vorüberlegungen bei Bilanzänderungen aufzählen können,
- die Wertveränderungen der Bilanz an selbst gewählten Beispielen erläutern können,
- eine Bilanz sicher in Bestandskonten auflösen können,
- die Vorüberlegungen beim Buchen aufzählen können,
- erklären können, was man unter einem Buchungssatz versteht,
- anhand vorgegebener Geschäftsfälle einfache und zusammengesetzte Buchungssätze bilden können,
- anfallende Geschäftsfälle fehlerfrei in Bestandskonten buchen können,
- Bestandskonten über das Schlussbilanzkonto sicher abschließen können,
- die Schritte von der Eröffnungsbilanz zur Schlussbilanz aufzählen und nachvollziehen können,
- die Aufgaben des Eröffnungsbilanzkontos und des Schlussbilanzkontos erklären können,
- Beispiele für Eigenbelege und Fremdbelege nennen können,
- den Hauptunterschied zwischen Grundbuch, Hauptbuch und Bilanzbuch erläutern können,
- auf Grund eines vorgegebenen Sachverhalts einen geschlossenen Geschäftsgang mit Bestandskonten sicher durchführen können,
- die Begriffe der Aufwendungen (Kosten) und Erträge (Erlöse) definieren können,
- einige inhaltliche Positionen der GuV-Rechnung nennen können,
- anhand vorgegebener Beispiele eine GuV-Rechnung fehlerfrei erstellen und abschließen können,
- auf Grund vorgegebener Sachverhalte einen geschlossenen Geschäftsgang von der Eröffnung bis zum Abschluss durchführen können,
- die Erfolgsermittlungsarten in der doppelten Buchführung erklären können.

Kapitel 3

Erfolgsermittlung durch Einnahmen-Überschussrechnung

Seiten 86 bis 91

Arbeiten Sie das entsprechende Kapitel im Informationsteil durch und Sie sind in der Lage

- Beispiele für Betriebseinnahmen und Betriebsausgaben zu nennen,
- zu erläutern, wie der Erfolg in der Einnahmen-Überschussrechnung ermittelt wird,
- die wesentlichen Unterschiede zwischen dem Betriebsvermögensvergleich der doppelten Buchführung und der Ermittlung des Betriebsergebnisses der Einnahmen-Überschussrechnung gegenüberzustellen und zu erklären.

Kapitel 4

Die Umsatzsteuer (USt) **Seiten 92 bis 119**

Wenn Sie das entsprechende Kapitel im Informationsteil durchgearbeitet haben, können Sie

- erklären, weshalb die Umsatzsteuer eine Allphasensteuer ist und wer sie letztendlich trägt,
- einige Beispiele steuerbarer Umsätze bei Rechtsanwälten und Notaren nennen,
- die Bemessungsgrundlage für die Höhe der Umsatzsteuer bestimmen,
- die Umsatzsteuer von der Vorsteuer unterscheiden, richtig berechnen und korrekt buchen,
- die Umsatzsteuer-Zahllast buchhalterisch und rechnerisch ermitteln,
- erhaltene Vorschüsse buchen und verrechnen,
- Steuerminderungen auf den entsprechenden Konten buchhalterisch erfassen,
- die Konten Vorsteuer und Umsatzsteuer abschließen,
- das Umsatzsteuer-Voranmeldekonto (USt-VA) bei der Einnahmen-Überschussrechnung führen,
- erklären, was Sie unter dem Vorsteuerüberhang verstehen,
- die Vorsteuer bei Kleinbetragsrechnungen herausrechnen und buchen,
- das Brutto- und das Nettoverfahren bei der Buchung der Umsatzsteuer erklären und anwenden,
- Beispiele umsatzsteuerfreier Umsätze aufzählen und diese buchhalterisch erfassen.

Kapitel 5

Rabatte und Skonti bei Eingangsrechnungen **Seiten 120 bis 125**

Sie sollten in der Lage sein,

- Rabatte von Skonti inhaltlich zu unterscheiden,
- die Zusammensetzung der Anschaffungskosten zu erklären,
- zu erläutern, warum Skonto in der Einnahmen-Überschussrechnung nicht gebucht wird,
- den Überweisungsbetrag unter Berücksichtigung von Skonto rechnerisch zu ermitteln und buchmäßig zu erfassen.

Kapitel 6

Belegorganisation **Seiten 126 bis 132**

Sie können

- Ein- und Ausgangsbelege sortieren, nummerieren und vorkontieren,
- Eigen- und Fremdbelege im Grund- und Hauptbuch buchen.

Kapitel 7

Durchlaufende Posten

Seiten 133 bis 155

Arbeiten Sie das entsprechende Kapitel im Informationsteil durch und Sie können

- durchlaufende Posten an Beispielen erkennen und als solche bestimmen,
- erklären, warum durchlaufende Posten erfolgsneutral und nicht umsatzsteuerpflichtig sind,
- Beispiele nennen, wann das Konto „Vorgelegte Kosten" ein Aktivkonto und wann es ein Passivkonto ist,
- durchlaufende Posten buchmäßig erfassen,
- das Konto „Vorgelegte Kosten" abschließen,
- Buchungen im Konto Gerichtskostenkasse (GKK) vornehmen und dieses abschließen,
- erläutern, was Sie unter Fremdgeld verstehen,
- Fremdgeldeingang und sofortige Weiterleitung des Fremdgeldes entsprechend buchen,
- erklären, wann im Anderkonto gebucht werden soll,
- die Hebegebühr bei der Weiterleitung des Fremdgeldes berechnen und buchen,
- anhand selbst gewählter Beispiele erläutern, wie in den Konten „Anderkonto" und „Fremdgeld" richtig gebucht wird,
- das Verwahrungsbuch bei Notaren von dem Massenbuch unterscheiden.

Kapitel 8

Das Privatkonto

Seiten 156 bis 164

Arbeiten Sie das entsprechende Kapitel im Informationsteil durch und Sie sind in der Lage

- Beispiele für Privatentnahmen und Privateinlagen des Rechtsanwalts/Notars aufzuzählen,
- Privatentnahmen und Privateinlagen zu buchen,
- das Privatkonto abzuschließen,
- Beispiele für unentgeltliche Lieferungen oder sonstige Leistungen zu nennen.

Kapitel 9

Personalkosten

Seiten 165 bis 179

Sie sollten in der Lage sein,

- Einnahmen zu nennen, die zum steuerpflichtigen Arbeitslohn zählen,
- zu sagen, wohin Lohnsteuer, Solidaritätszuschlag und Kirchensteuer sowie Sozialversicherungsbeiträge abgeführt werden,
- Lohnsteuer, Solidaritätszuschlag und Kirchensteuer sowie Sozialversicherungsbeiträge aus Tabellen herauszufinden,
- Nettogehälter zu errechnen und Personalkosten mit und ohne vermögenswirksame Leistungen zu buchen,
- Gehaltsvorschüsse zu buchen und zu verrechnen.

Kapitel 10

Anlagenzugänge und Anlagenabgänge

Seiten 180 bis 198

Wenn Sie das entsprechende Kapitel im Informationsteil durchgearbeitet haben, können Sie

- Anschaffungskosten ermitteln und buchhalterisch erfassen,
- Anschaffungskosten auf die betriebsgewöhnliche Nutzungsdauer des Gegenstandes verteilen,
- erklären, welche Wirkung durch die Abschreibung erzielt wird,
- die lineare Abschreibung berechnen,
- Abschreibungsbeträge buchen,
- erklären, warum das Konto „Abschreibungen" über das GuV-Konto abgeschlossen wird,
- erläutern, was Sie unter einem Geringwertigen Wirtschaftsgut (GWG) verstehen,
- ein Bestandsverzeichnis vollständig führen,
- Entnahme, Verkauf und Inzahlunggabe von Praxisgegenständen buchhalterisch behandeln,
- das Ausscheiden eines Praxisgegenstandes infolge höherer Gewalt ausbuchen.

Kapitel 11

Jahresabschluss

Seiten 199 bis 201

Sie können

- Betriebseinnahmen und Betriebsausgaben zeitlich genau zuordnen und entsprechend buchen,
- regelmäßig wiederkehrende Einnahmen und Ausgaben zeitlich abgrenzen und buchen.

Kapitel 12

Besonderheiten der Buchführung bei der Gewinnermittlung durch Betriebsvermögensvergleich gem. § 4 Abs. 1 EStG

Seiten 202 bis 231

Wenn Sie das entsprechende Kapitel im Informationsteil durchgearbeitet haben, können Sie

- Forderungen von Verbindlichkeiten unterscheiden und entsprechend buchen,
- Betriebseinnahmen und Betriebsausgaben dem Geschäftsjahr zuordnen, zu dem sie wirtschaftlich gehören,

- in Abgrenzungskonten buchen und diese erforderlichenfalls abschließen und eröffnen,
- Skontobuchungen im System der doppelten Buchführung vornehmen,
- ausgeschiedene Praxisgegenstände buchen,
- Umsatzsteuerzahllast passivieren und Vorsteuerüberhang aktivieren,
- Personalkosten unter Berücksichtigung des Kontos „Noch abzuführende Abgaben" buchen.

Kapitel 13

Kontenrahmen und Kontenplan Seite 232

Sie wissen, wie ein Kontenrahmen aufgebaut ist.

B Berufsbezogenes Rechnen

Kapitel 1

Grundrechenarten

Seiten 233 bis 242

Wenn Sie das entsprechende Kapitel im Informationsteil durchgearbeitet haben, können Sie

- Beträge im Kostenblatt und im Kassenbuch waagerecht und senkrecht im Kopf addieren,
- die Salden der Konten mithilfe der Ergänzungsmethode (additive Subtraktion) ermitteln,
- einige Rechenvorteile der Multiplikation und der Division anwenden,
- anhand vorgegebener Sachverhalte die Kosten für Geschäftsreisen berechnen.

Kapitel 2

Die Bruch- und Dezimalrechnung

Seiten 243 bis 259

Sie sollten

- Bruchzahlen umwandeln, kürzen und erweitern können,
- Brüche einrichten, addieren, kürzen und subtrahieren können,
- die Multiplikation und Division von Brüchen beherrschen,
- Gebühren und Bruchteile von Gebühren aus den Tabellen des GKG sowie des RVG herausfinden können,
- erklären können, wie die Mittelgebühr in Straf- und Zivilsachen berechnet wird,
- Gebührenerhöhungen nach § 7 RVG und Nr. 1008 VV RVG sicher berechnen können,
- die Höhe der Gebühren nach Bruchteilen und Beträgen festlegen können.

Kapitel 3

Die Durchschnittsrechnung

Seiten 260 bis 262

Sie können

- den einfachen Durchschnitt an Beispielen berechnen,
- erklären, wie der gewogene Durchschnitt berechnet wird,
- anhand vorgegebener Beispiele aus der Praxis die Durchschnittsrechnung anwenden.

Kapitel 4

Die Verteilungsrechnung **Seiten 263 bis 278**

Arbeiten Sie das entsprechende Kapitel durch und Sie sind in der Lage,

- vorgegebene Werte und Summen auf beteiligte Personen gleichmäßig zu verteilen,
- bestimmte Summen oder Werte auf die Beteiligten nach Verteilungsschlüsseln zu verteilen,
- den Unterschied zwischen Vor- und Nachleistungen anhand von Beispielen zu erklären,
- die Berechnung der Verteilungsmassen mit Vor- und Nachleistungen sicher durchzuführen,
- Gewinnanteile von GbR-Gesellschaftern zu verteilen,
- zu erklären, wie ein erzielter Gewinn auf die Gesellschafter einer OHG verteilt wird,
- Gewinne auf OHG-Gesellschafter nach den gesetzlichen Bestimmungen zu verteilen,
- die Begriffe Komplementär und Kommanditist bei einer KG zu erläutern,
- die Gewinnverteilung bei der KG fehlerfrei durchzuführen,
- zu erklären, wie nicht entnommene Gewinnanteile der Gesellschafter von Personengesellschaften buchungstechnisch behandelt werden,
- die tatsächlich entstandenen Reisekosten zu ermitteln und diese auf die beteiligten Auftraggeber zu verteilen,
- Prozesskosten gem. § 92 ZPO auf der Grundlage der Kostenentscheidungen zu berechnen und sachgerecht zu verteilen,
- anhand vorgegebener Sachverhalte aus dem Erbrecht die Verteilungsrechnung anzuwenden.

Kapitel 5

Der Dreisatz **Seiten 279 bis 288**

Wenn Sie das entsprechende Kapitel im Informationsteil durchgearbeitet haben, sollten Sie

- die Lösungsschritte (Sätze) der Dreisatzrechnung nennen können,
- gerade Verhältnisse von den ungeraden Verhältnissen unterscheiden können,
- Dreisatzaufgaben mit geraden und ungeraden Verhältnissen sicher lösen können,
- einen Vielsatz in mehrere Dreisätze auflösen können und die Lösung beherrschen,
- Beispiele aus der Kanzlei nennen können, bei denen die Dreisatzrechnung angewandt wird.

Kapitel 6

Der Kettensatz **Seiten 289 bis 291**

Sie können

- Beispiele finden, bei denen die Anwendung des Kettensatzes vorteilhaft ist,
- das Lösungsschema vom Beginn bis zum Ende der Kette aufzeigen,
- verschiedene Aufgaben mithilfe des Kettensatzes lösen.

Kapitel 7

Währungsrechnen

Seiten 292 bis 296

Wenn sie das entsprechende Kapitel im Informationsteil durchgearbeitet haben, sollten Sie

- erklären können, was unter den Begriffen Devisen und Sorten zu verstehen ist,
- die Bedeutung des Brief- und Geldkurses für die Kunden einer Bank erläutern können,
- Währungsrechnen nach einer der dargestellten Rechenmethoden anwenden können,
- Umrechnungen von Devisen durchführen können.

Kapitel 8

Die Prozentrechnung

Seiten 297 bis 323

Sie sollten in der Lage sein,

- die Prozentrechnung von der Promillerechnung zu unterscheiden,
- zu erklären, welche Größen in der Prozentrechnung gegeben sein müssen, um die fehlenden Größen berechnen zu können,
- den Grundwert, den Prozentwert und den Prozentsatz sicher zu berechnen,
- Rechenvorteile in der Prozentrechnung anzuwenden,
- den Einkaufs- oder Einstandspreis einer Ware zu kalkulieren,
- Rabatte, Skonti und die Umsatzsteuer sicher zu berechnen,
- aus den dargestellten Rechenmethoden im Prozentrechnen die für Sie geeignete Methode zu erkennen und anzuwenden,
- den reinen Grundwert und den Prozentwert beim Rechnen auf Hundert und beim Rechnen im Hundert zu bestimmen,
- die Prozentrechnung auf Hundert und im Hundert an vorgegebenen Sachverhalten sicher anzuwenden,
- bequeme Teiler beim Prozentrechnen zu erkennen und auf die Aufgabenlösungen zu übertragen,
- die Hebegebühr zu berechnen,
- Beispiele nennen zu können, bei denen die Hebegebühr nicht entsteht,
- die auf die Hebegebühr zu zahlende Post- und Telekompauschale und die Umsatzsteuer zu berechnen,
- weiterzuleitende Fremdgeldbeträge unter Verrechnung von der Vergütung korrekt zu ermitteln,
- Vergütungsrechnungen für Hebegebühren nach den gesetzlichen Vorschriften zu erstellen,
- Abschreibungsbeträge zu berechnen und auf die betriebsgewöhnliche Nutzungsdauer eines Anlagegutes zu verteilen.

Kapitel 9

Die Zinsrechnung Seiten 324 bis 357

Wenn Sie die entsprechenden Kapitel im Informationsteil durchgearbeitet haben, können Sie

- sagen, wofür Zins berechnet wird,
- die Zinsrechnung von der Prozentrechnung unterscheiden,
- die Jahres-, Monats- und Tageszinsen berechnen,
- Zinstage nach der bürgerlichen und nach der kaufmännischen Methode ermitteln,
- Kapital, Zinsfuß und Zeit berechnen,
- anhand vorgegebener Beispiele die Zinsrechnung in eine Prozentrechnung umwandeln,
- Zinsrechnungen vom vermehrten und verminderten Kapital erkennen und durchführen,
- Zinszahlen und Zinsdivisoren berechnen,
- vorgegebene Beispiele mithilfe der kaufmännischen Zinsformel sicher lösen,
- die kaufmännische Zinsformel beim summarischen Zinsrechnen anwenden,
- den Nominalzins von dem tatsächlichen Zins (Effektivzins) unterscheiden,
- Effektivzinssätze bei Gewährung von Skonto berechnen,
- Vergleichsrechnungen zwischen effektiven Skontosätzen und Darlehenszinsen erstellen,
- erklären, was ein Damnum oder Disagio ist,
- den Unterschied zwischen Fälligkeits-, Abzahlungs- und Annuitätsdarlehen erklären,
- tatsächliche Zinsbelastungen bei Darlehen berechnen,
- Darlehensangebote vergleichen und sich für das günstigste entscheiden,
- Auszahlungsbeträge bei Darlehensgewährungen durch Banken berechnen und überprüfen,
- einfache Tilgungspläne erstellen und die Restschuld eines Darlehens zu einem bestimmten Zeitpunkt rechnerisch ermitteln,
- die effektive Verzinsung von Verbraucherdarlehen berechnen.

Kapitel 10

Die Diskontrechnung (Verkauf von Wechseln) Seiten 358 bis 363

Arbeiten Sie das entsprechende Kapitel im Informationsteil durch und Sie sind in der Lage,

- zu erklären, was ein Wechsel ist,
- Vorteile zu erläutern, die Aussteller und Bezogener aus dem Wechselgeschäft haben,

- die Begriffe Diskontierung und Diskont zu definieren,
- den Wechselbetrag vom Barwert zu unterscheiden,
- die Begriffe zu nennen, die bei der Diskontrechnung gegenüber der Zinsrechnung verändert werden,
- bei der Berechnung der Diskonttage die Besonderheiten zwischen Verfalltag und Zahlungstag zu nennen,
- den Unterschied zwischen Tag der Ausstellung, Tag der Einreichung und Tag des Verfalls deutlich zu machen,
- Diskonttage, Barwerte und Diskontsätze sicher zu berechnen,
- mehrere Wechsel, die gleichzeitig zum Diskont gegeben werden, abzurechnen,
- Rückgriffsansprüche wegen nicht eingelöster Wechsel an die Wechselverpflichteten zu berechnen.

Kapitel 11

Abrechnung von Kontokorrentkonten

Seiten 364 bis 379

Sie sollten

- erklären können, was ein Kontokorrentkonto ist,
- Beispiele für Geldausgänge und Geldeingänge in einer Kanzlei aufzählen können,
- den Buchungstag vom Tag der Wertstellung unterscheiden können,
- erläutern können, wofür Habenzinsen beim Kontokorrent gewährt werden,
- aufzeigen können, wofür Sollzinsen, Kredit-, Überziehungs- und Umsatzprovision sowie Auslagen beim Kontokorrent verlangt werden,
- Guthabenkonten, Schuldkonten und Konten mit wechselndem Schuldverhältnis abrechnen können,
- Kontokorrente abrechnen können, in deren Laufzeit ein Zinsfußwechsel fällt.

Kapitel 12

Forderungsabrechnung für Mandanten

Seiten 380 bis 382

Sie können

- anhand von Beispielen erklären, wie sich einzutreibende Forderungen zusammensetzen können,
- die Reihenfolge bestimmen, wie Ratenzahlungen auf eine bestehende Schuld verrechnet werden, wenn der Schuldner über die Anrechnung keine Angaben macht,
- Forderungsübersichten erstellen,
- Restschulden oder Restforderungen zu einem bestimmten Stichtag nach der bürgerlichen und nach der kaufmännischen Zinsmethode berechnen.

Kapitel 13

Rentabilitätsberechnungen

Seiten 383 bis 384

Sie sollten in der Lage sein,

- den Begriff der Rentabilität zu erläutern,
- Beispiele für Kapitalanlagen nennen zu können,
- anhand vorgegebener Sachverhalte den Rohgewinn (Rohertrag) und den Reingewinn (Reinertrag) zu ermitteln,
- die Rentabilität (effektive Verzinsung) des eingesetzten Eigenkapitals zu berechnen.

A Buchführung

1 Grundlagen der Buchführung

1.1 Notwendigkeit und Aufgaben der Buchführung

Sie haben als Auszubildende(r) bereits in den ersten Stunden Ihrer neuen Tätigkeit feststellen können, dass die Kanzlei, in der Sie beschäftigt sind, mit verschiedenen Menschen, Behörden und Gerichten in Beziehung steht:

Beispiel

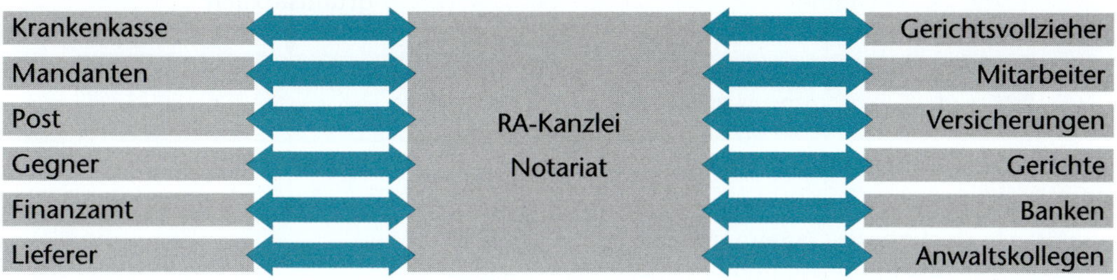

Diese vielfältigen Beziehungen, die sich vornehmlich auf Geld beziehen und deshalb auch **Geschäftsfälle** genannt werden, müssen **aufgeschrieben, aufgezeichnet oder gebucht** werden. Rechtsanwälte und Notare müssen wissen, wer Geld an sie gezahlt hat und an wen sie selbst noch Zahlungen zu leisten haben.

Aber auch der **Staat** möchte wissen, welche **Einkünfte (Gewinn oder Verlust)** der Rechtsanwalt oder der Notar durch seine freiberufliche Tätigkeit **erzielt** hat, weil diese Einkünfte **einkommensteuerpflichtig** sind.

Die **vielen Fragen**, die sich im Laufe der anwaltlichen oder notariellen Tätigkeit ergeben und sich auf **Geschäftsfälle** beziehen, können nur durch das Führen von Büchern **(Buchführung)** beantwortet werden.

Die **Hauptaufgaben** der Buchführung sind demnach:

- **Dokumentation:** zeitlich und sachlich richtiges Erfassen aller Geschäftsfälle auf Grund von Belegen; z. B. Buchen eines Geldausganges auf Grund einer Quittung.
- **Information:** Finanzbehörden, Krankenkassen, Banken, Versicherungen u. a. m. über die Vermögens-, Schulden- und Ertragslage der Praxis zu informieren; z. B. Vorlage einer Bilanz bei einer Bank, um ein Darlehen zu erhalten.
- **Kontrolle:** Überwachung der Praxisführung und Beurteilung der Wirtschaftlichkeit; z. B. Feststellung, wo in der Kanzlei Kosten abgebaut und damit eingespart werden können.

Merken Sie sich bitte:

- Die **Buchführung** ist die **lückenlose Aufzeichnung aller Geschäftsfälle** einer Rechtsanwalts- oder Notariatskanzlei auf Grund von **Belegen.**

1.2 Gesetzliche Grundlagen der Buchführung

Rechtsanwälte und Notare können als freiberuflich Tätige ihren **Gewinn** auf zweierlei Weise **ermitteln**:

Gewinnermittlung

Betriebsvermögensvergleich
gem. § 4 Abs. 1 EStG
verlangt
immer
↓
ordnungsmäßige Buchführung und Bilanzierung.
Gebucht wird **schon** bei
↓

Rechnungsausgang und Rechnungseingang	
Ausgangs-rechnungen	**Eingangs-rechnungen**
Rechtsanwalt/ Notar hat **Forderungen**[1] gegenüber seinen Mandanten z. B. Vergütung Auslagen	Rechtsanwalt/ Notar hat **Verbindlichkeiten**[2] (Schulden) gegenüber seinen Lieferern z. B. Kauf eines Pkw für die Praxis

Einnahmen-Überschussrechnung
gem. § 4 Abs. 3 EStG
verlangt
grundsätzlich
↓
keine Buchführung, aber genaue Aufzeichnungen.
Erfasst wird **erst** bei
↓

Zahlung	
Zahlungseingang	**Zahlungsausgang**
Rechtsanwalt/ Notar erhält – Vergütung – Auslagen	Rechtsanwalt/ Notar zahlt – Büromaterial – Gehälter
Zuflussprinzip	**Abflussprinzip**

Der wesentliche **Unterschied** zwischen der Einnahmen-Überschussrechnung gem. § 4 Abs. 3 EStG und dem Betriebsvermögensvergleich nach § 4 Abs. 1 EStG besteht im **Zeitpunkt** der **Buchung** der Geschäftsfälle.[3] Beim **Betriebsvermögensvergleich** müssen deshalb **zusätzlich** die Konten **Forderungen** und **Verbindlichkeiten** geführt werden.

Bei der **Einnahmen-Überschussrechnung** ergibt sich der **Gewinn** oder der **Verlust** aus der **Gegenüberstellung** von **Betriebseinnahmen und Betriebsausgaben.**

Beim **Betriebsvermögens- oder Eigenkapitalvergleich** wird das am **Jahresende** vorhandene **Vermögen** mit dem am **Schluss des vorangegangenen Jahres** vorhandenen Vermögen **verglichen.** Hat sich das Vermögen einschließlich der Privatentnahmen vermehrt, liegt

---

1 Forderungen sind Ansprüche des Rechtsanwalts/Notars gegenüber seinen Mandanten auf Grund von Honorarrechnungen (die Mandanten müssen zahlen).

2 Verbindlichkeiten sind Schulden des Rechtsanwalts/Notars gegenüber Banken und Lieferern (der Rechtsanwalt/Notar muss zahlen).

3 Vergleichen Sie bitte hierzu Kapitel 12 im Teil Buchführung.

ein Gewinn vor, hat es sich einschließlich der Privateinlagen vermindert, hat der Rechtsanwalt/Notar einen Verlust erlitten.

Merken Sie sich bitte:

- Die **Einnahmen-Überschussrechnung** erfasst die **Geschäftsfälle** erst bei der **Zahlung.**
- Beim **Betriebsvermögens- oder Eigenkapitalvergleich** wird bereits bei **Entstehung** einer **Forderung** oder **Verbindlichkeit** gebucht.

Entschließt sich ein Rechtsanwalt oder Notar, seinen Gewinn nach der Methode des § 4 Abs. 1 EStG zu ermitteln, muss seine Buchführung bestimmten Rechtsvorschriften, insbesondere aus dem Einkommensteuergesetz (EStG), der Abgabenordnung (AO) und dem Umsatzsteuergesetz (UStG) genügen.

1.3 Ordnungsmäßigkeit der Buchführung

Die **Ordnungsmäßigkeit** der Buchführung verlangt u. a. im EStG und in der AO, dass die **Aufzeichnungen** formell und sachlich **richtig** sind. Ein **sachverständiger Dritter** (z. B. ein Außenprüfer des Finanzamtes oder der Krankenkasse) muss sich in **angemessener** Zeit einen **Überblick** über die **Geschäftsfälle** und über die **Erfolgs- und Vermögenslage** der Rechtsanwalts- oder Notariatskanzlei machen können.

Ist dies nicht möglich, weil **erhebliche Mängel** durch Nichtbeachtung der Ordnungsvorschriften vorliegen, kann die **Buchführung verworfen** werden. Der **Gewinn** wird dann **geschätzt** und der Rechtsanwalt/Notar kann unter Umständen bestraft werden.

Die **wichtigsten Grundsätze ordnungsmäßiger Buchführung** sind:

- **Klarheit und Übersichtlichkeit**
  - Übersichtliche Gliederung der Konten,
  - keine Verrechnung von Aufwendungen und Erträgen,
  - keine Verrechnung von Vermögensteilen und Schulden,
  - Buchungen dürfen nicht unleserlich gemacht werden.
- **Richtigkeit und Zeitfolge**
  - Die Buchungen müssen den tatsächlichen Geschäftsfällen entsprechen,
  - alle Geschäftsfälle sind zeitgerecht und richtig geordnet aufzuzeichnen,
  - die Kasseneinnahmen und Kassenausgaben sollen täglich aufgezeichnet werden.
- **Beweissicherung – keine Buchung ohne Beleg!**
  - Sämtliche Buchungen müssen anhand der Belege jederzeit nachprüfbar sein.
  - Die Belege sind geordnet aufzubewahren.
- **Aufbewahrung von Unterlagen**

  Es müssen aufbewahrt werden
  - Buchungsbelege
  - Kostenblätter
  - Bücher und Buchführungsprogramme
  - Inventare
  - Bilanzen

10 Jahre

beginnend mit dem Schluss des Kalenderjahres, in dem z. B. die letzten Eintragungen gemacht worden sind.

1.4 Nebenaufzeichnungen bei Anwendung der Einnahmen-Überschussrechnung

Wir wissen, dass der Rechtsanwalt/Notar die Möglichkeit hat, je nach Art der Erfolgsermittlung, zwischen dem System der doppelten Buchführung und den Mindestaufzeichnungen der Betriebseinnahmen und Betriebsausgaben zu wählen. Wählt der Rechtsanwalt/Notar das System der Mindestaufzeichnungen, muss er zusätzliche Aufzeichnungspflichten erfüllen.

In der Praxis sind häufig folgende **Nebenaufzeichnungen** vorhanden:

1. Das **Kostenblatt**
2. Das **Kassenbuch**
3. Das **Bestandsverzeichnis**

1.4.1 Das Kostenblatt

Der Rechtsanwalt lässt für jede Sache, in der er beauftragt wird, eine Handakte anlegen. Diese Handakte enthält das **Kostenblatt**. Notare benutzen in der Regel kein Kostenblatt, weil sich ihre Gebühren aus den Urkunden ergeben.

Das **Kostenblatt** ist ein wichtiges Beweismittel für die Richtigkeit der Aufzeichnungen gegenüber dem Finanzamt (daher auch die Aufbewahrungsfrist von 10 Jahren). Darüber hinaus bildet es die Grundlage der Vergütungsrechnung des Rechtsanwalts an seine Mandanten.

Im Kostenblatt werden alle **Zahlungsvorgänge (Geldeinnahmen und Geldausgaben)**, die den Auftrag betreffen, fortlaufend und übersichtlich eingetragen. Häufig werden diese Eintragungen von Auszubildenden in den Kanzleien vorgenommen, was ein besonders verantwortungsbewusstes und korrektes Arbeiten erfordert.

Beispiele für Eintragungen im Kostenblatt

a) Auf der **Einnahmenseite** werden alle Geldeingänge erfasst, die in einer Angelegenheit angefallen und **an** den **Rechtsanwalt bezahlt** worden sind:

Einnahmen	**Erläuterungen**
Vergütung	Entgelt für die Tätigkeit des Rechtsanwalts, berechnet nach dem RVG.
Vergütungsvorschuss	Der vom Rechtsanwalt bei seinem Mandanten angeforderte Vorschuss auf die entstehenden Gerichtskosten, Rechtsanwaltsvergütung und Auslagen.
Post- und Telekomentgelte	Hierher gehören die bei der Ausführung des Auftrages entstandenen Fernsprechentgelte und Porti.
Dokumentenpauschale	Das sind z. B. die Kosten für Ablichtungen.
Reisekosten	Zu den Reisekosten gehören die Fahrtkosten, das Tage- und Abwesenheitsgeld sowie die Übernachtungskosten.
Erhaltene Umsatzsteuer	Der Rechtsanwalt berechnet für seine Vergütung und Auslagen zurzeit 19 % Umsatzsteuer, die der Mandant oder ein anderer Zahlungspflichtiger (z. B. der in die Kosten verurteilte Gegner), zahlen muss.

Durchlaufende Gelder	Diese Gelder haben keinen Einfluss auf das Ergebnis der anwaltlichen Tätigkeit. Daher heißen sie auch durchlaufende Posten.
Rückzahlung vorgelegter Kosten	Mit Einreichung der Klage bei Gericht oder mit dem Auftrag an den Gerichtsvollzieher müssen Gerichts- oder Gerichtsvollzieherkosten bezahlt werden. In der Regel legt diese Kosten der Rechtsanwalt vor und fordert sie vom Kostenschuldner zurück (durchlaufendes Geld).
Fremdgeld	Beträge, die der Rechtsanwalt zur Weiterleitung an Dritte erhalten hat (durchlaufendes Geld). Beispiele: – Schadensersatzleistungen von Versicherungen – Unterhaltsbeiträge.

b) Auf der **Ausgabenseite** werden alle Beträge gebucht, die bei der Ausführung des Auftrages entstanden und **vom Rechtsanwalt bezahlt** (für den Mandanten vorgelegt) worden sind.

Ausgaben

Hierzu gehören die gezahlte Vergütung an den gegnerischen Anwalt, Ausgaben für Post, Fernsprech- und Telefaxentgelte, Reisekosten, gezahlte Umsatzsteuer und durchlaufende Gelder. Durchlaufende Gelder sind vorgelegte Gerichts- und Gerichtsvollzieherkosten sowie Gebühren für Gutachter. Fremdgelder auf der Ausgabenseite sind die im Auftrag des Mandanten weitergeleiteten Geldbeträge.

Merken Sie sich bitte:

- Das **Kostenblatt** der Handakte enthält **alle Geldeingänge** und **Geldausgänge,** die das **Mandat betreffen.**

Beispiel mit Lösung

In der Rechtsanwaltskanzlei Dr. Ede Fix, Köln, soll das **Kostenblatt** nach folgenden Angaben erstellt und abgeschlossen werden:

Mandant: Jens Abel
Streitwert: 5.000,00 €
Gegenstand: Klage wg. Zahlung einer Kaufpreisforderung
Urteil: Der Beklagte zahlt den Kaufpreis und die Kosten.

Gegner: Hugo Babel
Gericht: Amtsgericht Köln
Prozessregister: 123../..

Datum	**Geschäftsfall**		**Beträge in €**
01.03.	Mandant zahlt Vergütungsvorschuss, bar	400,00	
	19 % Umsatzsteuer	76,00	
	Gesamt		476,00
02.03.	Wir zahlen die Gerichtskosten, bar		363,00
02.03.	Wir fertigen 20 Ablichtungen zu je 0,50 € an	10,00	
	19 % Umsatzsteuer	1,90	
	Gesamt		11,90
03.03.	Wir zahlen Gutachterkosten bei der Gerichtskasse bar ein		100,00

08.03.	Mandant zahlt die vorgelegten Gerichts- und Gutachterkosten, bar (363,00 € + 100,00 €)		463,00
15.04.	Der unterlegene Gegner Babel überweist durch Bank:		
	Forderungsbetrag (= erhaltenes Fremdgeld)	5.000,00	
	vorgelegte Kosten	463,00	
	Vergütung nach dem RVG	800,00	
	Post- und Telekomentgelte	20,45	
	Ablichtungen (Dokumentenpauschale)	10,00	
	19 % Umsatzsteuer aus 830,45 €	157,79	
	Gesamt		6.451,24
18.04.	Wir überweisen an unseren Mandanten durch Bank:		
	Forderungsbetrag (Weiterleitung des Fremdgeldes)	5.000,00	
	vorgelegte Kosten vom 08.03.	463,00	
	Vergütungsvorschuss vom 01.03.	400,00	
	19 % Umsatzsteuer aus 400,00 €	76,00	
	Gesamt		5.939,00

Lösung

Kostenblatt Köln,

In Sachen Abel ./. Babel **Streitwert:** 5.000,00 €

Prozessregister: 123../.. **Gericht:** Amtsgericht Köln

		Einnahmen						Ausgaben					
Datum	Text	Gesamt	Verg. Post	Ausl.	USt	Vorg. Kost	Fremdgeld	Gesamt	Verg. Post	Ausl.	USt	Vorg. Kost	Fremdgeld
01.03.	von Abel	476,00	400,00		76,00								
02.03.	an Gericht, bar							363,00				363,00	
02.03.	für Ablichtungen							11,90		10,00	1,90		
03.03.	an Gutachter							100,00				100,00	
08.03.	von Abel	463,00				463,00							
15.04.	von Babel	6.451,24	800,00 20,45	10,00	157,79	463,00	5.000,00						
18.04.	an Abel							5.939,00	400,00		76,00	463,00	5.000,00
18.04.	**Gesamt 1)**	**7.390,24**	**1.220,45**	**10,00**	**233,79**	**926,00**	**5.000,00**	**6.413,90**	**400,00**	**10,00**	**77,90**	**926,00**	**5.000,00**

Schlussrechnung

	Summe der Einnahmen	7.390,24	1.220,45	10,00	233,79	926,00	5.000,00
./.	Summe der Ausgaben **3)**	6.413,90	400,00	10,00	77,90	926,00	5.000,00 ← **2)**
=	**Überschuss**	**976,34**	**820,45**	**0,00**	**155,89**	**0,00**	**0,00**

Lösungsschritte

1) Addieren Sie alle Spalten der Einnahmen und Ausgaben.

2) Schreiben Sie die Summen der Ausgaben unter die Summen der Einnahmen.

3) Errechnen Sie die Differenzen, indem Sie die Ausgaben von den Einnahmen subtrahieren.

4) Bei den Spalten **Vorgelegte Kosten** und **Fremdgeld** muss immer **„0"** herauskommen, weil diese Beträge als „durchlaufende" Gelder entweder erstattet oder weitergeleitet worden sind.

5) Die **Summe der Gesamteinnahmen** des **Überschusses** muss **so groß** sein, wie die **Summen aus Honorar und Umsatzsteuer**.

Aufgaben

1 Erstellen Sie das Kostenblatt nach folgenden Angaben und schließen Sie ab:

Mandant: Franz Mutig
Gegner: Horst Blau
Streitwert: 30.000,00 €
Gericht: Landgericht Frankenthal
Gegenstand: Klage wegen Schadensersatzforderung
Prozessregister: 456/...
Urteil: Blau zahlt Schadensersatz und die Kosten.

Datum	Geschäftsfall	Beträge in €	
19.06.	Wir zahlen Gerichtskosten bar ein		1.020,00
30.06.	Postbanküberweisung des Mandanten für		
	Vergütungsvorschuss	1.000,00	
	19 % Umsatzsteuer aus 1.000,00 €	190,00	
	Gesamt		1.190,00
01.07.	20 Ablichtungen (Dokumentenpauschale)		
	pro Seite 0,50 € werden von uns gefertigt	10,00	
	19 % Umsatzsteuer hieraus	1,90	
	Gesamt		11,90
03.09.	Gegner überweist auf unser Bankkonto:		
	Hauptforderung (erhaltenes Fremdgeld)	30.000,00	
	vorgelegte Kosten	1.020,00	
	Vergütung lt. RVG	3.500,00	
	Post- und Telekomentgelte	20,45	
	Ablichtungen (Dokumentenpauschale)	10,00	
	Zwischensumme	34.550,45	
	19 % Umsatzsteuer aus 3.530,45 €	670,79	
	Gesamt		35.221,24
05.09.	Wir rechnen mit dem Mandanten wie folgt ab:		
	Hauptforderung (Weiterleitung des Fremdgeldes)	30.000,00	
	gezahlter Vergütungsvorschuss vom 30.06.	1.000,00	
	19 % Umsatzsteuer aus 1.000,00 €	190,00	
	Gesamt		31.190,00
	Unser Mandant erhält den Betrag in Höhe von 31.190,00 € durch Banküberweisung.		

2 Erstellen Sie das Kostenblatt und schließen Sie es ab!

Mandantin: Lore Willig
Gegner: L. Bimbo
Streitwert: 5.000,00 €
Gericht: Amtsgericht Hamburg
Gegenstand: Räumung einer Wohnung
Urteil: Der Gegner hat die Wohnung zu räumen und die Kosten des Rechtsstreits zu tragen.

Datum	Geschäftsfall	Beträge in €	
04.02.	Ermitteln Sie die vorzulegenden Gerichtskosten, die wir bar bei der Gerichtskasse einzahlen.		?

04.02.	Mandant zahlt Vergütungsvorschuss, bar	800,00	
	19 % Umsatzsteuer aus 800,00 €	152,00	
	Gesamt		952,00
10.02.	Der Rechtsanwalt nimmt einen auswärtigen Termin wahr.		
	Reisekosten (Auslagen)	180,00	
	19 % Umsatzsteuer aus 180,00 €	34,20	
	Gesamt		214,20
13.02.	Tatsächlich entstandene Post- und Telekomentgelte	60,00	
	19 % Umsatzsteuer aus 60,00 €	11,40	
	Gesamt		71,40
15.02.	Mandant überweist die vorgelegten Gerichtskosten vom 04.02. durch Bank		?
10.06.	Der unterlegene Gegner L. Bimbo überweist durch Bank:		
	Vergütung gem. RVG	2.000,00	
	Reisekosten vom 10.02.	180,00	
	Post- und Telekomentgelte vom 13.02.	60,00	
	Zwischensumme	2.240,00	
	19 % Umsatzsteuer aus 2.240,00 €	425,60	
	Insgesamt		2.665,60
15.06.	Wir rechnen mit unserem Mandanten ab:		
	Vorschuss	800,00	
	19 % Umsatzsteuer aus 800,00 €	152,00	
	Insgesamt		952,00

Den Betrag in Höhe von 952,00 € überweisen wir durch Bank.

1.4.2 Das Kassenbuch

Die Führung eines Kassenbuches ist zwar nicht ausdrücklich für alle Rechtsanwälte und Notare vorgeschrieben, ermöglicht aber eine sofortige **Bestandskontrolle der Barbestände**.

Übersicht

	Anfangsbestand der Geldmittel
+	Summe der Einnahmen
./.	Summe der Ausgaben
=	Kassenendbestand

In dem **Kassenbuch** sollen täglich alle **Bareinnahmen** und **Barausgaben** aufgezeichnet werden. Am Monatsende sind die Summen der Bargeldeinnahmen und Bargeldausgaben auf das Konto **„Kasse"** zu übertragen.

Beispiel mit Lösung

Im Monat Juni waren in einer Kanzlei folgende Bargeldbewegungen aufzuzeichnen:

Datum	**Geschäftsfall**	**€**
01.06.	Anfangsbestand	251,00
10.06.	Vergütungseingang nach Beleg Nr. 1	714,00
12.06.	Barkauf von Briefmarken, Beleg Nr. 2	100,00
13.06.	Barabhebung von der Bank, Beleg Nr. 3	1.000,00
20.06.	Barkauf von Gerichtskostenstempelaufdrucken, Beleg Nr. 4	200,00
20.06.	Lohnauszahlung an Reinigungspersonal, Beleg Nr. 5	80,00
25.06.	Gerichtsvollziehernachnahme, Beleg Nr. 6	310,00
26.06.	Der Rechtsanwalt entnimmt für private Zwecke, Beleg Nr. 7	800,00
30.06.	Barkauf von Papier, Beleg Nr. 8	98,00

Lösung

Kassenbuch				
Monat Juni			Abschluss zum 30. Juni	
Datum	**Beleg**	**Geschäftsfall Beträge in €**	**Einnahmen**	**Ausgaben**
10.06.	1	Vergütungseingang	714,00	
12.06.	2	Briefmarken		100,00
13.06.	3	Barabhebung Bank	1.000,00	
20.06.	4	Gerichtskostenstempelaufdrucke		200,00
20.06.	5	Lohn für Reinigung		80,00
25.06.	6	Gerichtsvollziehernachnahme		310,00
26.06.	7	Privatentnahme		800,00
30.06.	8	Papier		98,00
30.06.		**Gesamt**	**1.714,00**	**1.588,00**

Schlussrechnung

	Anfangsbestand	251,00
+	Summe der Einnahmen	1.714,00
=	Zwischensumme	1.965,00
./.	Summe der Ausgaben	1.588,00
=	**Kassenendbestand zum 30.06.**	**377,00**

In der Praxis wird der Anfangsbestand häufig bei der Berechnung mit einbezogen, wie nachstehendes Beispiel verdeutlicht!

Darstellung unter **Einbeziehung des Anfangsbestandes** und **buchmäßige** Ermittlung des **Endbestandes:**

Kassenbuch				
Monat Juni				Abschluss zum 30. Juni
Datum	**Beleg**	**Geschäftsfall Beträge in €**	**Einnahmen**	**Ausgaben**
01.06.		**Anfangsbestand**	**251,00**	
10.06.	1	Vergütungseingang	714,00	
12.06.	2	Briefmarken		100,00
13.06.	3	Barabhebung Bank	1.000,00	
20.06.	4	Gerichtskostenstempelaufdrucke		200,00
25.06.	5	Lohn Reinigung		80,00
25.06.	6	Gerichtsvollziehernachnahme		310,00
26.06.	7	Privatentnahme		800,00
30.06.	8	Papier		98,00
30.06.		**Schlussbestand**		**377,00 3)**
30.06.		**Gesamt**	**1.965,00 1)**	**1.965,00**

2)

Lösungshinweis

1) Addieren Sie die Einnahmenseite.

2) Übertragen Sie diesen Betrag auf die Ausgabenseite.

3) Ermitteln Sie die Differenz = Schlussbestand oder Buchbestand.

4) Jetzt zählen Sie in der Praxis das Geld in der Kasse! Wenn Sie richtig und verantwortungsbewusst gehandelt haben, stimmen tatsächlicher Bestand (Ist-Bestand) mit dem Buchbestand (Soll-Bestand) überein.

Merken Sie sich bitte:

- Der **Anfangsbestand** steht **immer** auf der **Einnahmenseite.**
- Der **Schlussbestand** des Monats Juni ist **gleichzeitig** der **Anfangsbestand** des Monats Juli.

In unserem Beispiel werden am 30. Juni die **Einnahmen** und die **Ausgaben** in einer **Summe** auf das Konto **Kasse** übertragen.

Zusammenfassung

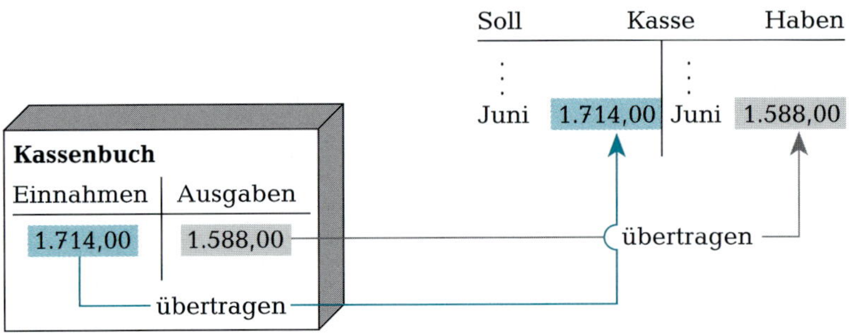

Merken Sie sich bitte:

- Im **Kassenbuch** sind **sämtliche Bargeldbewegungen täglich aufzuschreiben.**
- Am **Monatsende** werden die **Einnahmen** und die **Ausgaben** in **einer Summe** auf das **Konto Kasse** übertragen.

Aufgaben

3 **4** Führen Sie das Kassenbuch für Monat Januar unter Einbeziehung des Anfangsbestandes und ermitteln Sie den Schlussbestand **buchmäßig**!

Datum	**Beleg**	**Geschäftsfall**	**Beträge in €**	
			3	**4**
01.01.		Anfangsbestand	600,00	800,00
02.01.	1	Barkauf von Fachzeitschriften für die Praxis	30,00	10,00
03.01.	2	Mandant zahlt Vergütungsvorschuss, bar	245,00	300,00
10.01.	3	Privatentnahme, bar	200,00	100,00
12.01.	4	Bareinzahlung der Gerichtskosten Alt ./. Neu	130,00	250,00
19.01.	5	Barabhebung von der Bank	500,00	600,00
22.01.	6	Zahlung der Paketentgelte	25,00	30,00
25.01.	7	Barzahlung von Reisekosten	160,00	210,00
30.01.	8	Mandant erstattet Gerichtskosten, bar	200,00	300,00

5 **6** Führen Sie das Kassenbuch für Monat Februar unter Einbeziehung des Anfangsbestandes (= Schlussbestand Januar aus den Aufgaben Nr. 3 und 4) und ermitteln Sie den buchmäßigen Kassenbestand zum 20. Februar.

Datum	**Beleg**	**Geschäftsfall**	**Beträge in €**	
			5	**6**
01.02.		Anfangsbestand	?	?
02.02.	1	Wir zahlen Gerichtskosten Blau ./. Grün bar ein	650,00	800,00
02.02.	2	Gerichtsvollziehernachnahme	45,00	60,00
03.02.	3	Mandant zahlt die vorgelegten Kosten (Beleg 1)	650,00	800,00
04.02.	4	Der Rechtsanwalt entnimmt für private Zwecke	1.000,00	1.200,00
04.02.	5	Wir zahlen Lohn an die Reinemachefrau	200,00	300,00
05.02.	6	Mandant Blau zahlt Vergütungsvorschuss	460,00	580,00
09.02.	7	Briefmarkenkauf	15,00	35,00
12.02.	8	Paketentgelte	20,00	10,00
15.02.	9	Mandant Fritz Gut zahlt Vergütung, bar	1.150,00	1.800,00
20.02.	10	Einzahlung von Gerichtskosten Rot ./. Weiß	300,00	400,00
20.02.	11	Wir zahlen Geld bei der Bank ein	500,00	600,00

1.4.3 Das Bestandsverzeichnis

In einer Rechtsanwaltskanzlei kann für die **abnutzbaren und beweglichen Gegenstände** des **Praxisvermögens von mehr als 1.000,00 €** Anschaffungs- oder Herstellungskosten (netto) ein besonderes **Bestandsverzeichnis** geführt werden.

Hierher gehören z. B.

- **Gegenstände der Büroeinrichtung (Praxisausstattung),** wie Bücherregale, Schreibtische, Notebooks, Teppiche, Computer, Polstergarnitur und
- **Kraftfahrzeuge**.

Das **Bestandsverzeichnis** kann folgende **Angaben** enthalten:

- Bezeichnung des Gegenstandes
- Anzahl
- Tag der Anschaffung
- Anschaffungskosten
- betriebsgewöhnliche Nutzungsdauer (bgwNd)
- Höhe der jährlichen Abschreibung
- Buchwert am Jahresende
- Tag des Abgangs.

Beispiel

Bestandsverzeichnis[1] zum 31.12....

Gegenstand	Anzahl	Tag der Anschaffung	Anschaffungskosten in € Gesamt	bgw Nd Jahre	Jährliche Abschr. %	Jährliche Abschr. €	Buchwert am 31.12.	Tag des Abgangs
Kraftfahrzeuge								
Opel	1	02.01.	25.000,00	5	20	5.000,00	20.000,00	./.
Mercedes	1	13.02.	49.000,00	5	20	9.800,00	39.200,00	./.
Büroeinrichtung								
Bücherregal	8	04.05.	16.000,00	10	10	1.600,00	14.400,00	./.
Notebook	5	30.03.	6.000,00	5	20	1.200,00	4.800,00	./.
Panzerschrank	1	10.04.	8.000,00	20	5	400,00	7.600,00	./.

Merken Sie sich bitte:

- In das **Bestandsverzeichnis** werden die **abnutzbaren** und **beweglichen Gegenstände** des **Praxisvermögens** einer Rechtsanwalts-/Notariatskanzlei **eingetragen.**

Erstellen Sie die Bestandsverzeichnisse der **Aufgaben 7 und 8** nach folgendem Muster:

Gegenstand	Anzahl	Tag der Anschaffung	Anschaffungskosten in €

Aufgaben

7 **8**

Anzahl	Gegenstand	Anschaffungstag	Anschaffungskosten in € 7	Anschaffungskosten in € 8
1	Pkw VW Golf	03.04.	30.000,00	32.000,00
2	Schreibtische	05.01.	je 2.200,00	je 3.300,00
1	Teppich für die Kanzlei	20.05.	3.500,00	2.900,00
3	Bücherregale	10.06.	je 1.900,00	je 1.950,00
2	Schreibautomaten	01.03.	je 3.140,00	je 2.210,00
1	Polstergarnitur	05.06.	4.900,00	7.000,00

[1] Vergleichen Sie bitte auch die Ausführungen über die Abschreibungen im Kapitel 10.2.4 im Teil Buchführung.

2 Das System der doppelten Buchführung

2.1 Die Inventur

Ermitteln Rechtsanwälte oder Notare ihren **Gewinn** durch **Betriebsvermögens- oder Eigenkapitalvergleich** nach § 4 Abs. 1 EStG, müssen sie ihr **Vermögen und ihre Schulden** zu einem bestimmten Tag **(Stichtag)** einzeln nach **Art**, **Menge** und **Wert** feststellen. Dieses **Zählen** nennt man **Inventur**.

Merken Sie sich bitte:

- **Inventur** ist die mengen- und wertmäßige **Bestandsaufnahme** aller **Vermögensteile und Schulden** in einer Rechtsanwalts- oder Notariatskanzlei zu einem bestimmten **Stichtag.**

2.2 Das Inventar

Die durch die Inventur ermittelten Ergebnisse werden in Listen zusammengefasst. Diese Listen heißen **Inventar-** oder **Bestandsverzeichnisse**.

Merken Sie sich bitte:

- Das **Inventar** ist ein **Verzeichnis,** das alle **Vermögensteile und Schulden** einer Rechtsanwalts-/Notariatskanzlei nach **Art, Menge und Wert** erfasst.

Das Inventar besteht aus drei **Hauptteilen:**

A. Vermögen
B. Schulden

C. Reinvermögen (Eigenkapital)

A. Vermögen

Das **Vermögen** wird eingeteilt in **Anlagevermögen** und **Umlaufvermögen**.

Zum **Anlagevermögen** gehören Vermögensteile, die **langfristig** in der Kanzlei eingesetzt sind.

Beispiele

- Grundstücke
- Praxisausstattung
- Computer
- Gebäude
- Schreibtische
- Teppiche für die Praxis
- Kraftfahrzeuge (Fuhrpark)
- Notebooks
- Bücherschränke

Zum **Umlaufvermögen** gehören Vermögensteile, die nur **kurzfristig** in der Kanzlei verbleiben, weil sie sich **ständig** verändern.

Beispiele

- Bankguthaben
- Postbankguthaben
- Kassenbestand

Beide **Vermögensarten** werden im Inventar nach ihrer **Flüssigkeit** gegliedert.

Grundstücke stehen im Inventar deshalb an **erster Stelle**, weil es **länger** dauert, **Bargeld** aus dem Verkauf eines Grundstücks zu erhalten.

Bei Bank- und Postbankguthaben oder beim **Kassenbestand** ist **sofort Geld** vorhanden („flüssige Mittel"). Aus diesem Grunde werden diese Positionen an **letzter Stelle** im Inventar aufgeführt.

Merken Sie sich bitte:

- **Vermögensteile** werden im Inventar nach ihrer **Flüssigkeit** gegliedert.

Zusammenfassung

A. Vermögen

Anlagevermögen → dient **längerfristig** der Kanzlei.

Umlaufvermögen → dient nur **kurzfristig** der Kanzlei.

Beispiele

I. Anlagevermögen
1. Grundstücke
2. Gebäude
3. Praxisausstattung

Flüssigkeit ↓

II. Umlaufvermögen
1. Bankguthaben
2. Postbankguthaben
3. Kassenbestand

B. Schulden

Schulden sind **Verbindlichkeiten** des **Rechtsanwalts oder Notars gegenüber** seinen **Gläubigern**. Gläubiger können zum Beispiel sein: Banken, Sparkassen, Lieferer und andere. Zu den **Schulden** gehören **auch Beträge**, die der Rechtsanwalt zur **Weiterleitung** an seine Auftraggeber oder empfangsberechtigte Dritte erhalten hat **(Fremdgeld)**. In erster Linie sind dies Beträge von Versicherungen oder Unterhaltsbeiträge.

Die fremden Mittel oder **Fremdkapital** werden nach der **Fristigkeit** oder **Fälligkeit** der Zahlung in **langfristige und kurzfristige** Verbindlichkeiten gegliedert.

Langfristige Verbindlichkeiten sind zum Beispiel Hypothekenschulden oder Darlehen.

Kurzfristige Verbindlichkeiten sind zum Beispiel Bankschulden (Darlehen) oder Fremdgeld.

Im Inventar werden **zuerst** die **langfristigen**, dann die **kurzfristigen** Schulden aufgeführt.

Merken Sie sich bitte:

- **Schulden** werden nach ihrer **Fristigkeit** oder **Fälligkeit** gegliedert.

Zusammenfassung

B. Schulden
= Fremdkapital

Langfristige Schulden | Kurzfristige Schulden

Beispiele

I. Langfristige Schulden
1. Hypothek
2. Darlehen

Fristigkeit
Fälligkeit

II. Kurzfristige Schulden
1. Darlehen der Sparkasse
2. Fremdgeld

C. Ermittlung des Reinvermögens

Das **Reinvermögen** ist das **Eigenkapital** des Rechtsanwalts oder Notars. Es gibt an, mit welchem Anteil der **Inhaber** der Kanzlei an den **Vermögenswerten beteiligt** ist. Das Eigenkapital wird wie folgt **errechnet:**

Summe des Vermögens
./. Summe der Schulden

= **Reinvermögen oder Eigenkapital**

Aufgaben

9 a) Ordnen Sie nachfolgende **Vermögensposten** dem Anlagevermögen oder Umlaufvermögen zu und gliedern Sie diese nach ihrer **Flüssigkeit**:

	€		€
1. Kassenbestand	3.000,00	4. Postbankguthaben	15.000,00
2. Kraftfahrzeuge	50.000,00	5. Bankguthaben Sparkasse	30.000,00
3. Praxisausstattung	80.000,00	6. Bebaute Grundstücke	500.000,00

b) Ordnen Sie nachfolgende **Schulden** nach ihrer **Fälligkeit** in langfristige und kurzfristige Verbindlichkeiten:

	€		€
1. Hypothekenschulden	200.000,00	3. Fremdgeld	60.000,00
2. Kurzfristiges Darlehen	15.000,00	4. Langfristiges Darlehen	100.000,00

c) Ermitteln Sie das Eigenkapital!

Ein Inventar wird in Staffelform erstellt!

Beispiel mit Lösung

In der Rechtsanwaltskanzlei Egon Blech, Landau, wurden durch die **Inventur** folgende Vermögensteile gezählt und Schulden festgestellt:

3 Schreibtische zu je 1.900,00 €, 1 Schreibtisch zu 4.000,00 €, 1 Bild im Warteraum der Kanzlei zu 2.250,00 €, 2 Bücherregale zu je 2.000,00 €, 1 Computeranlage im Wert von 15.000,00 €, Bankguthaben bei der Raiffeisenbank lt. Kontoauszug in Höhe von 21.000,00 €, 3 Schreibautomaten zu je 3.000,00 €, 4 Schreibtischsessel zu je 1.500,00 €, 1 Stehlampe zu 1.800,00 €, Bargeld in Höhe von 3.000,00 €, 2 Teppiche zu je 5.000,00 €, Hypothekendarlehen von der Bausparkasse lt. Kontoauszug in Höhe von 280.000,00 €, 1 Kraftfahrzeug im Wert von 60.000,00 €, 1 bebautes Grundstück im Wert von 800.000,00 €, Fremdgeld (noch nicht an den Mandanten weitergeleitet) 800,00 €.

Lösung

INVENTAR
Rechtsanwalt Egon Blech, Landau, zum 31. Dezember

A. Vermögen	**€**	**€**
I. Anlagevermögen		
1. Bebautes Grundstück		800.000,00
2. Kraftfahrzeug (Fuhrpark)		60.000,00
3. Praxisausstattung		
4 Schreibtische	9.700,00	
2 Bücherregale	4.000,00	
1 Bild	2.250,00	
4 Schreibtischsessel	6.000,00	
1 Computeranlage	15.000,00	
3 Schreibautomaten	9.000,00	
1 Stehlampe	1.800,00	
2 Teppiche	10.000,00	57.750,00
II. Umlaufvermögen		
1. Bankguthaben Raiffeisenbank	21.000,00	
2. Kassenbestand	3.000,00	24.000,00
Summe des Vermögens		**941.750,00**
B. Schulden		
I. Langfristige Schulden		
Hypothekendarlehen Bausparkasse	280.000,00	
II. Kurzfristige Schulden		
Fremdgeld	800,00	
Summe der Schulden		**280.800,00**
C. Ermittlung des Eigenkapitals		
Summe des Vermögens		941.750,00
./. Summe der Schulden		280.800,00
= **Eigenkapital (Reinvermögen)**		**660.950,00**
ODU = Ort, Datum, Unterschrift		

2.3 Die Bilanz

2.3.1 Gliederung der Bilanz

Die **Bilanz** (ital. bilancia = Waage) ist eine **Kurzfassung des Inventars in Kontenform**. Auf der **linken Seite**, **der Aktiva**, werden die **Vermögensteile**, auf der **rechten Seite**, **der Passiva**, das **Eigen- und das Fremdkapital** eingetragen.

Die **Aktivseite** der Bilanz gibt Auskunft darüber, **WIE** (in welcher Form) die Mittel angelegt oder **verwendet** worden sind (z. B. Auto, Stuhl, Bargeld).

Die **Passivseite** der Bilanz gibt an, **WOHER** (aus welcher Quelle) diese Mittel stammen (z. B. Eigenkapital oder Fremdkapital).

Formale Darstellung

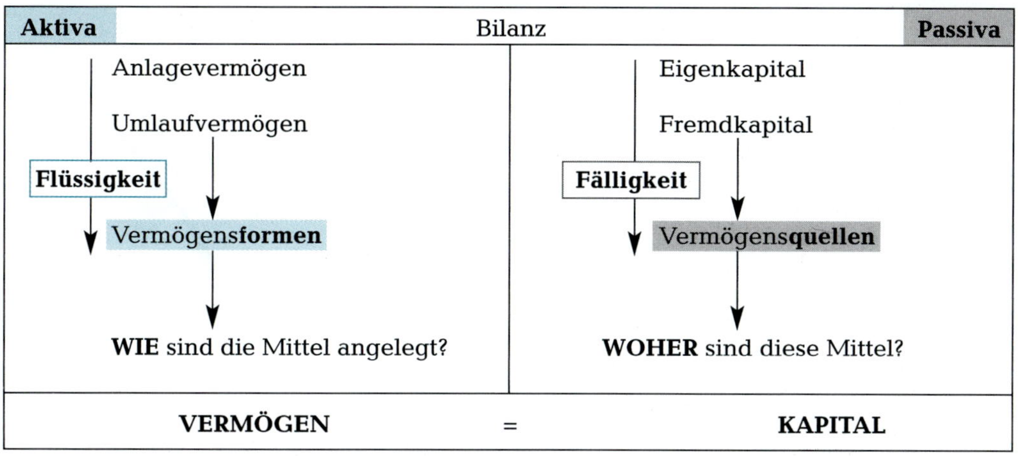

Die Positionen der **Bilanz** werden nach den **gleichen Gesichtspunkten gegliedert** wie im Inventar: Vermögen oder **Aktiva** nach der **Flüssigkeit**; Kapital oder **Passiva** nach der **Fälligkeit**.

Während im Inventar das Eigenkapital dadurch ermittelt wird, dass die Schulden vom Vermögen abgezogen werden, ergibt sich in der Bilanz das **Eigenkapital** durch **Gegenüberstellung** des **Vermögens** der Aktivseite und der **Schulden** der Passivseite. Das Eigenkapital bildet dann den Ausgleich (Saldo). Beide Seiten der Bilanz stehen in der Waage, sie sind gleich groß.

Bei der **Gründung** oder Übernahme einer Kanzlei und dann **regelmäßig** zum **Schluss** eines **Geschäftsjahres** sowie bei Verkauf oder Auflösung einer Kanzlei ist eine **Bilanz** zu **erstellen** und **eigenhändig** von dem Rechtsanwalt oder dem Notar zu **unterschreiben**.

Die Bilanz ist **10 Jahre** lang aufzubewahren.

Merken Sie sich bitte:

- Die **Bilanz** ist eine kurzgefasste **Gegenüberstellung** von **Vermögen** und **Kapital** in Kontenform.

2.3.2 Vom Inventar zur Bilanz

Musterlösung

Erstellung der **Bilanz** für Rechtsanwalt Egon Blech, Landau, auf der Grundlage des Inventars von Seite 40.

Aktiva	**Bilanz zum 31. Dezember**		**Passiva**
I. Anlagevermögen		**I. Eigenkapital**	660.950,00
1. Bebautes Grundstück	800.000,00		
2. Kfz (Fuhrpark)	60.000,00	**II. Fremdkapital**	
3. Praxisausstattung	57.750,00	1. Hypothek	280.000,00
		2. Fremdgeld	800,00
II. Umlaufvermögen			
1. Bank	21.000,00		
2. Kasse	3.000,00		
	941.750,00		941.750,00

Landau, 10. Januar

Egon Blech

Gesamtzusammenfassung

Inventur = Bestandsaufnahme
Zählen und Feststellen der Bestände

↓

Inventar = Bestandsverzeichnis
ausführliche Darstellung aller Vermögensteile und Schulden in **Staffelform**

↓

Bilanz = Kurzfassung des Inventars
Darstellung des Vermögens und Kapitals in **Kontenform**

Formale Darstellung:

Inventar
A. Vermögen
B. Fremdkapital
C. Eigenkapital

→

Bilanz	
Aktiva	Passiva
I. Anlagevermögen	I. Eigenkapital
II. Umlaufvermögen	II. Fremdkapital
Vermögen =	Kapital
Ort, Datum, Unterschrift = ODU	

Aufgaben

10 Ordnen Sie dem Anlage- bzw. Umlaufvermögen oder dem Eigen- bzw. Fremdkapital zu:

- Bankguthaben
- Computer
- Teppich für die Kanzlei
- Kraftfahrzeuge
- Fremdgeld
- Kassenbestand
- Kurzfristige Darlehensschulden
- Bebautes Grundstück
- Hypothekenschulden
- Aktenschrank
- Schreibmaschine
- Private Mittel des RA zum Kauf eines Computers

11 **12** Erstellen Sie das Inventar und die Bilanz des Rechtsanwalts Hans Klug, Bonn, zum 31.12.

Die Inventur hat ergeben: Beträge in €	**11**	**12**
5 Schreibtische zu je 2.000,00 €/2.400,00 €	10.000,00	12.000,00
1 Personenkraftwagen	40.000,00	35.000,00
Hypothekenschulden Bausparkasse lt. Kontoauszug	300.000,00	200.000,00
Bebautes Grundstück	600.000,00	500.000,00
Bankschulden Deutsche Bank, kurzfristig	12.000,00	./.
Kassenbestand	5.000,00	3.000,00
1 Schreibtischsessel	2.000,00	4.000,00
3 Teppiche für die Kanzlei, Gesamtbetrag	8.000,00	15.000,00
Darlehen von der Sparkasse, kurzfristig	22.000,00	10.000,00
1 Schreibautomat	3.000,00	5.000,00
3 Notebooks, Gesamtbetrag	4.500,00	6.000,00
Bankguthaben bei der Dresdner Bank lt. Kontoauszug	50.000,00	70.000,00

13 **14** Erstellen Sie auf der Grundlage folgender Inventurbestände das Inventar und die Bilanz für Rechtsanwalt Dr. Fritz Pech, Rodalben, zum 31. Dezember.

Inventurbestände Beträge in €	**13**	**14**
Bebautes Grundstück	650.000,00	700.000,00
Kassenbestand	5.000,00	4.000,00
Bankschulden Stadtsparkasse, kurzfristig	20.000,00	15.000,00
Postbankguthaben	80.000,00	100.000,00
Hypothekenschulden	200.000,00	300.000,00
1 Notebook	2.000,00	3.000,00
2 Praxisstühle, Gesamtbetrag	3.000,00	4.000,00
5 Schreibtische, Gesamtbetrag	8.000,00	12.000,00
3 Aktenschränke im Gesamtwert von	6.000,00	6.000,00
2 Bücherregale, Gesamtbetrag	5.000,00	4.000,00
1 Kraftfahrzeug (Fuhrpark)	65.000,00	45.000,00
Bankguthaben bei der Kreissparkasse	30.000,00	40.000,00
Darlehen von der Raiffeisenbank, langfristig	180.000,00	290.000,00
3 Teppiche für die Kanzlei im Gesamtwert von	9.000,00	7.000,00
1 Fotokopiergerät	5.000,00	6.000,00

2.3.3 Wertveränderungen in der Bilanz

Die **Bilanz** ist eine Gegenüberstellung von Vermögen und Kapital zu einem bestimmten **Zeitpunkt (Zeitpunktrechnung)**. Die Schlussbilanz des abgelaufenen Geschäftsjahres erfasst die Bestände zum 31.12., 24:00 Uhr, die Eröffnungsbilanz des folgenden Geschäftsjahres die gleichen Bestände zum 01.01., 00:00 Uhr. Beide Bilanzen stimmen also inhaltlich überein (Grundsatz der Bilanzgleichheit).

Merken Sie sich bitte:

- Die **Bestände der Schlussbilanz** des alten Jahres sind **gleichzeitig die Bestände** der **Eröffnungsbilanz** des neuen Jahres.

Durch jeden **Geschäftsfall** im Laufe des Jahres **ändern** sich die **Vermögens- und Kapitalposten** der Kanzlei. Grundsätzlich gibt es **vier** verschiedene Arten von **Bilanzänderungen**, die **immer** mindestens **zwei Bilanzpositionen** betreffen.

Ausgangslage:

Aktiva	**Eröffnungsbilanz**	**zum 01. Januar**	**Passiva**
Fuhrpark	60.000,00	Eigenkapital	100.000,00
Praxisausstattung	80.000,00	Darlehen, langfristig	40.000,00
Bank	20.000,00	Darlehen, kurzfristig	20.000,00
Kasse	5.000,00	Fremdgeld	5.000,00
	165.000,00		165.000,00

Bei allen **Veränderungen** beantworten Sie folgende **Fragen (Vorüberlegungen)**:

(1) Welche Posten der Bilanz werden durch den Geschäftsfall berührt?

(2) Sind dies Aktivposten?
Sind dies Passivposten?

(3) Welche Auswirkungen hat der Geschäftsfall auf die Bilanzpositionen?
Liegt eine Mehrung (+) oder eine Minderung (./.) vor?

2.3.3.1 Aktivtausch

1. Beispiel: Barkauf eines Schreibtisches für 2.000,00 €

Antworten zu den Vorüberlegungen:

(1) Kasse und Praxisausstattung

(2) Kasse = Aktiva
Praxisausstattung = Aktiva

(3) Kasse ./. 2.000,00 €
Praxisausstattung + 2.000,00 €

Aktiva	**Bilanz nach der**	**1. Änderung**	**Passiva**
Fuhrpark	60.000,00	Eigenkapital	100.000,00
Praxisausstattung	82.000,00	Darlehen, langfristig	40.000,00
Bank	20.000,00	Darlehen, kurzfristig	20.000,00
Kasse	3.000,00	Fremdgeld	5.000,00
	165.000,00		165.000,00

Merken Sie sich bitte:

- Verändern sich nur **zwei Aktivposten** der Bilanz, liegt ein **Aktivtausch** vor.
- Die **Bilanzsumme** bleibt **gleich.**

2.3.3.2 Passivtausch

2. Beispiel: Ein kurzfristiges Darlehen in Höhe von 10.000,00 € wird in ein langfristiges Darlehen umgewandelt.

Antworten zu den Vorüberlegungen:

(1) Kurzfristiges Darlehen und langfristiges Darlehen

(2) Kurzfristiges Darlehen = Passiva
Darlehen, langfristig = Passiva

(3) Kurzfristiges Darlehen ./. 10.000,00 €
Darlehen, langfristig + 10.000,00 €

Aktiva — Bilanz nach der 2. Änderung — Passiva

Aktiva		Passiva	
Fuhrpark	60.000,00	Eigenkapital	100.000,00
Praxisausstattung	82.000,00	Darlehen, langfristig	50.000,00
Bank	20.000,00	Darlehen, kurzfristig	10.000,00
Kasse	3.000,00	Fremdgeld	5.000,00
	165.000,00		165.000,00

Merken Sie sich bitte:

- Verändern sich nur **zwei Passivposten** der Bilanz, liegt ein **Passivtausch** vor.
- Die **Bilanzsumme** bleibt **gleich.**

2.3.3.3 Aktiv-Passiv-Mehrung (Bilanzverlängerung)

3. Beispiel: Aufnahme eines Darlehens und Gutschrift auf dem Bankkonto in Höhe von 8.000,00 €.

Antworten zu den Vorüberlegungen:

(1) Bank und Darlehen

(2) Bank = Aktiva
Darlehen = Passiva

(3) Darlehen + 8.000,00 €
Bank + 8.000,00 €

Aktiva — Bilanz nach der 3. Änderung — Passiva

Aktiva		Passiva	
Fuhrpark	60.000,00	Eigenkapital	100.000,00
Praxisausstattung	82.000,00	Darlehen, langfristig	58.000,00
Bank	28.000,00	Darlehen, kurzfristig	10.000,00
Kasse	3.000,00	Fremdgeld	5.000,00
	173.000,00		173.000,00

Merken Sie sich bitte:

- Vermehren sich ein **Aktiv- und** ein **Passivposten,** liegt eine **Aktiv-Passiv-Mehrung** oder **Bilanzverlängerung** vor.
- Die **Bilanzsumme erhöht** sich.

2.3.3.4 Aktiv-Passiv-Minderung (Bilanzverkürzung)

4. Beispiel: Weiterleitung von Fremdgeld durch Banküberweisung, 3.000,00 €.

Antworten zu den Vorüberlegungen:

(1) Bank und Fremdgeld
(2) Bank = Aktiva
Fremdgeld = Passiva
(3) Bank ./. 3.000,00 €
Fremdgeld ./. 3.000,00 €

Aktiva — **Bilanz nach der 4. Änderung** — **Passiva**

Aktiva		Passiva	
Fuhrpark	60.000,00	Eigenkapital	100.000,00
Praxisausstattung	82.000,00	Darlehen, langfristig	58.000,00
Bank	25.000,00	Darlehen, kurzfristig	10.000,00
Kasse	3.000,00	Fremdgeld	2.000,00
	170.000,00		170.000,00

Merken Sie sich bitte:

- Vermindern sich ein **Aktiv- und** ein **Passivposten,** liegt eine **Aktiv-Passiv-Minderung** oder **Bilanzverkürzung** vor.
- Die **Bilanzsumme vermindert** sich.

Zusammenfassung

- Jeder Geschäftsfall verändert mindestens 2 Bilanzpositionen.
- Es gibt **vier Arten der Bilanzänderungen**:
  - **Aktivtausch** die **Bilanzsumme bleibt gleich**.
  - **Passivtausch** die **Bilanzsumme bleibt gleich**.
  - **Aktiv-Passiv-Mehrung** die **Bilanzsumme erhöht sich**.
  - **Aktiv-Passiv-Minderung** die **Bilanzsumme vermindert sich**.
- Vor jeder Bilanzveränderung sollten Sie die Vorüberlegungen beantworten!

Aufgaben

15 Beantworten Sie mündlich die **Vorüberlegungen** zu den folgenden Geschäftsfällen:

	€
1. Kauf eines Pkw gegen Banküberweisung	50.000,00
2. Barabhebung vom Bankkonto	5.000,00
3. Barkauf einer Rechenmaschine	1.690,00
4. Rückzahlung eines Darlehens durch unsere Banküberweisung	10.000,00
5. Barverkauf eines gebrauchten Computers	2.000,00

6. Wir zahlen auf das Bankkonto bar ein 1.000,00
7. Aufnahme eines Darlehens und Gutschrift auf unserem Bankkonto 50.000,00
8. Eingang von Fremdgeld auf dem Bankkonto 10.000,00
9. Weiterleitung von Fremdgeld durch Postbanküberweisung 8.000,00

2.4 Die Buchführung als Bestandsrechnung

2.4.1 Eröffnung und Abschluss der Bestandskonten

2.4.1.1 Auflösung der Bilanz in Bestandskonten

Wie wir gesehen haben, verändert jeder Geschäftsfall die entsprechenden Bilanzpositionen. Damit Sie die Bilanz jedoch nicht nach jedem dieser Geschäftsfälle neu erstellen müssen, wird für **jeden Bilanzposten** ein **Konto** eingerichtet. Das Konto stellt eine **Einzelrechnung** für Vermögens- und Kapitalposten dar.

Den Seiten der Bilanz entsprechend werden **Aktiv- und Passivkonten** unterschieden. Die **linke Seite** des Kontos heißt **Soll (S)**, die **rechte Seite** des Kontos heißt **Haben (H)**.

Formale Darstellung

Soll	Konto	Haben

Aus der **Eröffnungsbilanz** übernehmen die Konten den **Anfangsbestand (AB)**. Deshalb nennt man diese Art von Konten auch **Bestandskonten**.

Beispiel mit Lösung:

Aktiva	Eröffnungsbilanz		Passiva
Fuhrpark	50.000,00	Eigenkapital	90.000,00
Praxisausstattung	89.000,00	Darlehen, langfristig	60.000,00
Bank	30.000,00	Darlehen, kurzfristig	20.000,00
Kasse	2.000,00	Fremdgeld	1.000,00
	171.000,00		171.000,00

Aktivkonten

Soll	Fuhrpark	Haben
AB	50.000,00	

Soll	Praxisausstattung	Haben
AB	89.000,00	

Soll	Bank	Haben
AB	30.000,00	

Soll	Kasse	Haben
AB	2.000,00	

Passivkonten

Soll	Eigenkapital	Haben
	AB	90.000,00

Soll	Darlehen (langfr.)	Haben
	AB	60.000,00

Soll	Darlehen (kurzfr.)	Haben
	AB	20.000,00

Soll	Fremdgeld	Haben
	AB	1.000,00

Merken Sie sich bitte:

- **Aktive** Bestandskonten haben die **Anfangsbestände** im **Soll!**
- **Passive** Bestandskonten haben die **Anfangsbestände** im **Haben!**

2.4.1.2 Buchung von Geschäftsfällen in Bestandskonten

Auf **jedem Konto** werden die **Anfangsbestände der Bilanzposten** eingetragen. Danach können die Geschäftsfälle auf den jeweiligen Konten **gebucht** werden. **Jeder Geschäftsfall** ruft **Veränderungen** auf mindestens **zwei Konten** hervor, und zwar einmal im **Soll** und einmal im **Haben**. Wir **buchen** immer **zuerst** im **Soll** und dann im **Haben**[1]. Bei der Buchung auf den Konten soll immer das jeweilige **Gegenkonto** angegeben werden, um die **Kontrolle** der Buchungen zu erleichtern.

Merken Sie sich bitte:

- **Aktive** Bestandskonten haben die **Anfangsbestände** (AB) **und** die **Zugänge** im **Soll,** die **Minderungen** (Abgänge) im **Haben.**
- **Passive** Bestandskonten haben die **Anfangsbestände** (AB) **und** die **Zugänge** im **Haben,** die **Minderungen** (Abgänge) im **Soll.**

Formale Darstellung

Soll	Aktiv- oder Vermögenskonto Haben
Anfangsbestand + Zugänge	Minderungen ./.

Soll	Passiv- oder Kapitalkonto Haben
Minderungen ./.	Anfangsbestand + Zugänge

Auch beim **Buchen** müssen wir folgende **Vorüberlegungen** anstellen:

(1) Welche Konten werden berührt?

(2) Um welche Kontenart handelt es sich?

(3) Liegt ein Vermögenszugang (+) oder ein Vermögensabgang (./.) vor?

(4) Auf welcher Kontenseite wird gebucht?

Merken Sie sich bitte:

Immer **SOLL an HABEN** buchen.

1. Beispiel: Barabhebung von der Bank in Höhe von 1.000,00 €.

Antworten zu den Vorüberlegungen:

(1) Kasse
Bank

(2) Kasse = Aktives Bestandskonto
Bank = Aktives Bestandskonto

(3) Kasse + 1.000,00 € (nimmt zu)
Bank ./. 1.000,00 € (nimmt ab) **= Aktivtausch**

[1] Bei Buchführungsprogrammen ist diese Reihenfolge nicht zwingend.

Buchung 1. (vgl. zusammenfassendes Beispiel Seite 51)

(4) Kasse Soll 1.000,00 €
Bank Haben 1.000,00 €

2. Beispiel: Fremdgeldeingang in Höhe von 10.000,00 € auf unserem Bankkonto zur Weiterleitung an den Mandanten.

Antworten zu den Vorüberlegungen:

(1) Bank
Fremdgeld

(2) Bank = Aktives Bestandskonto
Fremdgeld = Passives Bestandskonto

(3) Bank + 10.000,00 € (nimmt zu)
Fremdgeld + 10.000,00 € (nimmt zu) **= Aktiv-Passiv-Mehrung**

Buchung 2. (vgl. zusammenfassendes Beispiel Seite 51)

(4) Bank Soll 10.000,00 €
Fremdgeld Haben 10.000,00 €

3. Beispiel: Weiterleitung von Fremdgeld an den Mandanten von unserem Bankkonto, 10.000,00 €.

Antworten zu den Vorüberlegungen:

(1) Fremdgeld
Bank

(2) Fremdgeld = Passives Bestandskonto
Bank = Aktives Bestandskonto

(3) Fremdgeld ./. 10.000,00 € (nimmt ab)
Bank ./. 10.000,00 € (nimmt ab) **= Aktiv-Passiv-Minderung**

Buchung 3. (vgl. zusammenfassendes Beispiel Seite 51)

(4) Fremdgeld Soll 10.000,00 €
Bank Haben 10.000,00 €

4. Beispiel: Umwandlung eines kurzfristigen Darlehens in ein langfristiges Darlehen, 15.000,00 €.

Antworten zu den Vorüberlegungen:

(1) Darlehen, kurzfristig
Darlehen, langfristig

(2) Darlehen, kurzfristig = Passives Bestandskonto
Darlehen, langfristig = Passives Bestandskonto

(3) Darlehen, kurzfristig ./. 15.000,00 € (nimmt ab)
Darlehen, langfristig + 15.000,00 € (nimmt zu) **= Passivtausch**

Buchung 4. (vgl. zusammenfassendes Beispiel Seite 51)

(4) Darlehen, kurzfristig Soll 15.000,00 €
Darlehen, langfristig Haben 15.000,00 €

Zusammenfassung

- **Jeder Geschäftsfall** verursacht eine **Mehrung** (Vermögenszugang) **oder** eine **Minderung** (Vermögensabgang) auf einem Konto.
- Wir buchen immer zuerst im Soll und dann im Haben!
- **Zugänge** stehen **immer** beim **Anfangsbestand, Minderungen** stets auf der **gegenüberliegenden Seite** des Kontos.
- Bei der **Buchung** auf Konten wird immer das **Gegenkonto** angegeben.

2.4.1.3 Abschluss der Bestandskonten

Am **Jahresende** müssen die Bestandskonten zur Ermittlung der Schluss- oder Endbestände **abgeschlossen** werden. Hierzu sind die Beträge der **wertmäßig größeren** Seite zu addieren und die errechnete Summe auf die **kleinere** Seite zu übertragen. Die dabei ermittelte **Differenz** heißt **Saldo** oder **Schlussbestand (SB)**.

Die Salden sind auf die **Schlussbilanz** zu übertragen. Die **Schlussbestände der Aktivkonten** werden auf der **Aktivseite** und die Schlussbestände der **Passivkonten** auf der **Passivseite** gebucht. Bevor diese Abschlussbuchungen durchgeführt werden können, müssen die Buchbestände mit den Inventurbeständen abgestimmt werden. In diesem Buch gehen wir davon aus, dass die Buchbestände mit den Inventurbeständen immer übereinstimmen.

Zum Schluss müssen **beide Kontenseiten den gleichen Wert** haben. Um nachträgliche **Fälschungen** der Bestände des Kontos zu **verhindern**, sind dessen nicht beschriftete Freiräume durch die **„Buchhalternase"** zu entwerten.

Beispiel

S	Kasse		H
AB	2.000,00	SB **3)**	3.000,00
1. Bank	1.000,00		
	1) 3.000,00		3.000,00

S	Fremdgeld		H
3. Bank	10.000,00	AB	1.000,00
SB **3)**	1.000,00	2. Bank	10.000,00
	11.000,00		**1)** 11.000,00

2) **2)**

Lösungshinweise

1) Addieren Sie die wertmäßig größere Seite!

2) Übertragen Sie die Summe auf die gegenüberliegende Seite!

3) Ermitteln Sie den Saldo = Schlussbestand (SB)!

Formale Darstellung

S	**Aktivkonto**	**H**
Anfangsbestand		Minderungen
Zugänge		Schlussbestand

S	**Passivkonto**	**H**
Minderungen		Anfangsbestand
Schlussbestand		Zugänge

Merken Sie sich bitte:

- Bei **aktiven Bestandskonten** steht der **Schlussbestand** immer auf der **Habenseite!**
- Bei **passiven Bestandskonten** steht der **Schlussbestand** immer auf der **Sollseite!**
- **Freiräume** werden durch die **Buchhalternase** entwertet.

Zusammenfassendes Beispiel zu Kapitel 2.4

Darstellung auf T-Konten

Eröffnungsbilanz

Aktiva		Passiva	
Fuhrpark	50.000,00	Eigenkapital	90.000,00
Praxisausstattung	89.000,00	Darlehen, langfristig	60.000,00
Bank	30.000,00	Darlehen, kurzfristig	20.000,00
Kasse	2.000,00	Fremdgeld	1.000,00
	171.000,00		171.000,00

Fuhrpark

Soll		Haben	
AB	50.000,00	SB	50.000,00

Praxisausstattung

Soll		Haben	
AB	89.000,00	SB	89.000,00

Bank

Soll		Haben	
AB	30.000,00	1. Ka	1.000,00
2. Fg	10.000,00	3. Fg	10.000,00
		SB	29.000,00
	40.000,00		40.000,00

Kasse

Soll		Haben	
AB	2.000,00	SB	3.000,00
1. Ba	1.000,00		
	3.000,00		3.000,00

Eigenkapital

Soll		Haben	
SB	90.000,00	AB	90.000,00

Darlehen (langfr.)

Soll		Haben	
SB	75.000,00	AB	60.000,00
		4.Kred	15.000,00
	75.000,00		75.000,00

Darlehen (kurzfr.)

Soll		Haben	
4. Darl	15.000,00	AB	20.000,00
SB	5.000,00		
	20.000,00		20.000,00

Fremdgeld (Fg)

Soll		Haben	
3. Ba	10.000,00	AB	1.000,00
SB	1.000,00	2. Ba	10.000,00
	11.000,00		11.000,00

Schlussbilanz zum 31. Dezember

Aktiva		Passiva	
Fuhrpark	50.000,00	Eigenkapital	90.000,00
Praxisausstattung	89.000,00	Darlehen, langfristig	75.000,00
Bank	29.000,00	Darlehen, kurzfristig	5.000,00
Kasse	3.000,00	Fremdgeld	1.000,00
	171.000,00		171.000,00

Lösungsschritte

Von der Eröffnungsbilanz zur Schlussbilanz:

1. Erstellen Sie zuerst die Eröffnungsbilanz.
2. Übertragen Sie die Anfangsbestände auf Konten.
3. Buchen Sie die Geschäftsfälle auf die entsprechenden Konten.
4. Ermitteln Sie die Schlussbestände.
5. Schließen Sie die Konten über die Schlussbilanz ab.

Zusammenfassung

Formale Darstellung

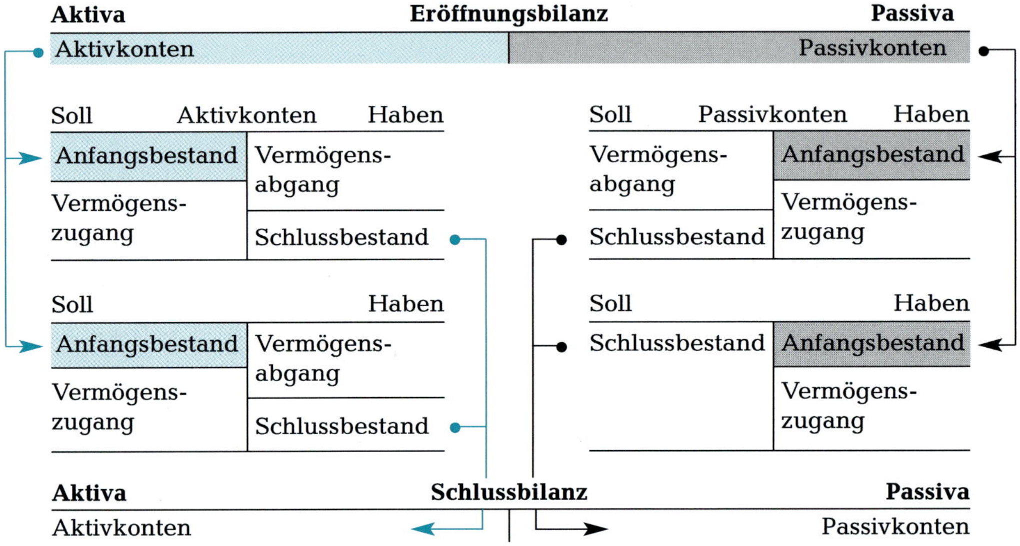

Aufgaben

16 Erläutern Sie zu folgenden Buchungen den Geschäftsfall:

Buchung	Beträge in €	Soll	Haben
1.	Bank	1.000,00	
	Fremdgeld		1.000,00
2.	Kasse	300,00	
	Bank		300,00
3.	Postbank	5.000,00	
	Darlehen, langfristig		5.000,00
4.	Fuhrpark (Kraftfahrzeuge)	30.000,00	
	Postbank		30.000,00
5.	Darlehen, langfristig	10.000,00	
	Bank		10.000,00
6.	Bank	1.500,00	
	Kasse		1.500,00
7.	Praxisausstattung	3.000,00	
	Kasse		3.000,00
8.	Bank	1.500,00	
	Praxisausstattung		1.500,00
9.	Fremdgeld	1.000,00	
	Kasse		1.000,00
10.	Bank	20.000,00	
	Darlehen, langfristig		20.000,00
11.	Postbank	50,00	
	Kasse		50,00
12.	Kasse	30.000,00	
	Eigenkapital		30.000,00

Vorbemerkung zur Lösung der weiteren Aufgaben:

Sie finden bei allen Aufgaben einen **Kontenplan**. Dieser gibt an, welche Konten Sie zur Lösung der jeweiligen Aufgabe benötigen.

Aufgaben

17 **18**

Lösungsschritte für die **Aufgaben 17 bis 22:**

1. Erstellen Sie die Eröffnungsbilanz (falls noch nicht geschehen).
2. Übertragen Sie die Anfangsbestände auf Aktiv- und Passivkonten.
3. Buchen Sie die Geschäftsfälle.
4. Ermitteln Sie die Schlussbestände.
5. Schließen Sie die Konten über die Schlussbilanz ab.

Die Bestände der Eröffnungsbilanz gelten für die **Aufgaben 17 und 18**!

Aktiva	**Eröffnungsbilanz**		**Passiva**
Fuhrpark	80.000,00	Eigenkapital	113.000,00
Praxisausstattung	50.000,00	Darlehen, langfristig	24.000,00
Bank	10.000,00	Fremdgeld	6.000,00
Kasse	3.000,00		
	143.000,00		143.000,00

Kontenplan: Bank, Darlehen (langfristig), Eigenkapital, Fremdgeld, Fuhrpark, Kasse, Praxisausstattung, Schlussbilanz.

Geschäftsfall **Beträge in €**	**17**	**18**
1. Barentnahme vom Bankkonto	5.000,00	2.000,00
2. Kauf eines Notebooks, bar	2.000,00	1.500,00
3. Verkauf eines gebrauchten Kraftfahrzeugs durch Bank	30.000,00	40.000,00
4. Wir zahlen die fällige Darlehensrate durch Bank	5.000,00	8.000,00
5. Weiterleitung des Fremdgeldes durch Banküberweisung	6.000,00	5.000,00

19 **20**

Anfangsbestände **Beträge in €**	**19**	**20**
Kasse	10.000,00	5.000,00
Eigenkapital	?	?
Fremdgeld	5.000,00	8.000,00
Fuhrpark	60.000,00	80.000,00
Praxisausstattung	40.000,00	70.000,00
Postbankguthaben	25.000,00	35.000,00
Bankguthaben	30.000,00	40.000,00

Kontenplan: Bank, Eigenkapital, Eröffnungsbilanz, Fremdgeld, Fuhrpark, Kasse, Postbank, Praxisausstattung, Schlussbilanz.

Geschäftsfall **Beträge in €**		
1. Banküberweisung für den Kauf eines Regals	2.000,00	2.500,00
2. Weiterleitung von Fremdgeld durch Postbanküberweisung	2.800,00	3.200,00

3. Kauf eines Schreibtisches durch Banküberweisung	1.800,00	2.500,00
4. Barverkauf einer gebrauchten Schreibmaschine	1.500,00	1.800,00
5. Bareinzahlung bei der Bank	6.000,00	2.000,00
6. Bankgutschrift für Fremdgeld	1.800,00	2.500,00
7. Barkauf eines Tischrechners	1.100,00	1.150,00
8. Barverkauf eines gebrauchten Computers	2.300,00	3.450,00
9. Einkauf einer Rechenmaschine, bar	1.690,00	1.920,00

21 **22**

Anfangsbestände Beträge in €	**21**	**22**
Praxisausstattung	60.000,00	80.000,00
Fuhrpark	35.000,00	48.000,00
Fremdgeld	12.000,00	32.000,00
Bankguthaben	80.000,00	95.000,00
Eigenkapital	?	?
Kassenbestand	3.000,00	5.000,00
Postbankguthaben	22.000,00	18.000,00
Darlehen, langfristig	30.000,00	35.000,00

Kontenplan: Bank, Darlehen (langfristig), Eigenkapital, Eröffnungsbilanz, Fremdgeld, Fuhrpark, Kasse, Postbank, Praxisausstattung, Schlussbilanz.

Geschäftsfall Beträge in €		
1. Tilgung der Darlehensrate durch Bank	10.000,00	15.000,00
2. Barabhebung von der Bank	5.000,00	2.000,00
3. Kauf eines Computers, bar	4.000,00	6.000,00
4. Weiterleitung von Fremdgeld durch Bank	6.000,00	18.000,00
5. Eingang von Fremdgeld auf Postbankkonto	4.000,00	6.000,00
6. Verkauf einer gebrauchten Rechenmaschine, bar	1.600,00	1.800,00
7. Kauf einer Frankiermaschine durch Postbankscheck	1.500,00	1.600,00
8. Abhebung vom Postbankkonto, bar	7.000,00	9.000,00
9. Barkauf eines Teppichs für die Kanzlei	6.800,00	4.300,00
10. Kauf eines Schreibtisches durch Bank	5.000,00	6.000,00
11. Wir überweisen eine Darlehensrate durch Bank	4.000,00	6.000,00
12. Bareinzahlung bei der Bank	1.000,00	1.500,00

2.4.1.4 Von der Eröffnungsbilanz zum Schlussbilanzkonto

Wenn Sie aufmerksam das vorstehende Kapitel durchgearbeitet haben, ist Ihnen aufgefallen, dass wir die Anfangsbestände auf der gleichen Seite der Konten eingetragen haben, wo sie in der Bilanz stehen. Wir haben also die

- Anfangsbestände der Aktivkonten im Soll und die
- Anfangsbestände der Passivkonten im Haben übernommen.

Durch diese Übernahme wurde der Grundsatz der doppelten Buchführung (Doppik) durchbrochen, denn der verlangt, dass jeder Buchung im Soll eine entsprechende Buchung im Haben gegenübersteht.

In der Praxis wird deshalb gelegentlich **freiwillig** ein **Konto** eingerichtet, das bei der Buchung der Anfangsbestände in die Konten die **Gegenbuchungen** aufnimmt.

Diese Aufgabe übernimmt das **Eröffnungsbilanzkonto (EBK)**. Das EBK stellt ein **Spiegelbild** der **Bilanz** dar. Alle **Aktivkonten** haben ihre Anfangsbestände im **Haben** und alle **Passivkonten** haben die Anfangsbestände im **Soll**!

Nach den Eröffnungsbuchungen hat das EBK seinen Zweck erfüllt und wird nicht mehr benötigt.

Formale Darstellung

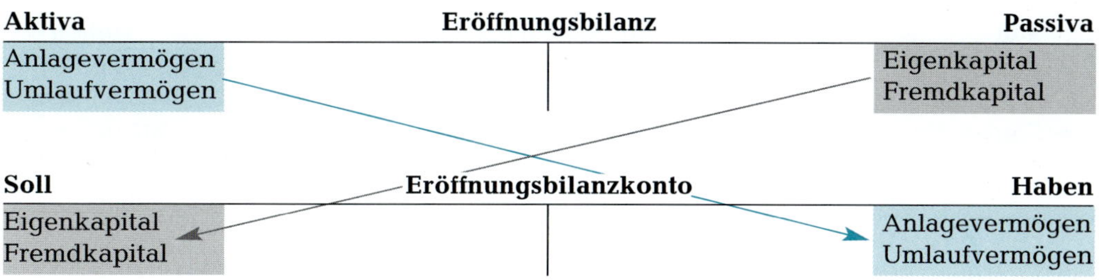

In Rechtsanwalts-/Notariatskanzleien wird die Schlussbilanz meist durch Steuerberater **außerhalb** der Buchführung erstellt. Damit die Bestandskonten jedoch abgeschlossen werden können, wird in der Kanzlei ein Konto **Schlussbilanzkonto (SBK)** eingerichtet. Das **SBK** ist das **Gegenkonto** für die **Abschlussbuchungen** in den Konten.

Merken Sie sich bitte:

1. Die **Eröffnungsbuchungen** für die Bestandskonten lauten, wenn ein EBK eingerichtet ist
   - Aktivkonten an[1] EBK
   - EBK an Passivkonten
2. Die **Abschlussbuchungen** für die Bestandskonten lauten
   - SBK an Aktivkonten
   - Passivkonten an SBK

[1] Das Wörtchen „an" ist die Verbindung der beiden Kontenarten.

Beispiel

Aktiva	Eröffnungsbilanz		Passiva
Fuhrpark	110.000,00	Eigenkapital	90.000,00
Praxisausstattung	89.000,00	Darlehen, langfristig	120.000,00
Bank	13.000,00	Fremdgeld	7.000,00
Kasse	5.000,00		
	217.000,00		217.000,00

Spiegelbild → Bestände aller Aktivkonten im Haben
Bestände aller Passivkonten im Soll

Soll	Eröffnungsbilanzkonto		Haben
Eigenkapital	90.000,00	Fuhrpark	110.000,00
Darlehen, langfristig	120.000,00	Praxisausstattung	89.000,00
Fremdgeld	7.000,00	Bank	13.000,00
		Kasse	5.000,00
	217.000,00		217.000,00

Eröffnung der Konten ← Bestände der Aktivkonten im Soll
→ Bestände der Passivkonten im Haben

S	Fuhrpark		H
EBK	110.000,00	SBK	110.000,00

S	Praxisausstattung		H
EBK	89.000,00	SBK	89.000,00

S	Bank		H
EBK	13.000,00	SBK	13.000,00

S	Kasse		H
EBK	5.000,00	SBK	5.000,00

S	Eigenkapital		H
SBK	90.000,00	EBK	90.000,00

S	Darlehen, langfristig		H
SBK	120.000,00	EBK	120.000,00

S	Fremdgeld		H
SBK	7.000,00	EBK	7.000,00

Soll	Schlussbilanzkonto		Haben
Fuhrpark	110.000,00	Eigenkapital	90.000,00
Praxisausstattung	89.000,00	Darlehen, langfristig	120.000,00
Bank	13.000,00	Fremdgeld	7.000,00
Kasse	5.000,00		
	217.000,00		217.000,00

Zusammenfassung

- Das **Eröffnungsbilanzkonto** ist das Gegenkonto für die Eröffnung der Bestandskonten. Es ist das **Spiegelbild** der **Eröffnungsbilanz**.
- Das **Schlussbilanzkonto** ist das **Gegenkonto** für den Abschluss aller **Bestandskonten**. **Schlussbilanz** (SB) und **SBK** stimmen **inhaltlich überein**.

2.4.2 Der Buchungssatz

2.4.2.1 Einfache Buchungssätze

Bisher haben wir für das Buchen der Geschäftsfälle in den Konten folgende Vorüberlegungen beantwortet[1]

(1) **Welche Konten** werden berührt?

(2) Um welche **Kontenart** handelt es sich?

(3) Liegt ein **Vermögenszugang** (+) oder ein **Vermögensabgang** (./.) vor?

(4) Auf welcher **Kontenseite** wird **gebucht**?

Wenn wir das Gelernte zu einer **Buchungsanweisung** zusammenfassen, haben wir einen **Buchungssatz** gebildet.

In **Buchungssätzen** werden die **Konten** genannt, auf denen der jeweilige **Geschäftsfall** zu buchen ist. Dabei zeigt jeder Buchungssatz den Geschäftsfall in folgender **Reihenfolge**:

Sollbuchung **an** **Haben**buchung

Beispiel

Barkauf eines Rechners für 1.357,00 €.

Buchungssatz

Praxisausstattung (PA) **an** Kasse

1.357,00 1.357,00

Formal

Konto	Soll	Haben
Praxisausstattung	1.357,00	
an Kasse		1.357,00

Anfangsbestände von oben

Soll — Praxisausstattung — Haben

Soll		Haben	
AB	89.000,00		
Kasse	1.357,00		

Soll — Praxisausstattung — Haben

Soll		Haben	
AB	5.000,00	PA	1.357,00

Merken Sie sich bitte:

- Der **Buchungssatz** nennt die **Konten,** auf denen **gebucht** wird.
- Zuerst wird das **Sollkonto,** dann das **Habenkonto** genannt.
- Die Konten werden durch das Wort **an** verbunden.

2.4.2.2 Zusammengesetzte Buchungssätze

Bisher wurden durch die Geschäftsfälle nur zwei Konten angerufen (einfacher Buchungssatz). Von einem **zusammengesetzten Buchungssatz** sprechen wir dann, wenn **drei und mehr Konten** berührt werden. Auch hier müssen wir die gleichen Vorüberlegungen anstellen wie bei den einfachen Buchungssätzen.

[1] Vergleichen Sie hierzu bitte Kapitel 2.4.1.2 im Teil Buchführung.

Beispiel

Wir zahlen eine Darlehensrate in Höhe von 6.000,00 € durch
a) Kasse 2.000,00 € und
b) Bankscheck 4.000,00 €.

Buchungssatz

Darlehen an Kasse und Bank
6.000,00 2.000,00 4.000,00

Formal

Konto	Soll	Haben
Darlehen	6.000,00	
an Kasse		2.000,00
an Bank		4.000,00

Anfangsbestände von oben

Soll	Darlehen		Haben
Ka/Ba	6.000,00	AB	120.000,00

Soll	Kasse		Haben
AB	5.000,00	Darlehen	2.000,00

Soll	Bank		Haben
AB	13.000,00	Darlehen	4.000,00

Merken Sie sich bitte:

- Der **Wert der Sollbuchungen** muss **gleich** sein dem **Wert der Habenbuchungen.**

Aufgaben

23 Bilden Sie die Buchungssätze zu den **Aufgaben Nr. 17, 19 und 21**!

24 Bilden Sie zu den folgenden Geschäftsfällen die Buchungssätze!

Kontenplan: Bank, Darlehen, Fremdgeld, Fuhrpark, Kasse, Postbank, Praxisausstattung.

Geschäftsfall	Beträge in €	
1. Aufnahme eines Darlehens und Gutschrift auf Bankkonto		50.000,00
2. Barabhebung von der Bank		3.000,00
3. Kauf eines Personenkraftwagens gegen Bankscheck		60.000,00
4. Verkauf eines gebrauchten Bücherregals, bar		1.800,00
5. Wir zahlen bei der Bank bar ein		1.000,00
6. Kauf eines Notebooks		
gegen Bankscheck	800,00	
gegen Postbankscheck	1.500,00	2.300,00
7. Rückzahlung einer Darlehensrate durch Bank		10.000,00
8. Barabhebung vom Postbankkonto	5.000,00	
vom Bankkonto	2.000,00	7.000,00
9. Auszahlung von Fremdgeld, bar		200,00
10. Kauf eines Computers		
gegen Postbanküberweisung	1.000,00	
gegen Banküberweisung	2.500,00	3.500,00
11. Verkauf eines gebrauchten Pkw		
gegen Kasse	2.000,00	
gegen Bankscheck	12.000,00	14.000,00

25 Welche Geschäftsfälle liegen den folgenden Buchungssätzen zu Grunde?

1.	Praxisausstattung	an	Bank
2.	Bank	an	Kasse
3.	Darlehen	an	Bank
4.	Kasse	an	Postbank
5.	Bank	an	Darlehen
6.	Fuhrpark	an	Postbank
7.	Hypothekendarlehen	an	Bank
8.	Postbank	an	Kasse
9.	Kasse	an	Bank
10.	Bank	an	Fremdgeld
11.	Fremdgeld	an	Bank

26 **27** Bearbeiten Sie die **Aufgaben 26 und 27** nach folgenden Schritten:

a) Stellen Sie die Eröffnungsbilanz auf. **Das Eröffnungsbilanzkonto brauchen Sie nicht!**

b) Übertragen Sie die Anfangsbestände auf Konten.

c) Bilden Sie die Buchungssätze der Geschäftsfälle und buchen Sie auf Konten.

d) Ermitteln Sie die Schlussbestände.

e) Bilden Sie die Abschlussbuchungssätze und schließen Sie die Konten über das Schlussbilanzkonto (SBK) ab.

Anfangsbestände **Beträge in €**	**26**	**27**
Eigenkapital	?	?
Kasse	3.000,00	6.000,00
Darlehen	20.000,00	15.000,00
Bank	30.000,00	35.000,00
Fuhrpark	80.000,00	70.000,00
Praxisausstattung	65.000,00	85.000,00
Fremdgeld	10.000,00	12.000,00
Postbank	40.000,00	45.000,00

Kontenplan: Bank, Darlehen, Eigenkapital, Eröffnungsbilanz, Fremdgeld, Fuhrpark, Kasse, Postbank, Praxisausstattung, Schlussbilanzkonto (SBK).

Geschäftsfall **Beträge in €**		
1. Kauf eines Pkw gegen Postbanküberweisung	35.000,00	30.000,00
gegen Bankscheck	20.000,00	25.000,00
2. Barabhebung vom Bankkonto	3.000,00	2.000,00
3. Barverkauf eines gebrauchten Computers	10.000,00	12.000,00
4. Aufnahme eines Darlehens und Bankgutschrift	60.000,00	80.000,00
5. Kauf eines Schreibtisches		
gegen Bankscheck	4.000,00	2.000,00
gegen Kasse	200,00	300,00
6. Rückzahlung einer Darlehensrate durch Banküberweisung	5.000,00	4.000,00
7. Bankgutschrift für Fremdgeld	10.000,00	11.000,00
8. Weiterleitung von Fremdgeld durch Banküberweisung		
an Mandant Felix Grün	2.000,00	3.000,00
an Mandantin Rosel Pfennigfuchs	7.000,00	4.500,00

2.4.3 Keine Buchung ohne Beleg

Die Grundsätze ordnungsmäßiger Buchführung (GoB) schreiben vor, dass **jede Buchung** durch einen **Beleg** bewiesen werden muss. Also:

keine Buchung ohne Beleg!

Belege kann man in **Eigenbelege** und **Fremdbelege**[1] unterscheiden:

Eigenbelege sind z. B.
- Ausgangsrechnungen
- Lohn- und Gehaltslisten
- Reisekostenabrechnungen
- Belege über Privatentnahmen

Fremdbelege sind z. B.
- Eingangsrechnungen
- Quittungen
- Kontoauszüge
- Lastschriften.

Allen **Belegen** ist gemeinsam, dass sie zunächst auf ihre **rechnerische Richtigkeit** hin **überprüft** und zur Buchung **vorbereitet** werden (= **Vorkontierung**). Hierzu werden in der Praxis Stempel verwendet. In den Stempelaufdruck sind die Kontenbezeichnungen, die Beträge im Soll und Haben und das Namenszeichen des/der Buchenden einzutragen.

Beispiel

Barkauf einer Rechenmaschine für 1.428,00 €.

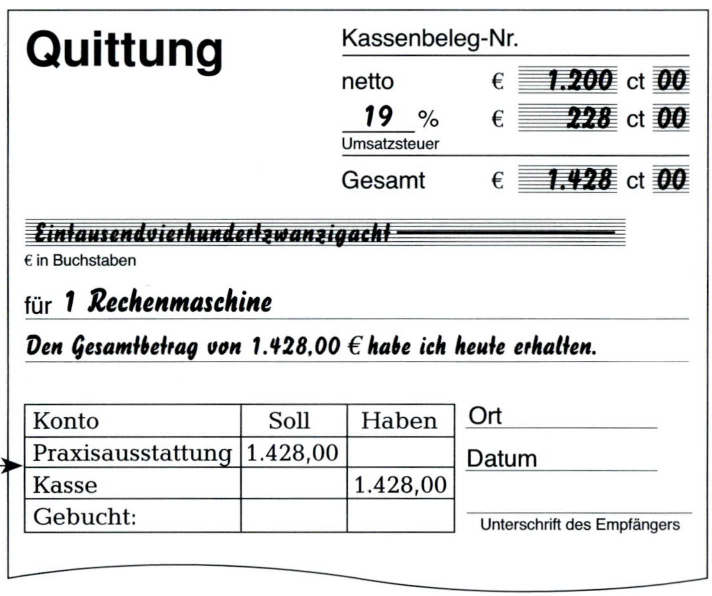
Quittung

Kassenbeleg-Nr.

netto € 1.200 ct 00

19 % Umsatzsteuer € 228 ct 00

Gesamt € 1.428 ct 00

Eintausendvierhundertzwanzigacht

€ in Buchstaben

für 1 Rechenmaschine

Den Gesamtbetrag von 1.428,00 € habe ich heute erhalten.

Konto	Soll	Haben
Praxisausstattung	1.428,00	
Kasse		1.428,00
Gebucht:		

Ort

Datum

Unterschrift des Empfängers

Vorkontierung
Stempelaufdruck

Merken Sie sich bitte:

- Die **Belege** müssen **10 Jahre** lang **aufbewahrt** werden.

[1] Vergleichen Sie bitte auch Kapitel 6 im Teil Buchführung.

2.5 Die Bücher der Buchführung

2.5.1 Das Grundbuch

Im **Grundbuch** sind alle Geschäftsfälle in **zeitlicher Reihenfolge** einzutragen. Es heißt auch **Tagebuch, Journal oder Memorial**. Zur besseren Kontrolle werden neben dem Buchungssatz noch das Eingangs- bzw. Ausstellungsdatum des Beleges und die Belegnummer aufgenommen.

Beispiel

Datum	Geschäftsfall	Beträge in €
03.06.	Bareinzahlung bei der Bank	1.000,00
03.06.	Bankgutschrift für Fremdgeld	6.900,00
04.06.	Barabhebung vom Postbankkonto	500,00

Grundbuch		Monat ...		
Datum	**Beleg**	**Buchungssatz Beträge in €**	**Soll**	**Haben**
03.06.	1	Bank	1.000,00	
		an Kasse		1.000,00
03.06.	2	Bank	6.900,00	
		an Fremdgeld		6.900,00
04.06.	3	Kasse	500,00	
		an Postbank		500,00

Merken Sie sich bitte:

- Im **Grundbuch** werden alle Geschäftsfälle in **zeitlicher Reihenfolge** eingetragen.

2.5.2 Das Hauptbuch

Das **Hauptbuch** enthält alle Konten vom Eröffnungsbilanzkonto bis zum Schlussbilanzkonto. Geschäftsfälle, die **sachlich zusammengehören**, wie z. B. Kassengeschäfte, Bank- oder Postbankbewegungen, werden in den entsprechenden Konten Kasse, Bank, Postbank usw. gebucht.

Beispiel

Angaben und Beträge aus dem Grundbuch

Hauptbuch

Soll	Bank		Haben
Kasse	1.000,00		
Fremdgeld	6.900,00		

Soll	Kasse		Haben
Postbank	500,00	Bank	1.000,00

Soll	Postbank		Haben
		Kasse	500,00

Soll	Fremdgeld		Haben
		Bank	6.900,00

Merken Sie sich bitte:

- Das **Hauptbuch** erfasst alle **Geschäftsfälle** auf **Konten** nach **sachlichen Gesichtspunkten.**
- Durch die Angabe des **Gegenkontos** wird die **Kontrolle** der Buchung **erleichtert.**

2.5.3 Das Bilanzbuch

Das **Bilanzbuch** stellt die **Eröffnungsbilanz und die Schlussbilanz** dar. Dieses Buch wird häufig außerhalb der Buchhaltung vom Rechtsanwalt/Notar oder vom Steuerberater geführt. Die **Posten** der **Schlussbilanz** sind durch die **Inventur zu ermitteln** (Feststellung des körperlichen Ist). Bei **Abweichungen** der festgestellten Istbestände mit den Buchbeständen müssen die Buchbestände durch **Korrekturbuchungen** berichtigt werden.

Merken Sie sich bitte:

- Im **Bilanzbuch** werden die durch **Inventur ermittelten Bestände** der Eröffnungs- und Schlussbilanz **zusammengefasst.**

Neben diesen Büchern werden bei Rechtsanwälten/Notaren häufig noch **Nebenbücher**, wie z. B. Bestandsverzeichnis, Kassenbuch, Handakten, Verwahrungsbuch, Massenbuch und Kostenblatt **geführt**. Diese Nebenbücher **erläutern** und ergänzen die **Konten** im Hauptbuch.

Gesamtzusammenfassung

Formale Darstellung

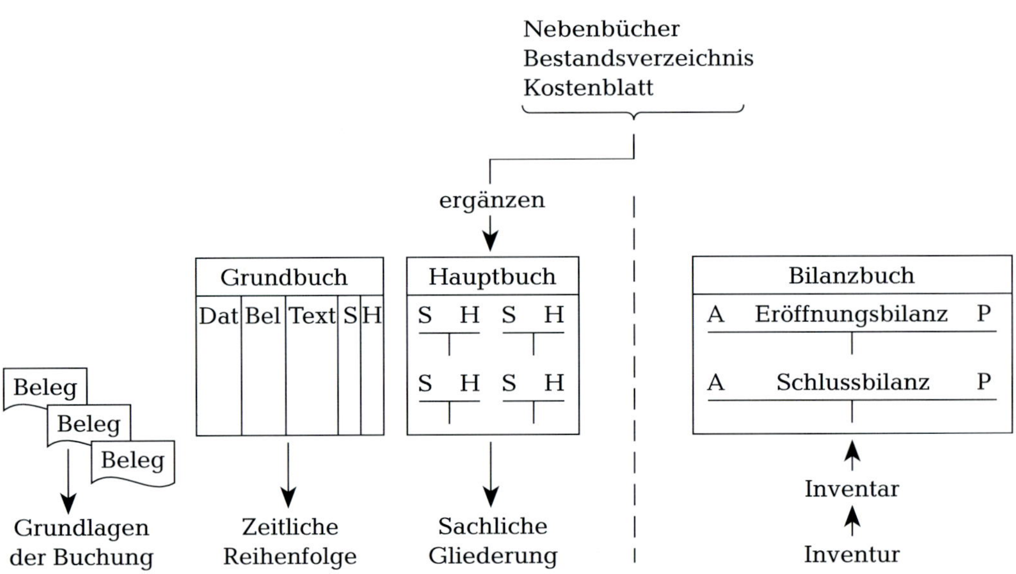

2.6 Geschlossener Geschäftsgang mit Bestandskonten

Unter **Geschäftsgang** verstehen wir den buchführungsmäßigen Gesamtablauf

- von der **Aufstellung der Eröffnungsbilanz**,
- über die **Buchung der Geschäftsfälle im Grundbuch**,
- der **Eröffnung der Konten**,
- der **Übertragung der Buchungssätze** aus dem Grundbuch **ins Hauptbuch**,
- bis hin zu dem **Abschluss der Konten über das Schlussbilanzkonto**.

Beispiel mit Lösung

Anfangsbestände zum 01. Dezember		Beträge in €	
Eigenkapital	142.000,00	Fuhrpark	30.000,00
Praxisausstattung	80.000,00	Bank	40.000,00
Kasse	2.000,00	Darlehen	20.000,00
Postbank	10.000,00		

Kontenplan: Bank, Darlehen, Eröffnungsbilanz, Eröffnungsbilanzkonto, Eigenkapital, Fuhrpark, Kasse, Postbank, Praxisausstattung, Schlussbilanz, Schlussbilanzkonto.

Datum	Beleg	Geschäftsfall		Beträge in €
02.12.	1	Kauf eines Notebooks, bar		1.150,00
02.12.	2	Barabhebung von der Bank		3.000,00
03.12.	3	Verkauf eines gebrauchten Pkw durch Bank		11.500,00
08.12.	4	Kauf eines Pkw		
		gegen Postbanküberweisung	6.000,00	
		gegen Banküberweisung	40.000,00	46.000,00
22.12.	5	Tilgung der Darlehensrate durch Banküberweisung		2.000,00

Grundbuch
mit Eröffnungs- und Abschlussbuchungen im Monat ...

Datum	Beleg	Buchungssatz Beträge in €	Soll	Haben
01.12.	–	**A. Eröffnungsbuchungen**		
		Fuhrpark	30.000,00	
		Praxisausstattung	80.000,00	
		Bank	40.000,00	
		Postbank	10.000,00	
		Kasse	2.000,00	
		an Eröffnungsbilanzkonto		162.000,00
		Eröffnungsbilanzkonto	162.000,00	
		an Eigenkapital		142.000,00
		an Darlehen		20.000,00
		B. Laufende Buchungen		
02.12.	1	Praxisausstattung	1.150,00	
		an Kasse		1.150,00
02.12.	2	Kasse	3.000,00	
		an Bank		3.000,00

Datum	Beleg	Buchungssatz	Beträge in €	Soll	Haben
03.12	3	Bank		11.500,00	
		an Fuhrpark			11.500,00
08.12.	4	Fuhrpark		46.000,00	
		an Postbank			6.000,00
		an Bank			40.000,00
22.12.	5	Darlehen		2.000,00	
		an Bank			2.000,00
		C. Abschlussbuchungen			
31.12.	–	SBK		160.000,00	
		an Fuhrpark			64.500,00
		an Praxisausstattung			81.150,00
		an Bank			6.500,00
		an Postbank			4.000,00
		an Kasse			3 850,00
		Eigenkapital		142.000,00	
		Darlehen		18.000,00	
		an SBK			160.000,00

Inventar- und Bilanzbuch

Inventar

↓

Aktiva	Eröffnungsbilanz		Passiva
Fuhrpark	30.000,00	Eigenkapital	142.000,00
Praxisausstattung	80.000,00	Darlehen	20.000,00
Bank	40.000,00		
Postbank	10.000,00		
Kasse	2.000,00		
	162.000,00		162.000,00

Hauptbuch

Soll	Eröffnungsbilanzkonto		Haben
Eigenkapital	142.000,00	Fuhrpark	30.000,00
Darlehen	20.000,00	Praxisausstattung	80.000,00
		Bank	40.000,00
		Postbank	10.000,00
		Kasse	2.000,00
	162.000,00		162.000,00

Soll	Fuhrpark		Haben
EBK	30.000,00	3. Bank	11.500,00
4. PS/Ba	46.000,00	SBK	64.500,00
	76.000,00		76.000,00

Soll	Eigenkapital		Haben
SBK	142.000,00	EBK	142.000,00

Soll	Praxisausstattung		Haben
EBK	80.000,00	SBK	81.150,00
1. Kasse	1.150,00		
	81.150,00		81.150,00

Soll	Darlehen		Haben
5. Bank	2.000,00	EBK	20.000,00
SBK	18.000,00		
	20.000,00		20.000,00

Soll	Bank		Haben
EBK	40.000,00	2. Kasse	3.000,00
3. Fupa	11.500,00	4. Fupa	40.000,00
		5. Darl	2.000,00
		SBK	6.500,00
	51.500,00		51.500,00

Soll	Postbank		Haben
EBK	10.000,00	4. Fupa	6.000,00
		SBK	4.000,00
	10.000,00		10.000,00

Soll	Kasse		Haben
EBK	2.000,00	1. PA	1.150,00
2. Bank	3.000,00	SBK	3.850,00
	5.000,00		5.000,00

Soll	**Schlussbilanzkonto**		**Haben**
Fuhrpark	64.500,00	Eigenkapital	142.000,00
Praxisausstattung	81.150,00	Darlehen	18.000,00
Bank	6.500,00		
Postbank	4.000,00		
Kasse	3.850,00		
	160.000,00		160.000,00

Inventur zum 31.12. des Berichtsjahres

Inventar- und Bilanzbuch

Inventar

↓

Aktiva	**Schlussbilanz**		**Passiva**
Fuhrpark	64.500,00	Eigenkapital	142.000,00
Praxisausstattung	81.150,00	Darlehen	18.000,00
Bank	6.500,00		
Postbank	4.000,00		
Kasse	3.850,00		
	160.000,00		160.000,00

ODU

Bearbeiten Sie die **Aufgaben 28 bis 30** nach folgenden **Lösungsschritten:**

a) Stellen Sie die Eröffnungsbilanz auf. **Das Eröffnungsbilanzkonto brauchen Sie nicht!**

b) Übernehmen Sie die Anfangsbestände aus der Eröffnungsbilanz in die Konten.

c) Bilden Sie die Buchungssätze für die laufenden Buchungen.

d) Buchen Sie die Geschäftsfälle in die Konten des Hauptbuches.

e) Ermitteln Sie die Schlussbestände und bilden Sie die Abschlussbuchungssätze.

f) Schließen Sie die Konten über das Schlussbilanzkonto (SBK) ab. Die Schlussbilanz müssen Sie nicht erstellen.

Aufgaben

28

Anfangsbestände	Beträge in €		
Eigenkapital	?	Fuhrpark	40.000,00
Praxisausstattung	60.000,00	Darlehen	10.000,00
Bank	20.000,00	Kasse	5.000,00

Kontenplan: Bank, Darlehen, Eröffnungsbilanz, Eigenkapital, Fuhrpark, Kasse, Praxisausstattung, Schlussbilanzkonto.

Geschäftsfall	Beträge in €
1. Wir kaufen einen Teppich für die Kanzlei, bar	3.000,00
2. Verkauf eines gebrauchten Schreibtisches durch Bank	2.000,00
3. Tilgung einer Darlehensrate durch Banküberweisung	5.000,00

29 **30**

Anfangsbestände	Beträge in € 29	30
Fremdgeld	2.000,00	3.000,00
Eigenkapital	?	?
Praxisausstattung	50.000,00	80.000,00
Bank	30.000,00	60.000,00
Kasse	2.500,00	3.500,00

Kontenplan: Bank, Eröffnungsbilanz, Eigenkapital, Fremdgeld, Kasse, Praxisausstattung, Schlussbilanzkonto.

Geschäftsfall	Beträge in €	
1. Barverkauf einer gebrauchten Rechenmaschine	1.300,00	1.450,00
2. Der Gegner überweist Unterhaltsbeitrag durch Bank zur Weiterleitung an unsere Mandantin	4.500,00	6.200,00
3. Kauf eines Computers durch Banküberweisung	4.600,00	6.900,00
4. Barabhebung vom Bankkonto	2.000,00	2.500,00
5. Barkauf einer Buchungsmaschine	1.460,00	1.230,00
6. Weiterleitung des Unterhalts an unsere Mandantin durch Bankscheck	4.500,00	6.200,00

2.7 Die Buchführung als Erfolgsrechnung

Die bisher gebuchten Geschäftsfälle auf den **Bestandskonten änderten** zwar verschiedene Bilanzpositionen, berührten aber das Konto **Eigenkapital nicht**. Insofern waren alle Buchungen **erfolgsneutral**, weil sie weder zu einer Eigenkapitalmehrung noch zu einer Eigenkapitalminderung führten.

Nun ist aber das Bestreben des Rechtsanwalts/Notars auch darauf gerichtet, für seine **Tätigkeit** ein **angemessenes Entgelt** zu erhalten. Dieses **Einkommen** heißt **Gewinn**. Der Gewinn ist die **wichtigste Einkommensquelle**, aus dem der Rechtsanwalt/Notar seinen **Lebensunterhalt** für sich und seine Familie bestreitet.

Geschäftsfälle, die zu einer **Veränderung des Eigenkapitals** führen, sind **erfolgswirksame Vorgänge**.

2.7.1 Die Veränderungen des Eigenkapitalkontos durch Erfolgskonten

Wir unterscheiden zwei Arten von **Veränderungen** des Eigenkapitals:

- **Mehrungen** des Eigenkapitals durch **Erträge** (Erlöse),
- **Minderungen** des Eigenkapitals durch **Aufwendungen (Kosten)**.

Eigentlich müssten die **Erfolgsvorgänge direkt** auf dem **Eigenkapitalkonto** gebucht werden. Wenn wir aber bedenken, dass im Laufe des Geschäftsjahres eine Vielzahl von Buchungen anfallen, dann ist leicht einzusehen, dass das Konto Eigenkapital **unübersichtlich** werden würde. Um dies zu **vermeiden**, legen wir für **Aufwendungen** und **Erträge Unterkonten** an, die den **gleichen Aufbau** wie das **Eigenkapitalkonto** haben.

2.7.2 Buchung in Aufwands- oder Kostenkonten

Merken Sie sich bitte:

- Als **Aufwand** oder Kosten bezeichnen wir den **bewerteten** (in Geld ausgedrückten) **Leistungsverzehr** (Abflüsse) innerhalb einer Kanzlei.
- Die **Aufwendungen vermindern** das **Eigenkapital!**

Beispiel

Wir zahlen Gehalt in Höhe von 4.000,00 € durch Banküberweisung.

Die **Gehaltszahlung mindert** das **Bankguthaben**. Es wird aber **kein anderes Aktivkonto** vermehrt, so dass kein Aktivtausch vorliegt. Daher kommt nur eine Aktiv-Passiv-Minderung infrage. Weil aber kein Posten des Fremdkapitals vermindert wird, muss sich das **Eigenkapital vermindern**.

Buchung

Konto	Soll	Haben
Gehalt	4.000,00	
an Bank		4.000,00

Soll	Gehalt		Haben
Bank	4.000,00		

Soll	Bank		Haben
		Gehalt	4.000,00

Weitere Beispiele für Aufwendungen und Kosten:

- Mietaufwand für ein gemietetes Bürogebäude,
- Reparaturen an Kraftfahrzeugen und Praxisausstattung,
- Kauf von Büromaterial, Büchern und Fachzeitschriften,
- Post-, Fernsprech- und Telefaxentgelte,
- Zinsaufwand für in Anspruch genommene Kredite und Darlehen.

2.7.3 Buchung in Erlös- oder Ertragskonten

Merken Sie sich bitte:

- **Erträge** (Erlöse) sind **Einnahmen** (Zuflüsse) in einer Kanzlei, die durch die **Tätigkeit** des Rechtsanwalts/Notars entstehen und das **Eigenkapital vermehren!**

Beispiel

Unser Mandant zahlt 714,00 € Vergütung bar an der Praxiskasse ein.

Das Aktivkonto **Kasse erhöht** sich um 714,00 €, **ohne dass** sich ein **anderes Aktivkonto** vermindert. Es liegt also kein Aktivtausch vor. Das Fremdkapital der Kanzlei erhöht sich ebenfalls nicht, so dass sich das **Eigenkapital um diesen Betrag erhöhen muss**.

Buchung

Konto	Soll	Haben
Kasse	714,00	
an Vergütung		714,00

Soll	Kasse	Haben
Vergütung 714,00		

Soll	Vergütung	Haben
		Kasse 714,00

Weitere Beispiele für Erträge:

- Erlöse aus Vergütungen für die Tätigkeit und Nebentätigkeit des Rechtsanwalts,
- Mieterträge für ein von der Kanzlei vermietetes Gebäude,
- Zinserträge für ein von der Kanzlei an Mitarbeiter gewährtes Darlehen.

Zusammenfassung

Soll	Eigenkapital	Haben
Aufwendungen (Kosten) Minderungen = **Abflüsse**		Anfangsbestand Erträge (Erlöse) Mehrungen = **Zuflüsse**
Beispiele Mietaufwand Zinsaufwand Personalaufwand		**Beispiele** Mietertrag Zinsertrag Vergütung
↓		↓
Aufwandskonten = Minderungen des Eigenkapitals		**Ertragskonten = Mehrungen des Eigenkapitals**

Soll	Mietaufwand	Haben
Buchung		

Soll	Mietertrag	Haben
		Buchung

Soll	Zinsaufwand	Haben
Buchung		

Soll	Zinsertrag	Haben
		Buchung

Soll	Steuern	Haben
Buchung		

Soll	Vergütung	Haben
		Buchung

Merken Sie sich bitte:

- **Erfolgskonten** sind **Unterkonten** des **Eigenkapitalkontos.**
- Es werden gebucht:
  - **Aufwands- oder Kostenkonten im Soll**
  - **Ertrags- oder Erlöskonten im Haben.**

Buchungsbeispiele in Erfolgskonten

Beispiel 1

Wir zahlen eine Kfz-Reparaturrechnung bar für 238,00 €.

Buchung

Konto	Soll	Haben
Reparaturen	238,00	
an Kasse		238,00

Soll	Reparaturen	Haben
Kasse 238,00		

Soll	Kasse	Haben
		Reparaturen 238,00

Beispiel 2

Mandant zahlt 3.570,00 € Vergütung durch Banküberweisung.

Buchung

Konto	Soll	Haben
Bank	3.570,00	
an Vergütung		3.570,00

Soll	Bank	Haben
Kasse 3.570,00		

Soll	Vergütung	Haben
		Bank 3.570,00

Beispiel 3

Wir zahlen Miete für die Praxis in Höhe von 600,00 € durch Postbanküberweisung.

Buchung

Konto	Soll	Haben
Mietaufwand	600,00	
an Postbank		600,00

Soll	Mietaufwand	Haben
Postbank 600,00		

Soll	Postbank	Haben
		Mietaufw. 600,00

Beispiel 4

Wir erhalten Zinsen für ein von uns gewährtes Darlehen an eine Mitarbeiterin
- durch Bankverrechnungsscheck 1.800,00 €
- durch Einzahlung an unserer Kasse 600,00 €.

Buchung

Konto	Soll	Haben
Bank	1.800,00	
Kasse	600,00	
an Zinserträge		2.400,00

Soll	Bank	Haben
Zins	1.800,00	

Soll	Kasse	Haben
Zins	600,00	

Soll	Zinserträge	Haben
	Bank/Kasse	2.400,00

Beispiel 5

Wir überweisen fällige Steuern in Höhe von 5.000,00 €
- durch Banküberweisung 2.000,00 €
- durch Postbanküberweisung 3.000,00 €.

Buchung

Konto	Soll	Haben
Steuern	5.000,00	
an Bank		2.000,00
an Postbank		3.000,00

Soll	Steuern	Haben
Bank/Post	5.000,00	

Soll	Bank	Haben
	Steuern	2.000,00

Soll	Postbank	Haben
	Steuern	3.000,00

Merken Sie sich bitte:

- Die **Buchungssätze** in Erfolgskonten lauten **immer:**
  bei **Aufwendungen:** **Aufwands**konto an **Aktiv**konto
  bei **Erträgen:** **Aktiv**konto an **Ertrags**konto

Aufgaben

31

Kontenplan:

Bestandskonten: Bank, Kasse, Postbank.

Erfolgskonten: Allgemeine Verwaltungskosten (AVK), Energiekosten, Kraftfahrzeugkosten, Personalkosten, Zinsaufwendungen.

Aufwendungen

Bilden Sie die Buchungssätze zu folgenden Geschäftsfällen:

1. Lieferung und Barzahlung von Heizöl (Energie) für die Kanzlei in Höhe von 920,00 €.
2. Banküberweisung für Post- und Telekomentgelte (AVK) 600,00 €.

3. Barzahlung der Benzinrechnung (Kfz-Kosten) 90,00 €.
4. Banklastschrift für Hypothekenzinsen (Zinsaufwendungen) 300,00 €.
5. Barzahlung an Reinigungspersonal (Personalkosten) 60,00 €.
6. Postbanküberweisung für Reparaturrechnung am Kfz 230,00 €.
7. Barkauf von Fachbüchern und Fachzeitschriften (AVK) 150,00 €.
8. Banklastschrift für Kontoführungskosten (AVK) 22,00 €.
9. Barzahlung von Paketentgelten (AVK) 10,00 €.

32

Kontenplan:

Bestandskonten: Bank, Kasse, Postbank.

Erfolgskonten: Vergütung, Mieterträge, Zinserträge.

Erträge

Bilden Sie die Buchungssätze zu folgenden Geschäftsfällen:

1. Bankgutschrift für Miete 80,00 €.
2. Mandant zahlt Vergütung in Höhe von 690,00 € in der Praxis bar ein.
3. Wir erhalten Zinsen in Höhe von 120,00 € bar für ein von uns gewährtes Darlehen.
4. Rechtsanwalt/Notar erhält für einen Vortrag 300,00 € Vergütung bar.
5. Gutschrift der Bank für Zinsen über 90,00 €.
6. Vergütungsgutschrift auf dem Postbankkonto in Höhe von 1.150,00 €.
7. Der Mieter zahlt bei unserer Kasse 120,00 € für die gemietete Garage ein.
8. Postbankgutschrift für Zinsen 200,00 €.
9. Bankgutschrift über 500,00 € für eine vermietete Wohnung.
10. Der Rechtsanwalt erhält für einen Aufsatz, den er in einer Zeitschrift veröffentlicht hat, Vergütung durch Banküberweisung in Höhe von 600,00 €.

33 Bilden Sie die Buchungssätze zu folgenden Geschäftsfällen!

Kontenplan:

Bestandskonten: Bank, Kasse, Postbank.

Erfolgskonten: Allgemeine Verwaltungskosten (AVK), Vergütung, Kfz-Versicherung, Mietaufwand, Mietertrag, Personalkosten, Steuern, Zinsaufwand, Zinsertrag.

1. Wir zahlen Kfz-Versicherung über 600,00 € durch Banküberweisung.
2. Unser Mandant zahlt 4.600,00 € Vergütung
   - durch Postbanküberweisung 2.600,00 €
   - durch Banküberweisung 2.000,00 €
3. Banküberweisung für Gehälter 6.000,00 €.
4. Wir zahlen 800,00 € Zinsen für ein Darlehen durch Banküberweisung.
5. Mieter zahlt 60,00 € bar für Garagenmiete Monat Januar.
6. Wir überweisen fällige Steuern in Höhe von 2.000,00 € durch Postbank.
7. Barkauf von Fotokopierpapier und Bleistifte (AVK) in Höhe von 80,00 €.
8. Gutschrift von Bankzinsen 200,00 €.
9. Wir zahlen 2.000,00 € Miete für die Praxisräume
   - durch Banküberweisung 500,00 €
   - durch Postbank 1.500,00 €.

34 Welche Geschäftsfälle liegen den folgenden Buchungssätzen zu Grunde?

Konto	Beträge in €	
	Soll	**Haben**
1. Kasse	1.000,00	
an Vergütung		1.000,00
2. Bank	200,00	
Postbank	100,00	
an Mietertrag		300,00
3. Kfz-Steuern	500,00	
an Postbank		500,00
4. Allgemeine Verwaltungskosten (Aktenordner)	80,00	
Miete Kanzlei	900,00	
Kfz-Reparatur	750,00	
an Bank		1.730,00
5. Fahrtkosten (Reisekosten)	60,00	
an Kasse		60,00
6. Gehälter (Personalkosten)	5.000,00	
an Bank		5.000,00

2.7.4 Abschluss der Erfolgskonten über das Gewinn-und-Verlust-Konto (GuV)

Am **Ende eines Geschäftsjahres** werden alle **Aufwendungen** und **Erträge gesammelt** und **gegenübergestellt**, um den **Erfolg (Gewinn oder Verlust)** der anwaltlichen/notariellen Tätigkeit zu **ermitteln**. Dabei gilt:

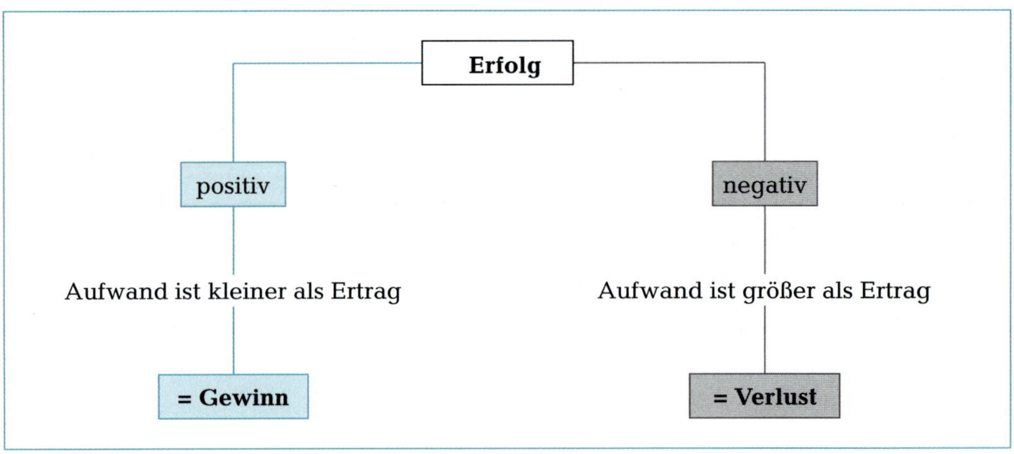

Alle **Erfolgskonten** sind **Unterkonten** des **Eigenkapitalkontos** und müssen deshalb auch über dieses abgeschlossen werden.

Der **Abschluss** geschieht jedoch **nicht direkt** in einem Schritt, sondern aus Gründen der Klarheit und Übersichtlichkeit in **zwei** Schritten:

1. Schritt: ▶ Alle **Aufwands- und Ertragskonten** werden über das Sammelkonto **Gewinn-und-Verlust-Konto (GuV)** abgeschlossen.

Abschlussbuchungssätze:

GuV	**an**	**Aufwandskonten**
Ertragskonten	**an**	**GuV**

Das GuV-Konto zeigt auf der **Sollseite** alle **Aufwendungen** und auf der **Habenseite** die **Erträge**.

Formale Darstellung

a) bei Gewinn

Soll Gewinn-und-Verlust-Konto	Haben
Aufwendungen	Erträge
Gewinn	

b) bei Verlust

Soll Gewinn-und-Verlust-Konto	Haben
Aufwendungen	Erträge
	Verlust

Aus dieser Gegenüberstellung ergibt sich als Saldo entweder ein Gewinn oder Verlust.

- **Gewinn:** Die Erträge übersteigen die Aufwendungen.
- **Verlust:** Die Aufwendungen sind höher als die Erträge.

2. Schritt: ▶ Der **Saldo** des GuV-Kontos wird auf das **Eigenkapitalkonto** übertragen.

Abschlussbuchungssätze:

bei Gewinn:	**GuV**	**an**	**Eigenkapital**
bei Verlust:	**Eigenkapital**	**an**	**GuV**

Formale Darstellung

a) bei Gewinn

Soll Eigenkapital	Haben
	Anfangsbestand
Schlussbestand	**Gewinn**

b) bei Verlust

Soll Eigenkapital	Haben
Schlussbestand	Anfangsbestand
Verlust	

Durch die Darstellung ist der Beweis erbracht, dass der **Gewinn** das **Eigenkapital vermehrt** und der **Verlust** das Eigenkapital **vermindert**. Das **Eigenkapital** als passives Bestandskonto hat nämlich den **Anfangsbestand** und die **Zugänge im Haben** und die **Minderungen im Soll**!

Merken Sie sich bitte:

- Der **Gewinn erhöht das Eigenkapital.**
- Der **Verlust vermindert das Eigenkapital.**

Zusammenfassung

Formale Darstellung

Bei Gewinn:

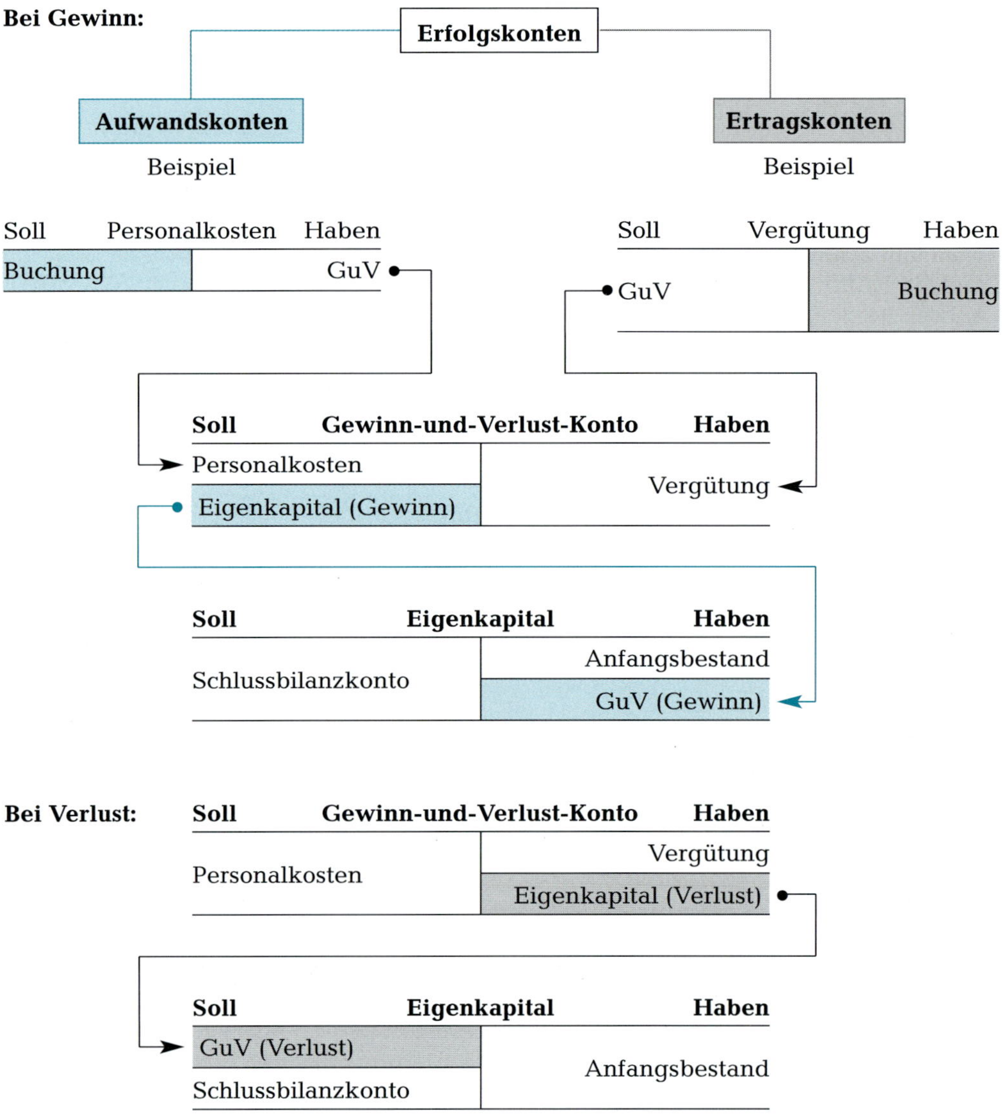

Merken Sie sich bitte:

- **Erfolgskonten** sind **Unterkonten** des **Eigenkapitalkontos** und haben **keine Anfangsbestände.**
- **Alle Erfolgskonten** werden **über** das **GuV-Konto abgeschlossen.**
- Der **Saldo** (Gewinn oder Verlust) wird auf das Konto **Eigenkapital übertragen.**
- Der dort ermittelte Saldo wird als **neues Kapital** auf das **Schlussbilanzkonto (SBK)** gebucht.

Aufgaben

35 **36** Nachstehende Geschäftsfälle sollen nur auf den Erfolgskonten **(ohne Gegenbuchung auf den Bestandskonten)** eingetragen werden. Die Salden der Erfolgskonten sind auf dem GuV zu sammeln und dieses auf das Eigenkapitalkonto (Ek) abzuschließen. Anfangsbestand des Eigenkapitals: 100.000,00 €.

Kontenplan: Eigenkapital, Gewinn-und-Verlust-Konto, Vergütung, Mietaufwand, Personalkosten, Zinserträge.

Geschäftsfall	**Beträge in €**	**35**	**36**
1. Mandant zahlt Vergütung, bar		5.750,00	3.450,00
2. Gehaltszahlung an Angestellte der Kanzlei, bar		6.000,00	4.000,00
3. Banklastschrift für Miete der Praxisräume		2.000,00	3.000,00
4. Bankgutschrift für Zinsen		3.000,00	1.000,00
5. Rechtsanwalt/Notar erhält für Vortragstätigkeit Vergütung, bar		1.000,00	500,00

37 **38** Führen Sie die Konten GuV und Eigenkapital (Anfangsbestand des Eigenkapitals: 40.000,00 €).

Konten	**Beträge in €**	**37**	**38**
Allgemeine Verwaltungskosten (AVK)		2.300,00	3.700,00
Zinsaufwendungen		8.000,00	7.000,00
Zinserträge		5.200,00	3.500,00
Vergütung		38.000,00	20.000,00
Kfz-Kosten		6.000,00	4.000,00
Personalkosten		5.000,00	6.000,00

39 Bilden Sie die Buchungssätze zu nachstehenden Geschäftsfällen und erläutern Sie, wie sich jeder Fall auf das Eigenkapital auswirkt!

Wählen Sie selbst die passenden Konten!

1. Barzahlung eines Fachbuches.
2. Vergütungseingang für Nebentätigkeiten durch Banküberweisung.
3. Bankgutschrift für Zinsen.
4. Postbanküberweisung für Miete der Praxis.
5. Banklastschrift für zuviel gezahlte Vergütung.
6. Barzahlung des Lohnes an das Reinigungspersonal der Kanzlei.
7. Barkauf von Kraftstoff für das Praxis-Kfz.

40 Schließen Sie die nachfolgenden Konten über das Gewinn-und-Verlust-Konto ab und ermitteln Sie den Erfolg buchhalterisch.

Soll	**Personalkosten**	**Haben**
Bank	3.000,00	
Bank	1.230,00	
Bank	3.460,00	

Soll	**Allgemeine Verwaltungskosten**	**Haben**
Kasse	70,00	
Kasse	120,00	
Kasse	360,00	
Kasse	89,00	

Soll	Mieterträge	Haben
	Post	5.800,00
	Post	5.800,00

Soll	Zinsaufwendungen	Haben
Bank	200,00	
Bank	300,00	

Soll	Zinserträge	Haben
	Bank	100,00

Soll	Gewinn-und-Verlust-Konto	Haben

2.8 Geschlossener Geschäftsgang mit Bestands- und Erfolgskonten

Beispiel mit Lösung

Anfangsbestände	**Beträge in €**		
Praxisausstattung (PA)	50.000,00	Fuhrpark (Fupa)	40.000,00
Kasse (Ka)	6.000,00	Bank (Ba)	20.000,00
Postbank (PS)	15.000,00	Darlehen (Dar)	20.000,00
Fremdgeld (Fg)	5.000,00	Eigenkapital (Ek)	?

Kontenplan:

Bestandskonten: Bank, Darlehen, Eigenkapital, Eröffnungsbilanz, Eröffnungsbilanzkonto, Fremdgeld, Fuhrpark, Kasse, Postbank, Praxisausstattung, Schlussbilanz, Schlussbilanzkonto.

Erfolgskonten: Allgemeine Verwaltungskosten (AVK), GuV-Konto, Kraftfahrzeugkosten, Personalkosten, Raumkosten, Vergütung, Zinserträge.

Geschäftsfall **Beträge in €**		
1. Barauszahlung von Gehältern für Angestellte		3.000,00
2. Barabhebung von der Bank		5.000,00
3. Wir kaufen einen Schreibtisch gegen Postbanküberweisung		6.900,00
4. Bankgutschrift für Zinsen		300,00
5. Barkauf von Büromaterial		130,00
6. Gutschrift auf dem Postbankkonto für Vergütung		6.450,00
7. Verkauf eines gebrauchten Kraftfahrzeuges, bar		4.600,00
8. Banklastschrift für Reparaturrechnung am Kraftfahrzeug	690,00	
für Raumkosten der Praxis	230,00	920,00
9. Weiterleitung des Fremdgeldes durch Banküberweisung		5.000,00

Buchungssätze im Grundbuch **Beträge in €** **Konto**	**Soll**	**Haben**
A. Eröffnungsbuchungen		
1. Fuhrpark	40.000,00	
Praxisausstattung	50.000,00	
Bank	20.000,00	
Postbank	15.000,00	
Kasse	6.000,00	
an Eröffnungsbilanzkonto		131.000,00
Eröffnungsbilanzkonto	131.000,00	

Konto	Soll	Haben
an Eigenkapital		106.000,00
an Darlehen		20.000,00
an Fremdgeld		5.000,00
B. Laufende Buchungen		
1. Personalkosten	3.000,00	
an Kasse		3.000,00
2. Kasse	5.000,00	
an Bank		5.000,00
3. Praxisausstattung	6.900,00	
an Postbank		6.900,00
4. Bank	300,00	
an Zinserträge		300,00
5. Allgemeine Verwaltungskosten	130,00	
an Kasse		130,00
6. Postbank	6.450,00	
an Vergütung		6.450,00
7. Kasse	4.600,00	
an Fuhrpark		4.600,00
8. Kfz-Kosten	690,00	
Raumkosten	230,00	
an Bank		920,00
9. Fremdgeld	5.000,00	
an Bank		5.000,00
C. Abschlussbuchungen		
1. Gewinn-und-Verlust-Konto	6.750,00	
an Allgemeine Verwaltungskosten (AVK)		130,00
an Kfz-Kosten		690,00
an Personalkosten		3.000,00
an Raumkosten		230,00
an Eigenkapital		2.700,00
2. Vergütung	6.450,00	
Zinserträge	300,00	
an GuV		6.750,00
3. Schlussbilanzkonto	128.700,00	
an Fuhrpark		35.400,00
an Praxisausstattung		56.900,00
an Bank		9.380,00
an Postbank		14.550,00
an Kasse		12.470,00
4. Eigenkapital	108.700,00	
Darlehen	20.000,00	
an Schlussbilanzkonto		128.700,00

Hauptbuch

Eröffnungsbilanzkonto

Soll			Haben
Eigenkapital	106.000,00	Fuhrpark	40.000,00
Darlehen	20.000,00	Praxisausstattung	50.000,00
Fremdgeld	5.000,00	Bank	20.000,00
		Postbank	15.000,00
		Kasse	6.000,00
	131.000,00		131.000,00

Fuhrpark

Soll			Haben
EBK	40.000,00	7. Ka	4.600,00
		SBK	35.400,00
	40.000,00		40.000,00

Eigenkapital

Soll			Haben
SBK	108.700,00	EBK	106.000,00
		GuV	2.700,00
	108.700,00		108.700,00

Praxisausstattung

Soll			Haben
EBK	50.000,00	SBK	56.900,00
3. PS	6.900,00		
	56.900,00		56.900,00

Darlehen

Soll			Haben
SBK	20.000,00	EBK	20.000,00

Bank

Soll			Haben
EBK	20.000,00	2. Ka	5.000,00
4. Zinsertr	300,00	8. Kfz/Raumk	920,00
		9. Fg	5.000,00
		SBK	9.380,00
	20.300,00		20.300,00

Fremdgeld

Soll			Haben
9. Bank	5.000,00	EBK	5.000,00

Kasse

Soll			Haben
EBK	6.000,00	1. Persko	3.000,00
2. Bank	5.000,00	5. AVK	130,00
7. Fupa	4.600,00	SBK	12.470,00
	15.600,00		15.600,00

Postbank

Soll			Haben
EBK	15.000,00	3. PA	6.900,00
6. Verg	6.450,00	SBK	14.550,00
	21.450,00		21.450,00

Raumkosten

Soll			Haben
8. Bank	230,00	GuV	230,00

Vergütung

Soll			Haben
GuV	6.450,00	6. PS	6.450,00

Allg. Verwaltungskosten

Soll			Haben
5. Kasse	130,00	GuV	130,00

Kfz-Kosten

Soll			Haben
8. Bank	690,00	GuV	690,00

Personalkosten

Soll			Haben
1. Kasse	3.000,00	GuV	3.000,00

Zinserträge

Soll			Haben
GuV	300,00	4. Bank	300,00

Inventar- und Bilanzbuch

Eröffnungsbilanz

Aktiva		Passiva	
Fuhrpark	40.000,00	Eigenkapital	106.000,00
Praxisausstattung	50.000,00	Darlehen	20.000,00
Bank	20.000,00	Fremdgeld	5.000,00
Postbank	15.000,00		
Kasse	6.000,00		
	131.000,00		131.000,00

Gewinn-und-Verlust-Rechnung

Soll		Haben	
Allgemeine Verwaltungskosten	130,00	Vergütung	6.450,00
Kraftfahrzeugkosten	690,00	Zinserträge	300,00
Personalkosten	3.000,00		
Raumkosten	230,00		
Eigenkapital	2.700,00		
	6.750,00		6.750,00

Schlussbilanzkonto

Soll		Haben	
Fuhrpark	35.400,00	Eigenkapital	108.700,00
Praxisausstattung	56.900,00	Darlehen	20.000,00
Bank	9.380,00		
Postbank	14.550,00		
Kasse	12.470,00		
	128.700,00		128.700,00

↓

Inventur zum 31.12. des Berichtsjahres

↓

Inventar- und Bilanzbuch

↓

Inventar

↓

Schlussbilanz

Aktiva		Passiva	
Fuhrpark	35.400,00	Eigenkapital	108.700,00
Praxisausstattung	56.900,00	Darlehen	20.000,00
Bank	9.380,00		
Postbank	14.550,00		
Kasse	12.470,00		
	128.700,00		128.700,00

Merken Sie sich bitte:

- Im **System** der **doppelten Buchführung** wird der **Erfolg auf zweifache Weise** sichtbar:

  1. Bei der **Gegenüberstellung** von **Aufwendungen** und **Erträgen.**

     Beispiel aus der Gewinn-und-Verlust-Rechnung von oben:

Soll	**Gewinn-und-Verlust-Konto**		**Haben**
Eigenkapital (Gewinn)	2.700,00		

  2. Beim **Eigenkapital- oder Vermögensvergleich**

     Beispiel

Aktiva	**Eröffnungsbilanz**		**Passiva**
		EK	106.000,00

Soll	**Schlussbilanzkonto**		**Haben**
		EK	108.700,00

Erkenntnis: Doppelte Buchführung ermöglicht die **doppelte Erfolgsermittlung!**

Lösungshinweise für die Bearbeitung der **Aufgaben 41 bis 48**:

1. Stellen Sie die Eröffnungsbilanz auf.
2. Übernehmen Sie die Anfangsbestände. **Das Eröffnungsbilanzkonto brauchen Sie nicht.**
3. Buchen Sie die Geschäftsfälle im Grund- und Hauptbuch.
4. Schließen Sie die Erfolgskonten über das Gewinn-und-Verlust-Konto ab.
5. Schließen Sie das Gewinn-und-Verlust-Konto über das Eigenkapitalkonto ab.
6. Schließen Sie die Bestandskonten über das Schlussbilanzkonto ab.

Aufgaben

41 **42**

Anfangsbestände	**Beträge in €**	**41**	**42**
Eigenkapital		?	?
Bank		30.000,00	40.000,00
Fremdgeld		10.000,00	15.000,00
Kasse		8.000,00	7.000,00
Praxisausstattung		50.000,00	60.000,00

Kontenplan:

Bestandskonten: Bank, Eigenkapital, Eröffnungsbilanz, Fremdgeld, Kasse, Praxisausstattung, Schlussbilanzkonto.

Erfolgskonten: Allgemeine Verwaltungskosten, GuV, Vergütung, Kfz-Kosten, Zinserträge.

Geschäftsfall	**Beträge in €**		
1. Bareinzahlung bei der Bank		5.000,00	4.000,00
2. Bankgutschrift für Vergütung		15.000,00	20.000,00

3. Kauf eines Schreibtisches per Banküberweisung	3.450,00	4.600,00
4. Barkauf von Briefmarken (AVK)	600,00	700,00
5. Banklastschrift für Fremdgeldüberweisung	8.000,00	10.000,00
6. Bankgutschrift für Zinsen	2.000,00	1.500,00
7. Barzahlung von Betriebsstoff für Kfz	100,00	200,00

Zusätzliche Angaben und Auswertungsfragen:

1. Ermitteln Sie den Erfolg
   a) durch Eigenkapitalvergleich und
   b) durch Gegenüberstellung von Aufwendungen und Erträgen!
2. Welche Auswirkungen hat der Erfolg auf das Eigenkapital?

43 44

Anfangsbestände	**Beträge in €**	**43**	**44**
Bebautes Grundstück		350.000,00	560.000,00
Praxisausstattung		85.000,00	150.000,00
Fuhrpark		70.000,00	80.000,00
Hypothekendarlehen		100.000,00	250.000,00
Langfristiges Darlehen		53.000,00	98.000,00
Eigenkapital		?	?
Kasse		8.000,00	10.000,00
Bank		33.000,00	48.000,00
Postbank		40.000,00	60.000,00

Kontenplan: Allgemeine Verwaltungskosten, Bebautes Grundstück, Vergütung, Bank, Kasse, Personalkosten, Zinsaufwand, Praxisausstattung, Fuhrpark, Postbank, Eigenkapital, SBK, Langfristiges Darlehen, Hypothek, Eröffnungsbilanz, GuV.

Geschäftsfall	**Beträge in €**		
1. Banklastschrift für	– Gehaltszahlung	5.000,00	7.000,00
	– Darlehenstilgung	8.000,00	12.000,00
	– Zinsen	1.000,00	2.000,00
	– Hypothekentilgung	15.000,00	18.000,00
2. Bankgutschrift für Vergütung		10.150,00	20.300,00
3. Barverkauf eines gebrauchten Pkw		3.450,00	6.900,00
4. Barkauf von Fachbüchern		460,00	230,00
5. Bareinzahlung bei der Bank		10.000,00	15.000,00
6. Mandant zahlt Vergütung durch Postbanküberweisung		5.750,00	2.300,00

45 46

Anfangsbestände	**Beträge in €**	**45**	**46**
Praxisausstattung		25.000,00	30.000,00
Darlehen		10.000,00	20.000,00
Eigenkapital		?	?
Kasse		5.000,00	8.000,00
Bank		11.000,00	12.000,00
Postbank		15.000,00	9.000,00

Kontenplan: Vergütung, Praxisausstattung, AVK, Darlehen, Zinserträge, SBK, Kfz-Kosten, Eigenkapital, Kasse, Personalkosten, Bank, GuV, Eröffnungsbilanz, Postbank.

Geschäftsfall	Beträge in €	
1. Bankgutschrift für Darlehensaufnahme	30.000,00	40.000,00
2. Kauf von Büromöbeln durch Banküberweisung	20.000,00	30.000,00
3. Tilgung einer Darlehensrate durch Postbankscheck	5.000,00	15.000,00
4. Barzahlung von Fernsprechentgelten	500,00	400,00
5. Mandant überweist Vergütung auf Postbank	10.150,00	9.200,00
6. Barzahlung der Kfz-Reparaturrechnung	920,00	690,00
7. Banklastschrift für Gehälter	5.000,00	6.000,00
8. Bankgutschrift für Zinsen	1.200,00	2.400,00

47 **48**

Anfangsbestände – Beträge in €	47	48
Praxisausstattung	70.000,00	60.000,00
Fuhrpark	80.000,00	50.000,00
Fremdgeld	10.000,00	15.000,00
Bank	65.000,00	40.000,00
Eigenkapital	?	?
Darlehen	12.000,00	15.000,00
Postbank	15.000,00	18.000,00
Kasse	6.000,00	7.000,00

Kontenplan: Praxisausstattung, Fuhrpark, Fremdgeld, Kasse, Eigenkapital, Bank, Darlehen, Postbank, Schlussbilanzkonto, Eröffnungsbilanz, Vergütung, Personalkosten, Mietaufwand, Mietertrag, AVK, Kfz-Kosten, GuV, Kammerbeiträge (Rechtsanwaltskammer), Zinsaufwand.

Geschäftsfall	Beträge in €	
1. Mandant überweist Vergütung auf Bankkonto	18.000,00	19.000,00
2. Kauf eines Pkw gegen Banküberweisung	57.500,00	69.000,00
3. Barzahlung der Telefonrechnung (AVK)	230,00	345,00
4. Verkauf eines gebrauchten Pkw		
gegen Banküberweisung	30.000,00	10.000,00
gegen Postbanküberweisung	10.000,00	15.000,00
gegen Kasse	1.000,00	2.000,00
5. Barzahlung von Gehältern	3.000,00	4.000,00
6. Mandant zahlt Vergütung, bar	4.600,00	6.900,00
7. Tilgung einer Darlehensrate durch Banküberweisung	6.000,00	8.000,00
8. Kauf eines Datensichtgerätes gegen Postbankscheck	2.300,00	3.450,00
9. Aufnahme eines Darlehens und Bankgutschrift	50.000,00	60.000,00
10. Bankgutschrift für Fremdgeld	13.500,00	16.000,00
11. Wir zahlen Büromiete durch Banküberweisung	1.000,00	2.000,00
12. Bankgutschrift für Miete	500,00	800,00
13. Banklastschrift für Beitrag der Rechtsanwaltskammer	200,00	300,00
14. Barabhebung von der Bank	3.000,00	4.000,00

15.	Weiterleitung von Fremdgeld an Mandanten durch Banküberweisung	21.500,00	30.000,00
16.	Barkauf von Benzin für den Praxis-Pkw	300,00	400,00
17.	Banklastschrift für Zinsen	800,00	700,00

49 Welche Geschäftsfälle liegen den folgenden Buchungssätzen zu Grunde?

1.	Mietaufwendungen	an	Kasse
2.	Bank	an	Zinserträge
3.	Postbank	an	Vergütung
4.	Vergütung	an	Kasse
5.	Bank	an	Darlehen
6.	Postbank	an	Bank
7.	Personalkosten	an	Postbank
8.	Fremdgeld	an	Bank
9.	GuV	an	Eigenkapital
10.	Eröffnungsbilanz	an	EBK
11.	Postbank	an	Fremdgeld
12.	Darlehen	an	Bank
13.	AVK	an	Kasse
14.	Kasse	an	Bank
15.	Bank	an	Kasse
16.	SBK	an	Postbank
17.	Vergütung	an	GuV
18.	GuV	an	Zinsaufwand
19.	Eigenkapital	an	GuV
20.	SBK	an	Eigenkapital
21.	Darlehen	an	SBK
22.	Bank	an	Fremdgeld

2.9 Erfolgsermittlung durch Betriebsvermögensvergleich

Wir sind im Kapitel 2.8 zu dem Ergebnis gekommen, dass der Rechtsanwalt/Notar seinen Erfolg im System der doppelten Buchführung in zweifacher Weise ermitteln kann:

- durch **Betriebsvermögensvergleich** (Eigenkapitalvergleich),
- durch **Gegenüberstellung** von **Aufwendungen und Erträgen**.

Die **steuerliche Gewinnermittlung** erfolgt durch **Vergleich** des **Eigenkapitals am Ende des Wirtschaftsjahres** mit dem **Eigenkapital am Ende des vorangegangenen Wirtschaftsjahres**.

Beispiel

	Kanzlei	
Beträge in €	**A**	**B**
Eigenkapital am Jahresende	200.000,00	160.000,00
./. Eigenkapital am Jahresanfang	150.000,00	180.000,00
= **Eigenkapitalmehrung (Gewinn)**	**50.000,00**	
= **Eigenkapitalminderung (Verlust)**		**20.000,00**

Bei dieser Berechnung müssen **Privateinlagen und Privatentnahmen** berücksichtigt werden, weil sich der Erfolg nur auf **betrieblich** bedingte Vorgänge beziehen darf.

Privateinlagen sind **Kapitalzuführungen** des Rechtsanwalts/Notars aus seinem **Privatvermögen**.

Merken Sie sich bitte:

- **Privateinlagen erhöhen das Eigenkapital!**

Beispiel

Die Schwiegermutter schenkt dem Rechtsanwalt einen Pkw für die Praxis im Werte von 30.000,00 €.

Buchung

Konto	Soll	Haben
Fuhrpark	30.000,00	
an Eigenkapital		30.000,00

Soll	Fuhrpark	Haben
Eigenkap. 30.000,00		

Soll	Eigenkapital	Haben
		Fuhrpark 30.000,00

Privatentnahmen sind z. B. **Barentnahmen** aus der Kasse der Kanzlei, die ein Rechtsanwalt oder Notar für die **private Lebensführung** benötigt.

Merken Sie sich bitte:

- **Privatentnahmen vermindern das Eigenkapital!**

Beispiel

Der Rechtsanwalt entnimmt der Kasse 10.000,00 € für sich und seine Familie.

Buchung

Konto	Soll	Haben
Eigenkapital	10.000,00	
an Kasse		10.000,00

Soll	Eigenkapital	Haben
Kasse 10.000,00		

Soll	Kasse	Haben
		Eigenkap. 10.000,00

Erfolgsermittlung durch Betriebsvermögensvergleich unter Berücksichtigung privater Einlagen und Entnahmen.

Beträge in €	Kanzlei A	Kanzlei B
Eigenkapital am Jahresende	200.000,00	160.000,00
./. Eigenkapital am Jahresanfang	150.000,00	180.000,00
= Eigenkapitalmehrung/-minderung	+ 50.000,00	./. 20.000,00
+ Privatentnahmen	10.000,00	10.000,00
	+ 60.000,00	./. 10.000,00
./. Privateinlagen	30.000,00	30.000,00
= Gewinn/Verlust	**+ 30.000,00**	**./. 40.000,00**

Merken Sie sich bitte:

- Gem. § 4 Abs. 1 EStG ist der **Erfolg** als **Gewinn** oder **Verlust** die **Differenz** zwischen dem **Eigenkapital am Schluss** des **Wirtschaftsjahres** und dem **Eigenkapital** am **Schluss des vorangegangenen Wirtschaftsjahres, vermehrt** um die **Privatentnahmen, vermindert** um den Wert der **privaten Einlagen.**

Aufgaben

50 **51** Ermitteln Sie den Erfolg durch Betriebsvermögensvergleich!

In der Rechtsanwalts-/Notariatskanzlei Olaf Grütze werden folgende Bestände ermittelt:

Bestände	Beträge in €	50	51
Eigenkapital am Schluss des Vorjahres		190.000,00	220.000,00
Eigenkapital am Ende des laufenden Jahres		230.000,00	190.000,00
Private Einlagen		50.000,00	60.000,00
Private Entnahmen		24.000,00	30.000,00

52 **53** Ermitteln Sie

a) das Eigenkapital am Ende des Wirtschaftsjahres,

b) den Erfolg,

c) das Eigenkapital am Ende des vorangegangenen Wirtschaftsjahres!

In der Rechtsanwalts- und Notariatskanzlei Dr. Franz Mutig haben sich folgende Bestände ergeben:

Bestände	Beträge in €	52	53
Am Ende des vorangegangenen Wirtschaftsjahres			
Vermögen		400.000,00	350.000,00
Schulden		80.000,00	50.000,00
Am Schluss des laufenden Wirtschaftsjahres			
Vermögen		500.000,00	550.000,00
Schulden		70.000,00	100.000,00
Veränderungen während des Jahres:			
1. Rechtsanwalt Dr. Mutig entnahm der Kasse für private Lebensführung monatlich		3.000,00	4.000,00
2. Für die Ehefrau des Rechtsanwalts wurde eine Lebensversicherungsprämie mit Banküberweisung bezahlt		1.000,00	500,00
3. Für die Schwiegermutter des Rechtsanwalts wurde eine Wohnzimmereinrichtung durch Postbanküberweisung bezahlt		20.000,00	30.000,00

3 Erfolgsermittlung durch Einnahmen-Überschussrechnung

Rechtsanwälte und Notare, die **keine Bücher** führen und **keine Abschlüsse** machen, ermitteln den **Jahreserfolg** nach der **Einnahmen-Überschussrechnung**. Um einen Überschuss feststellen zu können, müssen Aufzeichnungen gemacht werden. Eine bestimmte Form dieser Aufzeichnungen ist nicht vorgeschrieben, jedoch müssen mindestens die **Betriebseinnahmen** und die **Betriebsausgaben** aufgezeichnet werden. Darüber hinaus müssen Rechtsanwälte und Notare festhalten:

Beispiele für Aufzeichnungen

- Abschreibungen
- Nutzungsentnahmen
- Gehälter auf besonderen Gehalts-/Lohnkonten
- Sozialabgaben
- Umsatzerlöse
- Vorsteuer
- Wirtschaftsgüter, wie Büroausstattung, Kraftfahrzeuge.

Sofern Rechtsanwälte/Notare freiwillig Bücher führen und Abschlüsse nach dem System der doppelten Buchführung machen, sind diese zusätzlichen Aufzeichnungen entbehrlich. Die Aufzeichnungen des Rechtsanwalts/Notars müssen so vollständig, klar und richtig sein, dass sich ein sachverständiger Dritter innerhalb einer angemessenen Zeit einen Überblick über die Betriebseinnahmen, die Betriebsausgaben sowie über das Betriebsergebnis, das die Grundlage für die Besteuerung (Besteuerungsgrundlage) ist, verschaffen kann.

Bei der **Einnahmen-Überschussrechnung** ist der **Erfolg** der anwaltlichen oder notariellen Tätigkeit die **Differenz** zwischen den **Betriebseinnahmen** und den **Betriebsausgaben**.

Vergleich der Gewinnermittlungsarten nach dem Einkommensteuergesetz (EStG)

Einnahmen-Überschussrechnung	Betriebsvermögensvergleich
Aufzeichnung nach § 4 Abs. 3 EStG	Buchführung nach § 4 Abs. 1 EStG
Betriebseinnahmen	Erträge, Erlöse
./. Betriebsausgaben	./. Aufwendungen, Kosten
= Betriebsergebnis	**= Gewinn/Verlust**

Wesentliche Unterschiede zum Betriebsvermögensvergleich der doppelten Buchführung bestehen darin,[1] dass in der Einnahmen-Überschussrechnung

- nur **tatsächlich zugeflossene Einnahmen** und
- nur **tatsächlich geleistete Ausgaben** erfasst werden;
- **keine Forderungen** und **Verbindlichkeiten** gebucht und
- **kein Inventar** und **keine Bilanzen** erstellt werden dürfen.

[1] Vergleichen Sie hierzu bitte Abschnitt 11 im Teil Buchführung.

3.1 Betriebseinnahmen

Betriebseinnahmen sind alle **Geldeingänge,** die einer Kanzlei im Laufe eines Wirtschaftsjahres **zugeflossen** sind. Betriebseinnahmen sind dann zugeflossen, wenn das Geld in der Kanzlei eingegangen ist (Bank, Kasse, Postbank) und der Rechtsanwalt/Notar darüber verfügen kann.

Betriebseinnahmen sind mit den **Erträgen** aus der Buchführung **vergleichbar**.

Beispiele für Betriebseinnahmen

Art der Betriebseinnahme	**Erläuterungen**
Einnahmen aus	
Auslagen	Der Rechtsanwalt berechnet für seine Tätigkeit die Dokumentenpauschale, Fahrtkosten und Post- und Telekomentgelte.
Vergütungen	Der Rechtsanwalt berechnet für seine Tätigkeit die Vergütung nach dem RVG; der Notar nach der KostO.
Hebegebühren	Rechtsanwälte sind nach Nr. 1009 VV RVG und Notare nach § 149 KostO berechtigt, für den Empfang, die Verwahrung und die Weiterleitung von Fremdgeld eine Vergütung zu verlangen.
Hilfsgeschäften	Alle Einnahmen, die weder mit einer Haupt- noch Nebentätigkeit des Rechtsanwalts-/Notars zusammenhängen. **Beispiele** für Hilfsgeschäfte: • Mieteinnahmen für vermietete Räume, • Verkauf von Praxisgegenständen, • Zinserträge aus Bankguthaben.
Vergütungsvorschüssen	Gem. § 9 RVG darf der Rechtsanwalt von seinem Auftraggeber einen angemessenen Vorschuss verlangen.
Nebentätigkeiten	Rechtsanwälte/Notare berechnen Vergütungen für ihre Tätigkeit, die sie neben ihrem Hauptberuf ausüben. **Beispiele** für Nebentätigkeiten: • Aufsichtsratstätigkeit • Insolvenzverwalter • Lehr- oder Unterrichtstätigkeit • Maklertätigkeit • Nachlass- und Vermögensverwalter • Schiedsrichter • Testamentsvollstrecker • Treuhänder • Vormund und Pfleger
Nutzungsentnahmen	Nutzung oder Verwendung von Praxisgegenständen

Beispiel

Unser Mandant Felix Immerblau zahlt 500,00 € Vergütung bar an der Praxiskasse ein.

Buchung

Konto	**Soll**	**Haben**
Kasse	500,00	
an Vergütung		500,00

Soll	Kasse		Haben
Vergütung	500,00		

Soll	Vergütung		Haben
		Kasse	500,00

Merken Sie sich bitte die

Buchungssätze für alle **Betriebseinnahmen:**

- **Aktivkonten** (Bank, Kasse, Postbank) **an Betriebseinnahmen.**

Keine Betriebseinnahmen sind zum Beispiel:

- Geldeinlagen
- Darlehensaufnahmen
- Fremdgelder
- durchlaufende Posten,

weil diese Einnahmen das Eigenkapital nicht unmittelbar berühren und deshalb **erfolgsneutral** sind.

3.2 Betriebsausgaben

Betriebsausgaben sind alle **Geldausgänge (Abflüsse)**, die im Laufe eines Wirtschaftsjahres durch die Kanzlei verursacht und **gezahlt** worden sind. Eine Betriebsausgabe ist dann aus dem Vermögen des Rechtsanwalts/Notars abgeflossen, wenn das Geld dem Empfänger übergeben oder eine Überweisung ausgeführt worden ist.

Betriebsausgaben können mit den **Aufwendungen oder Kosten** aus der Buchführung **gleichgesetzt** werden.

Beispiele für Betriebsausgaben

Art der Betriebsausgabe	Erläuterungen
Ausgaben für Allgemeine Verwaltungskosten	Auf dem Konto AVK werden die Bürokosten gebucht. **Beispiele:** • Schreibwaren, Papier, Aktenordner, Bleistifte • Zeitungen und Zeitschriften für das Wartezimmer • Leasingraten (Mietraten) für den Fotokopierer • Reparaturen an EDV-Anlagen • Versicherungsprämien für praxisbedingte Versicherungen, z. B. Einbruchdiebstahlversicherung, Haftpflichtversicherung, Unfallversicherung • Vordrucke • Fachbücher und Fachzeitschriften • Entgelte für Post- und Telekommunikationsdienstleistungen.
Kraftfahrzeugkosten	Auf dem Konto Kfz-Kosten werden gebucht: • Kraftfahrzeugsteuern • Kraftfahrzeugversicherung • Kraftfahrzeugreparaturen • Kraftfahrzeugbetriebskosten, wie z. B. Kraftstoff, Öl, Wagenpflege, Inspektionen.
Personalkosten	Hier werden gebucht • Gehälter der Angestellten • Vergütungen der Auszubildenden.
Raumkosten	Auf dem Konto Raumkosten werden alle Kosten erfasst, die durch die Büroräume entstanden sind, wie z. B. • Miete, Strom, Wasser, Heizungskosten

- Reinigung und Instandhaltung
- städtische Gebühren und Beiträge (Müllabfuhr).

Zinsaufwendungen

Hier werden gebucht:
- gezahlte Zinsen für Darlehen
- sonstige Kosten der Banken, soweit sie nicht im Konto Allgemeine Verwaltungskosten gebucht werden.

Beispiel

Wir zahlen Gehälter an unsere Kanzleiangestellten durch Banküberweisung 5.000,00 €.

Buchung

Konto	Soll	Haben
Gehälter	5.000,00	
an Bank		5.000,00

Soll Gehälter Haben

Soll	Haben
Bank 5.000,00	

Soll Bank Haben

Soll	Haben
	Gehälter 5.000,00

Merken Sie sich bitte die

Buchungssätze für alle **Betriebsausgaben:**

- **Betriebsausgaben an Aktivkonten** (Bank, Kasse, Postbank).

Keine Betriebsausgaben sind zum Beispiel:

- Rückzahlung von Darlehen
- Weiterleitung von Fremdgeld
- Bargeldentnahmen
- Rückzahlung von Darlehen,

weil sie das Eigenkapitalkonto nicht unmittelbar berühren und deshalb **erfolgsneutral** sind.

Merken Sie sich bitte:

- Bei der **Ergebnisermittlung** dürfen nur **tatsächlich zugeflossene Betriebseinnahmen** und tatsächlich geleistete **Betriebsausgaben** berücksichtigt werden.
- Der **Zeitpunkt des Zuflusses** bei Betriebseinnahmen und der **Zeitpunkt des Abflusses** bei Betriebsausgaben **entscheidet** also, welchem **Kalenderjahr** die Betriebseinnahmen oder die Betriebsausgaben zuzuordnen sind.

3.3 Buchhalterische Ermittlung des Erfolges

Bei der Einnahmen-Überschussrechnung ergibt sich, wie wir bereits wissen, das Betriebsergebnis durch die Gegenüberstellung von Betriebseinnahmen und Betriebsausgaben. In der Praxis wird diese Form der Ergebnisermittlung fast nicht angewendet, weil Rückschlüsse auf die Entstehung des Ergebnisses nicht möglich sind.

Beispiel

Rechtsanwalt Dr. Adolf von Hasenkamp ermittelt seinen Gewinn nach § 4 Abs. 3 EStG. Er führt keine Bücher.

Zum Jahresende stellt er anhand seiner Aufzeichnungen fest, dass er 450.000,00 € eingenommen und 180.000,00 € ausgegeben hat. Wie hoch ist sein zu versteuernder Gewinn?

Betriebseinnahmen	450.000,00 €
./. Betriebsausgaben	180.000,00 €
Betriebsergebnis	**270.000,00 €**

Diese einfache **Gewinnermittlungsmethode** ist zwar zulässig, aber **nicht aussagekräftig**. Es ist z. B. nicht festzustellen, welche Kosten in welcher Höhe angefallen sind und wie sich die Betriebseinnahmen zusammensetzen.

Rechtsanwälte/Notare benutzen heute vielfach Buchführungsprogramme, die nach dem Prinzip der doppelten Buchführung arbeiten. Am Jahresende werden die Konten abgeschlossen und in einer **Staffel gegenübergestellt**.

Beispiel

Die Ermittlung des Ergebnisses in **Staffelform** zum 31.12.:

Rechtsanwalt Dr. Adolf von Hasenkamp	**€**	**€**
– Einnahmen aus Vergütung	300.000,00	
– Einnahmen aus Nebentätigkeiten	100.000,00	
– Einnahmen aus Vermietung	50.000,00	450.000,00
Betriebsausgaben		
– Allgemeine Verwaltungskosten	20.000,00	
– Personalkosten	110.000,00	
– Raumkosten	50.000,00	180.000,00
Betriebsergebnis		**270.000,00**

Rechtsanwalt von Hasenkamp kann jetzt feststellen, wie sich seine Einnahmen und Ausgaben zusammensetzen. Er hat nun die Möglichkeit, sinnvolle Entscheidungen über Kosteneinsparungen zu treffen, denn je geringer die Kosten sind, desto höher ist der Gewinn.

Merken Sie sich bitte:

- Die **Einnahmen-Überschussrechnung** entspricht der **Gewinn-und-Verlust-Rechnung** im System der doppelten Buchführung.

Aufgaben

54 55 Ermitteln Sie den Erfolg der Rechtsanwaltskanzlei Dr. Evi Gutmütig nach der Staffelmethode. Aus den Betriebseinnahmen- und Betriebsausgabekonten ergaben sich am Jahresende folgende Salden:

Konten	**Beträge in €**	**54**	**55**
Allgemeine Verwaltungskosten		60.000,00	70.000,00
Löhne für Reinigungspersonal		20.000,00	15.000,00

Vergütung	250.000,00	220.000,00
Kfz-Kosten	30.000,00	40.000,00
Mietaufwendungen	24.000,00	36.000,00
Mieterträge	35.000,00	45.000,00
Personalkosten	76.000,00	84.000,00
Zinsaufwendungen	15.000,00	18.000,00

56 **57** Führen Sie die Betriebsergebnisermittlung nach § 4 Abs. 3 EStG der Rechtsanwalts- und Notariatskanzlei Dr. Josef Dodel in Staffelform durch.

Die einzelnen Konten weisen am Jahresende folgende Salden aus:

Konten **Beträge in €**	**56**	**57**
Vergütung für Nebentätigkeiten	30.000,00	40.000,00
Vergütung	560.000,00	480.000,00
Personalkosten	120.000,00	130.000,00
Allgemeine Verwaltungskosten	15.000,00	18.000,00
Kfz-Versicherung	2.000,00	3.000,00
Mietaufwendungen	24.000,00	36.000,00
Stromkosten	20.000,00	25.000,00
Zinserträge	4.000,00	4.500,00
Post- und Telekomentgelte	3.000,00	2.000,00
Mieterträge	21.000,00	23.000,00
Zinsaufwendungen	25.000,00	28.000,00

58 Nehmen Sie an, dass der Rechtsanwalt und Notar Dr. Josef Dodel Bücher führt und auch regelmäßig Abschlüsse macht. Ermitteln Sie den Erfolg der Kanzlei, indem Sie jeweils eine Gewinn-und-Verlust-Rechnung aus den Zahlen der Aufgaben 56 und 57 aufstellen.

59 Ermitteln Sie den Erfolg der Rechtsanwälte Dr. Monika Klug & Partner.

a) Erstellen Sie hierzu eine Gewinn-und-Verlust-Rechnung aus den folgenden Kontenbildern.

b) Machen Sie Vorschläge, wie der Erfolg der Kanzlei verbessert werden könnte.

Konten **Beträge in €**	**Soll**	**Haben**
Mieterträge	1.000,00	31.000,00
Allgemeine Verwaltungskosten (AVK)	23.000,00	3.000,00
Vergütung	7.500,00	212.500,00
Personalkosten	60.000,00	4.000,00
Zinsaufwendungen	31.000,00	
Mietaufwendungen	46.000,00	2.000,00
Kfz-Kosten	70.000,00	8.000,00
Stromverbrauch	33.000,00	

4 Die Umsatzsteuer (USt)

4.1 Das System der Umsatzsteuer

Die **Umsatzsteuer** (**USt**) ist eine **Allphasensteuer**, die bei allen Phasen des Wirtschaftsablaufs (Umsatzphasen) anfällt. Sie ist eine **Verkehrssteuer**, zählt jedoch ihrem Wesen nach zu den **Verbrauchssteuern**, weil sie grundsätzlich **nur** den **Verbraucher** belastet.

Beispiel

Der Fernsehgerätehersteller Max Schau-ins-Land liefert an das Elektrofachgeschäft Hans Glotz ein Fernsehgerät zum Nettoverkaufspreis von 1.200,00 € zuzüglich 19 % Umsatzsteuer. Dieses Gerät verkauft Glotz für 2.000,00 € zuzüglich 19 % Umsatzsteuer an die Hausfrau Pauline Kleinkram.

Wie hoch ist die Umsatzsteuer, die insgesamt an das Finanzamt abzuführen ist?

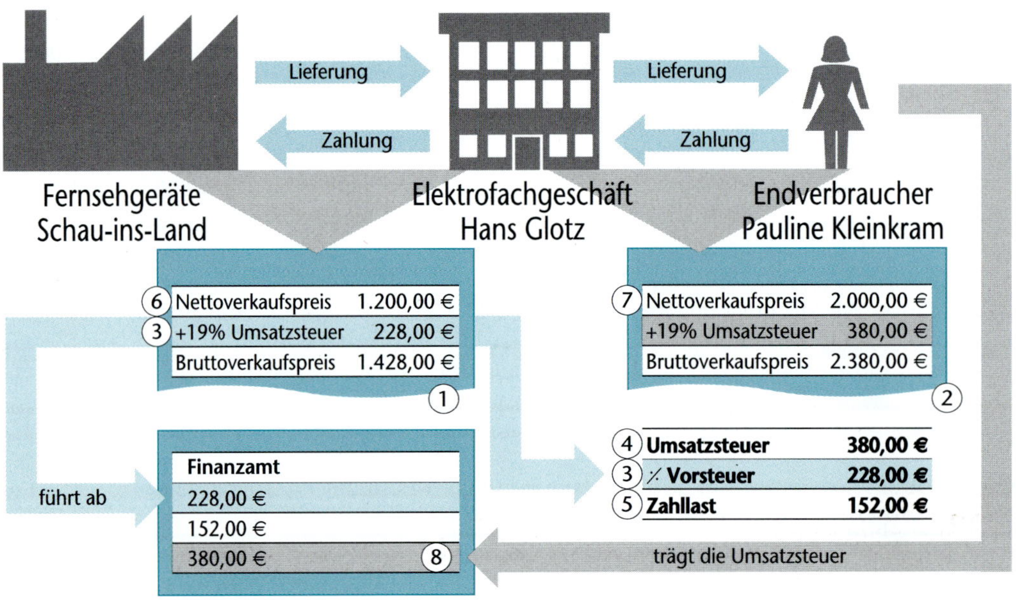

Erläuterungen zur Skizze:

Die Firma Schau-ins-Land berechnet dem Elektrofachgeschäft insgesamt 1.428,00 € für das Fernsehgerät ①. Die hierin enthaltene 19 % Umsatzsteuer in Höhe von 228,00 € ist nicht etwa ein zusätzlicher Gewinn, sondern muss an das zuständige Finanzamt abgeführt werden. (Dass auch auf dieser Umsatzstufe schon die so genannte Vorsteuer abgezogen werden kann, soll unberücksichtigt bleiben.)

Die Kundin Kleinkram zahlt die Rechnung in Höhe von 2.380,00 € an den Verkäufer Glotz ②. Dieser darf die im Rechnungsbetrag enthaltene Umsatzsteuer auch nicht als zusätzlichen Gewinn verbuchen, sondern müsste diese 380,00 € an das Finanzamt abführen. Weil er aber bereits 228,00 € **Vorsteuer** an seinen Lieferanten gezahlt hat ③, die dieser in unserem Beispiel bereits an das Finanzamt abgeführt hat, muss er nur noch die Differenz zwischen vereinnahmter Umsatzsteuer ④ und bereits gezahlter Vorsteuer ③ zahlen. Diese Differenz heißt **Zahllast** ⑤.

Der an das Finanzamt abzuführende Steuerbetrag ergibt sich demnach wie folgt:

Umsatzsteuer
./. Vorsteuer
Zahllast

Vergleichen Sie nun die Steuer der Umsatzphasen in der Skizze und sie können feststellen, dass nur der **„Mehrwert“** besteuert wird, der in den einzelnen Wirtschaftsstufen entsteht.

Wirtschaftsstufe **Beträge in €**	**Mehrwert**	**19 % Steuer**
Hersteller Schau-ins-Land	1.200,00 **(6)**	228,00
Händler Glotz (2.000,00 ./. 1.200,00 €)	800,00 **(7)**	152,00
Geschaffener Mehrwert insgesamt:	**2.000,00**	**380,00 (8)**

Weil also nur der **geschaffene Mehrwert** besteuert wird, heißt die Umsatzsteuer in der Praxis gelegentlich auch **„Mehrwertsteuer“**.

4.1.1 Gegenstand der Umsatzsteuer

Gegenstand der Umsatzsteuer sind die **Umsätze**. Nach § 1 UStG unterliegen z. B. der Steuer:

- die Lieferungen von Gegenständen gegen Entgelt,
- die sonstigen Leistungen gegen Entgelt,
- die unentgeltliche Entnahme von Gegenständen.

Diese Umsätze heißen **steuerbare** Umsätze.

Bei **Rechtsanwälten und Notaren** fallen meist nur solche steuerbaren **Umsätze** an, die den Mandanten **berechnet** werden, wie zum Beispiel:

- Vergütungen nach dem RVG bzw. der KostO,
- Auslagen sowie Post- und Telekomentgelte,
- Aufwendungen für Geschäftsreisen,
- Tage- und Abwesenheitsgelder,
- Einnahmen aus Vergütungen für Nebentätigkeiten,
- Einnahmen aus dem Verkauf von Praxisgegenständen.

Im Gegensatz zu den steuerbaren Umsätzen stehen die **nicht steuerbaren** Umsätze, die z. B. im Ausland erzielt werden.

Steuerfrei sind nach § 4 UStG bestimmte Umsätze, wie z. B. Entgelte aus Vermietung und Verpachtung von Wohnräumen.

Zusammenfassung

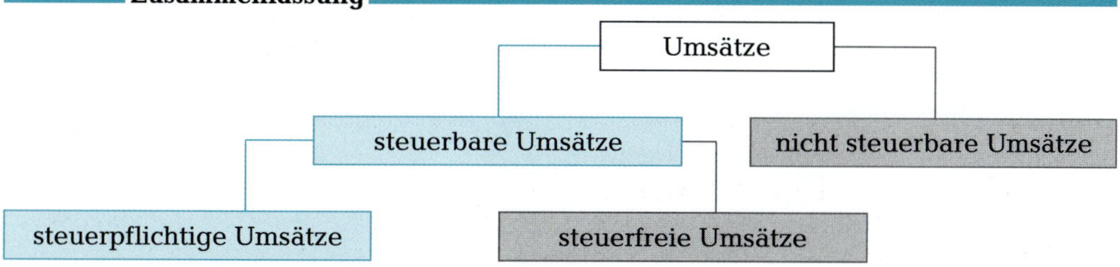

4.1.2 Bemessungsgrundlage für Umsatzsteuer und Vorsteuer

Lieferungen und sonstige Leistungen sind nur steuerbar, wenn sie gegen **Entgelt** ausgeführt werden. Entgelt ist die Gegenleistung für eine erbrachte Leistung.

Für Rechtsanwälte und Notare gilt als **Bemessungsgrundlage** die Höhe des **tatsächlich vereinnahmten** Entgelts (Nettoentgelt). Alle Minderungen, wie z. B. Rückzahlung zu viel gezahlter Vergütung, müssen bei der Berechnung der Umsatzsteuer berücksichtigt werden. Ebenso führt eine Gewährung von Skonto durch Lieferer zu einer Korrektur der Vorsteuer.

Merken Sie sich bitte:

- **Bemessungsgrundlage** für die Umsatzsteuer sind die **tatsächlich vereinnahmten** Entgelte.

4.1.3 Steuersätze

Das Umsatzsteuergesetz kennt hauptsächlich:

- den allgemeinen Steuersatz von derzeit 19 %,
- den ermäßigten Steuersatz von zurzeit 7 %.

Steuersätze bei Rechtsanwälten und Notaren

Allgemeiner Steuersatz von zz. 19 %

Berechnete Entgelte für

- Vergütungen nach dem RVG und der KostO,
- Post- und Telekomentgelte,
- Dokumentenpauschale,
- Aufwendungen für Geschäftsreisen
  - Fahrtkosten,
  - Tage- und Abwesenheitsgeld,
- Vergütungseinnahmen aus Nebentätigkeiten des Rechtsanwalts/Notars als Gutachter, Insolvenzverwalter, Schiedsrichter, Testamentsvollstrecker, Vermögensverwalter,
- Umsätze aus dem Verkauf von Praxisvermögen.

Ermäßigter Steuersatz von zz. 7 %

Einnahmen aus der

- Einräumung,
- Übertragung und
- Wahrnehmung von Rechten aus dem Urheberrechtsgesetz. Hierzu zählen Veröffentlichungen von Aufsätzen in Fachzeitschriften oder Buchveröffentlichungen.

4.1.4 Umsatzsteuer und Vorsteuer bei Rechtsanwälten und Notaren

Sie wissen, dass Kaufleute ihre steuerpflichtigen Umsätze aus dem Verkauf von Waren und Erzeugnissen erzielen. Rechtsanwälte und Notare erhalten für ihre Tätigkeit als Personen der Rechtspflege Vergütungen, die sie ihren Mandanten berechnen. Die Höhe der Vergütung wird nach den Vorschriften des RVG oder der KostO bestimmt.

Gem. Nr. 7008 VV RVG berechnet der Rechtsanwalt die auf seine Vergütung entfallende Umsatzsteuer seinem Mandanten. Die Vergütungsrechnung des Rechtsanwalts/Notars setzt sich also zusammen aus:

Nettovergütung nach RVG oder KostO
+ 19 % Umsatzsteuer aus dieser Vergütung

Bruttovergütung = Schuld des Auftraggebers (Mandant)

Beispiel mit Lösung

In der Rechtsanwaltskanzlei Dr. Michel Bauernfeind geht in Sachen Schwach gegen Stark die Vergütung durch Banküberweisung ein.

Ausgangsrechnung des Rechtsanwalts	
Nettovergütung	6.000,00 €
19 % Umsatzsteuer	1.140,00 €
Bruttovergütung	**7.140,00 €**

Die **Ausgangsrechnung** wird gebucht:

Konto	Soll	Haben
Bank	7.140,00	
an Vergütung		6.000,00
an Umsatzsteuer		1.140,00

Soll	Bank		Haben
Verg/USt	7.140,00		

Soll	Vergütung		Haben
		Bank	6.000,00

Soll	Umsatzsteuer		Haben
		Bank	1.140,00

Merken Sie sich bitte:

- Die dem Mandanten **berechnete Umsatzsteuer** stellt eine **Betriebseinnahme** des Rechtsanwalts/Notars dar.

Für die Ausübung ihrer Tätigkeit benötigen Rechtsanwälte und Notare Praxisgegenstände (PC, Buchungsautomaten, Schreibtische, Kraftfahrzeuge) und Bücher, Papier, Zeitschriften. Diese Hilfsmittel kaufen sie im Handel oder bei Herstellern und zahlen dafür Umsatzsteuer, die sie als **Vorsteuer** von ihrer Umsatzsteuerschuld abziehen dürfen.

Beispiel mit Lösung

Rechtsanwalt Dr. Michel Bauernfeind erhält eine Rechnung für einen gekauften Schreibtisch:

Eingangsrechnung	
1 Schreibtisch (Nettowarenwert)	1.800,00 €
+ 19 % Umsatzsteuer	342,00 €
Rechnungsbetrag (Bruttowarenwert)	**2.142,00 €**

Die Zahlung des Rechnungsbetrages erfolgt sofort bei Eingang der Rechnung durch Postbanküberweisung.

Die **Eingangsrechnung** wird gebucht:

Konto	**Soll**	**Haben**
Praxisausstattung	1.800,00	
Vorsteuer	342,00	
an Postbank		2.142,00

Soll	Praxisausstattung		Haben
Post	1.800,00		

Soll	Postbank		Haben
		PA/VorSt	2.142,00

Soll	Vorsteuer		Haben
Post	342,00		

Merken Sie sich bitte:

- Die dem Rechtsanwalt/Notar von seinen **Lieferern berechnete Umsatzsteuer** ist eine **Betriebsausgabe** der Kanzlei.

4.1.5 Ermittlung der Umsatzsteuer-Zahllast

Rechtsanwälte und Notare ermitteln die **Zahllast** wie folgt (Zahlen aus Kapitel 4.1.4):

(erhaltene) Umsatzsteuer	1.140,00 €
./. (gezahlte) Vorsteuer	342,00 €
= **Umsatzsteuer-Zahllast**	**798,00 €**

4.1.6 Umsatzsteuervoranmeldung

Der **Rechtsanwalt/Notar** hat zu bestimmten Terminen eine **Umsatzsteuervoranmeldung** beim zuständigen Finanzamt **abzugeben**. Der Umsatzsteuer-**Voranmeldezeitraum** ist von der Höhe der im vergangenen Kalenderjahr abzuführenden **Umsatzsteuer-Zahllast abhängig**.

Umsatzsteuer-Zahllast im Vorjahr	**Voranmeldezeitraum**
1. Mehr als 6.136,00 €	Monatlich bis zum 10. des folgenden Monats (zuzüglich 5 Tage Schonfrist).
2. 6.136,00 € und weniger	Vierteljährlich bis zum 10. Tag nach Ablauf des Quartals.

Sind die gezahlten Vorsteuern eines Monats/Vierteljahres höher als die eigene Umsatzsteuerschuld, so erstattet das Finanzamt die zu viel gezahlten Steuern zurück **(Vorsteuerüberhang).**

Zusammenfassung

1. **Ausgangsrechnungen** → Vereinnahmte Vergütungsrechnungen	• **Umsatzsteuer** Betriebseinnahmen (Erlöse) = Zuflüsse in die Kanzlei
2. **Eingangsrechnungen** → Bezahlte Rechnungen für eingekaufte Hilfsmittel oder andere Kosten	• **Vorsteuer** Betriebsausgaben (Kosten) = Abflüsse aus der Kanzlei

4.2 Buchung der Umsatzsteuer bei Betriebseinnahmen und Betriebsausgaben

4.2.1 Buchungen bei Betriebseinnahmen

4.2.1.1 Berechnung der Vergütung

Für ihre **Tätigkeit** erhalten **Rechtsanwälte/Notare Vergütungen** und **Ersatz der Auslagen**, die bei der Ausführung des Auftrages entstanden sind. Gem. **§ 10 RVG** kann der Rechtsanwalt die **Vergütung nur auf Grund** einer **Vergütungsrechnung** fordern, die von ihm **unterschrieben** und dem Mandanten **mitgeteilt** worden ist. In dieser **Ausgangsrechnung** sind die Beträge der einzelnen **Gebühren**, die **Auslagen** und die **Umsatzsteuer** anzugeben.

Nach § 14 Abs. 4 Satz 1 Nr. 1 bis 8 UStG **muss** eine **Vergütungsrechnung**[1] folgende Angaben **enthalten:**

1. **Vollständiger Name und Anschrift des leistenden Unternehmers (Rechtsanwalt/Notar) und des Leistungsempfängers (Mandant)**
2. **Steuernummer oder Umsatzsteuer-Identifikationsnummer des leistenden Rechtsanwalts**
3. **Ausstellungsdatum**
4. **Rechnungsnummer**
5. **Art und Umfang der erbrachten Leistung**
6. **Zeitpunkt der Leistung und der Vereinnahmung des Entgelts**
7. **Nach Steuersätzen aufgeschlüsseltes Entgelt**
8. **Steuersatz oder Hinweis auf Steuerbefreiung**

Beispiel mit Lösung

In Sachen Dick gegen Rund erteilt Rechtsanwalt Dr. Igor Specht folgende Vergütungsrechnung:

Gegenstandswert: 10.000,00 €	**Beträge in €**
1. 1,3 Verfahrensgebühr gem. §§ 2, 13 Abs. 1 RVG i. V. m. Nr. 3100 VV RVG	631,80
2. 1,2 Terminsgebühr gem. §§ 2, 13 Abs. 1 RVG i. V. m. Nr. 3104 VV RVG	583,20
3. Post- und Telekompauschale gem. Nr. 7002 VV RVG	20,00
4. Zwischensumme (Nettovergütung)	1.235,00
5. 19 % Umsatzsteuer aus 1.235,00 € gem. Nr. 7008 VV RVG	234,65
6. Insgesamt (Bruttohonorar)	**1.469,65**

1 Zu einer vollständigen Vergütungsrechnung vergleichen Sie das Beispiel auf S. 127.
Die Höhe der Vergütung bestimmt sich nach dem Vergütungsverzeichnis (VV) der Anlage 1 zu § 2 RVG; die Gebühr in EURO ist in der Gebührentabelle der Anlage 2 zu § 13 Abs. 1 RVG enthalten.

Buchung der **Vergütungsrechnung**[1] bei Zahlung durch Banküberweisung in Euro.

Konto	**Soll**	**Haben**
Bank	1.469,65	
an Vergütung		1.235,00
an Umsatzsteuer		234,65

Soll	Bank		Haben
Verg/USt	1.469,65		

Soll	Vergütung		Haben
		Bank	1.235,00

Soll	Umsatzsteuer		Haben
		Bank	234,65

Hat ein Mandant **zu viel Vergütung** bezahlt, erstattet ihm der Rechtsanwalt/Notar diesen Betrag zurück.

Beispiel mit Lösung

Die Mandantin Eva Scheuer hat 300,00 € Vergütung (Anfangsbestand 2.000,00 €) zu viel gezahlt. Sie erhält einen Verrechnungsscheck (Anfangsbestand Bank 20.000,00 €) über 357,00 € einschließlich 19 % Umsatzsteuer.

Konto	**Soll**	**Haben**
Vergütung	300,00	
Umsatzsteuer	57,00	
an Bank		357,00

Soll	Vergütung		Haben
Bank	300,00	AB	2.000,00

Soll	Bank		Haben
AB	20.000,00	Verg/USt	357,00

Soll	Umsatzsteuer		Haben
Bank	57,00		

Formale Darstellung

Soll	**Umsatzsteuer (USt)** **Haben**
Minderungen (zu viel gezahlte Vergütung) **= Korrekturen**	**Ausgangsrechnungen (AR)** **= Betriebseinnahmen** **= Zuflüsse**

Merken Sie sich bitte:

- Das Konto **Umsatzsteuer** erfasst die **Zuflüsse im Haben** und die **Korrekturen** im **Soll!**

[1] Weitere Beispiele für Betriebseinnahmen finden Sie in Kapitel 3.1 im Teil Buchführung.

Aufgaben

60 **61** Bilden Sie die Buchungssätze zu folgenden Geschäftsfällen und ermitteln Sie die Umsatzsteuer dort, wo es notwendig ist!

Kontenplan: Kasse, Bank, Postbank, Vergütung, Praxisausstattung, Umsatzsteuer.

Geschäftsfall **Beträge in Euro**	**60**	**61**
1. Mandant Abel zahlt Vergütungsrechnung durch Bank		
Vergütung	3.640,00	7.200,00
19 % Umsatzsteuer	691,60	1.368,00
Insgesamt	4.331,60	8.568,00
2. Mandant zahlt Vergütung bar		
Vergütung	700,00	800,00
19 % Umsatzsteuer	133,00	152,00
Bruttobetrag	833,00	952,00
3. Verkauf eines gebrauchten Computers durch Banküberweisung		
Nettoverkaufspreis	1.500,00	1.800,00
19 % Umsatzsteuer	285,00	342,00
Bruttoverkaufspreis	1.785,00	2.142,00
4. In Sachen Rott gegen Plott wird Endabrechnung erteilt:		
1. 1,3 Verfahrensgebühr aus 4.000,00 €/2.500,00 € gem. §§ 2, 13 Abs. 1 RVG i. V. m. Nr. 3100 VV RVG	?	?
2. 1,2 Terminsgebühr aus 4.000,00 €/2.500,00 € gem. §§ 2, 13 Abs. 1 RVG i. V. m. Nr. 3104 VV RVG	?	?
3. Post- und Telekompauschale gem. Nr. 7002 VV RVG	?	20,00
4. Zwischensumme (Nettovergütung)	632,50	?
5. 19 % Umsatzsteuer aus ...... €/...... € gem. Nr. 7008 VV RVG	?	?
6. Insgesamt (Bruttovergütung)	?	502,78
Plott überweist den Bruttobetrag sofort auf unser Postbankkonto.		
5. In Sachen Fritz ./. Fratz gehen durch Bank ein:		
Vergütung	5.640,00	7.320,00
19 % Umsatzsteuer aus 5.640,00 € / 7.320,00 €	?	?
Bruttohonorar	?	?
6. Bankgutschrift für die Tätigkeit des Rechtsanwalts als Insolvenzverwalter zuzüglich 19 % Umsatzsteuer	5.000,00	8.000,00
7. Notar erhält Vergütung bar für Vortragstätigkeit einschließlich 19 % Umsatzsteuer	2.380,00	3.570,00
8. Unser Mandant Klein bezahlt die Vergütungsrechnung durch Postbanküberweisung	3.456,70	6.789,00
19 % Umsatzsteuer	656,78	1.289,91
Insgesamt	4.113,48	8.078,91
9. Rechtsanwalt Rudi Grün überweist zu viel gezahlte Vergütung durch Banküberweisung	400,00	500,00
zuzüglich 19 % Umsatzsteuer	?	?

62 Erstellen Sie für die Umsatzsteuer der Aufgaben 60 und 61 das T-Konto und ermitteln Sie die Höhe der vereinnahmten Umsatzsteuer.

4.2.1.2 Buchung erhaltener Vorschüsse

Rechtsanwälte sind **berechtigt**, von ihren **Mandanten** für entstandene und noch entstehende Gebühren und Auslagen einen angemessenen **Vorschuss zu verlangen**. Bei **Anforderung** des Vorschusses muss bereits die **Umsatzsteuer berechnet** werden.

Beispiel mit Lösung

Rechtsanwalt Dr. Ede Fix erstellt in einer Angelegenheit wegen Baumängel dem Mandanten Helle Mutig Endabrechnung. Mutig hat bereits 1.190,00 € Vergütungsvorschuss einschließlich 19 % Umsatzsteuer bar gezahlt.

Gegenstandswert: 25.000,00 €	Beträge in €
1. 1,3 Verfahrensgebühr gem. §§ 2, 13 Abs. 1 RVG i. V. m. Nr. 3100 VV RVG	891,80
2. 1,2 Terminsgebühr gem. §§ 2, 13 Abs. 1 RVG i. V. m. Nr. 3104 VV RVG	823,20
3. Post- und Telekompauschale gem. Nr. 7002 VV RVG	20,00
4. Zwischensumme (Nettovergütung)	1.735,00
5. 19 % Umsatzsteuer aus 1.735,00 € gem. Nr. 7008 VV RVG	329,65
6. Insgesamt (Bruttohonorar)	2.064,65
7. Abzüglich bereits geleisteter Vorschuss einschließlich 19 % Umsatzsteuer	1.190,00
8. Verbleibt ein **Restbetrag** zu zahlen	**874,65**

Aufgaben

1. Buchen Sie den Vergütungsvorschuss bar.
2. Buchen Sie den Eingang des Restbetrages durch Banküberweisung!

Lösung

Machen Sie zunächst eine Aufstellung: **Beträge in €**

	Vergütung	Umsatzsteuer	Gesamtbetrag
	1.735,00	329,65	2.064,65
./. Vorschuss	1.000,00	190,00	1.190,00
Verbleiben	**735,00**	**139,65**	**874,65**

Buchung

1. des Vergütungsvorschusses

Konto	Soll	Haben
Kasse	1.190,00	
an Vergütung		1.000,00
an Umsatzsteuer		190,00

Soll	Kasse	Haben
1. Verg/USt 1.190,00		

Soll	Vergütung	Haben
		1. Kasse 1.000,00

Soll	Umsatzsteuer	Haben
	1. Kasse	190,00

Buchung

2. bei Eingang des Restbetrages durch Banküberweisung:

Konto	Soll	Haben
Bank	874,65	
an Vergütung		735,00
an Umsatzsteuer		139,65

Bestände von oben

Soll	Kasse	Haben
1. Verg/USt 1.190,00		

Soll	Vergütung	Haben
	1. Kasse	1.000,00
	2. Bank	735,00

Soll	Umsatzsteuer	Haben
	1. Kasse	190,00
	2. Bank	139,65

Soll	Bank	Haben
2. Verg/USt 874,65		

Aufgaben

63 **64** Bilden Sie die Buchungssätze für folgende Geschäftsfälle:

Kontenplan: Bank, Kasse, Umsatzsteuer, Vergütung, Postbank

Geschäftsfall **Beträge in €**	**63**	**64**
1. Mandant zahlt Vergütung bar zuzüglich 19 % USt	1.700,00	3.100,00
2. Mandant Schwarz zahlt Vergütungsvorschuss bar:		
Vorschuss für bereits entstandene Vergütung, netto	500,00	800,00
+ 19 % Umsatzsteuer	95,00	152,00
3. Rechtsanwältin Dr. Julia Freitag erteilt Endabrechnung:		
Vergütung, netto	3.980,00	4.150,00
+ 19 % Umsatzsteuer	?	?
Die Zahlung erfolgt durch Banküberweisung.		
4. Rechtsanwalt Dr. Henk Genius überweist zu viel gezahlte Vergütung einschließlich 19 % Umsatzsteuer durch Banküberweisung	1.190,00	1.904,00
5. Im Falle der Nr. 2 ergeht ein prozessbeendendes Urteil. Wir erteilen Schwarz Endabrechnung wie folgt:		
Vergütung, netto	2.870,00	1.920,00
19 % Umsatzsteuer	545,30	364,80
Insgesamt	3.415,30	2.284,80
./. gezahlter Vorschuss (vgl. Nr. 2)	595,00	952,00
Noch zu zahlender Restbetrag	2.820,30	1.332,80

Der Restbetrag geht auf unserem Postbankkonto ein.

4.2.2 Buchungen bei Betriebsausgaben

In Kapitel 4.1.4 des Teiles Buchführung haben Sie erfahren, dass die Umsatzsteuerbeträge, die beim **Einkauf von Praxisgegenständen**, Büromaterial und sonstiger Hilfsmittel von Lieferern in Rechnung gestellt werden, im Konto **Vorsteuer** zu buchen sind. Diese **Vorsteuer** wird mit der **Umsatzsteuerschuld** aus Vergütungsrechnungen **verrechnet**.

Beispiele für **Betriebsausgaben**[1] mit Vorsteuer in einer Kanzlei:

- Kauf von Anlagegütern (Computer, Teppiche, Stühle für die Kanzlei),
- Kauf von Büromaterial (Papier, Bleistifte, Formulare, Zeitungen, Zeitschriften),
- Eingangsrechnungen für Energiekosten (Strom, Gas, Wasser, Heizöl),
- Inanspruchnahme fremder Dienste (Steuerberater, Kfz-Reparaturen, Gutachter).

Beispiel mit Lösung

Rechtsanwalt/Notar Otto Ordentlich kauft Kopierpapier für die Praxis bar (Anfangsbestand Kasse 3.000,00 €).

Eingangsrechnung	
Nettopreis	500,00 €
19 % Umsatzsteuer	95,00 €
Bruttoeinkaufspreis	**595,00 €**

Buchung

1. der Eingangsrechnung

Konto	Soll	Haben
AVK	500,00	
Vorsteuer	95,00	
an Kasse		595,00

Soll	AVK		Haben
1. Kasse	500,00		

Soll	Vorsteuer		Haben
1. Kasse	95,00		

Soll	Kasse		Haben
AB	3.000,00	1. AVK/VorSt	595,00

Erhält der Rechtsanwalt/Notar eine **Gutschrift**, weil z. B. die gelieferte Sache einen Mangel aufweist, muss das Konto der **Betriebsausgabe** und das **Vorsteuerkonto berichtigt** werden.

Beispiel mit Lösung

Im obigen Fall stellt Rechtsanwalt Ordentlich fest, dass das Papier einen Grauschimmer aufweist. Er beanstandet diesen Fehler durch eine Mängelrüge beim Lieferer. Dieser erkennt den Mangel an und zahlt Rechtsanwalt Ordentlich 119,00 € bar aus.

Wie ist zu buchen?

[1] Weitere Beispiele für Betriebsausgaben finden Sie im Kapitel 3.2 im Teil Buchführung.

Buchung

2. der Gutschrift

Konto	Soll	Haben
Kasse	119,00	
an AVK		100,00
an Vorsteuer		19,00

Bestände von oben

Soll	AVK		Haben
1. Kasse	500,00	2. Kasse	100,00

Soll	Vorsteuer		Haben
1. Kasse	95,00	2. Kasse	19,00

Soll	Kasse		Haben
AB	3.000,00	1. AVK/VorSt	595,00
2. AVK/VorSt	119,00		

Wenn Sie jetzt die Konten Allgemeine Verwaltungskosten (AVK) und Vorsteuer vergleichen, stellen Sie fest, dass die tatsächlichen Betriebsausgaben nur 400,00 € betragen. Die Vorsteuer beläuft sich bei einem Steuersatz von 19 % auf 76,00 €, was auf dem Vorsteuerkonto ersichtlich ist.

Formale Darstellung

Soll	Vorsteuer Haben
Eingangsrechnungen (ER) **= Betriebsausgaben** **= Abflüsse**	Minderungen **Korrekturen**

Merken Sie sich bitte:

- Das Konto **Vorsteuer** erfasst die **Abflüsse im Soll** und die **Korrekturen im Haben.**

Zusammenfassung

Kontenmäßige Darstellung der Umsatz- und Vorsteuer

Aus der Sicht der Rechtsanwälte/Notare wird gebucht:

Soll Vorsteuer (VorSt)	**Haben**
Eingangsrechnungen (ER) Betriebsausgaben	Minderungen

Soll Umsatzsteuer (USt)	**Haben**
Minderungen	Ausgangsrechnungen (AR) Betriebseinnahmen

Aufgaben

65 66 Bilden Sie die Buchungssätze zu folgenden Geschäftsfällen:

Kontenplan: Kasse, Bank, Postbank, Vorsteuer, Kfz-Kosten, Miete, Praxisausstattung, AVK (Büromaterial).

Geschäftsfall Beträge in €	65	66
1. Kauf eines Computers durch Banküberweisung		
Nettopreis	1.900,00	3.200,00
19 % Umsatzsteuer	361,00	608,00
2. Barkauf von Büromaterial		
Nettopreis	200,00	150,00
19 % Umsatzsteuer	38,00	28,50
3. Eingangsrechnung für Kfz-Reparatur wird bar bezahlt		
Nettobetrag	820,00	960,00
19 % Umsatzsteuer	155,80	182,40
4. Teppichkauf für die Kanzlei durch Banküberweisung		
Nettopreis	2.240,00	3.160,00
19 % Umsatzsteuer	?	?
5. Barkauf von Büromaterial		
Nettopreis zuzüglich 19 % Umsatzsteuer	192,00	356,00
6. Barzahlung von Fachzeitschriften (AVK)		
Nettopreis	80,00	90,00
7 % Umsatzsteuer	?	?
7. Lieferant des Teppichs (Nr. 4) überweist auf unser Bankkonto wegen Mängelrüge		
Gutschrift netto	200,00	300,00
19 % Umsatzsteuer	38,00	57,00
Gesamtbetrag	238,00	357,00
8. Barzahlung für die Kfz-Inspektion		
Nettopreis	150,00	250,00
19 % Umsatzsteuer	28,50	47,50
Bruttopreis	178,50	297,50
9. Lastschriftanzeige der Bank für Miete (steuerfrei)	3.000,00	1.900,00

4.3 Buchmäßige Feststellung der Umsatzsteuer-Zahllast

4.3.1 Ermittlung und Überweisung der Zahllast

Die buchmäßige Ermittlung der Umsatzsteuer-Zahllast erfolgt in der Praxis in zwei Schritten:

1. Abschluss des Kontos Vorsteuer (VorSt)

Das Konto Vorsteuer wird monatlich (vierteljährlich) über das Konto Umsatzsteuer abgeschlossen.

Beispiel

Buchung

Konto	Soll	Haben
USt	152,00	
an VorSt		152,00

Soll	Vorsteuer (VorSt)		Haben
Post	152,00	USt	152,00

Soll	Umsatzsteuer (USt)		Haben
VorSt	152,00	Bank	1.140,00

2. Ermittlung und Überweisung der Zahllast

Der auf dem Konto Umsatzsteuer ermittelte Saldo ist die Zahllast, die an das Finanzamt abzuführen ist. Erfolgt die Zahlung z. B. durch Postbanküberweisung (AB 5.000,00 €), lautet die Buchung:

Beispiel

Buchung

Konto	Soll	Haben
USt	988,00	
an Postbank		988,00

Konten von oben

Soll	Vorsteuer (VorSt)		Haben
Post	152,00	USt	152,00

Soll	Umsatzsteuer (USt)		Haben
VorSt	152,00	Bank	1.140,00
Postbank	988,00		
	1.140,00		1.140,00

Zahllast → Postbank 988,00

Soll	Postbank		Haben
AB	5.000,00	USt	988,00

Merken Sie sich bitte:

- **Zahllast** = (vereinnahmte) **Umsatzsteuer** ./. (gezahlte) **Vorsteuer.**
- Zur buchmäßigen Ermittlung der Zahllast wird das **Konto Vorsteuer (VorSt)** über das Konto **Umsatzsteuer (USt) abgeschlossen.**
- Der **Saldo** auf dem Konto **Umsatzsteuer** zeigt die **Zahllast.**

Zusammenfassung

Formale Darstellung der buchmäßigen Ermittlung der Umsatzsteuer-Zahllast

Soll Vorsteuer (VorSt)	**Haben**
Eingangsrechnungen (ER) ↓ Betriebsausgaben Abflüsse	Minderungen
	Saldo an Umsatzsteuer →

Soll Umsatzsteuer (USt)	**Haben**
Minderungen	Ausgangsrechnungen (AR) ↓ Betriebseinnahmen Zuflüsse
→ Saldo von Vorsteuer	
Zahllast	

Aufgaben

67 **68**

1. Bilden Sie die Buchungssätze für die Geschäftsfälle.
2. Ermitteln Sie die Umsatzsteuer-Zahllast buchhalterisch auf T-Konten.
3. Buchen Sie die Überweisung der Zahllast durch Bank.

Kontenplan: AVK, Bank, Vergütung, Kasse, Fuhrpark, Postbank, Umsatzsteuer, Vorsteuer, Kfz-Kosten.

Anfangsbestände:		
	Bank	20.000,00 €
	Kasse	3.000,00 €
	Postbank	15.000,00 €

Geschäftsfall **Beträge in €**	**67**	**68**
1. Bankgutschrift für Vergütung		
Nettobetrag	3.866,00	7.890,00
19 % Umsatzsteuer	734,54	1.499,10
Bruttobetrag	4.600,54	9.389,10
2. Bareinkauf von Büromaterial		
Nettoeinkaufspreis	70,00	80,00
19 % Umsatzsteuer	13,30	15,20
Bruttobetrag	83,30	95,20
3. Postbanküberweisung für Vergütung		
Nettovergütung	5.678,00	13.000,00
19 % Umsatzsteuer	1.078,82	2.470,00
Bruttobetrag	6.756,82	15.470,00
4. Banküberweisung für Kfz-Reparatur		
Nettobetrag	5.430,00	4.711,00
19 % Umsatzsteuer	1.031,70	895,09
Bruttobetrag	6.461,70	5.606,09

5. Mandant erhält zu viel gezahlte Vergütung durch Postbanküberweisung zurück		
Nettobetrag	2.000,00	3.000,00
19 % Umsatzsteuer	380,00	570,00
Bruttobetrag	2.380,00	3.570,00
6. Bankgutschrift aufgrund einer Mängelrüge wegen Lackschäden am Praxis-Pkw		
Nettobetrag	551,00	612,15
19 % Umsatzsteuer	104,69	116,31
Bruttobetrag	655,69	728,46

4.3.2 Das Umsatzsteuer-Voranmeldekonto (USt-VA) bei der Überschussrechnung

Die **Zahllast** ist zum **Ende** eines jeden **Voranmeldezeitraumes** zu berechnen. Sie muss jedoch erst zum **10. des folgenden Monats** an das Finanzamt **abgeführt** worden sein. Der Zeitpunkt der **Ermittlung der Zahllast** und der Zeitpunkt der **Überweisung** stimmen also **nicht** überein. Die Konten Vorsteuer und Umsatzsteuer werden aber für **weitere Buchungen** des neuen Voranmeldezeitraumes **benötigt**. In der Praxis wird deshalb ein Umsatzsteuer-Verrechnungskonto oder das **Umsatzsteuer-Voranmeldekonto (USt-VA)** eingerichtet. Auf der **Sollseite** des Kontos USt-VA werden die **Beträge** erfasst, die im Laufe des Jahres an das Finanzamt **abgeführt** wurden.

Auf der **Habenseite** werden die **ermittelten Zahllastbeträge** zum Abschluss der Voranmeldungszeiträume aufgezeichnet. Der **Saldo** des Kontos USt-VA wird als **Betriebseinnahme oder Betriebsausgabe** über das **GuV-Konto** gebucht.

1. Beispiel bei Betriebseinnahmen

Die an das Finanzamt abgeführten Beträge sind geringer als die ermittelten Zahllasten:

Soll	Umsatzsteuer-Voranmeldekonto (USt-VA)		Haben
10.01.	Zahlung	31.01.	Zahllast
10.02.	Zahlung	28.02.	Zahllast
10.12.	Zahlung	31.12.	Zahllast
	GuV		

Soll	Gewinn-und-Verlust-Rechnung		Haben
		Betriebseinnahmen	

Buchungssatz: Umsatzsteuer-Voranmeldekonto (USt-VA) an GuV

2. Beispiel bei Betriebsausgaben

Die abgeführten Beträge sind höher als die ermittelten Zahllasten.

Soll	Umsatzsteuer-Voranmeldekonto (USt-VA)		Haben
10.01.	Zahlung	31.01.	Zahllast
10.02.	Zahlung	28.02.	Zahllast
10.12.	Zahlung	31.12.	Zahllast
		GuV	

Soll	Gewinn-und-Verlust-Rechnung		Haben
Betriebsausgaben			

Buchungssatz: GuV an Umsatzsteuer-Voranmeldekonto (USt-VA)

Beispiel

Buchmäßiger Kontenabschluss mit Überweisung der Zahllast.

Beträge aus Kapitel 4.3.1

1. Abschluss Konto Vorsteuer		
USt	152,00	
an VorSt		152,00
2. Ermittlung der Zahllast		
USt	988,00	
an USt-VA		988,00
3. Überweisung der Zahllast		
USt-VA	988,00	
an Postbank		988,00

Bestände von oben

Soll	Vorsteuer (VorSt)		Haben
Post	152,00	**1.** USt	152,00

Soll	Umsatzsteuer (USt)		Haben
1. VorSt	152,00	Bank	1.140,00
2. USt-VA	988,00		

Soll	USt-VA		Haben
3. Post	988,00	**2.** USt	988,00

Soll	Postbank		Haben
AB	5.000,00	**3.** USt-VA	988,00

Sie können sehen, dass auf den Konten Vorsteuer und Umsatzsteuer sofort weitergebucht werden kann, ohne dass diese unübersichtlich werden.

Gesamtzusammenfassung

a) Bei Umsatzsteuerzahllast

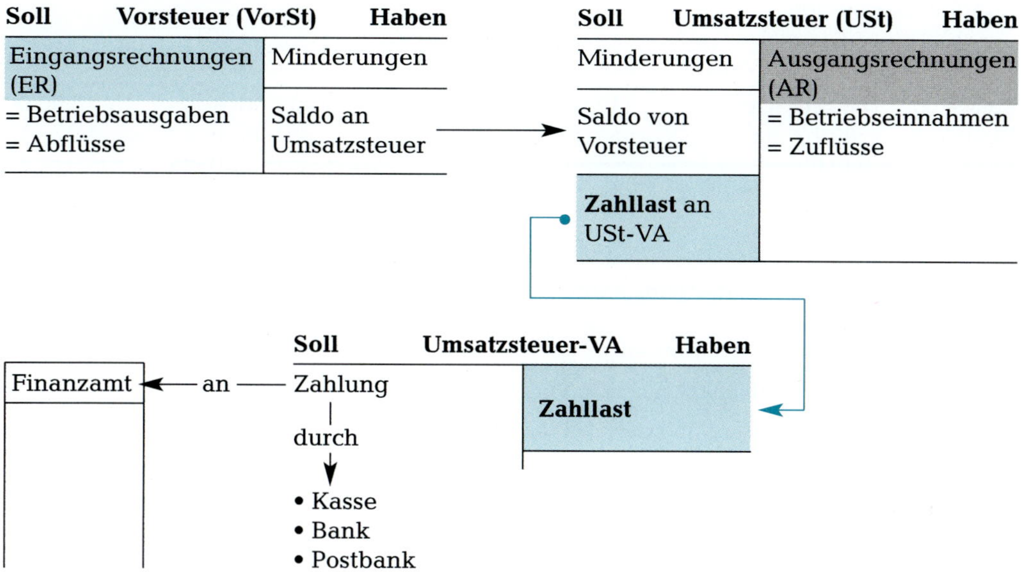

Beim **Jahresabschluss** wird der Saldo über **GuV-Konto** gebucht.

b) Bei Vorsteuerüberhang

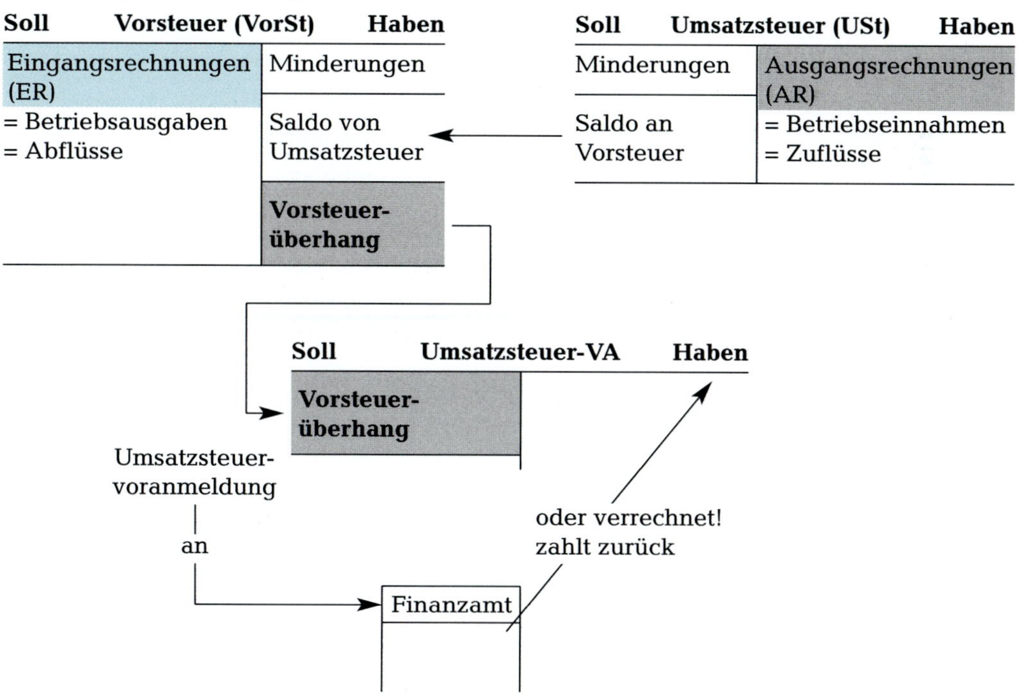

Beim **Jahresabschluss** wird der Saldo über **GuV-Konto** gebucht!

Aufgaben

69 In der Rechtsanwalts-/Notariatskanzlei Dr. Jürgen Sang-Grius finden Sie folgende Kontenbewegungen:

Soll	Vorsteuer (VorSt)		Haben
Kasse	867,50	Kasse	112,60
Bank	80,10	Bank	51,20
Bank	4.630,00		
Kasse	123,50		

Soll	Umsatzsteuer (USt)		Haben
Post	2.711,00	Kasse	3.500,00
Bank	801,00	Bank	4.320,10
		Bank	17.112,30

Aufgaben

1. Ermitteln Sie die Umsatzsteuer-Zahllast
   a) rechnerisch,
   b) buchungsmäßig auf T-Konten.
2. Buchen Sie die Zahllast auf das USt-Voranmeldekonto.
3. Buchen Sie die Überweisung der Zahllast durch Postbankscheck (Anfangsbestand 30.000,00 €).

70 **71** In der Rechtsanwalts-/Notariatskanzlei Dr. G. Scheidle sind zum Abschlussstichtag 31.03. folgende **Nettoumsätze** bei einem Steuersatz von 19 % festzustellen:

Nettoumsätze Beträge in €	70	71
Vergütungseinnahmen	60.000,00	75.000,00
Betriebsausgaben für Praxisgegenstände	18.000,00	30.000,00

Aufgaben

1. Errechnen Sie die Beträge der Vorsteuer und der Umsatzsteuer.
2. Übernehmen Sie die Steuerbeträge in T-Konten ohne Gegenbuchung.
3. Ermitteln Sie die Umsatzsteuer-Zahllast rechnerisch und buchhalterisch.
4. Übertragen Sie die Umsatzsteuer-Zahllast auf das USt-VA Konto.
5. Buchen Sie die Überweisung der Zahllast am 10.04. durch Postbanküberweisung (AB 12.000,00 €).

72 **73**

1. Bilden Sie die Buchungssätze zu den Geschäftsfällen.
2. Ermitteln Sie die Zahllast und buchen Sie diese auf das USt-VA um.

Kontenplan: AVK, Bank, Vergütung, Umsatzsteuer, Vorsteuer, Kasse, Praxisausstattung, Postbank, Darlehen, Zinserträge (Umsatzsteuerfreie Erlöse), Fuhrpark, Personalkosten, Kfz-Kosten, Fremdgeld, Umsatzsteuer-Voranmeldekonto (USt-VA).

Geschäftsfall Beträge in €	72	73
1. Vergütung wird durch Bank überwiesen, netto	16.000,00	8.000,00
19 % Umsatzsteuer	3.040,00	1.520,00
Bruttobetrag	19.040,00	9.520,00

2.	Bareinkauf von Büromaterial (AVK), Nettopreis	200,00	300,00
	19 % Umsatzsteuer	38,00	57,00
	Bruttobetrag	238,00	357,00
3.	Darlehensrate wird durch Bank zurückgezahlt	8.000,00	7.000,00
4.	Kauf eines Computers durch Postbanküberweisung, netto	5.000,00	6.000,00
	19 % Umsatzsteuer	950,00	1.140,00
	Bruttobetrag	5.950,00	7.140,00
5.	Bankgutschrift für Zinsen (steuerfrei)	150,00	200,00
6.	Gehaltszahlung, bar	2.000,00	3.000,00
7.	Mandant zahlt Vergütungsrechnung an der Kasse, bar, netto	3.000,00	5.000,00
	19 % Umsatzsteuer	570,00	950,00
	Bruttobetrag	3.570,00	5.950,00
8.	Weiterleitung von Fremdgeld durch Banküberweisung	5.000,00	8.000,00
9.	Barzahlung der Kfz-Reparatur, netto	700,00	500,00
	19 % Umsatzsteuer	133,00	95,00
	Bruttobetrag	833,00	595,00
10.	Kauf eines gebrauchten Pkw durch Bank, Nettopreis	15.000,00	30.000,00
	19 % Umsatzsteuer	2.850,00	5.700,00
	Bruttobetrag	17.850,00	35.700,00
11.	Mandant erhält zu viel gezahlte Vergütung durch Banküberweisung zurück, Nettobetrag	3.400,00	8.900,00
	19 % Umsatzsteuer	646,00	1.691,00
	Bruttobetrag	4.046,00	10.591,00
12.	Banküberweisung eines Lieferers wg. Qualitätsmangel am Pkw, netto	760,00	200,00
	19 % Umsatzsteuer	144,40	38,00
	Bruttobetrag	904,40	238,00

4.3.3 Vorsteuer bei Kleinbetragsrechnungen

Voraussetzung für die Buchung von **Umsatzsteuer und Vorsteuer** ist eine **ordnungsgemäße Rechnung**, bei der die **Umsatz- oder Vorsteuer gesondert** ausgewiesen ist.

Beispiel

Eingangsrechnung		
1 Schreibtisch	1.000,00 €	
19 % Umsatzsteuer	190,00 €	← **gesonderter Ausweis**
Bruttoverkaufspreis	**1.190,00 €**	

Für **Kleinbetragsrechnungen bis zu 150,00 €** einschließlich Umsatzsteuer hat der Gesetzgeber **Vereinfachungen** zugelassen. Bei solchen Rechnungen, Fahrausweisen, Kassenbons und Quittungen **entfällt** der **gesonderte Ausweis** der Umsatzsteuer. Es genügt die Angabe des Umsatzsteuersatzes.

Will der Rechtsanwalt/Notar die in den **Bruttobeträgen** enthaltene Vorsteuer von seiner Umsatzsteuerzahllast absetzen, müssen die **Steuerbeträge herausgerechnet** werden.

Beispiel

Der Kassenbon für den Kauf von Fotokopierpapier und Schreibbänder in Höhe von 89,32 € wird zum Buchen vorgelegt. Wie ist zu buchen?

1. Herausrechnen der Steuer

$119\ \% \mathrel{\hat{=}} 89{,}32\ €$

$100\ \% \mathrel{\hat{=}}\ x$

$x \mathrel{\hat{=}} \frac{89{,}32 \cdot 100}{119}$

$\mathbf{x = 75{,}06\ €}$

Bruttopreis	89,32 €
./. 19 % Umsatzsteuer	14,26 €
Nettopreis	**75,06 €**

2. Buchung

Konto	Soll	Haben
AVK	75,06	
Vorsteuer	14,26	
an Kasse		89,32

Soll	AVK		Haben
Kasse	75,06		

Soll	Vorsteuer		Haben
Kasse	14,26		

Soll	Kasse		Haben
		AVK/VorSt	89,32

Aufgaben

74 **75** Bilden Sie die Buchungssätze folgender Kleinbetragsrechnungen:

Kontenplan: AVK, Kasse, Kfz-Kosten, Reisekosten, Vorsteuer.

Geschäftsfall **Angaben in €**	**74**	**75**
1. Tankquittung brutto	65,21	66,71
19 % Umsatzsteuer in dem Betrag enthalten	10,41	10,65
Nettobetrag	54,80	56,06
2. Barkauf einer Rückfahrkarte (Reisekosten) wegen Wahrnehmung eines auswärtigen Gerichtstermins		
Bruttobetrag	67,47	34,06
19 % Umsatzsteuer im Preis enthalten	10,77	5,44
Nettobetrag	56,70	28,62
3. Quittung für eine Taxifahrt, dienstlich, 10 km/15 km	15,60	23,40
7 % Umsatzsteuer im Preis enthalten	?	?
Nettobetrag	?	?
4. Barkauf von Büchern und Zeitschriften einschließlich 7 % Umsatzsteuer	87,92	90,21
5. Barkauf von Vordrucken einschließlich 19 % Umsatzsteuer	123,00	180,50

4.4 Das Berechnungs- und Buchungsverfahren bei der Umsatzsteuer

4.4.1 Nettoverfahren

Bisher haben wir die **Umsatzsteuer bei Ausgangsrechnungen** und die **Vorsteuer bei Eingangsrechnungen sofort** erfasst. Bei jedem **Zahlungsvorgang** wurde also die Umsatzsteuer und die Vorsteuer **direkt** auf die entsprechenden Konten gebucht.

Beispiel

Kauf von Büromaterial gegen Banküberweisung

Vergütungsrechnung an den Mandanten; Zahlung bar an der Praxiskasse.

Eingangsrechnung		Entspricht	Ausgangsrechnung	
Büromaterial	300,00 € →	**100 %**	← Vergütung	500,00 €
19 % Umsatzsteuer	57,00 € →	**19 %**	← 19 % Umsatzsteuer	95,00 €
Rechnungsbetrag	357,00 € →	**119 %**	← Rechnungsbetrag	595,00 €

Dieses Verfahren heißt **Nettoverfahren**, weil bei jedem Geschäftsfall der Nettobetrag von 100 % und die darauf entfallende Umsatzsteuer mit 19 % oder 7 % **sofort gebucht** werden.

Buchung

Konto	Soll	Haben
AVK	300,00	
VorSt	57,00	
an Bank		357,00

Buchung

Konto	Soll	Haben
Kasse	595,00	
an Vergütung		500,00
an USt		95,00

Kontenmäßige Darstellung

Soll	AVK		Haben
Bank	300,00		

Soll	Bank		Haben
		AVK/VorSt	357,00

Soll	Vorsteuer		Haben
Bank	57,00		

Kontenmäßige Darstellung

Soll	Kasse		Haben
Verg/USt	595,00		

Soll	Vergütung		Haben
		Kasse	500,00

Soll	Umsatzsteuer		Haben
		Kasse	95,00

Merken Sie sich bitte:

- Bei der **Nettobuchung** wird die **Vorsteuer** bei Eingangsrechnungen und die **Umsatzsteuer** bei Ausgangsrechnungen **sofort gebucht.**

4.4.2 Bruttoverfahren

Eingangsrechnungen und Ausgangsrechnungen werden in der **Praxis häufig** mit ihren **Bruttobeträgen** (bei 7 % Umsatzsteuer sind das 107 %, bei 19 % Umsatzsteuer sind das 119 %) **gebucht**, ohne dass die Umsatzsteuer sofort berücksichtigt wird.

Beispiel von oben

Buchung

Konto	Soll	Haben
AVK	357,00	
an Bank		357,00

Buchung

Konto	Soll	Haben
Kasse	595,00	
an Vergütung		595,00

Kontenmäßige Darstellung

Soll	AVK		Haben
Bank	357,00		

Soll	Bank		Haben
		AVK	357,00

Kontenmäßige Darstellung

Soll	Kasse		Haben
Vergütung	595,00		

Soll	Vergütung		Haben
		Kasse	595,00

Am Beginn dieses Kapitels haben Sie erfahren, dass die **gezahlte oder vereinnahmte Umsatzsteuer** für den Rechtsanwalt/Notar oder seinen Lieferer **kein zusätzlicher Gewinn** ist. Daher muss zum Monats- oder Quartalsende die **Umsatzsteuer** aus den **Bruttobeträgen herausgerechnet** werden. Die **ermittelten Beträge** werden in **einer Summe** auf die Konten Umsatzsteuer und Vorsteuer **umgebucht**. Auf den **Betriebsausgabe-**, **Betriebseinnahme-** und **Vermögenskonten** sind dann die **Nettobeträge sichtbar**.

Beispiel von oben

Aus den Bruttobeträgen ist die Umsatzsteuer herauszurechnen.

a) Lösung durch Dreisatz

$$119\,\% \mathrel{\hat{=}} 357{,}00\ €$$
$$19\,\% \mathrel{\hat{=}} x$$
$$x \mathrel{\hat{=}} \frac{357 \times 19}{119}$$
$$\mathbf{x = 57{,}00\ €}$$

Die Vorsteuer beträgt 57,00 €.

$$119\,\% \mathrel{\hat{=}} 595{,}00\ €$$
$$19\,\% \mathrel{\hat{=}} x$$
$$x \mathrel{\hat{=}} \frac{595 \times 19}{119}$$
$$\mathbf{x = 95{,}00\ €}$$

Die Umsatzsteuer beträgt 95,00 €.

b) Lösung durch Formel

Der Bruttobetrag wird bei einem Steuersatz von 19 % mit dem Faktor 15,996[1] multipliziert und durch 100 dividiert:

Lösung:

$$\frac{357 \times 15{,}996}{100}$$
$$\mathbf{= 56{,}99\ €}$$

$$\frac{595 \times 15{,}996}{100}$$
$$\mathbf{= 94{,}99\ €}$$

[1] Der Faktor wird wie folgt entwickelt: 19 : 119 = 0,1596638 × 100 = 15,966

Merken Sie sich bitte:

▶ **Formel =** $\frac{\textbf{Bruttobetrag} \cdot \textbf{Faktor}}{\textbf{100}}$

Die Abweichung dieser Beträge von den zuerst berechneten Beträgen 57,00 € und 95,00 € kommt durch geringe Ungenauigkeiten (Rundungsfehler) des verwendeten Faktors zu Stande. Dies ist jedoch ohne Bedeutung, weil das Finanzamt diese Berechnungsart akzeptiert.

Bei einem Umsatzsteuersatz von 7 % beträgt der Faktor 6,54.

Buchung der herausgerechneten Umsatzsteuer:

Konto	Soll	Haben
VorSt	57,00	
an AVK		57,00

Konto	Soll	Haben
Vergütung	95,00	
an USt		95,00

Nach dieser Umbuchung zeigen die Konten folgendes Bild:

Soll	AVK		Haben
Bank	357,00	VorSt	57,00

Soll	Vergütung		Haben
USt	95,00	Kasse	595,00

Soll	Bank		Haben
		AVK	357,00

Soll	Kasse		Haben
Vergütung	595,00		

Soll	Vorsteuer		Haben
AVK	57,00		

Soll	Umsatzsteuer		Haben
		Vergütung	95,00

Wenn Sie das **Bruttoverfahren** mit dem **Nettoverfahren** vergleichen, stellen Sie fest, dass die **Ergebnisse gleich** sind. Die Konten **AVK und Vergütung** zeigen jetzt die **Nettobeträge** und die Konten **Vorsteuer und Umsatzsteuer** die darauf entfallenden **Steuerbeträge**. Die eigentliche **Arbeitserleichterung** des Bruttoverfahrens besteht darin, dass **nur** noch **einmal** die Vorsteuer- und die Umsatzsteuerbeträge am Ende des Voranmeldezeitraumes **gebucht** werden. Mit den meisten DV-Programmen wird brutto gebucht.

Merken Sie sich bitte:

- Bei der **Bruttobuchung** werden die **Rechnungsbeträge** der Eingangs- und Ausgangsrechnungen in **einer Summe (brutto) gebucht.**
- Am **Ende** des Umsatzsteuervoranmeldezeitraumes wird die **Umsatzsteuer** aus den Bruttobeträgen **herausgerechnet** und auf die Konten Vorsteuer und Umsatzsteuer **umgebucht.**
- Die Berechnung erfolgt durch **Dreisatz** oder feststehende **Faktoren.**

Beispiel mit Lösung

In der Rechtsanwalts-/Notariatskanzlei Dr. Isolde Furchtlos werden die **Eingangs- und die Ausgangsrechnungen brutto** gebucht. Die Konten zeigen folgendes Bild:

Betriebsausgaben/Kosten				**Betriebseinnahmen/Erlöse**				**Vermögen**			
Soll	AVK		Haben	Soll	Vergütung 19 %		Haben	Soll	Praxisausstattung		Haben
Kasse	119,00					Bank	23.800,00	AB	80.000,00		
Kasse	238,00					Bank	3.570,00	Bank	4.760,00		
Bank	357,00					Bank	7.140,00	Bank	1.190,00		
						Kasse	238,00				
Soll	Zeitschriften 7 %		Haben	Soll	Autorenverg. 7 %		Haben	Soll	Fuhrpark		Haben
Kasse	64,20					Bank	2.140,00	AB	60.000,00		
Kasse	96,30					Bank	5.350,00	Bank	17.850,00		
Kasse	53,50					Bank	3.210,00				
Soll	Kfz-Kosten		Haben								
Bank	833,00										

Aufgaben

Kontenplan: Bank (Anfangsbestand 10.000,00 €), Vorsteuer, Umsatzsteuer, Umsatzsteuer-Voranmeldekonto (USt-VA).

Buchen Sie auf T-Konten

1. Ermitteln Sie die Umsatzsteuerbeträge mithilfe des Dreisatzes.
2. Buchen Sie die Beträge auf die Konten Vorsteuer und Umsatzsteuer.
3. Ermitteln Sie die Zahllast.
4. Buchen Sie die Zahllast auf das Umsatzsteuer-Voranmeldekonto (USt-VA).
5. Buchen Sie die Banküberweisung der Zahllast.

Lösung

1. Ermittlung der Umsatzsteuer mit Hilfe des Dreisatzes

AVK

$119\ \% \triangleq 714{,}00\ €$
$19\ \% \triangleq x$

$$x \triangleq \frac{714 \times 19}{119}$$

$$\mathbf{x = 114{,}00\ €}$$

Zeitschriften

$107\ \% \triangleq 214{,}00\ €$
$7\ \% \triangleq x$

$$x \triangleq \frac{214 \times 7}{107}$$

$$\mathbf{x = 14{,}00\ €}$$

Kraftfahrzeugkosten

$119\ \% \triangleq 833{,}00\ €$
$19\ \% \triangleq x$

$$x \triangleq \frac{833 \times 19}{119}$$

$$\mathbf{x = 133{,}00\ €}$$

Praxisausstattung

$119\ \% \triangleq 5.950{,}00\ €$
$19\ \% \triangleq x$

$$x \triangleq \frac{5.950 \times 19}{119}$$

$$\mathbf{x = 950{,}00\ €}$$

Fuhrpark

119 % ≙ 17.850,00 €
19 % ≙ x

$$x \triangleq \frac{17.850 \times 19}{119}$$

x = 2.850,00 €

Vergütung

119 % ≙ 34.748,00 €
19 % ≙ x

$$x \triangleq \frac{34.748 \times 19}{119}$$

x = 5.548,00 €

Autorenvergütung

107 % ≙ 10.700,00 €
7 % ≙ x

$$x \triangleq \frac{10.700 \times 7}{107}$$

x = 700,00 €

2. Buchungen

Konto	Soll	Haben
VorSt	114,00	
an AVK		114,00
VorSt	14,00	
an Zeitschr.		14,00
VorSt	133,00	
an Kfz-Kosten		133,00
VorSt	950,00	
an PA		950,00
VorSt	2.850,00	
an Fupa		2.850,00
Vergütung	5.548,00	
an USt		5.548,00
Autorenvergütung	700,00	
an USt		700,00
3. Vorbereitende Abschlussbuchungen		
USt	4.061,00	
an VorSt		4.061,00
4. Buchung auf USt-VA		
USt	2.187,00	
an USt-VA		2.187,00
5. Überweisung der Zahllast		
USt-VA	2.187,00	
an Bank		2.187,00

Soll	Vorsteuer		Haben
2. AVK	114,00	3. USt	4.061,00
2. Zeitschr.	14,00		
2. Kfz-Ko.	133,00		
2. PA	950,00		
2. Fupa	2.850,00		
	4.061,00		4.061,00

Soll	Umsatzsteuer		Haben
3. VorSt	4.061,00	2. Verg.	5.548,00
4. USt-VA	2.187,00	2. Autor.	700,00
	6.248,00		6.248,00

Soll	Bank		Haben
AB	10.000,00	5. USt-VA	2.187,00

Soll	USt-VA		Haben
5. Bank	2.187,00	4. USt	2.187,00

Aufgaben

76 **77** In der Rechtsanwalts-/Notariatskanzlei Dr. Petra Zwilling werden die Eingangsrechnungen und die Ausgangsrechnungen brutto gebucht. Die bisher vorgenommenen Buchungen in den Konten wurden addiert und ergeben folgende Umsätze:

Konto	**76**		**77**	
Beträge in €	**Soll**	**Haben**	**Soll**	**Haben**
Praxisausstattung	11.900,00		23.800,00	
Fuhrpark	35.700,00		50.779,00	
Allgemeine Verwaltungskosten 19 %	2.380,00		986,00	
Allgemeine Verwaltungskosten 7 %	107,00		321,00	
Personalkosten	1.000,00		3.000,00	
Zinsaufwendungen (steuerfrei)	1.780,00		789,00	
Mieterträge (steuerfrei)		1.520,00		2.612,00
Vergütung 19 %		59.500,00		83.660,00
Vergütung aus schriftstellerischer Tätigkeit (7 %)		9.630,00		8.560,00
Energiekosten	595,00		464,00	
Kraftfahrzeugkosten	714,00		1.392,00	

Aufgaben

Buchen Sie obige Salden auf T-Konten.

Kontenplan für den Abschluss: Vorsteuer, Umsatzsteuer, USt-VA, Bank (AB 30.000,00 €).

1. Ermitteln Sie die Umsatzsteuerbeträge mithilfe des Dreisatzes.
2. Buchen Sie die Beträge in jeweils einer Summe auf die Konten Vorsteuer und Umsatzsteuer.
3. Ermitteln Sie die Umsatzsteuer-Zahllast.
4. Buchen Sie die Zahllast auf das Umsatzsteuer-Voranmeldekonto (USt-VA).
5. Buchen Sie die Überweisung der Zahllast durch Bank.

4.4.3 Behandlung umsatzsteuerfreier Umsätze

Gem. § 1 UStG sind u. a. folgende Umsätze **nicht steuerbar** bzw. gemäß § 4 UStG **nicht umsatzsteuerpflichtig:**

- Erlöse aus der Vermietung oder Verpachtung von praxiseigenen Grundstücken oder Gebäuden an Privatpersonen zu Wohnzwecken,
- Zinserträge einschließlich Verzugszinsen,
- Betriebseinnahmen für ehrenamtliche Tätigkeiten,
- erhaltene Zahlungen als Schadensersatz,
- Vergütungen für bestimmte Tätigkeiten im Ausland.

Diese **umsatzsteuerfreien Erlöse** müssen gem. § 22 Abs. 2 UStG **gesondert ausgewiesen** werden.

Die Notwendigkeit des gesonderten Ausweises ergibt sich auch bei Anwendung der Bruttobuchung, weil von den Bruttobeträgen die Umsatzsteuer herausgerechnet werden muss.

Buchung der steuerfreien Umsätze:

Bank, Kasse, Postbank an Umsatzsteuerfreie Erlöse (UStfrErl)

Beispiele

1. Unser Mieter zahlt für die im Praxisgebäude gemietete Wohnung 600,00 € bar.

Buchung

Konto	Soll	Haben
Kasse	600,00	
an UStfrErl		600,00

Soll	Kasse		Haben
UStfrErl	600,00		

Soll	Umsatzsteuerfreie Erlöse		Haben
		Kasse	600,00

2. Die gegnerische Haftpflichtversicherung überweist durch Bank die Schadensrechnung über 2.000,00 €. Der Schaden entstand an unserem Praxisgebäude.

Buchung

Konto	Soll	Haben
Bank	2.000,00	
an UStfrErl		2.000,00

Soll	Bank		Haben
UStfrErl	2.000,00		

Soll	Umsatzsteuerfreie Erlöse		Haben
		Bank	2.000,00

3. Die Postbank schreibt uns Zinsen in Höhe von 200,00 € gut.

Buchung

Konto	Soll	Haben
Postbank	200,00	
an UStfrErl		200,00

Soll	Postbank		Haben
UStfrErl	200,00		

Soll	Umsatzsteuerfreie Erlöse		Haben
		Postbank	200,00

5 Rabatte und Skonti bei Eingangsrechnungen

Die von Rechtsanwälten und Notaren angeschafften Wirtschaftsgüter müssen mit ihren **Anschaffungskosten** gebucht werden. Diese Anschaffungskosten setzen sich wie folgt zusammen:

Übersicht

	Listenpreis
+	Anschaffungsnebenkosten
./.	Preisnachlässe
=	**Anschaffungskosten**

Anschaffungsnebenkosten sind alle **Aufwendungen**, die erforderlich sind, um das **Anlagegut** für die Kanzlei **nutzbar** zu machen.[1]

Beispiel

Beim Kauf eines Computers müssen zusätzliche Elektroinstallationen vorgenommen werden. Außerdem sind häufig Vergütungen für die Einweisung und Schulung des Personals zu zahlen.

5.1 Erhaltene Rabatte

Gelegentlich erhält der Rechtsanwalt/Notar beim Kauf von Büromaterial und Praxisgegenständen von seinen Lieferanten Rabatte. Unter einem **Rabatt** wird ein **Preisnachlass** verstanden, der in Form von **Mengenrabatt** (Abnahme einer bestimmten Menge) oder **Treuerabatt** (für das Bestehen einer guten langjährigen Geschäftsbeziehung) gewährt wird.

Rabatte, die vom Listenpreis sofort abgesetzt werden **(Sofortrabatte)**, werden **nicht gebucht**.

Beispiel mit Lösung

Eingangsrechnung	**€**
1 Computer	10.000,00
Elektroinstallation	2.000,00
Kosten für Einweisung des Personals	500,00
Bruttopreis	12.500,00
./. 10 % Rabatt	1.250,00
Nettobetrag	11.250,00
19 % Umsatzsteuer	2.137,50
Bruttorechnungsbetrag	**13.387,50**

Der Rechnungsbetrag wurde sofort durch Banküberweisung (Anfangsbestand 30.000,00 €) bezahlt.

---

[1] Vergleichen Sie bitte hierzu auch Kapitel 10.1 im Teil Buchführung.

Buchung

a) Bruttobuchung

1. Bezahlung des Rechnungsbetrages

Konto	Soll	Haben
Praxisausstattung	13.387,50	
an Bank		13.387,50

Soll	Praxisausstattung		Haben
1. Bank	13.387,50	**2.** VorSt	2.137,50

Soll	Bank		Haben
AB	30.000,00	**1.** PA	13.387,50

2. Berichtigung

Konto	Soll	Haben
Vorsteuer	2.137,50	
an Praxisausst.		2.137,50

Soll	Vorsteuer		Haben
2. PA	2.137,50		

b) Nettobuchung

Konto	Soll	Haben
Praxisausstattung	11.250,00	
Vorsteuer	2.137,50	
an Bank		13.387,50

Soll	Praxisausstattung		Haben
Bank	11.250,00		

Soll	Vorsteuer		Haben
Bank	2.137,50		

Soll	Bank		Haben
AB	30.000,00	PA/VorSt	13.387,50

Merken Sie sich bitte:

- **Rabatte mindern** die Anschaffungskosten.
- **Sofortrabatte** werden **nicht gebucht.**

5.2 Skonto

Durch die Gewährung von Skonto bietet der Lieferer seinem Kunden einen Anreiz, schneller zu zahlen. **Skonto** ist ein **Preisnachlass** für **vorzeitige Zahlung**. Der Skontobetrag kann vom Rechnungsbetrag abgezogen werden.

Beispiel mit Lösung

Rechtsanwalt/Notar Dr. Uwe Pfiffig kauft einen PC zum Listenpreis von 1.000,00 €. Die **Zahlungsbedingungen** lauten: „Bei Zahlung des Kaufpreises innerhalb von 8 Tagen gewähren wir Ihnen 3 % Skonto. Nach 30 Tagen ist der Rechnungsbetrag ohne Abzug von Skonto zu zahlen."

Dr. Pfiffig überweist den um Skonto verminderten Rechnungsbetrag 2 Tage nach der Lieferung des PC durch Bank (Anfangsbestand 20.000,00 €).

Eingangsrechnung	**€**
1 PC	1.000,00
19 % Umsatzsteuer	190,00
Rechnungsbetrag	**1.190,00**
./. 3 % Skonto	35,70
Überweisungsbetrag	**1.154,30**

1. Ermittlung des Überweisungsbetrages

100% ≙ 1.119,00 €
3% ≙ x

$$x = \frac{1.190 \times 3}{100}$$

x = 35,70 € ——— abziehen

2. Herausrechnen der Vorsteuer

Sie haben sofort erkannt, dass in dem Skontobetrag von 35,70 € auch die 19 % Umsatzsteuer enthalten sind. Der **Skontoabzug** ist also, bezogen auf den Nettopreis des PC, zu hoch und muss **berichtigt** werden.

119 % ≙ 35,70 €
19 % ≙ x

$$x = \frac{35{,}70 \times 19}{119}$$

x = 5,70 €

Die in dem Skontobetrag enthaltene Vorsteuer beträgt 5,70 €.

Skonto, brutto	35,70 €
./. 19 % Umsatzsteuer	5,70 €
Skonto, netto	**30,00 €**

Der **Nettoskontobetrag** von 30,00 € muss nun von dem Einkaufspreis des PC abgezogen werden:

PC	1.000,00 €
./. 3 % Skonto	30,00 €
Nettoeinkaufspreis	**970,00 €**

Zusammenfassung

Eingangsrechnung	**€**	**3 % Skonto**	**Nettobetrag in €**
1 PC	1.000,00	30,00	970,00
19 % Umsatzsteuer	190,00	5,70	184,30
Rechnungsbetrag	**1.190,00**	35,70	1.154,30
./. 3 % Skonto	35,70		
Überweisungsbetrag	**1.154,30**		

Lösung

Buchung

Konto	Soll	Haben
Praxisausstattung	970,00	
Vorsteuer	184,30	
an Bank		1.154,30

Soll	Praxisausstattung		Haben
Bank	970,00		

Soll	Vorsteuer		Haben
Bank	184,30		

Soll	Bank		Haben
AB	20.000,00	PA/VorSt	1.154,30

Skonti werden in der **Einnahmen-Überschussrechnung nicht** gebucht, weil nur die **Zahlungsvorgänge** erfasst werden. Bei der Buchung der Überweisung ist die Minderung des Rechnungsbetrages durch Skonto bereits berücksichtigt.

Merken Sie sich bitte:

- **Skonto mindert** den **Rechnungsbetrag** und die **Umsatzsteuer.**
- **Skonto wird** in der **Einnahmen-Überschussrechnung nicht gebucht.**

5.3 Rabatte und Skonti

Gewährt ein Lieferer Rabatt und Skonto, wird in gleicher Weise verfahren, wie oben beschrieben.

Beispiel mit Lösung

Rechtsanwalt/Notar Dr. Hans Klug kauft einen Drucker für die DV-Anlage. Der Lieferer gewährt 7,5 % Rabatt und 2 % Skonto bei Zahlung des Rechnungsbetrages innerhalb von 10 Tagen. Der Drucker wird geliefert und sofort unter Abzug des Skontobetrages bar (Anfangsbestand 10.000,00 €) bezahlt.

Eingangsrechnung	**€**	**2 % Skonto**	**Nettobetrag in €**
1 Drucker	2.360,00		
./. 7,5 % Rabatt	177,00		
Nettobetrag	2.183,00	43,66	2.139,34
19 % Umsatzsteuer	414,77	8,30	406,47
Rechnungsbetrag	2.597,77	51,96	2.545,81
./. 2 % Skonto	51,96		
Betrag der Zahlung	**2.545,81**		

Nettobuchung

Konto	Soll	Haben
Praxisausstattung	2.139,34	
Vorsteuer	406,47	
an Kasse		2.545,81

Soll	Praxisausstattung		Haben
Kasse	2.139,34		

Soll	Kasse		Haben
AB	10.000,00	PA/VorSt	2.545,81

Soll	Vorsteuer		Haben
Kasse	406,47		

Aufgaben

78 **79** Bilden Sie die Buchungssätze zu den Geschäftsfällen.

Kontenplan: Allgemeine Verwaltungskosten, Bank, Fuhrpark, Kasse, Praxisausstattung, Vorsteuer.

Geschäftsfall	Beträge in €	78	79
1. Barzahlung für Büromaterial			
Nettopreis		450,00	600,00
19 % Umsatzsteuer		85,50	114,00
Bruttopreis		535,50	714,00
./. 2,5 % Skonto		13,39	17,85
Betrag der Barzahlung		522,11	696,15
2. Banküberweisung für den Kauf eines Pkw für die Praxis			
Listenpreis (Grundausstattung)		30.000,00	32.000,00
An Zusatzausstattung wird berechnet			
Radio		1.400,00	1.600,00
Sonderlackierung		3.000,00	2.800,00
Überführungskosten		600,00	600,00
Nettopreis		35.000,00	37.000,00
19 % Umsatzsteuer		6.650,00	7.030,00
Rechnungsbetrag		41.650,00	44.030,00
Der Rechnungsbetrag wurde unter Abzug von 2 % Skonto durch Bank überwiesen.			
3. Banküberweisung für eine Computeranlage			
Listenpreis		6.000,00	7.000,00
./. 10 % Rabatt		600,00	700,00
Nettopreis		5.400,00	6.300,00
Kosten für die Schulung des Personals		300,00	400,00
Elektrische Anlage errichten		1.400,00	1.800,00
Preis der Anlage, netto		7.100,00	8.500,00
19 % Umsatzsteuer		1.349,00	1.615,00
Rechnungsbetrag		8.449,00	10.115,00
Vereinbarungsgemäß wurden 2 % Skonto vom Rechnungsbetrag abgezogen.			
4. Barzahlung eines Software-Programms unter Abzug von 3 % Skonto.			
Bruttolistenpreis einschließlich Umsatzsteuer		952,00	1.190,00

5. Kauf eines Fotokopiergerätes durch Bank.

Listenpreis	3.000,00	4.000,00
./. 10 % Rabatt	?	?
Nettobetrag	?	?
19 % Umsatzsteuer	?	?
Bruttorechnungsbetrag	3.213,00	4.284,00
./. Skonto	2,8 %	1,75 %
Überweisungsbetrag	3.123,04	4.209,03

6. Barzahlung einer Buchungsmaschine unter Abzug von 3 % Skonto.

Listenpreis	1.650,00	1.790,00
./. 6 2/3 % Rabatt	?	119,33
Nettopreis	1.540,00	?
19 % Umsatzsteuer	292,60	317,43
Bruttorechnungsbetrag	?	?

7. Banküberweisung für Büromaterial unter Abzug von 3 % Skonto.

Bruttorechnungsbetrag einschließlich 19 % Umsatzsteuer	892,50	830,62

8. Barzahlung für den Kauf eines Teppichs für die Kanzlei.

Listenpreis	4.500,00	?
./. 20 % Rabatt	?	560,00
Nettopreis	3.600,00	2.240,00
19 % Umsatzsteuer	684,00	?
Bruttorechnungsbetrag	?	2.665,60

Der Betrag wird unter Abzug von 3 % Skonto bezahlt.

6 Belegorganisation

6.1 Belegbearbeitung[1]

Merken Sie sich bitte:

Die Belege werden in **drei Arbeitsstufen** bearbeitet

- Belegvorbereitung (Sortieren, Nummerieren, Vorkontieren)
- Belegbuchung im Grund- und Hauptbuch
- Belegablage und -aufbewahrung (10 Jahre).

6.2 Buchungen anhand von Belegen

Für die Rechtsanwaltskanzlei Dr. Monika Klug & Partner, Landau, sollen die bereits sortierten und nummerierten Belege

- vorkontiert (Bildung und Eintragung des Buchungssatzes in den Buchungsstempel)[2] und dann
- die Buchungen im Grund- und Hauptbuch

durchgeführt werden.

Kontenplan: AVK, Bank (AB 2.000,00 €), Vergütung, Kasse (AB 990,00 €), Kfz-Kosten, Praxisausstattung (PA), Vorsteuer 7 %, Vorsteuer 19 %, Umsatzsteuer

Buchhandlung Eva Groß

Quittung

Beleg 124

Eingang ..-06-03

netto	95,33 €
+ 7 % USt	6,67 €
Gesamt	**102,00 €**

– Hundertzwei –

Euro in Buchstaben

von RAe Dr. Klug & Partner
76829 Landau

für Kommentar ZPO (AVK)

Den Gesamtbetrag habe ich heute erhalten.

Landau, ..-06-03

Konto	Soll	Haben

Gebucht

Groß
Eva Groß
Buchhandlung

[1] Vergleichen Sie bitte auch Kapitel 2.4.3 im Teil Buchführung.
[2] Die Lösung finden Sie in Kapitel 6.3 im Teil Buchführung.

Dr. Monika Klug & Partner
Rechtsanwälte

Beleg 125

Dr. Klug & Partner · Postfach 3 · 76829 Landau

Herrn
Franz Uneinsichtig
Kohlkopfstraße 1
76829 Landau

Ihr Zeichen: fu
Ihre Nachricht vom:
Unser Zeichen: kp
Unsere Nachricht vom:

Name: Zuverlässig
Telefon: 06334 5678
Telefax: 06334 5679

UStIDNr. ...
Rechnungsnummer ...

Datum: ..-06-03

Konto	Soll	Haben
Gebucht		

Sehr geehrter Herr Uneinsichtig,

für die Tätigkeit als Prozessbevollmächtigte in dem Rechtsstreit

Franz Uneinsichtig gegen **Karl Schusselig**

vor dem Landgericht in Landau, **Az. 5 O 123/..** in der Zeit von Januar .. bis Mai .. berechnen wir unsere Vergütung wie folgt:

Gegenstandswert: 21.987,60 € gem. §§ 4 ZPO, 23 Abs. 1 RVG, 48 Abs. 1 GKG	**Beträge in €**
1. 1,3 Verfahrensgebühr gem. §§ 2, 13 Abs. 1 RVG i. V. m. Nr. 3100 VV RVG	839,80
2. 1,2 Terminsgebühr gem. §§ 2, 13 Abs. 1 RVG i. V. m. Nr. 3104 VV RVG	775,20
3. Post- und Telekompauschale gem. Nr. 7002 VV RVG	20,00
4. Dokumentenpauschale 120 Ablichtungen aus Behörden- und Gerichtsakten gem. Nr. 7000 Ziffer 1a) VV RVG	35,50
5. Zwischensumme	1.670,50
6. 19 % Umsatzsteuer aus 1.670,50 € gem. Nr. 7008 VV RVG	317,40
7. Vergütung insgesamt	**1.987,90**

Bitte überweisen Sie diesen Betrag in den nächsten Tagen auf unser Bankkonto.

Mit freundlichen Grüßen

Klug
Rechtsanwältin

Kanzleiräume
Heideweg 3
76829 Landau

Telefon
06334 5678

Telefax
06334 5679

ABC-Bank
Konto: 123-456-00
(BLZ 543 210 00)

Elite GmbH
Herstellung von Büromöbeln

Eingang ..-06-04

Beleg 126

Elite GmbH · Holzweg 8 · 76829 Landau

Rechtsanwälte
Dr. Monika Klug & Partner
Heideweg 3
76829 Landau

Gut-Glaub-Bank
Landau
369-000-10 (BLZ 543 202 30)

Name: Hobel
Telefon: 06334 1234
Telefax: 06334 1235

Datum: ..-06-03

Konto	Soll	Haben
Gebucht		

Rechnung Nr. 4712

Wir lieferten Ihnen für Ihre Rechnung und auf Ihre Gefahr:

Pos.	Artikel-Nr.	Artikelbezeichnung	Menge	Einzelpreis Euro	Gesamtpreis Euro
1	1234	Schreibtisch Elegance	1	2.691,00	2.691,00
2	567	Bücherregal	1	1.230,00	1.230,00

Warenwert netto	Fracht	Entgelt netto	USt in %	USt in Euro	Gesamtbetrag in Euro
3.921,00	-	3.921,00	19	744,99	4.665,99

Wir gewähren Ihnen 2,5 % Skonto, wenn Sie bis zum ..-06-11 zahlen!

AUTO & TANKEN
Inh. Alois de Vies e. K.
Eiergasse 7
66976 Rodalben
Tel. 06331 140200

Eingang ..-06-05

Beleg 127

SUPER BLEIFREI	netto	72,84 €
+ 19 % USt		13,84 €
UST-BRUTTO		86,68 €

Im Betrag sind 19 % USt enthalten.

Datum: ..-06-05

Konto	Soll	Haben
Gebucht		

Postagentur
76829 Landau

Eingang ..-06-05

Beleg 128

Datum: ..-06-05

Postentgelte (ohne Umsatzsteuer) *** 30,07 EUR**

Büroartikel	netto	74,14 €
+ 19 % USt		14,09 €
BRUTTO		88,23 €

Konto	Soll	Haben
Gebucht		

Liesel Heft e. Kfr.

Büromaterial · Geschenkartikel

Klammergasse 3 · 76829 Landau · Telefon 06334 908 · Telefax 06334 999

Eingang ..-06-06

Beleg 129

Datum: ..-06-06

Rechtsanwälte
Dr. Monika Klug & Partner
Heideweg 3
76829 Landau

Konto	Soll	Haben

Gebucht

Rechnung Nr. ...

Stück	Artikelbezeichnung	EUR	EUR
50	Versandtaschen	0,67	33,50
135	Ordner	1,12	151,20
2	Büroklammern	6,78	13,56
Netto			198,26
19 % Umsatzsteuer			37,67
Insgesamt			235,93
./. 3 % Skonto			7,08
Betrag der Barzahlung			228,85

Betrag dankend erhalten.
Landau, ..-06-06

Liesel Heft

Quittung

netto	228,00 €
19 % USt	43,32 €
Gesamt	271,32 €

Eingang ..-06-06

Beleg 130

Zweihundertsiebzigeins
(Euro in Buchstaben)

von RAe Dr. Klug & Partner, Landau
für Kosten der Inspektion am Praxis-Pkw der Rechtsanwälte Dr. Klug & Partner, Landau

Den Gesamtbetrag habe ich heute bar erhalten.

Landau, ..-06-06 ***Kfz-Werkstatt Klein & Co.***

Konto	Soll	Haben

Gebucht

Quittung

netto	460,00 €
19 % USt	87,40 €
Gesamt	**547,40 €**

Beleg 131

Fünfhundertvierzigsieben
(Euro in Buchstaben)

von Frau Eva Gutmütig, Badstraße 5, 76829 Landau
für Vergütungsvorschuss gem. § 9 RVG
laut Rechnung vom ..-06-03

Den Gesamtbetrag habe ich heute bar erhalten.

Landau, ..-06-07 **Dr. Klug, Rechtsanwältin**

Konto	Soll	Haben

Gebucht

Teppich-Drauf-Lauf GmbH & Co. KG
Handel mit Teppichen aller Art

Eingang ..-06-08

Teppich-Drauf-Lauf · Gamplatz 9 · 76829 Landau

Rechtsanwälte
Dr. Monika Klug & Partner
Heideweg 3
76829 Landau

HJK-Bank AG
Landau
246800-100 (BLZ 542 100 20)

Beleg 132

Name: Mimose
Telefon: 06334 3210
Telefax: 06334 3211

Datum: ..-06-07

Konto	Soll	Haben

Gebucht

Rechnung Nr. 9087

Wir lieferten Ihnen für Ihre Rechnung und auf Ihre Gefahr:

Pos.	Artikel-Nr.	Artikelbezeichnung	Menge	Einzelpreis Euro	Gesamtpreis Euro
1	389	Teppich »Laufwohl«	1	1.998,00	1.998,00
			./. 17 % Rabatt		339,66
			Nettobetrag		1.658,34
			+ 19 % Umsatzsteuer		315,08
			Bruttobetrag		1.973,42

Bei sofortiger Zahlung gewähren wir Ihnen 3 % Skonto.

ABC-Bank
Geschäftsstelle 76829 Landau

Beleg 133

Kontoauszug

Kontonummer	Nummer	Blatt
123-456-00	18/..	1

Buchungstag	Wert	Umsatzvorgang	Umsätze	
..-06-11	06-11	Überweisungsauftrag Elite GmbH Konto: 369-000-10, BLZ: 543 202 30	4.549,34	S
..-06-11	06-11	Überweisung Franz Uneinsichtig Az. 5 0 123/..	1.987,90	H
..-06-11	06-11	Überweisungsauftrag Teppich-Drauf-Lauf Konto: 246800-100, BLZ: 542 100 20	1.914,22	S

Akkumulierte Umsätze:
Soll 6.463,56
Haben 1.987,90

Alter Saldo **2.000,00 H**

Neuer Saldo **2.475,66 S**

Überweisungsauftrag an 543 210 00

ABC-Bank
76829 Landau

Empfänger: Name, Vorname/Firma (max. 27 Stellen)
TEPPICH-DRAUF-LAUF, LANDAU

Konto-Nr. des Empfängers
246800-100

Bankleitzahl
54210020

bei (Kreditinstitut)
HJK-BANK AG LANDAU

EUR* EUR

Betrag: €, ct 1.914,22

RECHNUNG NR.9087 v...-06-07

noch Verwendungszweck (insgesamt max. 2 Zeilen à 27 Stellen)
ABZ. 3% SKONTO

Kontoinhaber: Name, Vorname/Firma, Ort: (max. 27 Stellen, keine Straßen- oder Postfachangaben)
DR. KLUG & PARTNER LANDAU

Konto-Nr. des Kontoinhabers
123-456-00

A B*) C 20

Vergessen Sie bitte nicht das Datum und Ihre Unterschrift

*) Nähere Erläuterungen siehe Hinweisblatt

..-06-08 Dr. Klug

Datum Unterschrift

Überweisungsauftrag an 543 210 00

ABC-Bank
76829 Landau

Empfänger: Name, Vorname/Firma (max. 27 Stellen)
ELITE GMBH, LANDAU

Konto-Nr. des Empfängers
369-000-10

Bankleitzahl
54320230

bei (Kreditinstitut)
GUT-GLAUB-BANK LANDAU

EUR* EUR

Betrag: €, ct 4.549,34

RECHNUNG VOM ..-06-03

noch Verwendungszweck (insgesamt max. 2 Zeilen à 27 Stellen)
ABZ. 2,5% SKONTO

Kontoinhaber: Name, Vorname/Firma, Ort: (max. 27 Stellen, keine Straßen- oder Postfachangaben)
DR. KLUG & PARTNER LANDAU

Konto-Nr. des Kontoinhabers
123-456-00

A B*) C 20

Vergessen Sie bitte nicht das Datum und Ihre Unterschrift

*) Nähere Erläuterungen siehe Hinweisblatt

..-06-08 Dr. Klug

Datum Unterschrift

6.3 Buchungen im Grund- und Hauptbuch

Grundbuch

Nr.	Beleg	Konto	Soll	Haben
1)	124	AVK	95,33	
		VorSt 7 %	6,67	
		Kasse		102,00
2)	127	KfzKo	72,84	
		VorSt	13,84	
		Kasse		86,68
3)	128	AVK	104,21	
		VorSt	14,09	
		Kasse		118,30
4)	129	AVK	192,31	
		VorSt	36,54	
		Kasse		228,85
5)	130	Kfz-Ko	228,00	
		VorSt	43,32	
		Kasse		271,32
6)	131	Kasse	547,40	
		Vergütung		460,00
		USt		87,40
7)	125/133	Bank	1.987,90	
		Vergütung		1.670,50
		USt		317,40
8)	126/133	PA	3.822,97	
		VorSt	726,37	
		Bank		4.549,34
9)	132/133	PA	1.608,59	
		VorSt	305,63	
		Bank		1.914,22

Hauptbuch

Soll	VorSt 7 %		Haben
1)	6,67		

Soll	Kfz-Kosten		Haben
2)	72,84		
5)	228,00		

Soll	AVK		Haben
1)	95,33		
3)	104,21		
4)	192,31		

Soll	USt		Haben
		6)	87,40
		7)	317,40

Soll	Vergütung		Haben
		6)	460,00
		7)	1.670,50

Soll	Bank		Haben
AB)	2.000,00	8)	4.549,34
7)	1.987,90	9)	1.914,22

Soll	Praxisausstattung (PA)		Haben
8)	3.822,97		
9)	1.608,59		

Soll	Kasse		Haben
AB)	990,00	1)	102,00
6)	547,40	2)	86,68
		3)	118,30
		4)	228,85
		5)	271,32

Soll	VorSt 19 %		Haben
2)	13,84		
3)	14,09		
4)	36,54		
5)	43,32		
8	726,37		
9)	305,63		

7 Durchlaufende Posten

Durchlaufende Posten sind gem. § 10 UStG Beträge, die ein Rechtsanwalt/Notar im **Namen** und für **Rechnung** des **Mandanten** vereinnahmt oder verausgabt. Diese Einnahmen und Ausgaben müssen **gesondert aufgezeichnet** werden. Sie haben **keinen Einfluss** auf den **Erfolg** (Gewinn und Verlust) und zählen **nicht** zum **steuerpflichtigen Entgelt** (umsatzsteuerfrei).

Zu den durchlaufenden Posten in einer Kanzlei gehören insbesondere

- **vorgelegte Kosten**
- **Fremdgeld**.

7.1 Vorgelegte Kosten

Bei der Wahrnehmung von Interessen seiner Mandanten muss ein **Rechtsanwalt** häufig **Gebühren und Kosten** für seine Mandanten an Ämter, Gerichte und Gerichtsvollzieher **vorlegen**.

Hierzu gehören z. B. die Gerichtskosten, Zustellungsentgelte, Gerichtsvollzieherkosten und Gebühren des Katasteramtes, Einwohnermeldeamtes usw. Diese Kosten und Gebühren zahlt der Rechtsanwalt im Namen seiner Mandanten im Voraus mit der Einreichung der Klage o. Ä. bei Gericht ein. Später verlangt er die von ihm **tatsächlich vorgelegten** Kosten und Gebühren von seinen Mandanten zurück.

Die Gebühren und Kosten werden in dem Konto **„Vorgelegte Kosten"** erfasst.

Übersicht

	Soll	Vorgelegte Kosten / Haben	
7.1.1	• Zahlung vorzulegender Kosten durch den Rechtsanwalt	• Erstattung der vorgelegten Kosten durch Mandanten	7.1.2
7.1.4	• Weiterleitung der von Mandanten an den Rechtsanwalt gezahlten Kosten	• Vorauszahlung der vorzulegenden Kosten durch Mandant	7.1.3
		• Uneinbringlich gewordene Kostenvorlage des Rechtsanwalts als Betriebsausgabe	7.1.5

Das Konto **Vorgelegte Kosten** kann ein **Aktivkonto** oder ein **Passivkonto** sein.

- **Aktivkonto:** Der **Rechtsanwalt** hat Kosten **vorgelegt** und verlangt diese von seinem Auftraggeber zurück. Durch die Einzahlung bei Gericht entstand eine **Forderung des Rechtsanwalts gegenüber seinem Mandanten**.
- **Passivkonto:** Der **Mandant** hat für vorzulegende Kosten und Vergütung eine **Vorauszahlung** (Vorschuss) geleistet. Durch die Einzahlung in die Praxiskasse oder auf das Bank-/Postbankkonto entstand eine **Schuld des Rechtsanwalts gegenüber seinem Mandanten**.

Für die Buchung durchlaufender Posten benötigen wir immer ein Geldkonto (Kasse, Bank, Postbank), weil Vergütungen und Kosten entweder bezahlt, erstattet oder vorausbezahlt werden.

Merken Sie sich bitte:

- Das Konto **„Vorgelegte Kosten"** ist ein **Durchgangskonto.**
- Das **Durchgangskonto** kann sowohl ein **Aktivkonto** als auch ein **Passivkonto** sein.

7.1.1 Zahlung vorzulegender Kosten durch den Rechtsanwalt

Beispiel mit Lösung

Rechtsanwältin Bea Bährlein legt in einer Mahnsache 200,00 € Gerichtskosten bar (Anfangsbestand 1.000,00 €) vor.

1. Buchung bei Einzahlung

Konto	Soll	Haben
Vorgelegte Kosten	200,00	
an Kasse		200,00

Soll — Vorgelegte Kosten — Haben

Soll		Haben	
1. Kasse	200,00		

Soll — Kasse — Haben

Soll		Haben	
AB	1.000,00	**1.** VorgKost	200,00

Merken Sie sich bitte:

- Das Konto **„Vorgelegte Kosten"** ist ein **Aktivkonto.**
- Die **Zahlung** der vorzulegenden Kosten durch die **Rechtsanwältin** ist eine **Geldausgabe** der Kanzlei.

7.1.2 Erstattung der vorgelegten Kosten durch Mandant

Beispiel mit Lösung

Der Mandant zahlt die von uns vorgelegten Kosten bar an der Kanzleikasse ein.

2. Buchung bei Rückerstattung durch Mandant

Konto	Soll	Haben
Kasse	200,00	
an VorgKost		200,00

Bestände von oben

Soll — Vorgelegte Kosten — Haben

Soll		Haben	
1. Kasse	200,00	**2.** Kasse	200,00

Soll — Kasse — Haben

Soll		Haben	
AB	1.000,00	**1.** VorgKost	200,00
2. VorgKost	200,00		

Merken Sie sich bitte:

- Das Konto **„Vorgelegte Kosten"** ist ein **Passivkonto.**
- Die **Erstattung** der vorgelegten Kosten durch den **Mandant** ist eine **Geldeinnahme** der Kanzlei.

An diesen Beispielen wird deutlich, dass die beiden Zahlungsvorgänge nicht den Erfolg der Kanzlei beeinflusst haben. **Durchlaufende Posten** sind also **erfolgsneutral**.

7.1.3 Vorauszahlung der vorzulegenden Kosten durch Mandant

Beispiel mit Lösung

In Sachen Blau ./. Rot zahlt Blau einen Vorschuss in Höhe von 90,00 € auf die Gerichtskosten an unserer Praxiskasse (Anfangsbestand 5.000,00 €) bar ein.

1. Buchung

Konto	Soll	Haben
Kasse	90,00	
an VorgKost		90,00

Soll	Kasse		Haben
AB	5.000,00		
1. VorgKost	90,00		

Soll	Vorgelegte Kosten		Haben
		1. Kasse	90,00

Merken Sie sich bitte:

- Das Konto **„Vorgelegte Kosten"** ist ein **Passivkonto.**
- Die **Vorschusszahlung** des Mandanten ist eine **Geldeinnahme** der Kanzlei.

7.1.4 Weiterleitung der vom Mandanten an den Rechtsanwalt gezahlten Kosten

Beispiel mit Lösung

Der in Sachen Blau ./. Rot eingegangene Vorschuss wird bar an die Gerichtskasse weitergeleitet.

2. Buchung

Konto	Soll	Haben
Vorgelegte Kosten	90,00	
an Kasse		90,00

Bestände von oben

Soll	Kasse		Haben
AB	5.000,00	**2.** VorgKost	90,00
1. VorgKost	90,00		

Soll	Vorgelegte Kosten		Haben
2. Kasse	90,00	**1.** Kasse	90,00

Merken Sie sich bitte:

- Das Konto **„Vorgelegte Kosten"** ist ein **Aktivkonto.**
- Die **Weiterleitung** der Kosten ist eine **Geldausgabe** der Kanzlei.

Aus diesen Beispielen wird ebenfalls deutlich, dass die beiden Zahlungsvorgänge nicht den Erfolg der Kanzlei beeinflusst haben. **Durchlaufende** Posten sind also **erfolgsneutral**.

7.1.5 Uneinbringlich gewordene Kostenvorlage des Rechtsanwalts als Betriebsausgabe

Bisher sind wir davon ausgegangen, dass die Mandanten die vom Rechtsanwalt vorgelegten Kosten und Gebühren in voller Höhe zurückerstatten. Es ist aber auch möglich, dass der **Rechtsanwalt** die von ihm vorgelegten **Kosten nicht** mehr **zurückerhält**, weil sein **Auftraggeber zahlungsunfähig** geworden ist. In diesem Fall sind die vorgelegten Kosten als **Betriebsausgaben** über das Kostenkonto **Allgemeine Verwaltungskosten (AVK)** auszubuchen. Der finanzielle Verlust beeinflusst die Höhe des Praxiserfolges.

Beispiel mit Lösung

a) Rechtsanwalt Dr. Jo Hannes erhebt im Auftrage seines Mandanten Tommy Vierbein Klage in einer Kaufpreisangelegenheit zum Landgericht. Den erforderlichen Gerichtskostenvorschuss in Höhe von insgesamt 1.263,00 € zahlt er bar (Anfangsbestand 6.000,00 €) bei der Gerichtskasse ein.

Buchung

1. Bei Einzahlung

Konto	Soll	Haben
Vorgelegte Kosten	1.263,00	
an Kasse		1.263,00

Soll	Vorgelegte Kosten		Haben
1. Kasse	1.263,00		

Soll	Kasse		Haben
AB	6.000,00	**1.**VorgKost	1.263,00

b) Nach Einstellung des Insolvenzverfahrens erfährt Rechtsanwalt Dr. Jo Hannes, dass sein Mandant Vierbein völlig mittellos und deshalb zahlungsunfähig geworden ist. Die vorgelegten Kosten sind daher auszubuchen.

2. Buchung bei Ausfall

Konto	Soll	Haben
AVK	1.263,00	
an VorgKost		1.263,00

Bestände von oben

Soll	Kasse		Haben
AB	6.000,00	**1.**VorgKost	1.263,00

Soll	Vorgelegte Kosten		Haben
1. Kasse	1.263,00	**2.** AVK	1.263,00

Soll	AVK		Haben
2.VorgKost	1.263,00		

Merken Sie sich bitte:

- Durch die **Buchung** auf dem Kostenkonto AVK **verringert** sich das zu versteuernde **Praxisergebnis** (hier um 1.263,00 €).

7.1.6 Betriebsausgaben, die Betriebseinnahmen werden

Gelegentlich kommt es vor, dass **vorgelegte Kosten**, die bereits **ausgebucht** waren, in späteren Jahren **doch noch bezahlt** werden. Diese Beträge sind als **Betriebseinnahmen** auf ein Konto **Umsatzsteuerfreie Erlöse (UStfrErl)** zu buchen.

Beispiel mit Lösung

Zwei Jahre nach der Ausbuchung der vorgelegten Kosten erhält RA Dr. Jo Hannes unerwartet 500,00 € von seinem Mandanten durch Postbanküberweisung.

Buchung

Konto	Soll	Haben
Postbank	500,00	
an UStfrErlöse		500,00

Soll	Postbank	Haben
UStfrErlöse	500,00	

Soll	Umsatzsteuerfreie Erlöse	Haben
	Postbank	500,00

Merken Sie sich bitte:

- Durch die **Buchung** auf das Erlöskonto **erhöht** sich das zu versteuernde **Praxisergebnis** (hier um 500,00 €).

7.1.7 Abschluss des Kontos Vorgelegte Kosten

7.1.7.1 Gewinnermittlung nach § 4 Abs. 1 EStG

Bei der Buchführung der Rechtsanwälte auf der Grundlage der Gewinnermittlung durch **Eigenkapitalvergleich** nach § 4 Abs. 1 EStG wird das Konto **Vorgelegte Kosten** als **Bestandskonto** über das Schlussbilanzkonto (SBK) abgeschlossen. Je nachdem, ob ein Überschuss an Forderungen oder Verbindlichkeiten vorliegt, erscheint der **Saldo des Kontos Vorgelegte Kosten** auf dem **Schlussbilanzkonto** im Soll oder im Haben.

Formale Darstellung

Soll	Vorgelegte Kosten	Haben
Zahlungen des Rechtsanwalts an Gerichte	Erstattungen der vorgelegten Kosten durch Mandanten	
	Forderungen SBK	

Soll	Vorgelegte Kosten	Haben
Zahlungen des Rechtsanwalts an Gerichte	Vorauszahlungen von Mandanten	
Verbindlichkeiten SBK		

Soll	Schlussbilanzkonto	Haben
Forderungen (Vorgelegte Kosten)		

Soll	Schlussbilanzkonto	Haben
	Verbindlichkeiten	

7.1.7.2 Einnahmen-Überschussrechnung nach § 4 Abs. 3 EStG

Das **Bestandskonto Vorgelegte Kosten** wird zum **Jahresende abgeschlossen**. Die Schlussbestände des abgelaufenen Wirtschaftsjahres sind gleichzeitig die Eröffnungsbestände des beginnenden Wirtschaftsjahres. Weil keine Bilanz erstellt wird, hat der **Abschluss** des Kontos Vorgelegte Kosten **keine Auswirkungen** auf die Einnahmen-Überschussrechnung. **Nur** wenn **Mandanten** vorgelegte Kosten aufgrund ihrer Zahlungsunfähigkeit **nicht erstatten**, **verringert** das Ausbuchen der vorgelegten Kosten das **Praxisergebnis**. Werden bereits ausgebuchte vorgelegte **Kosten später bezahlt**, **erhöht** sich das **Praxisergebnis**.

7.1.8 Das Konto Gerichtskostenkasse (GKK)

Rechtsanwälte haben neben der baren Einzahlung noch andere Möglichkeiten, die bei der Ausführung ihres Auftrages fälligen Kosten und Gebühren vorzulegen. Sie kaufen entweder **Gerichtskostenstempelaufdrucke**, benutzen einen **Gerichtskostenfreistempler**, zu dem sie Wertmarken bei der Gerichtskasse kaufen, oder sie lassen die Kosten und Gebühren von ihrem Bank- oder Postbankkonto **abbuchen**.

Der Kauf von **Gerichtskostenstempelaufdrucken auf Vorrat** oder der Kauf einer **Wertmarke** für den Gerichtskostenfreistempler hat **keine Auswirkung auf den Erfolg** der anwaltlichen Tätigkeit, weil es **keine Betriebsausgabe** ist. Es handelt sich hier **nicht** um **vorgelegte Kosten**, sondern lediglich um den **Tausch von Geld gegen Marken oder Werte**. Deshalb wird der Kauf von Gerichtskostenstempelaufdrucken und Wertmarken auf das **aktive Vermögenskonto Gerichtskostenkasse (GKK)** gebucht.

Beispiel

Rechtsanwalt Dr. Ede Fix kauft für 500,00 € eine Wertmarke für den Gerichtskostenfreistempler und für 300,00 € Gerichtskostenstempelaufdrucke bar. Der Anfangsbestand der Kasse beträgt 3.000,00 €.

Buchung

Konto	Soll	Haben
GKK	800,00	
an Kasse		800,00

Soll Gerichtskostenkasse (GKK) Haben

Soll		Haben	
Kasse	800,00		

Soll Kasse Haben

Soll		Haben	
AB	3.000,00	GKK	800,00

Sie sehen, dass der **Kauf der Werte** lediglich eine **Wertveränderung auf der Aktivseite** der Bilanz, ein **Aktivtausch**, hervorgerufen hat. Erst wenn **Wertmarken oder Stempelaufdrucke verbraucht** werden, weil sie für Klagen, Mahnbescheide, Gerichtsvollzieheraufträge usw. vorgelegt werden müssen, sind sie auf dem Konto **Vorgelegte Kosten** zu buchen.

Beispiel mit Lösung

In Sachen Eis ./. Heiß wird Pfändungsauftrag an Gerichtsvollzieher Max Greifzu erteilt. Die vorzulegenden Kosten betragen 64,00 € und werden durch Gerichtskostenfreistempler „abgerollt" (bezahlt).

Buchung

1. Bei Zahlung durch Rechtsanwalt

Konto	Soll	Haben
Vorgelegte Kosten	64,00	
an GKK		64,00

Bestände von oben

Soll	Gerichtskostenkasse (GKK)		Haben
Kasse	800,00	**1.** VorgKost	64,00

Soll	Vorgelegte Kosten		Haben
1. GKK	64,00		

Soll	Kasse		Haben
AB	3.000,00	GKK	800,00

Mandant Eis erstattet die vorgelegten Gerichtsvollzieherkosten bar.

Buchung

2. Bei der Erstattung durch Mandant

Konto	Soll	Haben
Kasse	64,00	
an VorgKost		64,00

Bestände von oben

Soll	Gerichtskostenkasse (GKK)		Haben
Kasse	800,00	**1.** VorgKost	64,00

Soll	Vorgelegte Kosten		Haben
1. GKK	64,00	**2.** Kasse	64,00

Soll	Kasse		Haben
AB	3.000,00	GKK	800,00
2. VorgKost	64,00		

Sie merken, dass der **Verbrauch** an Stempelaufdrucken und Wertmarken den **Bestand im Konto GKK verringert**. Gleichzeitig wird der **Bestand der Kasse** durch die Erstattungen der Mandanten **erhöht**. Neigt sich der Bestand an Stempelaufdrucken und Wertmarken dem Ende zu, werden neue Stempelaufdrucke und Marken gekauft und so das Konto wieder aufgefüllt.

Am **Jahresende** wird das Bestandskonto **Gerichtskostenkasse** über das **Schlussbilanzkonto** abgeschlossen.

Formale Darstellung

Soll	**Gerichtskostenkasse**	**Haben**
Bestand		Abgänge
		Schlussbilanzkonto

(Pfeil: Schlussbilanzkonto → Gerichtskostenkasse im Schlussbilanzkonto)

Soll	**Schlussbilanzkonto**	**Haben**
Gerichtskostenkasse		

Aufgaben

80 **81** Bilden Sie die Buchungssätze für folgende Geschäftsfälle.

Kontenplan: AVK, Bank, Gerichtskostenkasse, Kasse, Postbank, Vorgelegte Kosten, Umsatzsteuerfreie Erlöse, Vergütung, Umsatzsteuer.

Geschäftsfälle Beträge in €	80	81
1. In Sachen Rot ./. Schwarz reichen wir Klage ein und zahlen die erforderlichen Gerichtskosten durch Gerichtskostenfreistempler	720,00	890,00
2. Bankabbuchung von Gerichtsvollzieherkosten in der Zwangsvollstreckungssache Greif gegen Schludrig	89,00	98,00
3. Rot (Nr. 1) erstattet die vorgelegten Kosten per Bankscheck	720,00	890,00
4. Mandant Eiergelb zahlt den Kostenvorschuss durch Postbank	300,00	800,00
5. Mandant Greif erstattet die Kosten zu Nr. 2 durch Bank	89,00	98,00
6. Rechtsanwalt Rudi Vielweiß legt in einer Angelegenheit seines Mandanten Kalle Nixnutz Kosten beim Einwohnermeldeamt bar vor	200,00	300,00
7. Nixnutz ist zahlungsunfähig geworden; die Kosten sind auszubuchen	200,00	300,00
8. Völlig überraschend zahlt Nixnutz 2 Jahre später einen Teilbetrag, bar	150,00	170,00
9. Eiergelbs Vorschuss (Nr. 4) wird an die Gerichtskasse bar weitergeleitet	300,00	800,00
10. Kauf einer Wertmarke für Gerichtskostenfreistempler, bar	500,00	1.000,00
11. Mandant Sauerbier überweist durch Bank:		
Vergütung	2.600,00	3.800,00
Post- und Telekomentgelte	40,00	60,00
Zwischensumme	2.640,00	3.860,00
19 % Umsatzsteuer	501,60	733,40
Rechnungsbetrag	3.141,60	4.593,40
Vorgelegte Gerichtskosten	290,00	380,00
Insgesamt	3.431,60	4.973,40

82 **83** Bilden Sie die Buchungssätze zu folgenden Geschäftsfällen.

Kontenplan: AVK, Bank, Fremdgeld, Gerichtskostenkasse, Vergütung, Kasse, Personalkosten, Postbank, Praxisausstattung, Vorgelegte Kosten, Vorsteuer, Umsatzsteuer.

Geschäftsfälle Beträge in €	82	83
1. Barabhebung von der Bank	2.000,00	3.000,00
2. Kauf einer elektronischen Rechenanlage durch Banküberweisung unter Abzug von 3 % Skonto		
Listenpreis (Grundausstattung)	38.000,00	45.000,00
Einweisungskosten für Bedienungspersonal	1.000,00	1.500,00

	Installationsarbeiten	2.500,00	2.500,00
	Zwischensumme	41.500,00	49.000,00
	./. 5 % Rabatt	2.075,00	2.450,00
	Sonderpreis	39.425,00	46.550,00
	19 % Umsatzsteuer	7.490,75	8.844,50
	Bruttorechnungsbetrag	46.915,75	55.394,50
	./. 3 % Skonto	?	?
	Überweisungsbetrag	?	?
3.	Barzahlung für Gerichtskostenstempelaufdrucke	1.000,00	1.500,00
4.	Banküberweisung für Gehälter	6.000,00	7.000,00
5.	Mandant zahlt Vergütung durch Banküberweisung		
	Nettovergütung	7.650,00	8.930,00
	19 % Umsatzsteuer	1.453,50	1.696,70
	Rechnungsbetrag	?	?
6.	Rechnung für Büromaterial wird bar bezahlt, einschließlich 19 % Umsatzsteuer	190,40	202,30
7.	Vorgelegte Kosten sind uneinbringlich und auszubuchen	160,00	260,00
8.	Bankgutschrift für Fremdgeld zur Weiterleitung an unseren Mandanten	3.000,00	4.000,00
9.	Mandant erhält zu viel gezahlte Vergütung durch Postbanküberweisung zurück (Bruttobetrag)	714,00	595,00
10.	In Sachen Maus ./. Meise zahlt der Rechtsanwalt die Gerichtskosten durch Gerichtskostenstempelaufdrucke	1.200,00	1.700,00
11.	Mandant Maus zahlt die vorgelegten Gerichtskosten durch Banküberweisung	1.200,00	1.700,00
12.	Weiterleitung des Fremdgeldes (Nr. 8) durch Bankscheck	3.000,00	4.000,00

7.2 Fremdgeld

Rechtsanwälte und Notare genießen bei ihren Mandanten und Auftraggebern großes Vertrauen. Sie erhalten deshalb **Geld**, das nicht für sie, sondern **für Fremde** (Dritte, Mandanten) bestimmt ist. **Fremdgelder** sind demnach **Geldbeträge oder Vermögenswerte**, die dem Rechtsanwalt oder Notar zur **Verwahrung und Weiterleitung** an die berechtigte Person übergeben werden.

Zu den Fremdgeldern gehören bei Rechtsanwälten u. a.

- Geldbeträge aus Forderungsbeitreibungen im Auftrag von Mandanten,
- Hinterlegungsgelder,
- Nachlassverwaltungsgelder,
- Unterhaltsbeiträge zur Weiterleitung an Unterhaltsberechtigte,
- Vergleichssummen,
- Versicherungsleistungen für Mandanten,
- Verwahrungsgelder,
- Vormundschaftssachen (Mündelgelder),
- Zwangsvollstreckungsgelder.

Notare erhalten Fremdgeld u. a. im Zusammenhang mit Grundstückskaufverträgen, Umschuldungen und zur Freistellung des Grundbesitzes von Belastungen.

Die an den Rechtsanwalt gezahlten **Fremdgelder müssen unverzüglich** an den/die Empfangsberechtigten **weitergeleitet werden**. Eine **Vermengung** fremder Vermögenswerte mit dem eigenen Vermögen des Rechtsanwalts und Notars ist **nicht zulässig**.

Ist das eingegangene Fremdgeld **zweckgebunden**, darf der Rechtsanwalt oder Notar dieses Geld **nicht** zur Deckung seiner **eigenen** Vergütungsforderungen gegenüber dem begünstigten Mandanten **verwenden**. Eingehende Unterhaltsbeiträge dürfen nur insoweit mit Vergütungsforderungen verwendet werden, als sie den angemessenen Unterhaltsbedarf offensichtlich übersteigen. In allen anderen Fällen darf der Rechtsanwalt seine Vergütung und Auslagen verrechnen.

Merken Sie sich bitte:

- **Fremdgelder** sind Geldbeträge oder Vermögenswerte, die **Rechtsanwälte oder Notare** in **Empfang nehmen, verwahren** und an Dritte **weiterleiten.**

Das eingehende Fremdgeld ist deshalb ein **durchlaufender Posten**. Vom Zeitpunkt des **Geldeinganges** bis zum Zeitpunkt des **Geldausganges** ist das Fremdgeld eine **Verbindlichkeit** oder eine Schuld des Rechtsanwalts gegenüber dem Dritten (Mandant, Auftraggeber, sonstiger Berechtigter). Eingegangenes Fremdgeld wird daher auf dem **Passivkonto Fremdgeld** gebucht. Das Konto **Fremdgeld** hat als durchlaufender Posten **keinen Einfluss** auf die **Betriebseinnahmen und Betriebsausgaben**. Bei einer Bilanzierung wird das Konto **Fremdgeld** über das **Schlussbilanzkonto** immer im **Haben** abgeschlossen.

Merken Sie sich bitte:

- Das Konto **Fremdgeld** ist ein **Durchgangskonto.**
- Das **Fremdgeldkonto** ist **immer ein Schuldkonto** des Rechtsanwalts oder Notars.

7.2.1 Eingang von Fremdgeld zur Weiterleitung an den Mandanten

Beispiel mit Lösung

Mandant Hugo Frei überweist den Unterhaltsbeitrag für seine geschiedene Ehefrau Amalie in Höhe von 1.500,00 € auf unser Bankkonto.

Buchung bei Bankgutschrift

Konto	**Soll**	**Haben**
Bank	1.500,00	
an Fremdgeld		1.500,00

Soll	Bank	Haben
Fremdgeld	1.500,00	

Soll	Fremdgeld	Haben
	Bank	1.500,00

Durch den **Geldeingang** ist eine **Verbindlichkeit des Rechtsanwalts** gegenüber der geschiedenen **Ehefrau Amalie** entstanden.

Merken Sie sich bitte:

- Das Konto **Fremdgeld** ist ein **Passivkonto** und hat die **Anfangsbestände** und die **Zugänge** im **Haben.**

7.2.2 Sofortige Weiterleitung von Fremdgeld durch Rechtsanwälte

Beispiel mit Lösung

Sofortige Weiterleitung des Unterhaltsbeitrages in Höhe von 1.500,00 € an die geschiedene Ehefrau Amalie durch Banküberweisung.

Buchung

Konto	Soll	Haben
Fremdgeld	1.500,00	
an Bank		1.500,00

Bestände von oben

Soll		Bank	Haben
Fremdgeld	1.500,00	Fremdgeld	1.500,00

Soll		Fremdgeld	Haben
Bank	1.500,00	Bank	1.500,00

Die **Weiterleitung** des Fremdgeldes ist eine **Geldausgabe** und verringert den Bankbestand der Kanzlei. Gleichzeitig **erlischt die Verbindlichkeit** gegenüber Frau Amalie.

Merken Sie sich bitte:

- Das Konto **Fremdgeld** ist ein **Passivkonto** und hat die **Minderungen** im **Soll.**

7.2.3 Sofortige Weiterleitung von Fremdgeld und Verrechnung der Vergütung

Beispiel mit Lösung

Die Versicherung Schnell & Sicher AG überweist in einer Verkehrsunfallsache 20.000,00 € zur Weiterleitung an unseren Mandanten durch Bank.
In diesem Betrag sind enthalten:

Schmerzensgeld		18.460,00 €
Vergütung	1.000,00 €	
19 % Umsatzsteuer aus 1.000,00 €	190,00 €	
Insgesamt		1.190,00 €
Vorgelegte Kosten		350,00 €

Das Fremdgeld wird unter Verrechnung von Vergütung und Auslagen durch Bank weitergeleitet.

Buchung

1. Geldeingang

Konto	**Soll**	**Haben**
Bank	20.000,00	
an Fremdgeld		18.460,00
an Vergütung		1.000,00
an Umsatzsteuer		190,00
an VorgKost		350,00

Soll	Bank		Haben
1. Fg u.a.	20.000,00		

Soll	Fremdgeld		Haben
		1. Bank	18.460,00

Soll	Vergütung		Haben
		1. Bank	1.000,00

Soll	Umsatzsteuer		Haben
		1. Bank	190,00

Soll	Vorgelegte Kosten		Haben
		1. Bank	350,00

2. Geldausgang bei Weiterleitung

Konto	**Soll**	**Haben**
Fremdgeld	18.460,00	
an Bank		18.460,00

Bestände von oben

Soll	Bank		Haben
1. Fg	20.000,00	**2.** Fg	18.460,00

Soll	Fremdgeld		Haben
2. Bank	18.460,00	**1.** Fg	18.490,00

Bei der Betrachtung der Konten sehen Sie, dass das Konto **Fremdgeld ausgeglichen** ist und demnach **keine Verbindlichkeit** mehr **gegenüber** dem **Mandanten** besteht.

Der **Saldo** des **Bankkontos** zeigt das **Eigengeld** des Rechtsanwalts, über das er verfügen kann.

Aufgaben

84 Bilden Sie die Buchungssätze zu folgenden Geschäftsfällen.

Kontenplan: Bank, Fremdgeld, Vergütung, Umsatzsteuer, Postbank, Vorgelegte Kosten.

Geschäftsfall	**Beträge in €**
1. Der zur Zahlung des Kaufpreises verurteilte Gegner überweist zur Weiterleitung an unseren Mandanten durch Bank	5.670,00
2. Das unter Nr. 1 eingegangene Fremdgeld wird sofort durch Bank weitergeleitet	5.670,00
3. Die Haftpflichtversicherung Treu & Glauben AG überweist die Unfallentschädigung für unseren Mandanten durch Postbank	1.600,00
4. Das unter Nr. 3 eingegangene Fremdgeld wird unverzüglich durch Bankscheck weitergeleitet	1.600,00

5. In einer Ehesache erhalten wir die Überweisung auf Postbankkonto		7.000,00
Der Überweisungsbetrag enthält:		
Fremdgeld		4.780,90
Vergütung	1.590,00	
19 % Umsatzsteuer aus 1.590,00 €	302,10	
Zwischensumme		1.892,10
Vorgelegte Kosten		327,00
6. Das Fremdgeld unter Nr. 5 wird durch Postbank weitergeleitet		4.780,90

85 **86** Bilden Sie die Buchungssätze zu folgenden Geschäftsfällen:

Kontenplan: AVK, Bank, Fremdgeld, Vergütung, Kasse, Kfz-Kosten, Praxisausstattung, Postbank, Vorgelegte Kosten, Vorsteuer, Umsatzsteuer, Gerichtskostenkasse.

Geschäftsfall Beträge in €	85	86
1. In der Unterhaltssache Stur ./. Stur überweist unser Mandant durch Banküberweisung	4.600,00	5.800,00
Der Überweisungsbetrag enthält:		
Unterhaltsbeitrag	4.115,17	5.239,72
Vergütung	357,00	412,00
19 % Umsatzsteuer aus 357,00 € / 412,00 €	67,83	78,28
Vorgelegte Gerichtskosten	60,00	70,00
2. Weiterleitung des Unterhaltsbeitrages an Frau Stur durch Banküberweisung	4.115,17	5.239,72
3. Für die Wartung unserer Rechneranlage (AVK) überweisen wir einschließlich 19 % Umsatzsteuer durch Bank	556,92	674,73
4. Mandant Otto Blech zahlt Vergütungsvorschuss in seiner Angelegenheit wegen Zahlung einer Kaufpreisforderung gegen Felix Baumlang bar.		
Vorschuss	1.089,00	1.576,00
19 % Umsatzsteuer	?	?
Rechnungsbetrag	?	?
5. Wir kaufen einen Buchungsautomaten durch Banküberweisung		
Listenpreis	1.863,00	1.746,00
./. 6,5 % Rabatt	121,10	113,49
Nettopreis	1.741,90	1.632,51
19 % Umsatzsteuer	330,96	310,18
Rechnungsbetrag	2.072,86	1.942,69
Die Zahlung erfolgte unter Abzug von 3 % Skonto. Berechnen und buchen Sie die Überweisung.	?	?
6. Zahlung des Rechnungsbetrages für die Kfz-Reparatur am Praxis-Pkw durch Bank einschließlich 19 % Umsatzsteuer	1.013,88	1.174,53
7. Nach prozessbeendendem Urteil in Sachen Blech ./. Baumlang berechnen wir die Vergütung an den unterlegenen Gegner wie folgt: (Zahlung durch Postbanküberweisung)		
Vergütung	3.480,00	4.960,00
19 % Umsatzsteuer	661,20	942,40
Rechnungsbetrag	4.141,20	5.902,40

8. Wir zahlen den Vergütungsvorschuss (Nr. 4) durch Banküberweisung zurück.	?	?
9. Barkauf von Gerichtskostenstempelaufdrucken	800,00	1.000,00
10. Mandant erstattet vorgelegte Kosten durch Bank	100,00	200,00
11. Wir kaufen einen Computer durch Banküberweisung		
1 Elektronische Anlage	8.000,00	12.000,00
Kosten für die Einweisung des Bedienungspersonals	2.500,00	2.800,00
Installationsarbeiten	1.000,00	1.500,00
Materialkosten	300,00	400,00
Bruttopreis der Anlage	11.800,00	16.700,00
./. 10 % Rabatt vom Gerätepreis	800,00	1.200,00
Nettobetrag	11.000,00	15.500,00
19 % Umsatzsteuer	2.090,00	2.945,00
Rechnungsbetrag	13.090,00	18.445,00

Vereinbarungsgemäß wurde der Rechnungsbetrag unter Abzug von 2,5 % Skonto bezahlt.
Errechnen und buchen Sie den Überweisungsbetrag.

7.2.4 Das Anderkonto des Rechtsanwalts

Bestimmen die Auftraggeber, dass das **Fremdgeld** nicht unverzüglich weitergeleitet, sondern von Rechtsanwälten **verwahrt** werden soll, müssen diese Beträge von dem Vermögen des Rechtsanwalts **getrennt** werden.

Eingegangenes Fremdgeld auf einem Bank- oder Postbankkonto muss also auf ein **anderes Bank- oder Postbankkonto** des Rechtsanwalts **umgebucht** werden. Dieses Konto heißt **Anderkonto**. Das Anderkonto ist streng von dem privaten oder beruflichen Bank- und Postbankkonto zu trennen. Über die Beträge auf dem Anderkonto darf nur der Rechtsanwalt verfügen.

Merken Sie sich bitte:

- Das **Anderkonto** ist ein **Bank- oder Postbankkonto**, auf dem **Fremdgelder** bis zur Weiterleitung an Berechtigte **verwahrt** werden.

7.2.4.1 Eingang von Fremdgeld auf dem Bank- oder Postbankkonto des Rechtsanwalts zur Verwahrung und späteren Weiterleitung

Beispiel mit Lösung

In einer Vormundschaftssache gehen 8.000,00 € auf dem Bankkonto des Rechtsanwalts ein.

Der Betrag soll vorläufig verwahrt werden. Nach Ablauf von 3 Monaten soll das Geld an den Berechtigten weitergeleitet werden.

Buchung

1. Bei Geldeingang

Konto	Soll	Haben
Bank	8.000,00	
an Fremdgeld		8.000,00

Soll	Bank		Haben
1. Fg	8.000,00		

Soll	Fremdgeld		Haben
		1. Bank	8.000,00

2. Die Umbuchung bei der Vermögenstrennung

Konto	Soll	Haben
Anderkonto	8.000,00	
an Bank		8.000,00

Bestände von oben

Soll	Bank		Haben
1. Fg	8.000,00	**2.** AndKto	8.000,00

Soll	Fremdgeld		Haben
		1. Bank	8.000,00

Soll	Anderkonto		Haben
2. Bank	8.000,00		

Durch die **Umbuchung** haben wir einen **Aktivtausch** vorgenommen. Das fremde Geld ist vom eigenen Geld des Rechtsanwalts getrennt worden. Das Passivkonto **Fremdgeld** darf **nicht verändert** werden, weil die **Schuld** des Rechtsanwalts gegenüber dem späteren Empfänger **weiterbesteht**.

3. Buchung bei Weiterleitung durch Banküberweisung

Konto	Soll	Haben
Fremdgeld	8.000,00	
an Anderkonto		8.000,00

Soll	Fremdgeld		Haben
3. AndKto	8.000,00	**1.** Bank	8.000,00

Soll	Anderkonto		Haben
2. Bank	8.000,00	**3.** Fg	8.000,00

Formale Darstellung

1. Eingang von Fremdgeld auf dem Bank-/Postbankkonto oder der Kasse des Rechtsanwalts

Konto	Soll	Haben
Bank/Post	x	
an Fremdgeld		x

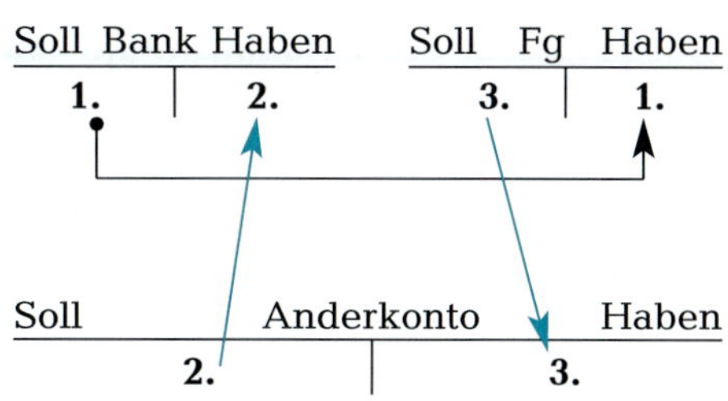

2. Umbuchung zur Vermögenstrennung

Konto	Soll	Haben
Anderkonto	x	
an Bank/Post		x

3. Weiterleitung des Fremdgeldes

Konto	Soll	Haben
Fremdgeld	x	
an Anderkonto		x

Aufgaben

87 **88** Bilden Sie die Buchungssätze zu folgenden Geschäftsfällen:

Kontenplan: Anderkonto, Bank, Fremdgeld, Kasse.

Geschäftsfall **Beträge in €**	**87**	**88**
1. In einer Schmerzensgeldangelegenheit gehen auf dem Bankkonto des Rechtsanwalts ein	20.000,00	30.000,00
2. Dieses Geld soll bis zur Klärung weiterer Fragen vom Rechtsanwalt verwahrt werden	20.000,00	30.000,00
3. Nach 3 Monaten leiten wir den Gesamtbetrag per Banküberweisung an den Berechtigten weiter	20.000,00	30.000,00
4. Zur vorläufigen Verwahrung zahlt ein Mandant an unserer Praxiskasse bar ein	5.000,00	6.000,00
5. Das eingegangene Fremdgeld wird von uns auf das Bank-Anderkonto eingezahlt	5.000,00	6.000,00
6. Vereinbarungsgemäß leiten wir den Gesamtbetrag durch Banküberweisung weiter	5.000,00	6.000,00
7. In einer Unterhaltssache werden auf das Bankkonto des Rechtsanwalts überwiesen	10.000,00	15.000,00
8. Da das Geld vorläufig verwahrt werden soll, erteilen wir unserer Bank Umbuchungsauftrag	10.000,00	15.000,00
9. Nach dem Willen des Auftraggebers überweisen wir an die Unterhaltsberechtigten	10.000,00	15.000,00
10. Auf dem Bankkonto des Rechtsanwalts gehen ein	3.800,00	4.200,00
11. Wir leiten das Geld aus Geschäftsfall Nr. 10 sofort durch Banküberweisung weiter	3.800,00	4.200,00

7.2.4.2 Abschluss der Anderkonten des Rechtsanwalts

Das Bank-/Postbank-**Anderkonto** ist ein **aktives Bestandskonto**, das am Jahresende über die **Sollseite des Schlussbilanzkontos** abgeschlossen werden muss.

Buchungssatz: Schlussbilanzkonto an Anderkonto (Bank oder Postbank).

Auf den **Jahreserfolg** in der **Einnahmen-Überschussrechnung** hat der Abschluss der Anderkonten und Fremdgeldkonten **keinen Einfluss**, weil dies **durchlaufende Posten** sind.

7.2.5 Eingang von Fremdgeld, Vergütung und sonstigen Beträgen

Häufig geht Fremdgeld zusammen mit Vergütung, Umsatzsteuer und vorgelegten Kosten auf dem Bank- oder Postbankkonto des Rechtsanwalts ein. In diesen Fällen muss der Geldeingang so umgebucht werden, dass das **Fremdgeld** in gleicher Höhe auf dem **Anderkonto** erscheint. Die übrigen Beträge bleiben auf dem Bank- oder Postbankkonto des Rechtsanwalts.

Beispiel mit Lösung

Bankgutschrift für Geldeingang zur vorläufigen Verwahrung in Höhe von 12.758,00 €.

Der Überweisungsbetrag enthält:

Fremdgeld (Fg)	10.600,00 €
Vergütung	1.700,00 €
19 % Umsatzsteuer aus 1.700,00 €	323,00 €
Vorgelegte Kosten	135,00 €

Buchung

1. Bei Geldeingang

Konto	Soll	Haben
Bank	12.758,00	
an Fremdgeld		10.600,00
an Vergütung		1.700,00
an Umsatzsteuer		323,00
an VorgKost		135,00

Soll	Bank		Haben
1. Fg u.a.	12.758,00		

Soll	Fremdgeld		Haben
		1. Bank	10.600,00

Soll	Vergütung		Haben
		1. Bank	1.700,00

Soll	Umsatzsteuer		Haben
		1. Bank	323,00

Soll	Vorgelegte Kosten		Haben
		1. Bank	135,00

2. Umbuchung zur Vermögenstrennung

Konto	Soll	Haben
Anderkonto	10.600,00	
an Bank		10.600,00

Bestände von oben

Soll	Bank		Haben
1. Fg u.a.	12.758,00	**2.** AndKto	10.600,00

Soll	Anderkonto		Haben
2. Bank	10.600,00		

Nach diesen Buchungen zeigt das **Fremdgeldkonto**, welcher Betrag noch **weiterzuleiten** ist, und das **Anderkonto** zeigt, **wo** sich das weiterzuleitende **Fremdgeld befindet**.

3. Bei Weiterleitung des Fremdgeldes

Konto	Soll	Haben
Fremdgeld	10.600,00	
an Anderkonto		10.600,00

Bestände von oben

Soll	Anderkonto		Haben
2. Bank	10.600,00	**3.** Fg	10.600,00

Soll	Fremdgeld		Haben
3. AndKto	10.600,00	**1.** Bank	10.600,00

Aufgaben

89 **90** Bilden Sie die Buchungssätze zu den Geschäftsfällen 1. bis 3. nach folgender Reihenfolge:

a) Buchen Sie den Geldeingang.

b) Buchen Sie das Fremdgeld auf Anderkonto um.

c) Buchen Sie die Weiterleitung des Fremdgeldes an Berechtigte durch Banküberweisung.

Kontenplan: Anderkonto, Bank, Fremdgeld, Vergütung, Kasse, Umsatzsteuer, Vorgelegte Kosten.

Geschäftsfall **Beträge in €**	**89**	**90**
1. Bankgutschrift in Sachen Weiß ./. Schwarz zur vorläufigen Verwahrung	3.713,72	4.846,68
Der Betrag setzt sich wie folgt zusammen:		
Fremdgeld	3.210,00	4.180,00
Vergütung gem. RVG	367,00	498,00
19 % Umsatzsteuer aus 367,00 € / 498,00 €	69,73	94,62
Vorgelegte Kosten	78,00	89,00
2. In einer Verkehrsunfallsache erhalten wir von der Versicherung durch Banküberweisung	17.612,18	23.275,03
Der Betrag enthält:		
Fremdgeld	16.000,00	21.000,00
Vergütung laut RVG	1.260,50	1.780,20
19 % Umsatzsteuer aus 1.260,50 € / 1.780,20 €	239,50	338,24
Vorgelegte Kosten	150,00	210,00
3. Mandant überweist Unterhaltsbeitrag für seine geschiedene Frau auf unser Bankkonto zur vorläufigen Verwahrung	18.000,00	15.000,00
Da der eingegangene Betrag den angemessenen Unterhaltsbedarf übersteigt, verrechnen wir unsere Vergütung vereinbarungsgemäß wie folgt:		
Vergütung laut RVG	890,00	1.180,00
19 % Umsatzsteuer aus 890,00 € / 1.180,00 €	169,10	224,20
Den restlichen Unterhaltsbeitrag überweisen wir auftragsgemäß 30 Tage später durch Bank.	?	?
4. a) Ein Mandant zahlt zur vorläufigen Verwahrung an unserer Praxiskasse bar ein	2.300,00	3.450,00
In diesem Betrag sind enthalten:		
Vergütung laut RVG	112,00	192,00
19 % Umsatzsteuer aus 112,00 € / 192,00 €	?	?
Buchen Sie den Zahlungseingang.		
b) Das Fremdgeld wird sofort auf unser Anderkonto bei der Bank eingezahlt.	?	?
Buchen Sie die Einzahlung bei der Bank.		
c) Nach 10 Tagen überweisen wir das Fremdgeld durch Bank.	2.166,72	3.221,52
Buchen Sie die Überweisung.		

7.2.6 Verrechnung der Hebegebühr bei Weiterleitung des Fremdgeldes

Rechtsanwälte sind nach Nr. 1009 VV RVG, Notare nach § 149 KostO **berechtigt**, für die **Entgegennahme**, **Verwahrung und Weiterleitung von Fremdgeld Hebegebühren** von ihrem Auftraggeber zu verlangen.[1]

Verrechnet der Rechtsanwalt bei der Weiterleitung des Fremdgeldes die **Hebegebühr**, so muss diese einschließlich der **Umsatzsteuer** vom **Anderkonto** auf das **Bankkonto umgebucht** werden.

Beispiel mit Lösung

Max Lodengrün beauftragt Rechtsanwalt Fritz Schnell, von einer Versicherung 2.500,00 € in Empfang zu nehmen und an ihn weiterzuleiten. Die Tätigkeit des Rechtsanwalts beschränkt sich auf die Entgegennahme, Verwahrung und Weiterleitung des Fremdgeldes. Die Versicherung überweist diesen Betrag auf das Anderkonto des Rechtsanwalts.

Das eingegangene Fremdgeld wird unter Verrechnung von Hebegebühr, Post- und Telekomentgelte und Umsatzsteuer an den Mandanten per Bank überwiesen.

Buchung

1. Bei Geldeingang

Konto	**Soll**	**Haben**
Anderkonto	2.500,00	
an Fremdgeld		2.500,00

Soll	Anderkonto	Haben
1. Fg	2.500,00	

Soll	Fremdgeld	Haben
		1. AndKto 2.500,00

Berechnung der Hebegebühr	**€**
1 % Hebegebühr aus 2.500,00 € gem. Nr. 1009 VV RVG	25,00
Post- und Telekompauschale gem. Nr. 7002 VV RVG	5,00
Zwischensumme	30,00
19 % Umsatzsteuer aus 30,00 € gem. Nr. 7008 VV RVG	5,70
Insgesamt	**35,70**

Berechnung des Überweisungsbetrages	**€**
Eingegangenes Fremdgeld	2.500,00
./. Hebegebühr laut Rechnung	35,70
Überweisungsbetrag	**2.464,30**

[1] Vergleichen Sie zur Berechnung der Hebegebühr bitte Kapitel 8.5.4 im Rechnen.

Buchung

2. Bei Verrechnung der Hebegebühr und Weiterleitung des restlichen Fremdgeldes

Konto	Soll	Haben
Fremdgeld	2.500,00	
an Anderkonto		2.464,30
an Vergütung		30,00
an Umsatzsteuer		5,70

Bestände von oben

Soll	Anderkonto		Haben
1. Fg	2.500,00	**2.** Fg	2.464,30

Soll	Fremdgeld		Haben
2. AndKto	2.500,00	**1.** AndKto	2.500,00

Soll	Vergütung		Haben
		2. Fg	30,00

Soll	Umsatzsteuer		Haben
		2. Fg	5,70

Wenn Sie jetzt die Konten **Fremdgeld** und Anderkonto vergleichen, können Sie feststellen, dass das **Konto** Fremdgeld **ausgeglichen** ist. Es besteht **keine Schuld mehr** gegenüber dem **Auftraggeber**. Das **Anderkonto** weist einen **Habensaldo** von 35,70 € aus. Dieser Betrag gehört zum **Eigenvermögen** des Rechtsanwalts und muss vom **Fremdvermögen getrennt** werden.

3. Umbuchung von Vergütung und Umsatzsteuer

Konto	Soll	Haben
Bank	35,70	
an Anderkonto		35,70

Bestände von oben

Soll	Anderkonto		Haben
1. Fg	2.500,00	**2.** Fg	2.464,30
		3. Bank	35,70
	2.500,00		2.500,00

Soll	Bank		Haben
3. AndKto	35,70		

Zusammenfassung

In den Konten **Anderkonto und Fremdgeld** werden gebucht:

Soll — **Anderkonto**	**Haben**
Anfangsbestand	**Fremdgeldausgänge** an
Fremdgeldzugänge von	• Dritte
• Dritten für Mandanten	• Mandanten
• Mandanten für Dritte	**Umbuchung** von
Umbuchung vom	– Vergütung
Bankkonto bei	– Umsatzsteuer
Fremdgeldzugang	– Vorgelegte Kosten

Soll — **Fremdgeld**	**Haben**
Fremdgeldausgänge an	**Fremdgeldzugänge** von
• Dritte	• Dritten für Mandanten
• Mandanten	• Mandanten für Dritte
Umbuchung von	
– Vergütung	
– Umsatzsteuer	
– Vorgelegte Kosten	

Aufgaben

91 Bilden Sie die Buchungssätze zu den Geschäftsfällen

1. bei Geldeingang auf dem Anderkonto,
2. bei Verrechnung der Vergütung und Weiterleitung des restlichen Fremdgeldes,
3. bei Umbuchung von Vergütung und Umsatzsteuer.

Kontenplan: Anderkonto, Bank, Fremdgeld, Vergütung, Umsatzsteuer.

Geschäftsfall	**Beträge in €**	
1. Die Versicherung Securitas AG überweist zur Weiterleitung an den Mandanten		2.000,00
Das eingegangene Fremdgeld wird unter Verrechnung der Hebegebühr, Post- und Telekomentgelte und Umsatzsteuer durch Bank auftragsgemäß weitergeleitet.		
Die verrechnete Hebegebühr beträgt:		
1 % Hebegebühr aus 2.000,00 € gem. Nr. 1009 VV RVG	20,00	
20 % Post- und Telekompauschale gem. Nr. 7002 VV RVG	4,00	
Zwischensumme	24,00	
19 % Umsatzsteuer	4,56	
Insgesamt	28,56	
Berechnung des Überweisungsbetrages:		
Eingegangenes Fremdgeld	2.000,00	
./. Hebegebühr laut Rechnung	28,56	
Überweisungsbetrag		1.971,44
2. Bankgutschrift für Fremdgeldeingang		2.480,00
Hebegebühr und Post- und Telekomentgelte	29,76	
19 % Umsatzsteuer	5,65	
Insgesamt		35,41
Überweisungsbetrag		2.444,59
Dieses restliche Fremdgeld wurde zu Lasten des Anderkontos weitergeleitet.		
3. Der Gegner überweist Fremdgeld für unseren Mandanten		9.770,55
Im Überweisungsbetrag sind enthalten:		
Hebegebühr	61,35[1]	
Post- und Telekompauschale	12,27	
Zwischensumme	73,62	
Umsatzsteuer	13,99	
Insgesamt		87,61
Weitergeleitetes Fremdgeld zu Lasten des Anderkontos		9.682,94
4. Fritz Leidig überweist den Unterhaltsbeitrag in Höhe von		1.500,00
zuzüglich Hebegebühr		15,00
Post- und Telekompauschale		3,00
Umsatzsteuer auf unser Bankkonto.		3,42
Der Unterhaltsbeitrag wurde durch Bankscheck weitergeleitet.		
5. Der Gerichtsvollzieher Max Greifzu überweist in Sachen Groß ./. Klein den Versteigerungserlös über		4.356,00
Wir leiten den Erlös unter Verrechnung der Hebegebühr	34,28	
Post- und Telekompauschale	6,87	
Umsatzsteuer	7,82	
durch Banküberweisung weiter		4.307,03

[1] Rechnen Sie bitte 1% von 2.500,00 € und $\frac{1}{2}$% von 7.270,55 €.

92 93 Bilden Sie die Buchungssätze zu folgenden Geschäftsfällen.

Kontenplan: Allgemeine Verwaltungskosten, Anderkonto, Bank, Fremdgeld, Gerichtskostenkasse, Vergütung, Kasse, Kfz-Kosten, Personalkosten, Postbank, Praxisausstattung, Vorgelegte Kosten, Vorsteuer, Umsatzsteuer, Zinserträge.

Geschäftsfall **Beträge in €**	**92**	**93**
1. Bankgutschrift für Vorschusszahlung in Sachen Alt ./. Neu einschließlich 19 % Umsatzsteuer, **Nettobuchung**	1.071,00	1.428,00
2. Auf dem Bankkonto geht der Unterhaltsbeitrag zur Weiterleitung an die Berechtigte ein	730,00	840,00
3. Der Unterhaltsbeitrag wird sofort durch Bankscheck weitergeleitet	730,00	840,00
4. Mandant Jürgen Freund zahlt Fremdgeld auf Bankkonto ein	3.000,00	4.000,00
5. Umbuchung des Fremdgeldes zu Nr. 4 auf Anderkonto	3.000,00	4.000,00
6. Weiterleitung des Fremdgeldes zu Nr. 4 nach 20 Tagen zu Lasten des Anderkontos	3.000,00	4.000,00
7. Vergütungsrechnung an den Mandanten Alt und Gutschrift durch Bank		
Vergütung	5.210,00	6.125,00
19 % Umsatzsteuer aus 5.210,00 € / 6.125,00 €	989,90	1.163,75
Zwischensumme	6.199,90	7.288,75
Vorgelegte Gerichtskosten	266,00	300,00
Gesamt	6.465,90	7.588,75
abzüglich Vorschuss einschließlich Umsatzsteuer aus Nr. 1	1.071,00	1.428,00
Bleiben zu zahlen	5.394,90	6.160,75
8. Barzahlung der Gerichtskosten in Sachen Freund ./. Feind	600,00	700,00
9. Kauf von Büromaterial gegen Postbanküberweisung einschließlich 19 % Umsatzsteuer, **Bruttobuchung**	197,20	214,60
10. Herausrechnen der Umsatzsteuer und Berichtigungsbuchung	?	?
11. Barkauf von Gerichtskostenstempelaufdrucken	1.000,00	1.500,00
12. Die im Fall Nr. 8 vorgelegten Gerichtskosten sind uneinbringlich geworden und auszubuchen	600,00	700,00
13. Kauf eines Druckers durch Postbanküberweisung		
Listenpreis	2.500,00	2.855,56
./. 10 % Rabatt	250,00	285,56
Nettobetrag	2.250,00	2.570,00
19 % Umsatzsteuer	427,50	488,30
Bruttorechnungsbetrag	2.677,50	3.058,30
./. 2,5 % Skonto	66,94	76,46
Überweisungsbetrag	2.610,56	2.981,84
14. Die Bank schreibt uns Zinsen gut	200,00	300,00
15. Barzahlung der Kfz-Reparatur des Praxis-Pkw einschließlich 19 % Umsatzsteuer, **Nettobuchung**	235,62	236,81
16. Banküberweisung des Gehalts der Angestellten	4.000,00	5.000,00
17. Wir erstatten zu viel gezahlte Vergütung im Falle Nr. 7 einschließlich 19 % Umsatzsteuer, bar, **Nettobuchung**	357,00	476,00

18. Verkauf einer gebrauchten Schreibmaschine, bar

Nettobetrag	1.100,00	1.500,00
19 % Umsatzsteuer	209,00	285,00
Rechnungsbetrag	1.309,00	1.785,00

7.2.7 Verwahrungsgeschäfte bei Notaren

Geld, Wertpapiere und Kostbarkeiten können einem **Notar** zur **Verwahrung** übergeben werden. Verwahrung **bedeutet**, dass der Notar diese **Massen sicher** und **getrennt von anderen** Massen **aufbewahren muss. Massen** sind alle **Einnahmen und Ausgaben** eines Verwahrungsgeschäftes. Erhält der Notar Fremdgeld, muss er diese Beträge in einem **Notaranderkonto** buchen. Für jede Masse ist ein besonderes Anderkonto zu führen. Über Ein- und Auszahlungen darf nur der Notar verfügen.

Die **Notaranderkonten** und das **Fremdgeldkonto** werden **nicht** im Hauptbuch (Journal) geführt. Nach der Dienstordnung für Notare müssen zur Verwahrung oder zur Ablieferung an Dritte bestimmte Wertgegenstände in das **Verwahrungsbuch und** in das **Kassenbuch** eingetragen werden. Diese Bücher dienen als Nachweis für alle dem Notar übergebenen und hinterlegten Geldbeträge, Wertpapiere und Kostbarkeiten.

7.2.7.1 Verwahrungsbuch

Im **Verwahrungsbuch** werden die Einnahmen und die Ausgaben aus allen Verwahrungsgeschäften in **zeitlicher Reihenfolge** nummeriert aufgenommen. Die eingenommenen und verausgabten Wertgegenstände werden nicht nach Hinterlegern getrennt **(Sammelabrechnung)**. Das Verwahrungsbuch gibt jederzeit Auskunft darüber, welche Wertgegenstände der Notar insgesamt verwaltet.

Zusätzlich zu der Sammelabrechnung im Verwahrungsbuch muss für jeden Hinterleger eine Einzelabrechnung im Massenbuch durchgeführt werden.

7.2.7.2 Massenbuch

Im **Massenbuch** werden die Wertgegenstände eines Hinterlegers **fortlaufend** eingetragen. Aus diesen Eintragungen muss jederzeit der Bestand der Verwahrungsmasse feststellbar sein. Sind sämtliche zu einer Masse gehörenden Veränderungen eingetragen und das Verwahrungsgeschäft damit erledigt, werden sie mit Rotstift durchgestrichen. Da jedes Verwahrungsgeschäft sowohl im Verwahrungsbuch als auch im Massenbuch eingetragen wird, muss der Saldo im Verwahrungsbuch mit der Summe der einzelnen Salden im Massenbuch übereinstimmen.

Merken Sie sich bitte:

- Einem **Notar übergebene Verwahrungsmassen** werden im **Verwahrungsbuch und** im **Massenbuch** eingetragen.

8 Das Privatkonto

Im Abschnitt 2.9 haben Sie erfahren, dass das Eigenkapital eines Rechtsanwalts/Notars einerseits durch den Erfolg seiner Tätigkeit und andererseits durch private Zahlungsvorgänge beeinflusst wird.

Die **betrieblich** verursachten Änderungen des Eigenkapitals buchen Sie auf **Erfolgskonten** und die **privat** bedingten Veränderungen des Eigenkapitals buchen Sie auf dem **Privatkonto**. Das Konto **Privat** ist ein **Unterkonto** des Kontos **Eigenkapital**. Deshalb werden **gebucht**:

Soll	Privat	Haben
Privatentnahmen		Privateinlagen

8.1 Privatentnahmen

Zum Lebensunterhalt für sich und seine Familie entnimmt der Rechtsanwalt/Notar Geld aus der Praxiskasse oder er überweist Beiträge für die private Lebensversicherung über das Bankkonto der Kanzlei.

Privatentnahmen sind keine betrieblichen Kosten und **beeinflussen nicht den Erfolg** der anwaltlichen/notariellen Tätigkeit. Sie stellen vielmehr vorweggenommenen Gewinn des laufenden Geschäftsjahres dar und **vermindern** so das **Eigenkapital**.

Beispiel mit Lösung

Rechtsanwältin Dr. Frieda Friedlich entnimmt der Kasse 1.000,00 € für private Lebensführung (Anfangsbestand Kasse 5.000,00 €).

Buchung

Konto	Soll	Haben
Privat	1.000,00	
an Kasse		1.000,00

Soll		Privat		Haben
Kasse	1.000,00			

Soll		Kasse		Haben
AB	5.000,00		Privat	1.000,00

Merken Sie sich bitte:

- **Privatentnahmen** werden im **Soll** des **Privatkontos** gebucht und **vermindern** das **Eigenkapital.**

Beispiele für Privatentnahmen:

- Barentnahmen für Lebensunterhalt
- Überweisungen privater Steuern
  - Einkommensteuer
  - Kirchensteuer
  - Solidaritätszuschlag
- Überweisungen für
  - Haftpflichtversicherungen
  - Hausratversicherungen
  - Krankenversicherung für den Rechtsanwalt und seine Familienangehörigen

8.2 Privateinlagen

Gelegentlich führt der Rechtsanwalt/Notar der Kanzlei Geldbeträge oder Sachwerte aus seinem Privatvermögen **(Privateinlagen)** zu. Diese **Mittel** sind **keine Erlöse** und **beeinflussen nicht den Erfolg** der anwaltlichen/notariellen Tätigkeit. Sie **erhöhen das Eigenkapital**, weil eine **Privateinlage** immer mit einem **Vermögenszugang** verbunden ist.

Beispiel mit Lösung

Rechtsanwalt Hans Tannenzweig überweist von seinem privaten Bankkonto 3.000,00 € auf das Bankkonto der Praxis.

Buchung

Konto	Soll	Haben
Bank	3.000,00	
an Privat		3.000,00

Soll	Bank		Haben
Privat	3.000,00		

Soll	Privat		Haben
		Bank	3.000,00

Merken Sie sich bitte:

- **Privateinlagen** werden im **Haben** des **Privatkontos** gebucht und **erhöhen das Eigenkapital.**

Beispiele für Privateinlagen:

- Bargeldeinlagen in die Kasse
- Erstattung zu viel gezahlter Steuern
  - Einkommensteuer
  - Kirchensteuer
  - Solidaritätszuschlag
- Überweisungen von
  - Krankenversicherungen
    für vom Rechtsanwalt verauslagte Arzt-, Arzneimittel- und Krankenhauskosten
  - Haftpflicht-, Hausrat- und Lebensversicherungen
    für vom Rechtsanwalt/Notar geltend gemachte Ansprüche (Schadensersatz u. Ä.).

Zusammenfassung

- **Privatentnahmen** sind privat bedingte **Ausgaben** und **keine Kosten** oder Aufwendungen in einer Kanzlei.
- **Privateinlagen** sind privat bedingte **Einnahmen,** die **keine Erlöse** in einer Kanzlei darstellen.
- **Privatentnahmen verringern, Privateinlagen vermehren das Eigenkapital.**

8.3 Der Abschluss des Privatkontos

Das **Privatkonto** ist als **Unterkonto** des **Eigenkapitalkontos** am Jahresende über **dieses** Konto **abzuschließen**.

Buchungen:

Die **Entnahmen übersteigen** die Einlagen: **Eigenkapital an** Privat.
Die **Einlagen übersteigen** die Entnahmen: **Privat an** Eigenkapital.

Formale Darstellung

Einnahmen und Ausgaben

privat bedingt → Privat

betrieblich bedingt → Gewinn und Verlust

Soll	Privat		Haben
Entn.	10.000,00	Einlage	8.000,00
		Ek	2.000,00

Soll	Gewinn und Verlust		Haben
Aufwend.	70.000,00	Vergüt.	100.000,00
Ek	30.000,00		

Soll	Eigenkapital		Haben
Privat	2.000,00	Anfangsbestand	400.000,00
...		Gewinn	30.000,00

Merken Sie sich bitte:

Das **Eigenkapitalkonto verändert** sich
- durch den **betrieblich bedingten Gewinn und Verlust** des Geschäftsjahres,
- durch die **Privatentnahmen und Privateinlagen.**

Aufgaben

94 **95** Bilden Sie die Buchungssätze zu folgenden Geschäftsfällen:

Kontenplan: AVK, Bank, Kasse, Privat, Vorsteuer, Postbank.

Geschäftsfall **Beträge in €**	**94**	**95**
1. Privatentnahme aus der Praxiskasse	1.000,00	800,00
2. Barspende an das Rote Kreuz	100,00	200,00
3. Überweisung der Arztrechnung für die Ehefrau des Rechtsanwalts durch Bank	300,00	250,00
4. Die Haftpflichtversicherung überweist wegen Wasserschadens am Privathaus des Rechtsanwalts durch Postbank	5.000,00	2.000,00
5. Der Rechtsanwalt überweist für die private Urlaubsreise durch Bank	6.000,00	4.000,00
6. Rechtsanwalt Blau-Meise zahlt aus seiner Geldbörse für Formulare (AVK) einschließlich 19 % Umsatzsteuer	238,00	357,00

7. Die Ehefrau des Rechtsanwalts erhält einen Blumenstrauß. Die Rechnung wird aus der Praxiskasse bar bezahlt.	80,00	90,00
8. Banküberweisung der Einkommensteuer an das Finanzamt	4.600,00	3.000,00
9. Bankgutschrift auf dem Konto der Kanzlei wegen zu viel gezahlter Einkommensteuer	400,00	300,00

96 Ermitteln Sie das neue Eigenkapital. Stellen Sie die GuV, das Privatkonto sowie das Eigenkapitalkonto T-kontenmäßig dar.

Kontenplan und Bestände:

	Soll	Haben
Eigenkapital		150.000,00
Verschiedene Kosten	15.000,00	
Vergütung		40.000,00
Privat	5.000,00	3.000,00

8.4 Umsatzsteuer bei unentgeltlichen Lieferungen oder sonstigen Leistungen

Die Tatbestände des Arbeitnehmerverbrauchs, des Eigenverbrauchs und des Gesellschaftsverbrauchs werden den **entgeltlichen Lieferungen und sonstigen Leistungen** gleichgestellt, obwohl sie **unentgeltlich** erfolgen. Damit soll bezweckt werden, dass z.B. Rechtsanwälte oder Mitarbeiter der Kanzleien als Endverbraucher nicht besser gestellt werden als private Endverbraucher. Diese müssen nämlich für die Lieferungen und sonstige Leistungen ihres Verbrauchs Umsatzsteuer bezahlen.

Unentgeltliche Lieferungen oder sonstige Leistungen

- **Unentgeltliche Lieferungen (§ 3 Abs. 1b UStG)**
  - Unentgeltliche **Entnahme von Gegenständen** (§ 3 Abs. 1 **Nr. 1** UStG) – **Kapitel 8.4.1.1**
  - Unentgeltliche **Zuwendungen an Personal** (§ 3 Abs. 1 **Nr. 2** UStG) – **Kapitel 8.4.1.2**
  - **Andere** unentgeltliche **Zuwendungen** (§ 3 Abs. 2 **Nr. 3** UStG) – **Kapitel 8.4.1.3**
- **Unentgeltliche sonstige Leistungen (§ 3 Abs. 1b UStG)**

Der RA entnimmt bereits aktivierte Gegenstände aus der Kanzlei und

- **überführt** diese in die **Privatsphäre**.
  Beispiel
  Gebrauchter Computer wird aus dem Betriebsvermögen in das Privatvermögen überführt.
- **verschenkt** diese an **Mitarbeiter**.
  Beispiel
  Der Notar schenkt einer Fachangestellten einen Computer
- **verschenkt** diese an Geschäftsfreunde.
  Beispiel
  Der RA schenkt einem jungen Kollegen einen Computer zu dessen Kanzleieröffnung

8.4.1 Unentgeltliche Lieferungen

8.4.1.1 Unentgeltliche Entnahme von Gegenständen[1]

Beispiel mit Lösung

Rechtsanwalt und Notar Dr. Michael Ederwasser schenkt seiner Tochter Lisa-Marie den Praxis-Computer zum bestandenen Examen. Der Buchwert des Computers beträgt 5.000,00 €, der geschätzte Teilwert (Tageswert oder Wiederbeschaffungswert) beträgt 6.000,00 €.

1. Buchung der Privatentnahme

Konto	Soll	Haben
Privat	7.140,00	
an UEvG[2]		6.000,00
an Umsatzsteuer		1.140,00

Soll	Privat		Haben
UEvG/USt	7.140,00		

Soll	UEvG		Haben
		Privat	6.000,00

Soll	Umsatzsteuer (USt)		Haben
		Privat	1.140,00

Da der Computer beim Kauf aktiviert wurde und noch mit 5.000,00 € zu Buch steht, muss der Betrag über das Konto **„Buchwerte ausgeschiedener Wirtschaftsgüter – Buchwertabgänge (BWA)"** ausgebucht werden.

2. Buchung des Buchwertabganges

Konto	Soll	Haben
BWA	5.000,00	
an PA		5.000,00

Soll	BWA		Haben
PA	5.000,00		

Soll	Praxisausstattung (PA)		Haben
AB	5.000,00	BWA	5.000,00

8.4.1.2 Unentgeltliche Zuwendungen an Personal

Beispiel mit Lösung

Rechtsanwältin Dr. Claudia Frankenberg schenkt ihrem Mitarbeiter Benjamin Männlein den Praxis-Fernseher zu dessen Dienstjubiläum. Der Buchwert des Fernsehapparates beträgt 800,00 €, der geschätzte Teilwert (Tageswert oder Wiederbeschaffungswert) beträgt 1.000,00 €.

1. Buchung der Zuwendung

Konto	Soll	Haben
Privat	1.190,00	
an UZaP[3]		1.000,00
an Umsatzsteuer		190,00

Soll	Privat		Haben
UZaP/USt	1.190,00		

Soll	UZaP		Haben
		Privat	1.000,00

Soll	Umsatzsteuer (USt)		Haben
		Privat	190,00

1 Vergleichen Sie bitte auch das Kapitel 10.3.1 im Teil Buchführung.
2 UEvG = Unentgeltliche Entnahme von Gegenständen
3 UZaP = Unentgeltliche Zuwendung an Personal

Da der Fernsehapparat beim Kauf aktiviert wurde und noch mit 800,00 € zu Buch steht, muss der Betrag über das Konto **„Buchwerte ausgeschiedener Wirtschaftsgüter – Buchwertabgänge (BWA)“** ausgebucht werden.

2. Buchung des Buchwertabganges

Konto	Soll	Haben
BWA	800,00	
an PA		800,00

Soll — BWA — Haben

PA	800,00		

Soll — Praxisausstattung — Haben

AB	800,00	BWA	800,00

8.4.1.3 Andere unentgeltliche Zuwendungen

Beispiel mit Lösung

Rechtsanwalt Dr. Torsten Tannenberg schenkt dem Sportklub „Auf dem Lukas“ eine elektronische Schreibmaschine. Der Buchwert der Schreibmaschine beträgt 750,00 €, der geschätzte Teilwert (Tageswert oder Wiederbeschaffungswert) beträgt 1.200,00 €.

1. Buchung der Zuwendung

Konto	Soll	Haben
Privat	1.428,00	
an AUZ[1]		1.200,00
an Umsatzsteuer		228,00

Soll — Privat — Haben

AUZ/USt	1.428,00		

Soll — AUZ — Haben

		Privat	1.200,00

Soll — Umsatzsteuer (USt) — Haben

		Privat	228,00

Da die Schreibmaschine beim Kauf aktiviert wurde und noch mit 750,00 € zu Buch steht, muss der Betrag über das Konto **„Buchwerte ausgeschiedener Wirtschaftsgüter – Buchwertabgänge (BWA)“** ausgebucht werden.

2. Buchung des Buchwertabganges

Konto	Soll	Haben
BWA	750,00	
an PA		750,00

Soll — BWA — Haben

PA	750,00		

Soll — Praxisausstattung (PA) — Haben

AB	750,00	BWA	750,00

Merken Sie sich bitte:

- Die **unentgeltlichen Lieferungen oder sonstigen Leistungen** sind **umsatzsteuerpflichtig,** sofern bei ihrer Anschaffung die **volle Vorsteuer abgezogen** wurde.
- Unentgeltliche Lieferungen oder sonstige Leistungen stellen in **Höhe des Buchwertes** eine **Betriebsausgabe** und in **Höhe des Teilwertes** eine **Betriebseinnahme** dar.

---

1 AUZ = Andere unentgeltliche Zuwendungen.

8.4.2 Private Nutzung betrieblicher Telekommunikationsgeräte durch den Rechtsanwalt

Grundsätzlich gilt, dass ein Rechtsanwalt/Notar, der Telekommunikationsgeräte für seine Kanzlei kauft, die hierauf entfallende Vorsteuer in voller Höhe nach § 15 UStG absetzen kann.

Verwendet ein Rechtsanwalt ein solches Gerät auch für private Zwecke, lag bis zum 31. März 1999 ein **Leistungseigenverbrauch** vor; ab **01. April 1999** handelt es sich um eine **unentgeltliche sonstige Leistung** gem. § 3 Abs. 9a Nr. 1 UStG.

Beispiel mit Lösung

Rechtsanwalt Dr. Felix Lukas kauft im Juni 2008 für seine Kanzlei eine neue Telefonanlage zum Preis von 4.760,00 € einschließlich 19 % Umsatzsteuer. Der Rechnungsbetrag wird sofort durch Postbanküberweisung bezahlt (Anfangsbestand Postbank 20.000,00 €).

Die Nutzungsdauer der Telefonanlage beträgt 8 Jahre.[1]

Eingangsrechnung	€
1 Telefonanlage	4.000,00
+ 19 % Umsatzsteuer	760,00
Rechnungsbetrag	**4.760,00**

1. Buchung der Eingangsrechnung

Konto	Soll	Haben
Praxisausstattung	4.000,00	
Vorsteuer	760,00	
an Postbank		4.760,00

Soll	Praxisausstattung		Haben
1.	4.000,00		

Soll	Vorsteuer		Haben
1.	760,00		

Soll	Postbank		Haben
AB	20.000,00	1.	4.760,00

Der mit dem Finanzamt abgestimmte **private Nutzungsanteil** beträgt 20 %.

Die **Privatnutzung** der Telefonanlage ist eine steuerpflichtige **unentgeltliche sonstige Leistung.**

2. Die **Bemessungsgrundlage der unentgeltlichen sonstigen Leistung** für das Jahr 2008 wird wie folgt berechnet:

Anschaffungskosten, netto	4.000,00 €	
Nutzungsdauer 8 Jahre	(4.000,00 : 8 = 500,00 €)	
Anteilige private Nutzung	(500,00 · 20 % = 100,00 €)	
Bemessungsgrundlage für Abschreibung		**100,00 €**
zuzüglich 19 % Umsatzsteuer		**19,00 €**
Unentgeltliche sonstige Leistungen (NEmUSt)		**119,00 €**

[1] Vergleichen Sie bitte Kapitel 10.2 im Teil Buchführung.

Merken Sie sich bitte:

- Die **Bemessungsgrundlage** der unentgeltlichen sonstigen Leistung entspricht der **anteiligen Abschreibung.**

3. Buchung der Verwendung von Gegenständen zum Zwecke außerhalb der Kanzlei mit Umsatzsteuer (NEmUSt)

Konto	Soll	Haben
Privat	119,00	
an NEmUSt		100,00
an Umsatzsteuer		19,00

Soll	Privat		Haben
NEmUSt	119,00		

Soll	NE mit USt		Haben
		Privat	100,00

Soll	Umsatzsteuer		Haben
		Privat	19,00

Keine unentgeltlichen sonstigen Leistungen liegen bei **laufenden Post- und Telekommunikationsdienstleistungsentgelten** vor.

Beispiel mit Lösung

Rechtsanwalt Dr. Franz Klug benutzt sein **geleastes** (gemietetes) Kanzleitelefon zu 30 % für private Zwecke. Die gesamten Post- und Telekomentgelte (Leasingrate, Grundkosten, Gesprächsentgelte) haben insgesamt 952,00 € betragen und sind vom Bankkonto (AB 3.000,00 €) abgebucht worden. Die anteiligen privaten Post- und Telekomentgelte in Höhe von 240,00 € (30 % von 800,00 €) stellen keinen umsatzsteuerbaren Vorgang dar. Die berechnete Umsatzsteuer ist in einen abziehbaren und einen nicht abziehbaren Vorsteueranteil aufzuteilen.

Erstellen Sie zunächst einen **Eigenbeleg:**

Laufende Entgelte	€ Netto	19 % USt	Gesamt	Betriebl. Entgelte	Abziehb. VorSt	Privatentnahme
Telefonrechnung	800,00	152,00	952,00	560,00	106,40	285,60

Buchung

Konto	Soll	Haben
Privat	285,60	
VorSt	106,40	
AVK	800,00	
NEoUSt[1]		240,00
an Bank		952,00

Soll	Privat		Haben
Versch.	285,60		

Soll	Vorsteuer		Haben
Versch.	106,40		

Soll	AVK		Haben
Versch.	800,00		

Soll	NEoUSt		Haben
			240,00

Soll	Bank		Haben
AB	3.000,00	Versch.	952,00

[1] Verwendung von Gegenständen für Zwecke außerhalb der Kanzlei ohne Umsatzsteuer (NEoUSt).

Aufgaben

97 **98** Bilden Sie die Buchungssätze zu den folgenden Geschäftsfällen.

Kontenplan: Unentgeltliche Entnahme von Gegenständen (UEvG), Unentgeltliche Zuwendungen an Personal (UZaP), Andere unentgeltliche Zuwendungen (AUZ), Umsatzsteuer, Kfz-Kosten, Bank, Kasse, Buchwertabgänge (BWA), Vorsteuer, Privat, Nutzungsentnahme, Praxisausstattung.

Geschäftsfall **Beträge in €**	**97**	**98**
1. RA Dr. Klug schenkt seinem Sohn den Praxiscomputer.		
Buchwert	2.000,00	3.000,00
Wiederbeschaffungswert (geschätzt)	3.000,00	4.000,00
a) Buchen Sie bitte die Privatentnahme		
b) Buchen Sie bitte den Buchwertabgang		
2. RA Dr. Mut schenkt seiner Mitarbeiterin ein Diktiergerät zum bestandenen Examen.		
Buchwert	200,00	300,00
Wiederbeschaffungswert (geschätzt)	250,00	350,00
a) Buchen Sie bitte die Privatentnahme		
b) Buchen Sie bitte den Buchwertabgang		
3. RA Dr. Ede Fix schenkt einem jungen Rechtsanwalt, der sich selbstständig machen will, einen gebrauchten Computer		
Buchwert	800,00	700,00
Wiederbeschaffungswert (geschätzt)	950,00	850,00
a) Buchen Sie bitte die Privatentnahme		
b) Buchen Sie bitte den Buchwertabgang		
4. Lastschriftanzeige der Bank für Kfz-Steuer	200,00	350,00
5. Banküberweisung der Kfz-Versicherungsprämie	897,00	968,00
6. Barzahlung der Benzinrechnung einschließlich 19 % Umsatzsteuer	476,00	595,00
7. Der Rechtsanwalt entnimmt der Kasse für private Zwecke	500,00	300,00
8. Privateinlage der Rechtsanwältin auf das Bankkonto	3.000,00	2.000,00

9 Personalkosten

Angestellte erhalten **Gehalt** als Entgelt für ihre Arbeitsleistung in Rechtsanwalts-/Notariatskanzleien. **Auszubildende** erhalten eine **Vergütung**. Gehälter und Vergütungen sind für die **Arbeitnehmer Einkommen**, für den **Rechtsanwalt/Notar Personalkosten.**

9.1 Abzug der Lohnsteuer (LSt), des Solidaritätszuschlags (SolZ) und der Kirchensteuer (KiSt)

Das **Einkommensteuergesetz** (**EStG**) verpflichtet **alle** inländischen natürlichen **Personen** zur **Einkommensteuerzahlung**. Unter Einkommen sind die in § 2 EStG genannten 7 Einkunftsarten zu verstehen. Hierher gehören auch die **Einkünfte aus nicht selbstständiger Arbeit**. Die Steuer auf diese Einkünfte heißt **Lohnsteuer**.

Solidaritätszuschlag (SolZ): Zur **Finanzierung der deutschen Einheit** hat die Bundesregierung ab 01. Jan. 1998 die Erhebung eines **Solidaritätszuschlags in Höhe von 5,5 % der Lohnsteuer beschlossen**.

Durch gesetzliche Vorschrift ist der **Arbeitgeber verpflichtet**, regelmäßig bei Zahlung der Gehälter **Lohnsteuer**, den **Solidaritätszuschlag** und gegebenenfalls die **Kirchensteuer** sowie den **Anteil** der **Arbeitnehmer** an der gesetzlichen **Arbeitslosen-, Kranken-, Pflege- und Rentenversicherung** (Sozialversicherung) **einzubehalten.**

LSt, SolZ und KiSt sind an das **zuständige Finanzamt** spätestens zum **10.** des **folgenden Monats** zu überweisen. **Sozialversicherungsbeiträge** müssen bei der **gesetzlichen Krankenkasse** spätestens am **drittletzten Bankarbeitstag eines (des laufenden) Monats** gutgeschrieben sein.

Übersicht

Bruttogehalt

./. Lohnsteuer (LSt)
./. Solidaritätszuschlag (SolZ)
./. Kirchensteuer (KiSt)

} Die **Abzüge** ersehen Sie aus der **Lohnsteuertabelle** im **Anhang** dieses Buches!

./. Arbeitnehmerbeiträge zur Sozialversicherung **jeweils mindestens ½ von**

– Arbeitslosenversicherung (AlV)	3,0 %	= **1,5** %
– Krankenversicherung (KV)	14,9 %	
– Arbeitgeberanteil		= **7,0** %
– Arbeitnehmeranteil		= **7,9** %
– Pflegeversicherung (PflV)	2,05 %	= **1,025** %
– Kinderlose **½ + Zuschlag 0,25 %**		= **1,275** %
– Rentenversicherung (RV)	18,9 %	= **9,45** %

= **Nettogehalt**

Die Angestellten der Kanzlei erhalten das Nettogehalt. Das **Kindergeld** wird im Regelfall von der **Familienkasse** des jeweiligen Arbeitsamtes **ausgezahlt**. Das monatliche **Kindergeld beträgt** seit dem 01.01.2010 für das **erste** und **zweite Kind** jeweils **184,00 €**, für das **dritte Kind 190,00 €** und für das **vierte und jedes weitere Kind** jeweils **215,00 €.**

Der **steuerpflichtige Arbeitslohn** wird **vor der Berechnung** der Lohnsteuer **um die persönlichen Freibeträge gekürzt.**

Die **Tabellenfreibeträge** sind als **Pauschalsätze** bereits in die **Lohnabzugstabellen** eingearbeitet. **Übersteigen** die **tatsächlich angefallenen Kosten** die **Pauschalbeträge, kann auf Antrag des Arbeitnehmers** ein **Freibetrag** auf der **Lohnsteuerkarte eingetragen** werden.

9.1.1 Die (elektronische) Lohnsteuerkarte

Die bisher verwendete (Papier-)Lohnsteuerkarte ist abgeschafft und zum 1. Januar 2013 durch **E**lektronische **L**ohn**S**teuer**A**bzugs**M**erkmale (ELSTAM) ersetzt worden. Die für das Lohnsteuerabzugsverfahren maßgebenden ELSTAM, wie beispielsweise das Geburtsdatum des Arbeitnehmers, seine Steuerklasse, die Zahl der Kinderfreibeträge, der individuelle Freibetrag, das Kirchensteuerabzugsmerkmal usw. werden von der Finanzverwaltung für alle im Inland gemeldeten und unbeschränkt einkommensteuerpflichtigen Arbeitnehmer, die eine Steueridentifikationsnummer (ID) haben, dauerhaft in einer zentralen Datenbank gespeichert.

Die Finanzverwaltung stellt auf Basis dieser Daten die Lohnsteuerabzugsmerkmale den Arbeitgebern zum elektronischen Abruf bereit.

Im Rahmen des „ElsterLohn-Verfahrens" erhalten Sie einen Ausdruck der Daten, die der Arbeitgeber elektronisch an das Finanzamt übermittelt hat. Auf der linken Seite dieses Blattes finden Sie auch Ihre sogenannte eTIN (electronic Taxpayer Identification Number). Die eTIN ist ein Ordnungsmerkmal, das aus Ihrem Namen und Geburtsdatum gebildet wurde.

Durch gesetzliche Vorschrift ist der **Arbeitgeber verpflichtet**, regelmäßig bei Zahlung der Gehälter LSt, SolZ und ggf. KiSt sowie den Anteil der Arbeitnehmer an der gesetzlichen Arbeitslosen- (AlV), Kranken- (KV), Pflege- (PflV) und Rentenversicherung (RV) **einzubehalten.**

9.1.2 Die Lohnsteuerklassen

Die **Höhe der Lohnsteuer** ist von der **Höhe des Gehalts** und der **Steuerklasse** abhängig. Das System der Steuerklassen berücksichtigt die persönlichen Verhältnisse der Steuerpflichtigen und ihre wirtschaftliche Leistungsfähigkeit.

Übersicht über die Lohnsteuerklassen nach § 38b EStG

Steuerklasse	**Personenkreis (vereinfachte Darstellung)**
I	Ledige, verwitwete, geschiedene sowie verheiratete Arbeitnehmer, die dauernd getrennt leben.
II	Nichtverheiratete und dauernd Getrenntlebende der Steuerklasse I, wenn ihnen der Entlastungsbetrag für Alleinerziehende zusteht mit mindestens einem Kind.
III	Verheiratete Arbeitnehmer, die nicht dauernd getrennt leben und deren Ehepartner keinen Arbeitslohn bezieht oder auf Antrag in Steuerklasse V eingestuft ist.
IV	Verheiratete, die nicht dauernd getrennt leben und beide Arbeitslohn beziehen.
V	Verheiratete Ehepartner der Steuerklasse IV, wenn ein Ehegatte auf gemeinsamen Antrag in die Steuerklasse III eingestuft wird.
VI	Steuerpflichtige, die nebeneinander von mehreren Arbeitgebern Gehalt beziehen und Steuerpflichtige, die dem Arbeitgeber keine Lohnsteuerkarte vorlegen.

9.1.3 Kinderfreibeträge

Im **Gegensatz zur Lohnsteuer** wird bei der Bemessung des **Solidaritätszuschlags** und der **Kirchensteuer** die **Anzahl** der **Kinder berücksichtigt**.
Der **Kinderfreibetrag** für ein **Elternpaar** beträgt **jährlich 4.368,00 €. Zusätzlich** wird für jedes zu berücksichtigende **Kind ein Freibetrag** für den **Betreuungs- und Erziehungsbedarf** oder den **Ausbildungsbedarf** von **2.640,00 € abgezogen.**
Jedes Kind wird auf der **Lohnsteuerkarte** mit dem **Zähler 0,5** (= halber jährlicher Kinderfreibetrag + halber jährlicher Freibetrag für Betreuungs- und Erziehungsbedarf **berücksichtigt.** Der **Zähler erhöht** sich auf **1** (= ganzer jährlicher Freibetrag für Betreuungs- und Erziehungsbedarf), wenn beispielsweise die **leiblichen Eltern** des Kindes **miteinander verheiratet** sind und **nicht dauernd getrennt leben.** Die **Summe der Zähler** wird auf der **Lohnsteuerkarte** als **„Zahl der Kinderfreibeträge"** eingetragen.

9.1.4 Kirchensteuer

Anders als beim Einkommensteuerrecht, das für alle Bundesbürger in gleichem Maße gilt, wird die **Kirchensteuer** von den **Kirchen der einzelnen Bundesländer** gesondert **geregelt**.
Hiernach knüpft die Kirchensteuerpflicht an **zwei Voraussetzungen** an:
- die **Zugehörigkeit** zu einer steuererhebungsberechtigten Kirche oder Glaubensgemeinschaft und
- den **Wohnsitz** oder gewöhnlichen Aufenthalt im Gebiet einer der steuererhebenden Kirchen.

Die **Kirchensteuer** wird zusammen mit der Lohnsteuer vom **Arbeitgeber einbehalten** und an das **Finanzamt abgeführt**.
Der **Kirchensteuersatz** beträgt in den **Ländern**
- Baden-Württemberg und Bayern **8 % der Lohnsteuer**, vermindert um Kürzungsbeträge für Kinder;
- Berlin, Brandenburg, Bremen, Hamburg, Hessen, Mecklenburg-Vorpommern, Niedersachsen, Nordrhein-Westfalen, Rheinland-Pfalz, Saarland, Sachsen, Sachsen-Anhalt, Schleswig-Holstein und Thüringen **9 % der Lohnsteuer**.

Die Kirchensteuer kann aus der **Lohnsteuertabelle abgelesen** werden.

9.1.5 Die Lohnsteuertabelle

Anhand der ELSTAM eingetragenen Steuermerkmale, wie **Steuerklasse** sowie der sonstigen **Daten** und **Freibeträge** berechnet der Rechtsanwalt/Notar die an das Finanzamt abzuführende **Lohnsteuer, den Solidaritätszuschlag und die Kirchensteuer**. Zur **Arbeitserleichterung** verwendet der Arbeitgeber dazu die vom Gesetzgeber veröffentlichten **Lohnsteuertabellen**, aus denen er schnell und einfach ablesen kann, wie hoch die abzuführende Lohnsteuer, der Solidaritätszuschlag und die Kirchensteuer für ein bestimmtes Gehalt ist.

Beispiel

Die Rechtsanwaltsfachangestellte Anne Stein-Beißer erhält ein monatliches Bruttogehalt von 2.040,00 €. Sie ist verheiratet und bisher kinderlos. Ihr Ehepartner ist ebenfalls berufstätig und wird nach der Steuerklasse IV besteuert. Auf ihrer Lohnsteuerkarte sind deshalb die Steuermerkmale IV/0 vermerkt. Sie wohnt in Zweibrücken, der Stadt der Rosen und Rosse, im Lande Rheinland-Pfalz, in dem der Kirchensteuersatz 9 % beträgt. Beide Ehepartner gehören der katholischen Kirche an.

Lösung

Auszug aus der Lohnsteuertabelle

Lohn/ Gehalt bis €	I-VI ohne Kinderfreibeträge				I, II, III, IV, V, VI mit Zahl der Kinderfreibeträge					
	LSt	SolZ	8 %	9 %	0,5	1	1,5	2	2,5	3
2.042,99 IV	225,00	12,37	18,00	20,25						

Sie lesen in der Spalte „Lohn/Gehalt" bis 2.042,99 € in der Steuerklasse IV (**ohne** Kinderfreibeträge) den Lohnsteuerbetrag von 225,00 €, den Solidaritätszuschlag (SolZ) in Höhe von 12,37 € und den Kirchensteuerbetrag bei 9 % von 20,25 € ab.

Aufgaben

99 Bestimmen Sie aus der Lohnsteuertabelle für folgende Gehälter die Lohnsteuer, den Solidaritätszuschlag und die Kirchensteuerbeträge.

Gehalt in €	Familienstand	Sonstige Hinweise und Kirchensteuersatz
a) 1.980,00	ledig (21 Jahre alt)	9 %
b) 1.982,99	verheiratet, 1,0 Kinderfreibeträge	8 %, Steuerklasse V für Ehemann
c) 2.000,90	verheiratet, keine Kinder (20 Jahre alt)	8 %, Steuerklasse IV für Ehefrau
d) 2.015,00	verwitwet, keine Kinder (50 Jahre alt)	9 %
e) 2.020,00	ledig, 0,5 Kinderfreibeträge	9 %

100 Bestimmen Sie aus der Lohnsteuertabelle die Steuerklasse und die möglichen Kinderfreibeträge, wenn bei folgenden Monatsgehältern die Lohnsteuer, der Solidaritätszuschlag und die Kirchensteuer betragen:

Monatsgehalt in €		Lohnsteuer in €	SolZ in €	Kirchensteuer in % und €
a)	1.983,00	211,75	7,48	10,88 bei 8 %
b)	1.994,00	437,00	24,03	39,33 bei 9 %
c)	2.000,50	215,25	11,83	19,37 bei 9 %
d)	2.005,00	187,75	6,24	9,08 bei 8 %
e)	2.018,00	190,41	6,38	9,28 bei 8 %

9.1.6 Das Lohnkonto

Der **Praxisinhaber** muss für jeden **Arbeitnehmer ein Gehaltskonto** führen. Dieses Gehaltskonto enthält genaue Aufzeichnungen über den Gehaltszahlungstermin, die Höhe des Bruttogehalts, der Abzüge und der Zulagen. Das **Konto ist am Jahresende abzuschließen**.

9.1.7 Die Gehaltsliste

Die auf den Gehaltskonten eingetragenen Einzelabrechnungen werden jeweils monatlich in Gehaltslisten zusammengefasst. Die **Gehaltsliste** ist der **Sammelbeleg** für die Buchungen im **Hauptbuch**.

9.2 Abzug der Sozialversicherungsbeiträge

9.2.1 Versicherungspflicht

Angestellte einer Rechtsanwalts-/Notariatskanzlei sind grundsätzlich in folgenden Zweigen der Sozialversicherung **pflichtversichert:**

- Arbeitslosenversicherung (AlV)
- Krankenversicherung (KV)
- Pflegeversicherung (PflV)
- Rentenversicherung (RV)
- Unfallversicherung (UV)

Während die Beiträge der Arbeitslosen-, Kranken-, Pflege- und Rentenversicherung von **Arbeitgeber** und **Arbeitnehmer** gemeinsam **(je zur Hälfte)**[1] aufgebracht werden, zahlt der **Arbeitgeber** die Beiträge für **Geringverdienende** und für die **Unfallversicherung** in voller Höhe.

Der **Rechtsanwalt/Notar** behält den **Anteil des Arbeitnehmers an der Sozialversicherung** monatlich vom **Bruttogehalt ein** und führt den Gesamtbeitrag an die **zuständige Krankenkasse** ab. Die Krankenkasse wiederum **leitet** den **entsprechenden Anteil** an die **Rentenversicherung** und an die **Bundesagentur für Arbeit** weiter.

Merken Sie sich bitte:

- Die **Beiträge** zur **Arbeitslosen-, Kranken-, Pflege- und Rentenversicherung** tragen **Arbeitgeber und Arbeitnehmer grundsätzlich je zur Hälfte.**
- Die Beiträge zur **Unfallversicherung** zahlt der **Arbeitgeber in voller Höhe.**

9.2.2 Beitragssätze und Beitragsbemessungsgrenzen

Für die Berechnung der **Beiträge** werden bestimmte **Beitragssätze** und **Beitragsbemessungsgrenzen (Höchstgrenzen)** festgelegt. Diese Beiträge werden vom **Bruttogehalt** oder vom **wirklichen Arbeitsverdienst** berechnet. **Bemessungsgrundlage** für die **Sozialversicherungsbeiträge** ist also der **Arbeitslohn,** der der **Lohnsteuer unterworfen** ist.

Überschreitet das Bruttogehalt die **Beitragsbemessungsgrenze**, so werden die Beiträge zur Sozialversicherung **nur** von **diesem Höchstbetrag** berechnet.

Mögliche Beitragssätze (Rechengrößen) zur Sozialversicherung:[1]

Versicherung	Beitragssatz	Anteil		Beitragsbemessungsgrenze pro Monat in €	
		Arbeitgeber	Arbeitnehmer		
Arbeitslosen-	3,0 %	1,5 %	1,5 %	West Ost	5.800,00 4.900,00
Kranken-	verschieden	7,0 %	7,9 %	West Ost	3.937,50 3.937,50
Pflege-	2,05 %	1,025 %	1,025 %	West Ost	3.937,50 3.937,50
Renten-	18,9 %	9,45 %	9,45 %	West Ost	5.800,00 4.900,00
Unfall-	nach Risiko	100 %	0,00 %		

[1] Vergleichen Sie bitte Seite 165.

Beispiel mit Lösung

Der Rechtsanwaltsfachangestellte Josef Listig, 24 Jahre alt, ist in der Rechtsanwaltskanzlei Dr. Hans Klug beschäftigt und bezieht ein monatliches Bruttogehalt von 2.010,00 €. Er ist ledig und kinderlos. Der Mitgliedsbeitrag bei der gesetzlichen Krankenkasse beträgt 14,9 % monatlich.

./. **Arbeitnehmerbeiträge** zur Sozialversicherung von 2.010,00 €		**(jeweils mindestens 1/2)**	
– Arbeitslosenversicherung (AlV)	3,0 %	= **1,50 %**	= **30,15 €**
– Krankenversicherung (KV)	14,9 %	= **7,90 %**	= **158,79 €**
– Pflegeversicherung (PflV)	2,05 %	= **1,025 %**	= **20,60 €**
Zuschlag wg. Kinderlosigkeit		= **0,25 %**	= **5,03 €**
– Rentenversicherung (RV)	18,9 %	= **9,45 %**	= **189,95 €**
Gesamtabzüge an Sozialversicherungsbeiträgen			**404,52 €**

Aufgaben

101 Ermitteln Sie auf die gleiche Weise die Sozialversicherungsbeiträge für folgende Bruttogehälter:

	Entgelt €	KV 7,90 %	PflV 1,025 %	RV 9,45 %	AlV 1,50 %	Gesamt €
a)	1.980,00					
b)	2.200,00					
c)	2.300,00					

102 Berechnen Sie für die in **Aufgabe 99** aufgeführten Bruttogehälter das Nettogehalt nach folgendem Muster:

		a)	b)	c)	d)	e)
Bruttogehalt		**1.980,00**	**1.982,99**	**2.000,90**	**2.015,00**	**2.020,00**
./. LSt	Tabelle	210,41				
./. SolZ	Tabelle	11,57				
./. KiSt	Tabelle	18,93				
./. KV	7,9 %	156,42				
./. PflV	1,025 %	20,30				
./. RV	9,45 %	187,11				
./. AlV	1,50 %	29,70				
Nettogehalt		**1.345,56**				

9.3 Vermögenswirksame Leistungen

Arbeitnehmer haben die **Möglichkeit**, von ihrem **Einkommen jährlich vermögenswirksam** in **Bausparverträgen** oder **Kapitalbeteiligungen** (Produktivvermögen) unter Beachtung bestimmter Sperrfristen **anzulegen**.

Übersteigt das zu **versteuernde Einkommen** in dem **Kalenderjahr, in dem die vermögenswirksamen Leistungen angelegt** worden sind beispielsweise in Bausparverträgen **nicht** den **Betrag** von

- **20.000,00 €** bei **Ledigen** und
- **40.000,00 €** bei **Verheirateten,**

erhält der Arbeitnehmer eine **Sparzulage** vom Staat.

Die **Arbeitnehmer-Sparzulage** beträgt

- **9 %** von **maximal 470,00 € jährlich** für die **Anlage** beispielsweise in
  - **Bausparverträgen** und
- **20 %** von **maximal 400,00 € jährlich** für
  - **Beteiligungen am Produktivkapital** (Aktien, Investmentfonds u. a.)

Merken Sie sich bitte:

- Die **Arbeitnehmer** müssen **jedes Jahr** zusammen mit der Steuererklärung und einer Bescheinigung des Anlageinstituts die **Sparzulage** beim **Finanzamt beantragen.**
- Nach **Ablauf der Sperrfrist** überweist das Finanzamt die **Sparzulage** in einer Summe auf das betreffende **Anlagekonto.**

Vermögenswirksame Leistungen können vom **Arbeitgeber**, vom **Arbeitnehmer** oder von **beiden gemeinsam** aufgebracht werden.

Werden die **vermögenswirksam anzulegenden Beträge ganz** oder **teilweise** vom **Arbeitgeber erbracht,** so stellen sie aus der Sicht des **Arbeitgebers zusätzliche Personalkosten** dar. Für den **Arbeitnehmer** bedeutet die **vermögenswirksame Leistung** eine **Erhöhung** des **Bruttogehaltes**, die sowohl **lohnsteuer-** als auch **sozialversicherungspflichtig** ist. Die **Arbeitnehmer-Sparzulage** stellt **kein Arbeitsentgelt** dar und ist deshalb **lohnsteuer- und sozialversicherungsfrei**.

9.4 Buchung der Personalkosten

Merken Sie sich bitte:

- Der **Rechtsanwalt führt** für **jeden Arbeitnehmer** ein **Gehaltskonto.** Die auf den Gehaltskonten aufgezeichneten **Einzelabrechnungen** werden auf einer **Gehaltsliste zusammengefasst.** Diese **Gehaltsliste** ist der **Sammelbeleg** für die **Buchungen im Hauptbuch.**

Der **Rechtsanwalt/Notar führt** für **jeden Arbeitnehmer** ein **Gehaltskonto**. Die auf den Gehaltskonten aufgezeichneten **Einzelabrechnungen** werden auf einer **Gehaltsliste zusammengefasst**. Diese **Gehaltsliste** ist der **Sammelbeleg** für die **Buchungen im Hauptbuch.**

Formale Darstellung

a) Gehaltskonto

Gehaltskonto Weis, Ede

Gehaltskonto Reis, Eva

Gehaltskonto Eis, Petra

Name	Steuerklasse	Bruttogehalt	Abzüge nach der Tabelle					Gesamtabzüge	Nettogehalt	Arbeitgeberanteil an der SozVers
			Lohnsteuer	SolZ	KiSt 9 %	Steuern insges.	Sozialvers.			
Eis, Petra	IV/0	2.040,00	225,00	12,37	20,25	257,62	405,45	663,07	1.376,93	405,45[1]

[1] Zu Schulungszwecken teilweise angenommene Werte

b) Gehaltsliste

Name	Steuer-klasse	Brutto-gehalt	Abzüge nach der Tabelle					Gesamt-abzüge	Netto-gehalt	Arbeit-geber-anteil an der SozVers
			Lohn-steuer	SolZ	KiSt 9 %	Steuern insges.	Sozial-vers.			
Eis, Petra	IV/0	2.040,00	225,00	12,37	20,25	257,62	405,45	663,07	1.376,93	405,45
Reis, Eva	I/0	1.981,00	211,08	11,60	18,99	241,67	393,72	635,39	1.345,70	393,72
Weis, Ede	III/1,0	1.982,00	31,16	–	–	31,16	–	31,16	1.950,84	383,02
		6.003,00	467,24	23,97	39,24	530,45	799,17	1.329,62	4.673,47	1.182,19

9.4.1 Buchung von Personalkosten ohne vermögenswirksame Leistungen

Sie haben bereits erfahren, dass der **Rechtsanwalt/Notar** die **einbehaltenen Abzüge** des **Arbeitnehmers** an **Lohnsteuer, Solidaritätszuschlag** und **Kirchensteuer** bis zum 10. des Folgemonats, den **Anteil** des **Arbeitnehmers** an der **Sozialversicherung und seinen eigenen Anteil** bis **spätestens zum 3. Bankarbeitstag des laufenden Monats** an das **Finanzamt** und die **gesetzliche Krankenkasse überweisen** muss. Da die **Betriebsausgaben zu unterschiedlichen Terminen fällig** sind und in der Einnahmen-Überschussrechnung nur die tatsächlichen Zahlungsvorgänge gebucht werden, **müssen** die **einzelnen Beträge** an den **jeweiligen Zahlungstagen** auf dem Konto **Personalkosten** (Gehälter) gebucht werden.

Beispiel mit Lösung

Die Beträge der obigen Gehaltsliste sollen gebucht werden, wenn die Nettogehälter am 30. April und die Steuern und Sozialversicherungsbeiträge termingerecht per Bank (Anfangsbestand 20.000,00 €) überwiesen werden:

1. Buchung bei der Gehaltszahlung am 30. April

Konto	Soll	Haben
Personalkosten	4.673,47	
an Bank		4.673,47

Soll Personalkosten Haben

Soll		Haben	
1. Bank	4.673,47		

Soll Bank Haben

Soll		Haben	
AB	20.000,00	**1.** Pers	4.673,47

2. Buchung der Überweisungen

Bestände von oben

a) Sozialversicherungsbeiträge
Arbeitgeber- und Arbeitnehmeranteil (termingerecht)

Konto	Soll	Haben
Personalkosten	2.511,81	
an Bank		2.511,81

Soll Bank Haben

Soll		Haben	
AB	20.000,00	**1.** Pers	4.673,47
		2.a) Pers	2.511,81
		2.b) Pers	530,45

b) Steuern am 10. Mai

Konto	Soll	Haben
Personalkosten	530,45	
an Bank		530,45

Soll	Personalkosten	Haben
1. Bank	4.673,47	
2.a) Bank	2.511,81	
2.b) Bank	530,45	

Merken Sie sich bitte:

- Das **Betriebsausgabenkonto Personalkosten** erfasst im **Soll** alle **Kosten,** die der **Rechtsanwalt/Notar** an seine Mitarbeiter **zahlt.**
- **Bruttogehalt + Arbeitgeberanteil** an der Sozialversicherung = **Personalkosten.**
- Die **Betriebsausgaben** werden an den jeweiligen **Zahlungstagen gebucht.**

Aufgaben

103 Bilden Sie die Buchungssätze bei der Gehaltszahlung zum 30.09. und die Überweisung der Steuern und Abgaben zu den jeweiligen Terminen (alle Zahlungen erfolgen durch Banküberweisung).

Auszug aus der Gehaltsliste für den Monat September …

Brutto-gehalt	LSt I/0	SolZ	KiSt 8 %	Steuern Gesamt	Sozial-vers.	Gesamt-abzüge	Netto-gehalt	Arbeitgeber-anteil an der SozVers
1.980,00	211,08	11,60	16,88	239,56	393,53	633,09	1.346,91	382,64

104 Die Rechtsanwaltsfachangestellte Ines Hurtig bezieht ein monatliches Bruttogehalt von 2.003,00 €. Zu berücksichtigen sind die maßgebenden Angaben für das Lohnsteuerabzugsverfahren ELSTAM, nämlich hier die Steuerklasse I/0 und der Kirchensteuersatz von 9 %. Weiterhin ist zu beachten:

- Krankenversicherung 7,90 %
- Rentenversicherung 9,45 %
- Arbeitslosenversicherung 1,5 %
- Pflegeversicherung 1,025 %
- Arbeitgeberanteil an der Sozialversicherung 19,325 %

a) Ermitteln Sie den Auszahlungsbetrag (Nettogehalt).

b) Buchen Sie die Überweisungen des Auszahlungsbetrages zum 30. Nov. durch Bank.

c) Bilden Sie die Buchungssätze für die Zahlung der
  - Sozialversicherungsbeiträge (Arbeitnehmer und Arbeitgeber) durch Bank.
  - Lohn- und Kirchensteuer durch Postbank.

9.4.2 Buchung der Personalkosten mit vermögenswirksamen Leistungen (vwL)

9.4.2.1 Vermögenswirksame Leistungen des Arbeitgebers

Der **Rechtsanwalt/Notar zahlt sämtliche Sparbeiträge**. Das Bruttogehalt der Angestellten erhöht sich. Die Sparbeiträge werden bis zum 10. des folgenden Monats an das mit der Anlage betraute Sparinstitut (Bausparkasse, Bank) überwiesen.

Beispiel mit Lösung

Die Kanzleiangestellte Uta von Malz, erhält ein monatliches Bruttogehalt von 2.016,00 €. Zusätzlich zu ihrem Gehalt zahlt ihr der Rechtsanwalt noch 30,00 € vermögenswirksame Leistungen auf ihr Konto bei der Bank (Bausparkasse).
Die Buchungssätze zu folgenden Banküberweisungen sind zu bilden:

- Für das Nettogehalt (Bankanfangsbestand 30.000,00 €).
- Für die Abführung
  - der Sozialversicherungsbeiträge des Arbeitgebers und Arbeitnehmers,
  - der Lohnsteuer, des Solidaritätszuschlags und der Kirchensteuer,
  - der Sparleistung an die Bank/Bausparkasse.

Gehaltsabrechnung (alle Zahlungen durch Bank)	€
Bruttogehalt	**2.016,00**
+ vermögenswirksame Leistung des ***Arbeitgebers***	30,00
= **steuer- und sozialversicherungspflichtiges Bruttogehalt**	**2.046,00**
./. Lohnsteuer, SolZ und Kirchensteuer	269,36
./. Sozialversicherungsbeiträge Arbeitnehmer	413,80
./. vermögenswirksame Sparleistung	30,00
Nettogehalt (Auszahlungsbetrag)	**1.332,84**
Arbeitgeberanteil an der Sozialversicherung	**395,39**

Buchungen der

1. Gehaltszahlung

Konto	**Soll**	**Haben**
Personalkosten	1.332,84	
an Bank		1.332,84
2. Überweisung		
a) Sozialversicherung Arbeitgeber- und Arbeitnehmeranteil		
Personalkosten	809,19	
an Bank		809,19
b) Lohnsteuer, SolZ und Kirchensteuer		
Personalkosten	269,36	
an Bank		269,36
c) Vermögenswirksame Sparleistung		
Personalkosten	30,00	
an Bank		30,00

Soll	Personalkosten		Haben
1. Bank	1.332,84		
2.a) Bank	809,19		
2.b) Bank	269,36		
2.c) Bank	30,00		

Soll	Bank		Haben
AB	30.000,00	**1.** Pers	1.332,84
		2.a) Pers	809,19
		2.b) Pers	269,36
		2.c) Pers	30,00

9.4.2.2 Vermögenswirksame Leistungen des Arbeitnehmers

Die **Angestellte** in der Rechtsanwaltskanzlei **bringt den vermögenswirksamen Sparbeitrag selbst auf**. Der Rechtsanwalt/Notar überweist diesen Sparbeitrag an die Bank/ Bausparkasse.

Beispiel mit Lösung

Das Bruttogehalt einer Angestellten im Rechtsanwaltsbüro beträgt 1.994,00 € und wird durch Bank überwiesen. Die Angestellte hat die Steuermerkmale II/05 eingetragen; der Kirchensteuersatz beträgt 9 %. Die vermögenswirksame Sparleistung in Höhe von 30,00 € monatlich wird von ihr selbst aufgebracht (Bankanfangsbestand 30.000,00 €).

Gehaltsabrechnung	€	€
Bruttogehalt		**1.994,00**
./. Lohnsteuer II/05	185,00	
./. Solidaritätszuschlag	5,98	
./. Kirchensteuer 9 %	9,98	200,96
./. Sozialversicherungsbeiträge		
KV	157,53	
PflV	20,44	
RV	188,43	
ALV	29,91	396,31
./. Vermögenswirksame Sparleistung		30,00
Nettogehalt (Auszahlungsbetrag)		**1.366,73**
Arbeitgeberanteil an der Sozialversicherung		**385,34**

Buchungen

1. Bei Gehaltszahlung durch Banküberweisung

Konto	**Soll**	**Haben**
Personalkosten	1.366,73	
an Bank		1.366,73
2. Bei Banküberweisung der Sozialversicherungsbeiträge		
Personalkosten	781,65	
an Bank		781,65
3. Bei Banküberweisung der Steuern		
Personalkosten	200,96	
an Bank		200,96
4. Bei Banküberweisung der vermögenswirksamen Sparleistung		
Personalkosten	30,00	
an Bank		30,00

Soll	Personalkosten		Haben
1. Bank	1.366,73		
2. Bank	781,65		
3. Bank	200,96		
4. Bank	30,00		

Soll	Bank		Haben
AB	30.000,00	**1.** Pers	1.366,73
		2. Pers	781,65
		3. Pers	200,96
		4. Pers	30,00

9.4.2.3 Vermögenswirksame Leistungen des Arbeitgebers und Arbeitnehmers

Der **Rechtsanwalt/Notar und die Angestellte** bringen **gemeinsam die vermögenswirksame Sparleistung** in Höhe von 30,00 € auf.

Beispiel mit Lösung

Die Rechtsanwaltsfachangestellte Ulli Kluges, (50 Jahre alt, verwitwet, keine Kinder), bezieht ein monatliches Bruttogehalt von 1.995,00 €. Sie hat einen Bausparvertrag abgeschlossen. Rechtsanwalt Hugo Groß-Zügig zahlt ihr zusätzlich zu ihrem Gehalt 20,00 € vermögenswirksame Leistungen, die einschließlich ihrer eigenen Sparleistung von 10,00 € auf ihr Konto bei der Bank (Bausparkasse) überwiesen werden (Bankanfangsbestand 10.000,00 €).

Gehaltsabrechnung	€	€
Bruttogehalt		**1.995,00**
+ vermögenswirksame Leistung des Arbeitgebers		20,00
= steuer- und sozialversicherungspflichtiges Gehalt		**2.015,00**
./. Lohnsteuer I/0	218,75	
./. Solidaritätszuschlag	12,03	
./. Kirchensteuer 9 %	19,68	250,46
./. Sozialversicherungsbeiträge		
KV	159,19	
PflV	20,65	
RV	190,42	
AlV	30,23	400,49
./. Vermögenswirksame Sparleistung		
Arbeitgeber	20,00	
Arbeitnehmer	10,00	30,00
Nettogehalt (Auszahlungsbetrag)		**1.334,05**
Arbeitgeberanteil an der Sozialversicherung		**389,40**

Buchungen

1. Bei Gehaltszahlung durch Banküberweisung

Konto	**Soll**	**Haben**
Personalkosten	1.334,05	
an Bank		1.334,05
2. Bei Banküberweisung der Sozialversicherungsbeiträge		
Personalkosten	789,89	
an Bank		789,89
3. Bei Banküberweisung der Steuern		
Personalkosten	250,46	
an Bank		250,46
4. Bei Banküberweisung der vermögenswirksamen Sparleistung		
Personalkosten	30,00	
an Bank		30,00

Soll	Personalkosten		Haben
1. Bank	1.334,05		
2. Bank	789,89		
3. Bank	250,46		
4. Bank	30,00		

Soll	Bank		Haben
AB	10.000,00	**1.** Pers	1.334,05
		2. Pers	789,89
		3. Pers	250,46
		4. Pers	30,00

Merken Sie sich bitte:

- **Vermögenswirksame Leistungen (vwL)** können **Arbeitgeber und Arbeitnehmer** bis zur Höhe von **30,00 € monatlich** aufbringen.
- Die **vwL** des **Arbeitgebers** sind **Betriebsausgaben** und **erhöhen** das **Bruttogehalt.**
- **Personalkosten = Bruttogehalt + Arbeitgeberanteil + vwL des Arbeitgebers.**
- **VwL,** die der **Arbeitgeber zahlt,** sind **steuer- und sozialversicherungspflichtig.**
- Die **Sparbeiträge** werden von dem **Arbeitgeber** an das mit der Anlage betraute **Sparinstitut** (Bank, Bausparkasse) **überwiesen.**

9.4.3 Buchung der Beiträge zur gesetzlichen Unfallversicherung

Die **Beiträge** zur gesetzlichen **Unfallversicherung** werden nach dem **Unfallrisiko** der einzelnen **Berufe** bestimmt. Der **Arbeitgeber trägt** diese Beiträge in **voller Höhe** und **überweist** diese in der Regel **jährlich einmal** an die **zuständige Berufsgenossenschaft.** Die **Unfallversicherungsbeiträge erhöhen** die **Personalkosten** einer Rechtsanwalts-/Notariatskanzlei.

Buchung bei Zahlung der Beiträge: Personalkosten an Bank (Postbank, Kasse).

9.4.4 Buchung von Gehaltsvorschüssen

Gehaltsvorschüsse an den **Arbeitnehmer** sind **Vorleistungen** des **Arbeitgebers**, weil der Arbeitnehmer für diesen Geldbetrag noch die **Arbeitsleistung schuldet**. **Vorschusszahlungen** werden bei der **nächsten oder** den **folgenden Gehaltszahlungen getilgt. Gehaltsvorschüsse** sind mit dem **Zeitpunkt der Zahlung Betriebsausgaben** und auf dem Konto **Personalkosten** zu buchen.

Beispiel mit Lösung

Der Angestellte Manuel von Schluckspecht bittet um einen Gehaltsvorschuss in Höhe von 300,00 €. Der Rechtsanwalt zahlt den Betrag bar (Kassenbestand 2.000,00 €, Bankbestand 10.000,00 €) aus.

1. Buchung bei Zahlung

Konto	Soll	Haben
Personalkosten	300,00	
an Kasse		300,00

Soll	Kasse		Haben
AB	2.000,00	**1.** Pers	300,00

Soll	Personalkosten		Haben
1. Kasse	300,00		

Gehaltsabrechnung	€	€
Bruttogehalt		**1.980,00**
./. Lohnsteuer I/0	211,08	
./. Solidaritätszuschlag	11,60	
./. Kirchensteuer	18,99	241,67
./. Sozialversicherungsbeiträge		
KV	156,42	
PflV	20,30	
RV	187,11	
ALV	29,70	393,53
./. Vorschuss		300,00
Nettogehalt (Auszahlungsbetrag)		**1.044,80**
Arbeitgeberanteil an der Sozialversicherung		**382,64**

Buchungen

2. Bei Gehaltszahlung durch Banküberweisung

Konto	Soll	Haben
Personalkosten	1.044,80	
an Bank		1.044,80
3. Bei Banküberweisung der Sozialversicherungsbeiträge		
Personalkosten	776,17	
an Bank		776,17
4. Bei Banküberweisung der Steuern		
Personalkosten	241,67	
an Bank		241,67

Bestände von oben

Soll	Personalkosten		Haben
1. Bank	300,00		
2. Bank	1.044,80		
3. Bank	776,17		
4. Bank	241,67		

Soll	Bank		Haben
AB	10.000,00	**2.** Pers	1.044,80
		3. Pers	776,17
		4. Pers	241,67

Soll	Kasse		Haben
AB	2.000,00	**1.** Pers	300,00

Aufgaben

105 **106** Bilden Sie die Buchungssätze zu folgenden Geschäftsfällen.

Kontenplan: Bank, Kasse, Personalkosten, Postbank, Privat, Vergütung, Umsatzsteuer.

Geschäftsfall **Beträge in €**	**105**	**106**
1. Barzahlung eines Gehaltsvorschusses	400,00	200,00
2. Banküberweisung der Gehälter:		
brutto	6.000,00	5.000,00
./. Steuern	1.200,00	1.000,00
./. Sozialversicherung Arbeitnehmer	1.254,00	1.045,00
netto	3.546,00	2.955,00
Arbeitgeberanteil an der Sozialversicherung	1.100,00	1.100,00
3. Banküberweisung für Gehälter laut Gehaltsliste: Gehaltsabrechnung zum 30.09.		

	105	106
Gehaltsabrechnung	**€**	**€**
Bruttogehalt	2.030,00	2.024,00
+ vermögenswirksame Leistung des Arbeitgebers	20,00	30,00
= steuer- und sozialversicherungspflichtiges Bruttogehalt	**2.050,00**	**2.054,00**
./. Lohnsteuer III/0 + IV/0	40,66	227,75
./. Solidaritätszuschlag	–	13,52
./. Kirchensteuer 9,00 + 8,00 %	3,25	18,22
./. Sozialversicherungsbeiträge		
./. KV	161,95	162,27
./. PflV	21,01	21,05
./. RV	193,73	194,10
./. AlV	30,75	30,81
./. vermögenswirksame Sparleistung		
Arbeitgeber	20,00	30,00
Arbeitnehmer	10,00	0,00
Nettogehalt (Auszahlungsbetrag)	**1.568,65**	**1.357,28**
Arbeitgeberanteil an der Sozialversicherung	396,16	396,94
4. Postbanküberweisung der Berufsgenossenschaftsbeiträge	900,00	600,00

10 Anlagenzugänge und Anlagenabgänge

10.1 Anschaffung von Anlagevermögen

Das **Anlagevermögen** ist dazu bestimmt, der Rechtsanwalts-/Notariatskanzlei **langfristig** zu **dienen**.

Die **Gegenstände** des Anlagevermögens sind zum **Zeitpunkt der Anschaffung** mit ihren **Anschaffungskosten** zu **bewerten** und entsprechend zu aktivieren oder aufzuzeichnen. Zu den Anschaffungskosten **zählen alle Aufwendungen**, die geleistet werden, um das Anlagegut zu **erwerben** und in einen **betriebsbereiten Zustand** zu versetzen.

Übersicht

	Anschaffungspreis	→ Kaufpreis ohne Umsatzsteuer
+	**Anschaffungsnebenkosten**	→ Fracht, Rollgeld, Zoll, Montage, Zulassungskosten
./.	**Anschaffungskostenminderungen**	→ Rabatte, Skonti, erhaltene Zuschüsse
=	**Anschaffungskosten (AK)**	→ Aufzeichnung oder Aktivierung

Beispiel

Rechtsanwältin Julia November kauft einen Pkw für die Kanzlei und zahlt die Eingangsrechnung sofort durch Banküberweisung (Anfangsbestand Bank 80.000,00 €).

Eingangsrechnung	**€**
1 Pkw Marke ...	
Listenpreis	40.000,00
Zusatzausstattung	4.000,00
Überführungskosten	800,00
Nettopreis	44.800,00
19 % Umsatzsteuer	8.512,00
Rechnungsbetrag	**53.312,00**

Obwohl das Kraftfahrzeug geliefert und bezahlt wurde, ist es **noch nicht** in einen **betriebsbereiten** Zustand versetzt, weil der Pkw zuerst angemeldet werden muss.

Die **Anmeldung** bei der Zulassungsstelle verursacht folgende **Anschaffungsnebenkosten:**

Anmeldegebühren	77,00
Kennzeichenschilder	30,00
19 % Umsatzsteuer aus 30,00 €	5,70
Kosten der Anmeldung	**112,70**

Die Anschaffungsnebenkosten werden bar bezahlt (Kassenbestand 1.000,00 €).

Kraftstoff und Öl gehören **nicht** zu den **Anschaffungsnebenkosten**, sondern sind laufende Betriebskosten.

Ermittlung der Anschaffungskosten: **Angaben in €**

Kostenart		**Umsatzsteuer**	**Gesamt**
Nettopreis Pkw	44.800,00	8.512,00	53.312,00
Anmeldung	107,00	5,70	112,70
Anschaffungskosten (AK)	**44.907,00**	**8.517,70**	**53.424,70**

Buchung

Konto	**Soll**	**Haben**
Fuhrpark	44.907,00	
Vorsteuer	8.517,70	
an Bank		53.312,00
an Kasse		112,70

Soll	Fuhrpark (Fupa)		Haben
Bank/Ka	44.907,00		

Soll	Vorsteuer		Haben
Bank/Ka	8.517,70		

Soll	Bank		Haben
AB	80.000,00	Fupa/ VorSt	53.312,00

Soll	Kasse		Haben
AB	1.000,00	Fupa/VorSt	112,70

Aufgaben

107 **108** Bilden Sie die Buchungssätze zu folgenden Geschäftsfällen:

Kontenplan: Fuhrpark, Kasse, Praxisausstattung, Bank, Vorsteuer.

Geschäftsfall **Beträge in €**	**107**	**108**
1. Kauf einer Fernsprechanlage durch Banküberweisung		
Warenwert	5.000,00	6.000,00
./. 10 % Rabatt	500,00	600,00
Nettobetrag	4.500,00	5.400,00
Für Installations- und Schulungsmaßnahmen wurde berechnet:		
Installation einschließlich Material	300,00	480,00
Schulungsmaßnahmen	400,00	400,00
Zwischensumme	5.200,00	6.280,00
19 % Umsatzsteuer	988,00	1.193,20
Rechnungsbetrag	6.188,00	7.473,20
Der Rechnungsbetrag wurde unter Abzug von 3 % Skonto überwiesen.		
2. Banküberweisung für den Kauf eines Pkw für die Praxis		
Listenpreis (Grundausstattung)	50.000,00	64.000,00
An Zusatzausstattung wird berechnet:		
Radio	1.400,00	1.600,00
Sonderlackierung	3.000,00	2.800,00
Überführungskosten	600,00	600,00
Nettopreis	55.000,00	69.000,00
19 % Umsatzsteuer	10.450,00	13.110,00
Rechnungsbetrag	65.450,00	82.110,00

Der Rechnungsbetrag wurde unter Abzug von 2 % Skonto überwiesen.

Für Anmeldung des Kfz wurden bar bezahlt:		
Gebühren	100,00	100,00
Kennzeichenschilder	40,00	40,00
19 % Umsatzsteuer auf die Schilder	7,60	7,60
Kosten der Anmeldung	147,60	147,60
3. Banküberweisung für eine Computeranlage		
Listenpreis	6.000,00	7.000,00
./. 10 % Rabatt	600,00	?
Nettopreis	?	?
Kosten für die Schulung des Personals	300,00	400,00
Elektrische Anlage errichten	1.400,00	1.800,00
Preis der Anlage, netto	?	?
19 % Umsatzsteuer	?	?
Rechnungsbetrag	8.449,00	10.115,00

Vereinbarungsgemäß wurden 2 % Skonto vom Rechnungsbetrag abgezogen.

10.2 Abschreibung auf Anlagegüter

10.2.1 Verteilung der Anschaffungskosten auf die Nutzungsdauer

Die **Buchung der Anschaffungskosten** des Pkw im vorstehenden Beispiel hat keinen Einfluss auf den Erfolg der anwaltlichen Tätigkeit, weil es sich hierbei um einen **Aktivtausch** handelt. Der **Pkw verliert** aber, wie alle abnutzbaren Gegenstände des Anlagevermögens, im Laufe seiner Nutzung an **Wert** und nach einer Reihe von Jahren wird er als „Gebrauchtwagen" für ein paar Euro zu haben sein.

Diesem Umstand trägt der Steuergesetzgeber insoweit Rechnung, als die **Anschaffungskosten** der **abnutzbaren Anlagegüter** auf die Jahre der Nutzung **verteilt** und jährlich mit dem entsprechenden Teilbetrag als **Betriebsausgaben** (Kosten) zu buchen sind.

Dieses Verfahren heißt **Abschreibung**; die Steuergesetze sagen hierzu **AfA = Absetzung für Abnutzung**.

Merken Sie sich bitte:

- Durch die **Abschreibung** oder AfA werden die **Anschaffungskosten** der abnutzbaren Anlagegüter als **erfolgswirksame Betriebsausgaben** auf die Jahre der Nutzung **verteilt.**

Gründe für die **Wertminderungen** können sein:

- technischer Fortschritt,
- natürlicher Verschleiß durch dauernde Nutzung,
- außergewöhnliches Ereignis (Unfall bei einem Pkw),
- Überalterung.

Buchung der Abschreibung:

Abschreibung an Anlagekonto (Praxisausstattung, Fuhrpark).

Die **Höhe** des Abschreibungsbetrages wird durch die **Anschaffungskosten** und die **Nutzungsdauer bestimmt**. Die **Länge** der Nutzungsdauer wird entweder aufgrund eigener Erfahrungswerte geschätzt oder aus den steuerrechtlichen Abschreibungstabellen (AfA-Tabellen) übernommen:

Auszug aus AfA-Tabellen Anlagegüter	Nutzungsdauer in Jahren	Linearer AfA-Satz in %
Autotelefon, Handy	5	20
Buchungsmaschinen und „Orgamittel"	5–10	20–10
Büromöbel	13	7,69
Fotokopiergeräte	7	14,29
Panzerschränke	23	4,35
PC, Notebooks, Drucker	3	33,33
Personenkraftwagen, Faxgeräte	6	16,67
Telekommunikationsanlagen	8	12,5

10.2.2 Methoden der Abschreibung[1]

Das **EStG** kennt als **Methode** für die **Verteilung** der **Anschaffungskosten** auf die betriebsgewöhnliche Nutzungsdauer **nur** noch die

- **lineare Abschreibung = Verteilung in gleichen Beträgen.**

Die **lineare Abschreibung** erfolgt immer in einem **gleich bleibenden Prozentsatz** von den **Anschaffungs-** oder **Herstellungskosten** des Anlagegutes. Die Anschaffungskosten werden somit in **gleichen Beträgen** auf die Nutzungsjahre verteilt. Die **lineare Abschreibung** ist **steuerrechtlich** bei allen beweglichen und unbeweglichen abnutzbaren Anlagegütern **erlaubt**.

Übersicht über den Abschreibungsverlauf

Lineare Abschreibung in Euro	
60.000,00	Anschaffungskosten (ohne Umsatzsteuer)
12.000,00	./. AfA 20 % im 1. Jahr
48.000,00	= Buchwert 31.12. 1. Jahr
12.000,00	./. AfA 20 % im 2. Jahr
36.000,00	= Buchwert 31.12. 2. Jahr
12.000,00	./. AfA 20 % im 3. Jahr
24.000,00	= Buchwert 31.12. 3. Jahr
12.000,00	./. AfA 20 % im 4. Jahr
12.000,00	= Buchwert 31.12. 4. Jahr
12.000,00	./. AfA 20 % im 5. Jahr
0,00	= Buchwert 31.12. 5. Jahr

[1] Mit Wirkung des 1. Jan. 2008 wurde die **degressive Abschreibung** für **neu angeschaffte Wirtschaftsgüter** gem. §§ 7 Abs. 2, 52 Abs. 21a EStG **abgeschafft**. Auf eine detaillierte Darstellung wird deshalb verzichtet. Gleichwohl ist die degressive Abschreibung für Güter, die vor dem 1. Jan. 2008 angeschafft wurden, noch möglich.

Merken Sie sich bitte:

Kennzeichen der Berechnungsmethode der linearen Abschreibung:

- gleich bleibender AfA-Satz von den
- ursprünglichen Anschaffungskosten

Die **Wertgrenzen** für die **Abschreibung** wurden **geändert**.

Danach gilt, dass

- **erst über einem Wert** von **mehr als 1.000,00 €** ***(netto)*** der Anschaffungs- oder Herstellungskosten (AK/HK) die **Abschreibung** nach der **AfA-Tabelle** vorzunehmen ist. **(Vergleichen Sie bitte Beispiel 1.)**
- **Bei Werten über 150,00 € bis 1.000,00 €** ***(netto)*** AK/HK gilt eine **neue Pauschalabschreibung** über **fünf Jahre!**
  Die Gegenstände sind in jedem Wirtschaftsjahr in einen **Sammelposten** aufzunehmen, der ab dem Jahr der Anschaffung oder Herstellung **gleichmäßig** mit jeweils **20 Prozent** des ***Nettowertes*** abzuschreiben ist. Dabei **spielen** der Tag der Anschaffung, die **betriebsgewöhnliche Nutzungsdauer, die Veräußerung** oder eine evtl. **Wertminderung** der betreffenden Gegenstände **keine Rolle.**
  (Vergleichen Sie bitte Beispiel 2.)
- **Unter 150,00 €** AK/HK ***(netto)*** ist der **Gegenstand (GWG) sofort** als **Aufwand** (Verbrauch) zu **erfassen!**
  (Vergleichen Sie bitte Kapitel 10.2.4 Geringwertige Wirtschaftsgüter [GWG].)
- Seit dem 01.01.2010 kann die **GWG-Sofortabschreibung** wieder bis zu **410,00 €** in Anspruch genommen werden.

10.2.3 Buchung der Abschreibung[1]

Beispiel 1

Rechtsanwältin Leontine Semmel kauft am 2.1. einen Pkw. Der Rechnungsbetrag wird durch Banküberweisung (Anfangsbestand 100.000,00 €) bezahlt.

Eingangsrechnung	**€**
1 Pkw	
einschließlich Anschaffungsnebenkosten	60.000,00
+ 19 % Umsatzsteuer	11.400,00
Rechnungsbetrag	**71.400,00**

1. Buchung der Eingangsrechnung

Konto	Soll	Haben
Fuhrpark	60.000,00	
Vorsteuer	11.400,00	
an Bank		71.400,00

Soll	Fuhrpark	Haben
1. Bank 60.000,00		

Soll	Vorsteuer	Haben
1. Bank 11.400,00		

[1] Zur Berechnung der AfA vergleichen Sie bitte Kapitel 8.5.1 im Teil Rechnen.

Soll	Bank		Haben
AB	100.000,00	1. Fupa/ VorSt	71.400,00

Die **betriebsgewöhnliche Nutzungsdauer** (bgwNd) dieses Pkw soll **6 Jahre** betragen.

Achtung

- Die **Bemessungsgrundlage** für die AfA ist nur der Betrag der **Anschaffungskosten (AK) ohne** Umsatzsteuer!

2. Buchung der Abschreibung zum 31.12.

Konto	Soll	Haben
Abschreibung	10.000,00	
an Fuhrpark		10.000,00

Bestände von oben

Soll	Abschreibung		Haben
2. Fupa	10.000,00	3. GuV	10.000,00

Soll	Fuhrpark		Haben
1. Bank	60.000,00	2. AfA	10.000,00
		3. SBK	50.000,00
	60.000,00		60.000,00

3. Abschluss der Konten Abschreibung und Fuhrpark

Konto	Soll	Haben
GuV	10.000,00	
an Abschreibung		10.000,00
SBK	50.000,00	
an Fuhrpark		50.000,00

Soll	Gewinn und Verlust		Haben
3. Abschr.	10.000,00		

Soll	Schlussbilanzkonto		Haben
3. Fupa	50.000,00		

4. Eröffnungsbuchungen im 2. Jahr (ohne Eröffnungsbilanz)

Konto	Soll	Haben
Fuhrpark	50.000,00	
an EB		50.000,00

Soll	Fuhrpark		Haben
4. EB	50.000,00		

5. Die Abschreibung im 2. Jahr

Konto	Soll	Haben
Abschreibung	10.000,00	
an Fuhrpark		10.000,00

Bestände von oben

Soll	Abschreibung		Haben
5. Fupa	10.000,00		

Soll	Fuhrpark		Haben
4. EB	50.000,00	5. AfA	10.000,00

usw. bis zur ...

6. Die Abschreibung im 6. Jahr

Konto	Soll	Haben
Abschreibung	10.000,00	
an Fuhrpark		10.000,00

Bestände von oben

Soll — Abschreibung — Haben

Soll		Haben	
6. Fupa	10.000,00		

Soll — Fuhrpark — Haben

Soll		Haben	
AB	10.000,00	**6.** AfA	10.000,00
	10.000,00		10.000,00

Merken Sie sich bitte:

- Durch die Buchung der **Abschreibung** hat sich der **Bestand** auf dem Aktivkonto Fuhrpark **verringert.**
- Die Abschreibung ist eine **Betriebsausgabe** und wird über das **GuV-Konto** im Soll **abgeschlossen.**
- **Abschreibungen vermindern** den **steuerpflichtigen Gewinn** des Rechtsanwalts/Notars und damit die gewinnabhängigen Steuern.

Beispiel 2

In der Kanzlei Dr. Fix wurden im laufenden Geschäftsjahr (01) folgende Gegenstände gekauft und bar bezahlt (Angaben in €).

Eingangsrechnungen	Netto	19 % USt	Brutto
(1) 20.01.(01) Schreibtisch	700,00	133,00	833,00
(2) 23.02.(01) Bücherregal	600,00	114,00	714,00
(3) 10.11.(01) Bürostuhl	200,00	38,00	238,00
Gesamt	**1.500,00**	**285,00**	**1.785,00**

1. Buchungssätze für die Anschaffung im Laufe des Jahres (01) auf dem Sammelkonto

	Soll	Haben
(1) Sammelkonto (20.01.)	700,00	
VorSt	133,00	
an Kasse		833,00
(2) Sammelkonto (23.02.)	600,00	
VorSt	114,00	
an Kasse		714,00
(3) Sammelkonto (10.11.)	200,00	
VorSt	38,00	
an Kasse		238,00

2. Am Jahresende (01) wird abgeschrieben (20 Prozent der gesamten Anschaffungen)

	Soll	Haben
Abschreibung	300,00	
an Sammelkonto		300,00

3. Kontenmäßige Darstellung

Soll	Sammelkonto		Haben
(1)	700,00	AfA	300,00
(2)	600,00		
(3)	200,00		

←

Soll	Abschreibung (AfA)	Haben
SaKto	300,00	

Wenn Sie nun das Konto „Sammelkonto" abschließen, stellen Sie fest, dass Sie einen Saldo in Höhe von 1.200,00 € haben, den Sie über die Schlussbilanz auf dieses Sammelkonto übertragen. Dieses **Sammelkonto** führen Sie insgesamt **fünf Jahre**, unabhängig davon, ob Sie evtl. einen Gegenstand vorher aus dem Kanzleivermögen verkauft haben oder dieser Gegenstand unbrauchbar geworden ist.

Für **jedes Jahr** wird für **neu angeschaffte Gegenstände** ein **neues Sammelkonto** angelegt und so verfahren, wie oben gezeigt!

Auswirkungen der Abschreibungen auf den Erfolg der Kanzlei

Mit Abschreibungen

Soll	GuV-Konto Haben
Übrige Kosten	Vergütungen
AfA	
Gewinn	

Ohne Abschreibungen

Soll	GuV-Konto Haben
Übrige Kosten	Vergütungen
Gewinn	

Merken Sie sich bitte:

Grundlage der **buchmäßigen Abschreibungen** sind immer die **Anschaffungs- oder Herstellungskosten.**

Aufgaben

109 **110** Rechtsanwalt Johann Geistig kauft am 02.01. eine EDV-Anlage gegen Banküberweisung (Anfangsbestand Bank: 300.000,00 €).

Eingangsrechnung	**109** €	**110** €
1 EDV-Anlage	200.000,00	100.000,00
Installationskosten	15.000,00	15.000,00
Schulungsmaßnahmen	5.000,00	1.000,00
Nettopreis	220.000,00	116.000,00
19 % Umsatzsteuer	41.800,00	22.040,00
Rechnungsbetrag	**261.800,00**	**138.040,00**

a) Ermitteln Sie die Bemessungsgrundlage für die AfA.

b) Stellen Sie den Abschreibungsverlauf der linearen Abschreibung bei einer betriebsgewöhnlichen Nutzungsdauer von 5 Jahren in einer Tabelle dar!

c) Bilden Sie die Buchungssätze für die
   1. Buchung der Eingangsrechnung,
   2. Abschreibung zum 31.12. des 1. Jahres,
   3. Eröffnung des Kontos Praxisausstattung zu Beginn des 2. Jahres,
   4. Abschreibung zum Ende des 5. Jahres!

Bei **Wirtschaftsgütern**, die im **Laufe eines Jahres angeschafft** werden, kann für das Jahr der Anschaffung grundsätzlich nur der Teil des AfA-Betrages abgesetzt werden, der auf die Zeit von der Anschaffung bis zum Jahresende entfällt **(zeitanteilige AfA)**.

Beispiel mit Lösung

Anschaffung eines Pkw am 2.5.; Anschaffungswert 80.000,00 €, betriebsgewöhnliche Nutzungsdauer 6 Jahre.

Jahres-AfA = 16,67 % von 80.000,00 € = 13.336,00 €.

Zeitanteilige AfA:
8 Monate (Mai – Dezember) = 8/12 von 13.336,00 € = 8.906,67 €.

Ergebnis

Der Pkw kann im Jahr der Anschaffung nur mit 8.906,67 € abgeschrieben werden.

Aufgaben

111 Ermitteln Sie

- die zeitanteilige Abschreibung im Anschaffungsjahr,

wenn am a) 23.06.
b) 31.03.

Büromöbel komplett für 60.000,00 € ohne Umsatzsteuer angeschafft wurde. Die betriebsgewöhnliche Nutzungsdauer der gesamten Einrichtung wird auf 13 Jahre festgelegt. Die Büromöbel sollen linear abgeschrieben werden.

112 **Kontenplan:** Sammelkonto, Bank, Vorsteuer

Geschäftsfall **Beträge in €**

In der Rechtsanwaltskanzlei Dr. Mut wurden im laufenden Geschäftsjahr (01) folgende Gegenstände gekauft und sofort durch Banküberweisung bezahlt.

a) Vervollständigen Sie bitte die Tabelle der Eingangsrechnungen (rechnen Sie im Kopf)!

b) Bilden Sie die Buchungssätze für die Anschaffung im Laufe des Jahres auf dem Sammelkonto!

c) Schreiben Sie mit dem zulässigen Abschreibungssatz ab!

d) Stellen Sie bitte den Vorgang auf den entsprechenden Konten dar (ohne Bank- und Vorsteuerkonto)!

Eingangsrechnungen	**Netto**	**19 % USt**	**Brutto**
(1) 10.01.(01) Computer	500,00		
(2) 31.05.(01) Laptop	700,00		
(3) 05.12.(01) Teppich	800,00		
Gesamt	**2.000,00**		

10.2.4 Geringwertige Wirtschaftsgüter (GWG)

Auf den vorangegangenen Seiten haben Sie erfahren, dass
- Gegenstände, deren **Anschaffungs- oder Herstellungskosten** den Betrag von **150,00 €/ 410,00 € *(netto)* nicht übersteigen** (GWG)[1], **und**
- diese Gegenstände **sofort** als **Aufwand** (Verbrauch) zu **erfassen** sind!

Nach § 6 Abs. 2, 2a EStG ist ein **„Geringwertiges Wirtschaftsgut“** (GWG) ein Gut,
- das zum **Anlagevermögen gehört,**
- dessen **Anschaffungs-/Herstellungskosten** oder **Einlagewert 150,00 €/410,00 € netto** (also ohne Umsatzsteuer) nicht übersteigen,
- das **selbstständig nutzbar** und
- das **beweglich und abnutzbar** ist.

Beispiel

- Fotokopierer
- Einrichtungsgegenstände (Tische, Stühle ...)

Bestandteile einer Maschine oder **Einbauteile** sind **keine GWG** im steuerrechtlichen Sinne.

Beispiel

- Drucker für einen PC
- Computertastatur

Das **GWG darf nicht aktiviert** werden, sondern ist **sofort** auf einem **beliebigen Aufwandskonto** als **verbraucht** zu buchen. Es besteht hier also **keine Aufzeichnungspflicht**.

GWG mit Anschaffungskosten **bis zu 150,00 €/410,00 € können** zum Zeitpunkt ihrer Anschaffung auf dem **Konto**

Geringwertige Wirtschaftsgüter (Aufwandskonto)

oder auf **jedem anderen Aufwandskonto** gebucht werden.

Beispiel: Rechtsanwalt Dr. Ede Fix kauft ein Diktiergerät für seine Kanzlei. Die Rechnung wird bar bezahlt.

Eingangsrechnung	**€**
1 Diktiergerät	150,00
19 % Umsatzsteuer	28,50
Rechnungsbetrag	**178,50**

Buchung bei Anschaffung des Diktiergerätes

Konto	Soll	Haben
GWG	150,00	
Vorsteuer	28,50	
an Kasse		178,50

Buchungssatz beim Abschluss des Kontos GWG

GuV	150,00	
an GWG		150,00

[1] Obgleich der Gesetzgeber den Begriff „GWG“ nicht mehr verwendet, soll zum besseren Verständnis dieser Ausdruck hier weiter verwendet werden.

Aufgaben

113 Buchen Sie im Zeitpunkt der Anschaffung.

Kontenplan: AVK, Vorsteuer, Kasse, Bank, GWG.

Geschäftsfall	Beträge in €
1. Barkauf einer Tischlampe einschließlich 19 % Umsatzsteuer	154,70
2. Notar Haar-Genau kauft einen Gebührenfreistempler.	
Warenwert	160,00
./. 10 % Rabatt	16,00
Nettopreis	144,00
19 % Umsatzsteuer	27,36
Rechnungsbetrag	171,36
3. Kauf eines Druckers durch Banküberweisung.	
Listenpreis	?
./. 20 % Rabatt	23,40
Nettopreis	?
19 % Umsatzsteuer	17,78
Bruttopreis	?
4. Barkauf eines Teppichs für die Kanzlei einschl. 19 % Umsatzsteuer	178,38
5. Barkauf einer Rechenmaschine einschließlich 19 % Umsatzsteuer	60,10
6. Barkauf eines Fahrrades für die Praxis einschließlich 19 % Umsatzsteuer	154,70
7. Barkauf eines Gesetzeskommentars einschließlich 7 % Umsatzsteuer	52,43
8. Kauf eines Bürostuhls durch Banküberweisung (GWG)	
Nettopreis	410,00
19 % Umsatzsteuer	77,90
Bruttopreis	487,90

10.2.5 Anlagenbuchhaltung

Wie bereits im Abschnitt 1.4.3 dargelegt, kann der Rechtsanwalt für jeden einzelnen **Anlagegegenstand** ein **besonderes Verzeichnis** (Anlagekarte oder Bestandsverzeichnis) führen. In diesem Verzeichnis sind alle **wichtigen Daten** eines jeden Praxisgegenstandes wie Anschaffungstag, Anschaffungskosten, betriebsgewöhnliche Nutzungsdauer, Abschreibungsbetrag, der jeweilige Buchwert und der Tag des Abgangs **enthalten**.[1]

Das **Bestandsverzeichnis** oder die Anlagekartei erläutert und ergänzt als **Nebenbuchhaltung** die einzelnen Anlagekonten des Hauptbuches. Am Jahresende werden die auf dem Bestandsverzeichnis ausgewiesenen **AfA-Beträge addiert** und als **Betriebsausgabe** den **Vermögenskonten gegengebucht**. Die Summe der am Jahresende auf dem Bestandsverzeichnis eingetragenen **Buchwerte** muss mit dem **Endbestand** der Konten Praxisausstattung und Fuhrpark **übereinstimmen**.

Wegen der unterschiedlichen steuerlichen Behandlung der Wirtschaftsgüter ist es ratsam, in den Kanzleien ein besonderes Bestandsverzeichnis für GWG zu führen.

[1] Vergleichen Sie bitte das Bestandsverzeichnis in Abschnitt 1.4.3 im Teil Buchführung.

10.3 Ausscheiden von Anlagegütern aus dem Kanzleivermögen

In der Praxis kommt es häufig vor, dass **gebrauchte Gegenstände** des Anlagevermögens für **private Zwecke** entnommen, verkauft oder bei einem Neukauf in Zahlung gegeben werden. **Entnahme, Verkauf** und **Inzahlunggabe** von Praxisgegenständen ist **umsatzsteuerpflichtig.** Bemessungsgrundlage für die Umsatzsteuer ist bei der Privatentnahme der **Teilwert oder Tageswert** und beim Verkauf oder der Inzahlunggabe der **Nettoverkaufspreis**.

Ein Anlagegut, das während des Geschäftsjahres aus dem Praxisvermögen durch Entnahme, Verkauf oder Inzahlunggabe ausscheidet, muss noch **zeitanteilig** abgeschrieben werden.

10.3.1 Entnahme von Praxisgegenständen[1]

Wird ein Praxisgegenstand in die **Privatsphäre** des Rechtsanwalts/Notars überführt, ist diese Entnahme als **Unentgeltliche Entnahme von Gegenständen umsatzsteuerpflichtig**. Die Entnahme ist zum Tageswert (Teilwert) zu bewerten und unterliegt mit diesem Wert der Umsatzsteuer.

Steuerlich stellt die Entnahme eine Betriebseinnahme dar, die auf dem Konto „Unentgeltliche Entnahme von Gegenständen (UEvG)“ gebucht wird.

Der **Buchwert** des entnommenen Anlagegutes wird über das **Betriebsausgabenkonto** „Buchwertabgang (BWA)“ gebucht.

Übersicht

Der am **Markt ermittelte** oder geschätzte **Tageswert** des Praxisgegenstandes kann gleich dem Buchwert, **höher** oder **niedriger** als der **Buchwert** sein.

Auswirkungen auf den Erfolg

- gleich ⟶ Tageswert = Buchwert ⟶ erfolgsneutral
- höher ⟶ Tageswert > Buchwert ⟶ Entnahmegewinn
- niedriger ⟶ Tageswert < Buchwert ⟶ Entnahmeverlust

Beispiele mit Lösung

Rechtsanwalt Emil K. Raffe schenkt seiner Tochter Amalie am 31.12. die kanzleieigene Computeranlage mit einem Buchwert von 3.000,00 €. Die Jahresabschreibung wurde bereits vorgenommen.

1. Schenkung zum Tageswert von netto 3.000,00 €.

Entnahmebeleg	**€**
1 Computeranlage	3.000,00
19 % Umsatzsteuer	570,00
Bruttobetrag	**3.570,00**

[1] Vergleichen Sie bitte hierzu auch den Abschnitt 8.4.1 im Teil Buchführung.

a) Buchung der Privatentnahme

Konto	Soll	Haben
Privat	3.570,00	
an UEvG[1]		3.000,00
an Umsatzsteuer		570,00

Soll	Privat		Haben
a) UEvG/USt	3.570,00	c) EK	3.570,00

Soll	UEvG		Haben
c) GuV	3.000,00	a) Privat	3.000,00

Soll	Umsatzsteuer		Haben
c) SBK	570,00	a) Privat	570,00

b) Buchung des Buchwertabganges

Konto	Soll	Haben
BWA	3.000,00	
Praxisausst. (PA)		3.000,00

Soll	Buchwertabgang (BWA)		Haben
b) PA	3.000,00	c) GuV	3.000,00

Soll	Praxisausstattung		Haben
AB	3.000,00	b) BWA	3.000,00

c) Buchungen beim Abschluss

Konto	Soll	Haben
Eigenkapital	3.570,00	
an Privat		3.570,00
UEvG	3.000,00	
an GuV		3.000,00
Umsatzsteuer	570,00	
an SBK (USt-VA)		570,00
GuV	3.000,00	
an BWA		3.000,00

Bestände von oben

Soll	Eigenkapital		Haben
c) Privat	3.570,00	AB	50.000,00

Soll	SBK (oder USt-VA)		Haben
		c) USt	570,00

Soll	GuV	Haben	
c) BWA	3.000,00	c) EV	3.000,00

Merken Sie sich bitte:

- Bei **Entnahme** von Praxisgegenständen zum **Buchwert** ist die **Betriebsausgabe** (Buchwertabgang) und die **Betriebseinnahme** (UEvG) **gleich hoch.** Die Entnahme ist **erfolgsneutral.**

2. Schenkung zum Tageswert von netto 4.000,00 €.

Entnahmebeleg	€
1 Computeranlage	4.000,00
19 % Umsatzsteuer	760,00
Bruttobetrag	**4.760,00**

[1] UEvG = Unentgeltliche Entnahme von Gegenständen.

a) Buchung der Privatentnahme

Konto	Soll	Haben
Privat	4.760,00	
an UEvG		4.000,00
an Umsatzsteuer		760,00

Soll Privat Haben

Soll		Haben	
a) UEvG/USt	4.760,00		

Soll UEvG Haben

Soll		Haben	
		a) Privat	4.000,00

Soll Umsatzsteuer Haben

Soll		Haben	
		a) Privat	760,00

b) Buchung des Buchwertabganges

Konto	Soll	Haben
BWA	3.000,00	
Praxisausst. (PA)		3.000,00

Soll Buchwertabgang (BWA) Haben

Soll		Haben	
b) PA	3.000,00		

Soll Praxisausstattung Haben

Soll		Haben	
AB	3.000,00	b) BWA	3.000,00

c) Schließen Sie die Konten wie oben ab.

Merken Sie sich bitte:

- Bei **Entnahme** von Praxisgegenständen **über** dem **Buchwert** ist die **Betriebseinnahme** (UEvG) **höher** als die **Betriebsausgabe** (Buchwertabgang). Es entsteht ein **Entnahmegewinn** (hier in Höhe von 1.000,00 €).

3. Schenkung zum Tageswert von netto 2.000,00 €

Entnahmebeleg	**€**
1 Computeranlage	2.000,00
19 % Umsatzsteuer	380,00
Bruttobetrag	**2.380,00**

a) Buchung der Privatentnahme

Konto	Soll	Haben
Privat	2.380,00	
an UEvG		2.000,00
an Umsatzsteuer		380,00

Soll Privat Haben

Soll		Haben	
a) UEvG/USt	2.380,00		

Soll UEvG Haben

Soll		Haben	
		a) Privat	2.000,00

Soll Umsatzsteuer Haben

Soll		Haben	
		a) Privat	380,00

b) Buchung des Buchwertabganges

Konto	Soll	Haben
BWA	3.000,00	
Praxisausst. (PA)		3.000,00

Soll	Buchwertabgang (BWA)		Haben
b) PA	3.000,00		

Soll	Praxisausstattung		Haben
AB	3.000,00	**b)** BWA	3.000,00

c) Schließen Sie die Konten wie oben ab.

Merken Sie sich bitte:

- Bei **Entnahme** von Praxisgegenständen **unter** dem **Buchwert** ist die **Betriebseinnahme** (UEvG) **geringer** als die **Betriebsausgabe** (Buchwertabgang). Es entsteht also ein **Entnahmeverlust** (hier von 1.000,00 €).

Zusammenfassung

- Wird ein **Anlagegut zum Buchwert** entnommen, hat die **Entnahme keinen Einfluss** auf den Erfolg der anwaltlichen Tätigkeit. Die Entnahme ist **erfolgsneutral**. Betriebsausgaben und Betriebseinnahmen sind gleich hoch.
- Ist der **Tageswert (Teilwert)** bei der Entnahme **höher** als der Buchwert, entsteht ein **Entnahmegewinn**.

  Die Betriebseinnahmen sind höher als die Betriebsausgaben.
- Ist der Tageswert (Teilwert) **niedriger** als der Buchwert, entsteht ein **Entnahmeverlust**.

  Die Betriebseinnahmen sind geringer als die Betriebsausgaben.

Aufgaben

114 Bilden Sie zu folgenden Geschäftsfällen die Buchungssätze:

Rechtsanwältin Dr. Petra Hornbach entnimmt am 05.01. den kanzleieigenen Pkw und schenkt diesen ihrem Sohn Andi. Der Buchwert des Pkw beläuft sich zum Zeitpunkt der Entnahme auf 2.000,00 €. Die gutachtlich ermittelten Tageswerte betragen

a) 1.000,00 €; b) 2.000,00 €; c) 3.000,00 €.

Kontenplan: Privat, UEvG, Umsatzsteuer, Buchwertabgang, Fuhrpark.

10.3.2 Verkauf von Praxisgegenständen

Die beim **Verkauf** von Gegenständen des Anlagevermögens erzielten **Verkaufserlöse** sind in voller Höhe **Betriebseinnahmen** und auf dem Konto **„Sonstige Erlöse (SE)"** zu buchen. Diese Erlöse sind **umsatzsteuerpflichtig**. Der Buchwert ist als Betriebsausgabe auf das Konto „Buchwertabgang (BWA)" zu buchen.

Scheidet das Anlagegut **während des Geschäftsjahres** aus, ist die **Abschreibung** bis auf den vollen Monat vor dem Verkauf **zeitanteilig** vorzunehmen.

Beispiel

Ein Pkw, der zum 01.01. eines Geschäftsjahres noch einen Buchwert von 7.000,00 € hat und jährlich mit 3.000,00 € linear abgeschrieben wird, soll am 10.09. des gleichen Jahres verkauft werden.

Wie hoch ist die zeitanteilige Abschreibung und der Buchwert zum Zeitpunkt des Verkaufs?

Lösung

Buchwert des Pkw am 01.01.	7.000,00 €	Nebenrechnung: 3.000,00 : 12 = 250,00
./. Zeitanteilige AfA f. 8 Monate	2.000,00 €	250 · 8 Monate
Buchwert zum 10.09.	5.000,00 €	

Buchung der Abschreibung

Konto	Soll	Haben
Abschreibung	2.000,00	
an Fuhrpark		2.000,00

Soll	Abschreibung		Haben
Fupa	2.000,00		

Soll	Fuhrpark		Haben
AB	7.000,00	AfA	2.000,00

Antwort: Die zeitanteilige AfA beträgt 2.000,00 €, der Buchwert beträgt 5.000,00 €.

Übersicht

Beim Verkauf am 10.09. kann der erzielbare Nettoverkaufserlös des Praxisgegenstandes **gleich** dem Buchwert, **höher** oder **niedriger** als der Buchwert sein.

Auswirkungen auf den Erfolg

- gleich ⟶ Tageswert = Buchwert ⟶ erfolgsneutral
- höher ⟶ Tageswert > Buchwert ⟶ Entnahmegewinn
- niedriger ⟶ Tageswert < Buchwert ⟶ Entnahmeverlust.

Der Verkauf wird wie die Entnahme im Kapitel 10.3.1 gebucht.

Beispiel ohne kontenmäßige Darstellung

a) Barverkauf des Pkw zum Buchwert von 5.000,00 €

Ausgangsrechnung	€
1 Pkw	5.000,00
19 % Umsatzsteuer	950,00
Nettoverkaufspreis	**5.950,00**

b) für 6.000,00 €

€
6.000,00
1.140,00
7.140,00

c) für 3.000,00 €

€
3.000,00
570,00
3.570,00

1. Buchung des Rechnungsbetrages

Konto	Soll	Haben	Soll	Haben	Soll	Haben
Kasse	5.950,00		7.140,00		3.570,00	
an Sonstige Erlöse		5.000,00		6.000,00		3.000,00
an Umsatzsteuer		950,00		1.140,00		570,00
2. Buchung des Buchwertabganges						
Buchwertabgang	5.000,00		5.000,00		5.000,00	
an Fuhrpark		5.000,00		5.000,00		5.000,00

Aufgaben

115

1. Stellen Sie das obige Beispiel auf T-Konten dar.
2. Erklären Sie die Auswirkungen auf den Erfolg der anwaltlichen Tätigkeit bei dem Verkauf des Pkw zu unterschiedlichen Nettoverkaufspreisen in den Fällen a), b) und c).

116 Ein Schreibautomat mit einem Buchwert am 01.01. von 1.500,00 € und jährlicher linearer Abschreibung von 500,00 € soll am 02.06. des gleichen Jahres bar verkauft werden.

Kontenplan: Abschreibung, Buchwertabgang, Praxisausstattung, Kasse, Sonstige Erlöse, Umsatzsteuer.

1. Ermitteln Sie den Buchwert zum 02.06.
2. Buchen Sie den Verkauf einschließlich 19 % Umsatzsteuer, wenn der Automat bar verkauft wird
   a) netto zum Buchwert; b) netto für 700,00 €; c) netto für 2.000,00 €.

10.3.3 Ausscheiden eines Praxisgutes infolge höherer Gewalt

Scheidet ein **noch nicht voll** abgeschriebenes Anlagegut infolge eines Unfalls, Brandes oder Diebstahls aus dem Anlagevermögen der Kanzlei aus, ist der Buch- oder Restwert über das Betriebsausgabenkonto **„Buchwertabgang (BWA)" auszubuchen**.

Leistet eine Versicherung **Schadensersatz**, ist dieser Betrag als Betriebseinnahme auf dem Konto **„Sonstige Erlöse"** (nicht steuerbare Erlöse) zu buchen.

Beispiel mit Lösung

In der Rechtsanwaltskanzlei Fritz D. Bakel wird eingebrochen und die Computeranlage, die noch einen Buchwert in Höhe von 4.000,00 € hatte, arg verwüstet. Die Versicherung leistet Schadensersatz in Höhe von 7.000,00 € durch Bankverrechnungsscheck.

1. Buchung des Buchwertabganges

Konto	Soll	Haben
BWA	4.000,00	
an Praxisausst.		4.000,00

Soll	Praxisausstattung		Haben
AB	4.000,00	**1.** BWA	4.000,00

Soll	Buchwertabgang (BWA)		Haben
1. PA	4.000,00	**3.** GuV	4.000,00

2. Buchung der Versicherungsleistung

Konto	Soll	Haben
Bank	7.000,00	
an Sonstige Erlöse		7.000,00

Soll	Bank		Haben
2. SE	7.000,00		

Soll	Sonstige Erlöse (SE)		Haben
3. GuV	7.000,00	**2.** Bank	7.000,00

3. Abschluss der Konten

Konto	Soll	Haben
GuV	4.000,00	
an BWA		4.000,00
Sonstige Erlöse	7.000,00	
an GuV		7.000,00

Soll	GuV		Haben
3. BWA	4.000,00	**3.** SE	7.000,00

10.3.4 Inzahlunggabe von Anlagegütern

Beim Kauf eines neuen Anlagegutes gibt der Rechtsanwalt/Notar häufig ein **gebrauchtes Gut** in **Zahlung**. Buchhalterisch wird es für Sie klarer, wenn Sie zuerst den Kauf und dann die **Inzahlunggabe** als Verkauf buchen.

Beispiel mit Lösung

Kauf eines Notebooks für 2.000,00 € + 19 % Umsatzsteuer. Der Lieferer nimmt eine gebrauchte Schreibmaschine für 100,00 € in Zahlung. Den Restbetrag überweisen wir durch Bank (Anfangsbestand 5.000,00 €).

Machen Sie eine Aufstellung:

Eingangsrechnung	**€**
1 Notebook	2.000,00
19 % Umsatzsteuer	380,00
Bruttopreis	2.380,00
./. Gutschrift	119,00
Überweisungsbetrag	**2.261,00**

Inzahlunggabe = Ausgangsrechnung	**€**
1 Schreibmaschine	100,00
19 % Umsatzsteuer	19,00
Gutschrift	**119,00**

1. Buchungen des Kaufs des Notebooks

Konto	Soll	Haben
Praxisausstattung	2.000,00	
Vorsteuer	380,00	
an Bank		2.261,00
an Sonstige Erlöse		100,00
an Umsatzsteuer		19,00

Soll	Praxisausstattung	Haben
1. Bank	2.000,00	

Soll	Vorsteuer	Haben
1. Bank	380,00	

Soll	Bank	Haben
AB	5.000,00	1.PA/VorSt 2.261,00

Soll	Sonstige Erlöse	Haben
		1.PA/VorSt 100,00

Soll	Umsatzsteuer	Haben
		1.Bank 19,00

Aufgaben

117 Eine Schreibmaschine mit einem Buchwert von 1.000,00 € wird durch Brand vernichtet. Die Brandversicherung zahlt eine Entschädigung in Höhe von 3.000,00 € durch Banküberweisung.

Kontenplan: Buchwertabgang, Praxisausstattung, Bank, Sonstige Erlöse.

a) Buchen Sie den Buchwertabgang.
b) Buchen Sie die Versicherungsentschädigung.

118 Eine Buchungsmaschine, Anschaffungskosten 5.000,00 €, betriebsgewöhnliche Nutzungsdauer 10 Jahre, wurde linear abgeschrieben. Am 01.10. des 8. Nutzungsjahres wird die Maschine gegen Bankscheck verkauft, und zwar a) netto zum Buchwert, b) netto 30 % über dem Buchwert und c) netto 50 % unter dem Buchwert.

Kontenplan: Buchwertabgang, Abschreibung, Praxisausstattung, Bank, Sonstige Erlöse, Umsatzsteuer, Vorsteuer.

1. Ermitteln Sie die zeitanteilige Abschreibung und den Buchwert der Buchungsmaschine zum Zeitpunkt des Ausscheidens aus dem Kanzleivermögen.
2. Buchen Sie die zeitanteilige Abschreibung und die Verkäufe.

119 Eine Rechtsanwalts-/Notariatskanzlei kauft am 05.07. eine neue Rechenanlage zu netto 30.000,00 € + 19 % Umsatzsteuer. Eine gebrauchte Anlage wird mit 400,00 € netto + 19 % Umsatzsteuer in Zahlung gegeben. Die Restzahlung erfolgt durch Banküberweisung.

Kontenplan: Praxisausstattung, Vorsteuer, Buchwertabgang, Sonstige Erlöse, Umsatzsteuer, Bank.

1. Machen Sie eine Aufstellung über den Kauf und die Inzahlunggabe.
2. Buchen Sie die Neuanschaffung.

11 Jahresabschluss

11.1 Buchung der Zahlungsvorgänge bei Betriebseinnahmen und Betriebsausgaben

Rechtsanwälte und Notare ermitteln ihren **Erfolg** in der Regel durch die Einnahmen-Überschussrechnung nach § 4 Abs. 3 EStG. Erfolg ist die Gegenüberstellung von Betriebseinnahmen und Betriebsausgaben. Die **Betriebseinnahmen** und die **Betriebsausgaben** werden grundsätzlich in dem Wirtschaftsjahr gebucht, in dem die **Zahlung** geleistet wird **(Zufluss-/Abflussprinzip)**.[1]

Beispiele mit Lösung

1. Betriebseinnahme

Unser Mandant Schlawinus Honigbein erhält am 20.12. eine Vergütungsrechnung über brutto 23.800,00 €. Honigbein überweist diesen Betrag am 15.01. des folgenden Jahres durch Bank.

Beurteilung des Falles am 31.12.

Die Tätigkeit des Rechtsanwalts ist im alten Jahr beendet worden, so dass die Vergütungsforderung wirtschaftlich dem alten Jahr zuzuordnen ist. Weil die **Zahlung** aber erst im **neuen Jahr** erfolgt, darf am 31.12. keine vorgezogene Zahlung gebucht werden.

Ergebnis:

- Keine Buchung im alten Jahr.
- Die Betriebseinnahme erhöht den Erfolg im neuen Jahr.

2. Betriebsausgabe

Wir zahlen die Kfz-Steuer in Höhe von 1.200,00 € am 01.12. für ein halbes Jahr im Voraus durch Postbanküberweisung (Anfangsbestand 10.000,00 €).

Beurteilung des Falles am 31.12.

Die Betriebsausgabe ist wirtschaftlich sowohl dem alten Jahr (Dezember) als auch dem neuen Jahr (Januar bis Mai) zuzuordnen. Weil die **Zahlung** aber im **alten Jahr** erfolgt, wird bereits am 01.12. der Gesamtbetrag der Zahlung gebucht.

Buchung am 01.12.

Konto	Soll	Haben
Kfz-Kosten	1.200,00	
an Postbank		1.200,00

Soll	Kfz-Kosten		Haben
Postbank	1.200,00		

Soll	Postbank		Haben
AB	10.000,00	Kfz-Kosten	1.200,00

Ergebnis:

- Buchung im alten Jahr.
- Die Betriebsausgabe vermindert den Erfolg im alten Jahr.

[1] Vergleichen Sie bitte auch Kapitel 3.3 im Teil Buchführung.

Merken Sie sich bitte:

- **Betriebseinnahmen** und **Betriebsausgaben** werden in der Einnahmen-Überschussrechnung grundsätzlich in dem Wirtschaftsjahr **gebucht,** in dem der **Zahlungsvorgang** stattfindet.
- Eine **zeitraumrichtige Ermittlung** des **Jahreserfolges** findet grundsätzlich **nicht** statt.

11.2 Zeitliche Abgrenzung regelmäßig wiederkehrender Einnahmen und Ausgaben

Für **regelmäßig wiederkehrende** und in ihrer Höhe **feststehende** Betriebseinnahmen und Betriebsausgaben gibt es eine **Ausnahme** vom Prinzip des Zuflusses und Abflusses.

Regelmäßig wiederkehrende Betriebseinnahmen und Betriebsausgaben können dann dem Kalenderjahr zugeordnet werden, zu dem sie wirtschaftlich gehören, wenn die Betriebseinnahmen und Betriebsausgaben

- **kurze Zeit (höchstens 10 Tage) vor Beginn oder**
- **kurze Zeit (höchstens 10 Tage) nach Beendigung**

des Kalenderjahres dem Rechtsanwalt/Notar **zugeflossen** oder von ihm **bezahlt** worden sind.

Beispiele mit Lösung

1. Betriebseinnahmen

Unser Mieter zahlt die Dezembermiete in Höhe von 700,00 € erst am 03. Januar des nächsten Jahres auf unser Bankkonto ein.

Buchung am 31.12.

Konto	Soll	Haben
Bank	700,00	
an Mietertrag		700,00

Soll	Bank	Haben
Mietertrag 700,00		

Soll	Mietertrag	Haben
		Bank 700,00

2. Betriebsausgaben

Wir zahlen die Januarmiete für die von uns angemieteten Kanzleiräume in Höhe von 3.000,00 € bereits am 31.12. durch Postbank (Anfangsbestand 20.000,00 €).

Buchung am 01.01. n. J.

Konto	Soll	Haben
Mietaufwand	3.000,00	
an Postbank		3.000,00

Soll	Mietaufwand	Haben
Postbank 3.000,00		

Soll	Postbank	Haben
AB 20.000,00		Mietaufw. 3.000,00

Überlegungen am 31.12.

- Die Mieteinnahme im Beispiel 1 gehört wirtschaftlich ins alte Jahr und erhöht bei zeitlich genauer Zuordnung den Erfolg des alten Jahres.
- Obwohl wir im Beispiel 2 die Januarmiete im Voraus bezahlt haben, gehört diese Betriebsausgabe wirtschaftlich ins neue Jahr. Bei zeitlich genauer Zuordnung vermindert die Betriebsausgabe den Erfolg des neuen Jahres.
- Im System der doppelten Buchführung werden diese Buchungen nicht auf Aufwands- oder Ertragskonten, sondern auf **Übergangskonten** gebucht.[1]

Merken Sie sich bitte:

- **Unabhängig vom Zeitpunkt** ihrer **Zahlung** können **Betriebseinnahmen und Betriebsausgaben ausnahmsweise** dem Kalenderjahr zugeordnet werden, zu dem sie wirtschaftlich gehören.
- Die Betriebseinnahmen und Betriebsausgaben müssen **kurze Zeit vor Beginn** oder **kurze Zeit nach Beendigung** des Kalenderjahres zugeflossen oder bezahlt worden sein.

Aufgaben

120 **121** Bilden Sie unter Angabe der Daten die Buchungssätze zu folgenden Geschäftsfällen:

Kontenplan: Vergütung, Umsatzsteuer, Kfz-Kosten (Garagenmiete), Zinsaufwand, Kasse, Personalkosten, Bank, Mietertrag.

Geschäftsfall **Beträge in €**	**120**	**121**
1. Vergütungsrechnung an den Mandanten am 15.12.		
Vergütung	10.000,00	12.000,00
19 % Umsatzsteuer	1.900,00	2.280,00
Nettobetrag	11.900,00	14.280,00
Mandant überweist den Betrag am 14.01. n. J. durch Bank.		
2. Wir zahlen Garagenmiete bar für Januar n. J. bereits am 30.12.	100,00	150,00
3. Die Bank belastet uns mit Zinsen für das alte Jahr am 03.01. n. J.	500,00	800,00
4. Banklastschrift der Nettogehälter für Dezember am 03.01. n. J.	5.000,00	6.000,00
5. Bankgutschrift am 01.12. für Miete Dezember bis Februar n. J.	3.000,00	4.500,00

[1] Die Buchung der zeitlichen Abgrenzung finden Sie in Kapitel 12.3 der Buchführung.

12 Besonderheiten der Buchführung bei der Gewinnermittlung durch Betriebsvermögensvergleich gem. § 4 Abs. 1 EStG

In Kapitel 1.2 haben Sie bereits erfahren, dass ein **wesentlicher Unterschied** zwischen der Gewinnermittlung durch Betriebsvermögensvergleich **gem. § 4 Abs. 1 EStG** und der Erfolgsermittlung bei der Einnahmen-Überschussrechnung **gem. § 4 Abs. 3 EStG** im **Zeitpunkt der Erfassung** der Geschäftsfälle besteht. Während die Geschäftsfälle bei der Einnahmen-Überschussrechnung erst im Zeitpunkt des Zahlungsvorganges erfasst werden, sind sie beim Betriebsvermögensvergleich bereits bei ihrer Entstehung als **Forderungen** und **Verbindlichkeiten** zu buchen.

12.1 Buchung der Forderungen des Rechtsanwalts gegenüber seinen Mandanten

Rechtsanwalt Dr. R. Folgreich hat den Angeklagten Justus Schönfelder als Verteidiger (Wahlanwalt) in einer Strafsache vor dem Amtsgericht in München in der Zeit von Februar bis Mai ... verteidigt. Dr. R. Folgreich war auch im vorbereitenden Verfahren tätig. Nach Anklageerhebung fanden zwei Hauptverhandlungstermine innerhalb von 10 Tagen statt. Es handelt sich um einen Durchschnittsfall.

Dr. R. Folgreich erteilt seinem Mandanten am 20. Mai ... folgende Vergütungsrechnung:
Auszug

		€
1.	Grundgebühr gem. § 14 Abs. 1 RVG i. V. m. Nr. 4100 VV RVG	165,00
2.	Verfahrensgebühr für das vorbereitende Verfahren gem. § 14 Abs. 1 RVG i. V. m. Nr. 4104 VV RVG	140,00
3.	Verfahrensgebühr für den ersten Rechtszug vor dem Amtsgericht gem. § 14 Abs. 1 RVG i. V. m. Nr. 4106 VV RVG	140,00
4.	Terminsgebühr für die Hauptverhandlung am ... (1. Termin) gem. § 14 Abs. 1 RVG i. V. m. Nr. 4108 VV RVG	230,00
5.	Terminsgebühr für die Hauptverhandlung am ... (2. Termin) gem. § 14 Abs. 1 RVG i. V. m. Nr. 4108 VV RVG	230,00
6.	Post- und Telekompauschale gem. Nr. 7002 VV RVG	20,00
7.	Dokumentenpauschale 189 Ablichtungen aus Behörden und Gerichtsakten gem. Nr. 7000 Ziffer 1a) VV RVG	45,85
8.	Zwischensumme	970,85
9.	19 % Umsatzsteuer aus 970,85 € gem. § 2 Abs. 2 RVG i. V. m. Nr. 7008 VV RVG	184,46
10.	**Vergütung insgesamt**	**1.155,31**

Der Mandant Schönfelder überweist den Rechnungsbetrag am 10. Juni auf das Bankkonto des Rechtsanwalts.

1. Buchung am 20. Mai

Rechnungsausgang

Konto	Soll	Haben
Forderungen	1.155,31	
an Vergütung		970,85
an Umsatzsteuer		184,46

Soll	Forderungen		Haben
1. Hon/USt	1.155,31		

Soll	Vergütung		Haben
		1. Ford.	970,85

Soll	Umsatzsteuer		Haben
		1. Ford.	184,46

2. Buchung am 10. Juni

Bankgutschrift

Konto	Soll	Haben
Bank	1.155,31	
an Forderungen		1.155,31

Bestände von oben

Soll	Bank		Haben
2. Ford.	1.155,31		

Soll	Forderungen		Haben
1. Verg/USt	1.155,31	**2.** Bank	1.155,31

Merken Sie sich bitte:

- Das Konto **Forderungen** ist ein **aktives Bestandskonto.**
- Der **Anfangsbestand** und die **Zugänge** stehen im **Soll.**
- Die **Minderungen** oder Abgänge werden im **Haben** gebucht.
- Der **Abschluss** erfolgt **immer im Soll** des **Schlussbilanzkontos.**

Aufgaben

122 **123** Bilden Sie die Buchungssätze zu folgenden Geschäftsfällen:

Kontenplan: Bank, Forderungen, Kasse, Vergütung, Umsatzsteuer.

Geschäftsfall Beträge in €	122	123
1. Vergütungsrechnung an Mandant Fix am 01.04.		
Vergütung	3.640,00	7.200,00
19 % Umsatzsteuer	691,60	1.368,00
Insgesamt	4.331,60	8.568,00
Bankgutschrift am 10.04.		
2. Rechtsanwältin Michaela Mutter fordert Vergütungsvorschuss	1.000,00	2.000,00
19 % Umsatzsteuer	190,00	380,00
Insgesamt	1.190,00	2.380,00
3. In Sachen Regen ./. Schirm wird Endabrechnung erteilt:		
1. 1,3 Verfahrensgebühr aus 1.121,98/2.220,10 € gem. §§ 2, 13 Abs. 1 RVG i. V. m. Nr. 3100 VV RVG	110,50	209,30

2. 1,2 Terminsgebühr aus 1.121,98/2.220,10 € gem. §§ 2, 13 Abs. 1 RVG i. V. m. Nr. 3104 VV RVG	?	?
3. Post- und Telekompauschale gem. Nr. 7002 VV RVG	20,00	?
4. Zwischensumme (Nettovergütung)	?	?
5. 19 % Umsatzsteuer aus 232,50/422,50 € gem. Nr. 7008 VV RVG	?	?
6. Insgesamt (Bruttovergütung)	**?**	**?**

4. Bankgutschrift für Vergütungsvorschuss (Fall 2)	?	?
5. In Sachen Rot ./. Rot wird ein bereits als Forderung gebuchter Rechnungsbetrag bar an der Kanzleikasse eingezahlt:		
Vergütung	600,00	400,00
19 % Umsatzsteuer	114,00	76,00
Insgesamt	714,00	476,00

12.2 Buchung der Verbindlichkeiten des Rechtsanwalts gegenüber seinen Lieferern

Rechtsanwalt Dr. R. Folgreich erhält eine Rechnung für einen gekauften Schreibtisch:

Büroeinrichtungshaus Fritz & Fratz OHG
Am Entenweiher 17
10707 Berlin-Wilmersdorf 12. Juli 20..

Herrn Rechtsanwalt
Dr. R. Folgreich
Eiergasse 3
10707 Berlin-Wilmersdorf

Rechnung Nr. ...	**€**
1 Schreibtisch, Kiefer massiv mit 4 Schubladen	3.800,00
19 % Umsatzsteuer	722,00
Nettorechnungsbetrag	**4.522,00**

Bitte überweisen Sie den Rechnungsbetrag auf unser Konto bei der ...bank.

Der Rechnungsbetrag wurde am 20. Juli durch Bank (AB 10.000,00 €) überwiesen.

1. Buchung am 12. Juli

Rechnungseingang

Konto	Soll	Haben
Praxisausstattung	3.800,00	
Vorsteuer	722,00	
an Verbindlichk.		4.522,00

Soll	Praxisausstattung		Haben
1. Verb.	3.800,00		

Soll	Vorsteuer		Haben
1. Verb.	722,00		

Soll	Verbindlichkeiten		Haben
		1. PA/VorSt	4.522,00

2. Buchung am 20. Juli

Banklastschrift

Konto	Soll	Haben
Verbindlichk.	4.522,00	
an Bank		4.522,00

Bestände von oben

Soll	Bank		Haben
AB	10.000,00	**2.** Verb.	4.522,00

Soll	Verbindlichkeiten		Haben
2. Bank	4.522,00	**1.** PA/VorSt	4.522,00

Merken Sie sich bitte:

- Das Konto **Verbindlichkeiten** ist ein **passives Bestandskonto.**
- Der **Anfangsbestand** und die **Zugänge** stehen im **Haben.**
- Die **Minderungen** oder Abgänge werden im **Soll** gebucht.
- Der **Abschluss** erfolgt immer **im Haben** des Schlussbilanzkontos.

Aufgaben

124 **125** Bilden Sie die Buchungssätze zu folgenden Geschäftsfällen:

Kontenplan Praxisausstattung, Kfz-Kosten, Vorsteuer, Verbindlichkeiten, Bank, Kasse, Fuhrpark.

Geschäftsfall **Beträge in €**	**124**	**125**
1. Eingangsrechnung eines Lieferers		
1 Bücherschrank	4.500,00	6.200,00
19 % Umsatzsteuer	855,00	1.178,00
Rechnungsbetrag	5.355,00	7.378,00
2. Rechnung für die Kfz-Inspektion		
Nettopreis	250,00	350,00
19 % Umsatzsteuer	47,50	66,50
Bruttopreis	297,50	416,50
3. Wir überweisen den Rechnungsbetrag zu Fall Nr. 1 durch Bank.	?	?
4. Rechnungsbetrag zu Fall Nr. 2 wird bar bezahlt.	?	?
5. Zieleinkauf eines Pkw für die Praxis		
Listenpreis	50.000,00	40.000,00
Zusatzausstattung	4.000,00	3.000,00
Überführungskosten	800,00	700,00
Nettopreis	54.800,00	43.700,00
19 % Umsatzsteuer	10.412,00	8.303,00
Rechnungsbetrag	65.212,00	52.003,00
6. Rechnungsausgleich durch Banküberweisung.	?	?

12.3 Zeitliche Erfolgsabgrenzung

Bei der **Einnahmen-Überschussrechnung** werden die **Betriebsausgaben** und die **Betriebseinnahmen** grundsätzlich bei der **Zahlung gebucht**. Dadurch wird der **Erfolg** des alten Wirtschaftsjahres und der Erfolg des neuen Wirtschaftsjahres **falsch ausgewiesen**. Wollen Sie einen **zeitraumrichtigen** Jahreserfolg feststellen, müssen Sie die Betriebseinnahmen und die Betriebsausgaben dem **Geschäftsjahr zuordnen**, zu dem sie wirtschaftlich gehören.

Im System der **doppelten Buchführung** sind für die **zeitlich genaue Zuordnung** der Betriebseinnahmen und Betriebsausgaben zu dem Wirtschaftsjahr folgende **Konten** vorgesehen:

Übersicht

- Sonstige Forderungen **(SoFo)**
- Sonstige Verbindlichkeiten **(SoVerb)**
- Aktive Rechnungsabgrenzungsposten **(ARAP)**
- Passive Rechnungsabgrenzungsposten **(PARAP)**

Allen vier Fällen ist gemeinsam:

- Sie buchen den **Abschluss** grundsätzlich am **31.12.** (an diesem Tag prüfen Sie den Fall).
- Sie stellen fest, in **welchem Jahr** die **Zahlung** erfolgt(e), also in welchem Jahr die „Kasse (Bank, Postbank) steht“![1]

12.3.1 Sonstige Forderungen

1. Beispiel mit Lösung

Unser Mieter überweist die Miete für Dezember in Höhe von 2.000,00 € erst im Januar des nächsten Jahres.

Vorüberlegungen

1. Am **31.12.** stellen wir fest, dass der Mieter die fällige Miete, die **wirtschaftlich** ins **alte Jahr** gehört (Ertrag im alten Geschäftsjahr), noch **nicht bezahlt** hat.
2. Da die Zahlung **erst** im **neuen Jahr** erfolgen kann **(Kasse steht im neuen Jahr)**, muss es sich um eine Sonstige Forderung oder um eine Sonstige Verbindlichkeit handeln. Weil wir aber Forderungen gegenüber unserem Mieter haben, wird auf dem Konto **„Sonstige Forderungen (SoFo)“** gebucht.

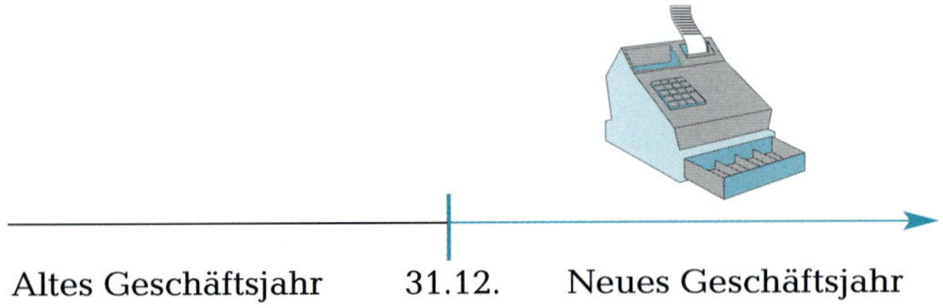

[1] Schülerinnen und Schüler merken sich **SoNJa** und meinen damit, dass bei „**So**nstigen Forderungen und Sonstigen Verbindlichkeiten der Zahlungsvorgang im **N**euen **Ja**hr abgewickelt wird“ (die Kasse steht im neuen Jahr). Von hier aus können sie dann alle vier Möglichkeiten bestimmen.

1. Buchung am 31.12. des alten Geschäftsjahres

Konto	Soll	Haben
SoFo	2.000,00	
an Mieterträge		2.000,00

Soll	Sonstige Forderungen		Haben
1. Mietertr.	2.000,00	**2.** SBK	2.000,00

Soll	Mieterträge		Haben
2. GuV	2.000,00	**1.** SoFo	2.000,00

2. Buchung des Kontenabschlusses zum 31.12.

Konto	Soll	Haben
SBK	2.000,00	
an SoFo		2.000,00
Mieterträge	2.000,00	
an GuV		2.000,00

Soll	Schlussbilanzkonto		Haben
2. SoFo	2.000,00		

Soll	GuV		Haben
		2. Mietertr.	2.000,00

3. Buchung im Januar des neuen Geschäftsjahres

a) Bei Eröffnung der Konten (ohne Eröffnungsbilanz)

Konto	Soll	Haben
SoFo	2.000,00	
an EB		2.000,00

Soll	Sonstige Forderungen		Haben
3.a) EB	2.000,00	**3.b)** Bank	2.000,00

b) Bei Zahlung durch Bank, Kasse, Postbank

Konto	Soll	Haben
Bank	2.000,00	
an SoFo		2.000,00

Soll	Bank		Haben
3.b) SoFo	2.000,00		

Erkenntnis

1. Die Dezembermiete erhöht im alten Geschäftsjahr den Erfolg.
2. Die Betriebseinnahme erfolgt erst im neuen Jahr.
3. Wir haben Forderungen (Ansprüche) gegenüber unserem Mieter.

Merken Sie sich bitte:

- **Erträge des alten Jahres,** die erst im **neuen Jahr zu Einnahmen** führen, werden auf dem Konto **„Sonstige Forderungen"** gebucht!
- Der **Buchungssatz** bei Bildung der Sonstigen Forderungen **lautet immer: Sonstige Forderungen an Erträge.**
- Bei **Auflösung** der Eröffnungsbilanz in **Konten: Sonstige Forderungen an Eröffnungsbilanz.**

2. Beispiel mit Lösung

Unser Mieter zahlt die Miete für die von uns vermietete Wohnung in Höhe von 3.000,00 € für die Zeit vom 01.12. bis zum 28.02. vereinbarungsgemäß am 28.02. des neuen Jahres durch Postbanküberweisung.

Vorüberlegungen:

1. Am **31.12.** stellen wir fest, dass die Dezembermiete in Höhe von 1.000,00 € **wirtschaftlich ins alte Jahr** gehört (Ertrag im alten Geschäftsjahr) und noch **nicht bezahlt** ist.

2. Da die Zahlung **erst** im **neuen Jahr** erfolgen soll **(Kasse steht im neuen Jahr)**, muss es sich um eine Sonstige Forderung oder Sonstige Verbindlichkeit handeln. Weil wir aber Mietzinsforderungen gegenüber unserem Mieter haben, wird auf dem Konto **„Sonstige Forderungen (SoFo)"** gebucht.

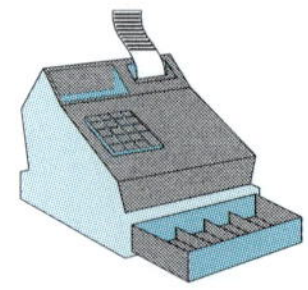

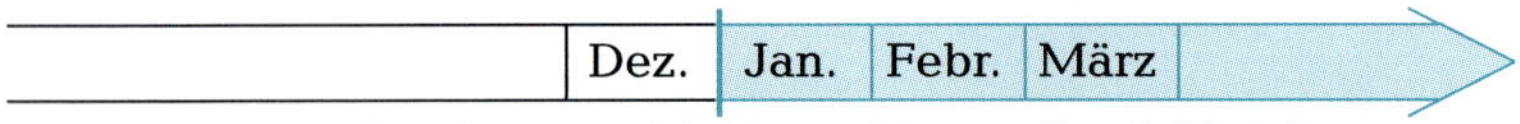

1. Buchung am 31.12. des alten Geschäftsjahres

Konto	Soll	Haben
SoFo	1.000,00	
an Mieterträge		1.000,00

Soll — Sonstige Forderungen — Haben

Soll		Haben	
1. Mietertr.	1.000,00	**2.** SBK	1.000,00

2. GuV

Soll — Mieterträge — Haben

Soll		Haben	
2. GuV	1.000,00	**1.** SoFo	1.000,00

2. Buchung des Kontenabschlusses zum 31.12.

Konto	Soll	Haben
SBK	1.000,00	
an SoFo		1.000,00
Mieterträge	1.000,00	
an GuV		1.000,00

Soll — Schlussbilanzkonto — Haben

Soll		Haben	
2. SoFo	1.000,00		

Soll — GuV — Haben

Soll		Haben	
		2. Mietertr.	1.000,00

3. Buchung im Januar des neuen Jahres

Bei Eröffnung der Konten (ohne Eröffnungsbilanz)

Konto	Soll	Haben
SoFo	1.000,00	
an EB		1.000,00

Soll — Sonstige Forderungen — Haben

Soll		Haben	
3. EB	1.000,00	**4.** Postbank	1.000,00

4. Buchungen am 28.02. des neuen Jahres

Bei Zahlung durch Postbank

Konto	Soll	Haben
Postbank	3.000,00	
an SoFo		1.000,00
an Mieterträge		2.000,00

Soll — Postbank — Haben

Soll		Haben	
4. SoFo	3.000,00		

Soll — Mieterträge — Haben

Soll		Haben	
		4. Postbank	2.000,00

Erkenntnis

1. Die Dezembermiete erhöht im alten Geschäftsjahr den Erfolg.
2. Die Miete für Januar und Februar erhöht den Erfolg des neuen Jahres.
3. Die Betriebseinnahme erfolgt erst im neuen Jahr.
4. Wir haben Forderungen (Ansprüche) gegenüber unserem Mieter.

Merken Sie sich bitte:

- **Erträge,** die **teils das alte Jahr** und **teils das neue Geschäftsjahr** betreffen, werden den einzelnen Geschäftsjahren **periodengerecht** zugeordnet.

Aufgaben

126 Bilden Sie die Buchungssätze zu folgenden Geschäftsfällen:

a) beim Jahresabschluss zum 31.12.,

b) für die Eröffnung der Konten im neuen Jahr,

c) für die Zahlungseingänge im neuen Jahr.

Kontenplan: Mieterträge, Zinserträge, Kasse, Bank, Postbank, Schlussbilanzkonto, GuV, Eröffnungsbilanz, Sonstige Forderungen.

Geschäftsfall	**Beträge in €**
1. Bankgutschrift der Zinsen für Oktober bis Dezember am 03.01. n. J.	800,00
2. Unser Mieter zahlt die Miete für Monat Dezember erst am 05.01. n. J. bar	600,00
3. Die Zinsgutschrift der Bank für die Zeit vom 01.10. bis 31.12. steht noch aus und wird erst im Januar eingehen	630,00
4. Unser Mieter zahlt die Miete für die Zeit vom 01.12. bis 28.02. vereinbarungsgemäß am 28.02. des n. J. durch Postbanküberweisung	6.300,00

12.3.2 Sonstige Verbindlichkeiten

1. Beispiel mit Lösung

Wir überweisen die Dezembermiete für die von uns angemieteten Kanzleiräume in Höhe von 5.000,00 € erst im Januar des nächsten Jahres durch Bank (Anfangsbestand 30.000,00 €).

Vorüberlegungen

1. Am **31.12.** stellen wir fest, dass die fällige Dezembermiete, die **wirtschaftlich ins alte Jahr** gehört (Aufwand im alten Geschäftsjahr), von uns **noch nicht bezahlt** worden ist.
2. Da die Zahlung **erst** im **neuen Jahr** erfolgen kann **(Kasse steht im neuen Jahr)**, muss es sich um eine Sonstige Forderung oder um eine Sonstige Verbindlichkeit handeln. Weil wir aber Verbindlichkeiten (Schulden) gegenüber unserem Vermieter haben, wird auf dem Konto **„Sonstige Verbindlichkeiten (SoVerb)"** gebucht.

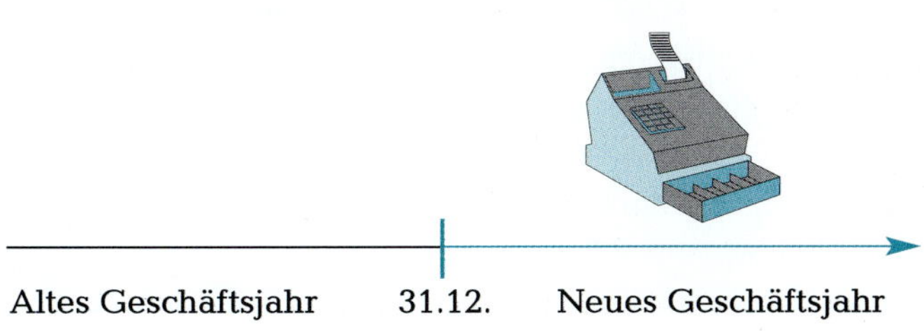

1. Buchung am 31.12. des alten Geschäftsjahres

Konto	Soll	Haben
Mietaufwand	5.000,00	
an SoVerb		5.000,00

Soll	Mietaufwand (MA)		Haben
1. SoVerb	5.000,00	**2.** GuV	5.000,00

Soll	Sonstige Verbindlichkeiten		Haben
2. SBK	5.000,00	**1.** MA	5.000,00

2. Buchung des Kontenabschlusses zum 31.12.

Konto	Soll	Haben
SoVerb	5.000,00	
an SBK		5.000,00
GuV	5.000,00	
an Mietaufwand		5.000,00

Soll	Schlussbilanzkonto		Haben
		2. SoVerb	5.000,00

Soll	GuV		Haben
2. MA	5.000,00		

3. Buchung im Januar des nächsten Jahres

a) Bei Eröffnung der Konten (ohne Eröffnungsbilanz)

Konto	Soll	Haben
Eröffnungsbilanz	5.000,00	
an SoVerb		5.000,00

Soll	Sonstige Verbindlichkeiten		Haben
3.b) Bank	5.000,00	**3.a)** EB	5.000,00

b) Bei Zahlung durch Bank, Postbank, Kasse

Konto	Soll	Haben
SoVerb	5.000,00	
an Bank		5.000,00

Soll	Bank		Haben
AB	30.000,00	**3.b)**SoVerb	5.000,00

Erkenntnis

1. Die Dezembermiete erhöht den Aufwand im alten Jahr und vermindert somit den Erfolg.
2. Die Betriebsausgabe erfolgt erst im neuen Jahr.
3. Wir haben Schulden (Verbindlichkeiten) gegenüber unserem Vermieter.

Merken Sie sich bitte:

- **Aufwendungen des alten Jahres,** die erst im **neuen Jahr zu Ausgaben** führen, werden auf dem Konto **„Sonstige Verbindlichkeiten“** gebucht!
- Der **Buchungssatz** bei Bildung der Sonstigen Verbindlichkeit **lautet immer: Aufwendungen an Sonstige Verbindlichkeiten.**
- Bei **Auflösung** der Eröffnungsbilanz in **Konten: Eröffnungsbilanz an Sonstige Verbindlichkeiten.**

2. Beispiel mit Lösung

Die Leasingrate (Miete) für das von uns geleaste Fotokopiergerät wird laut Vertrag nachträglich in Höhe von 4.500,00 € am 05.02. des nächsten Jahres für die Monate November, Dezember und Januar von unserem Bankkonto (Anfangsbestand 20.000,00 €) abgebucht.

Vorüberlegungen

1. Am **31.12.** stellen wir fest, dass die Leasinggebühr für die Monate November und Dezember in Höhe von 3.000,00 € **wirtschaftlich ins alte Jahr** gehört (Aufwand im alten Jahr) und von uns noch **nicht bezahlt** ist.
2. Da die Zahlung erst im neuen Jahr erfolgen soll **(Kasse steht im neuen Jahr)**, muss es sich um eine Sonstige Forderung oder um eine Sonstige Verbindlichkeit handeln. Weil wir Schulden (Verbindlichkeiten) gegenüber dem Geräteaufsteller haben, wird auf dem Konto **„Sonstige Verbindlichkeiten"** gebucht.

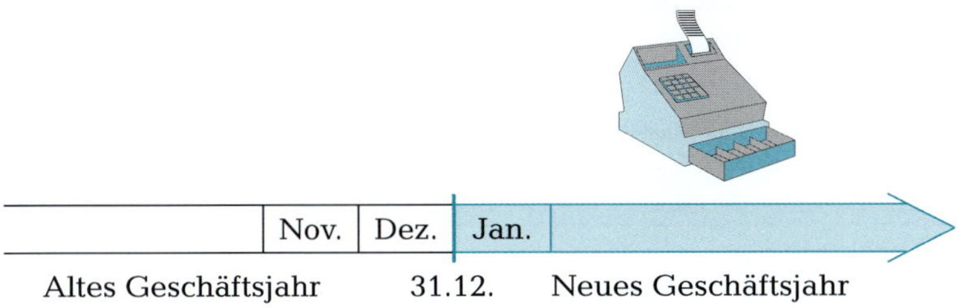

1. Buchung am 31.12. des alten Geschäftsjahres

Konto	Soll	Haben
AVK	3.000,00	
an SoVerb		3.000,00

Soll AVK Haben

1. SoVerb	3.000,00	**3.** GuV	3.000,00

Soll Sonstige Verbindlichkeiten Haben

2. SBK	3.000,00	**1.** AVK	3.000,00

2. Buchung des Kontenabschlusses zum 31.12.

Konto	Soll	Haben
SoVerb	3.000,00	
an SBK		3.000,00
GuV	3.000,00	
an AVK		3.000,00

Soll Schlussbilanzkonto Haben

		2. SoVerb	3.000,00

Soll GuV Haben

3. AVK	3.000,00		

3. Buchung im Januar des nächsten Jahres

a) Bei Eröffnung der Konten (ohne Eröffnungsbilanz)

Konto	Soll	Haben
Eröffnungsbilanz	3.000,00	
an SoVerb		3.000,00

Soll Sonstige Verbindlichkeiten Haben

3.b) Bank	3.000,00	**3.a)** EB	3.000,00

b) Bei Bankabbuchung

Konto	Soll	Haben
SoVerb	3.000,00	
AVK	1.500,00	
an Bank		4.500,00

Soll	Bank		Haben
AB	20.000,00	**3.b)** SoVerb/ AVK	4.500,00

Soll	AVK		Haben
3.b) Bank	1.500,00		

Erkenntnis

1. Die Leasingrate für die Monate November und Dezember erhöht den Aufwand des alten Geschäftsjahres und vermindert somit den Erfolg der anwaltlichen/notariellen Tätigkeit.
2. Die Betriebsausgabe erfolgt durch Bankabbuchung erst im neuen Jahr.
3. Wir haben Schulden (Verbindlichkeiten) gegenüber dem Geräteaufsteller.

Merken Sie sich bitte:

- **Aufwendungen,** die **teils das alte Jahr** und **teils das neue Geschäftsjahr** betreffen, werden den einzelnen Geschäftsjahren **periodengerecht** zugeordnet.

Aufgaben

127 Bilden Sie die Buchungssätze für folgende Geschäftsfälle:

a) beim Jahresabschluss zum 31.12.,
b) für die Eröffnung der Konten im neuen Jahr,
c) für die Zahlungsausgänge im neuen Jahr.

Kontenplan: Mietaufwendungen, Zinsaufwendungen, AVK, Bank, Kasse, Postbank, SBK, GuV, Eröffnungsbilanz, Sonstige Verbindlichkeiten, Vorsteuer.

Geschäftsfall	**Beträge in €**	
1. Die Dezembermiete für die Praxisräume wird von uns erst im Januar nächsten Jahres durch Postbanküberweisung bezahlt		3.500,00
2. Eine Rechnung für Büromaterial steht am 31.12. noch aus	200,00	
19 % Umsatzsteuer[1]	38,00	
Rechnungsbetrag		238,00
Der Rechnungsbetrag wird im neuen Jahr durch Bank überwiesen.		
3. Die Bank bucht jeweils am 01.03. und 01.09. nachträglich für ein halbes Jahr die Hypothekenzinsen ab		4.800,00
4. Wir zahlen die Garagenmiete für Dezember am 05.01. bar		100,00

Achtung!

Wenn Sie die vorstehenden Kapitel der Sonstigen Forderungen und Sonstigen Verbindlichkeiten genau kennen, wissen Sie auch schon, wie in den beiden nächsten Kapiteln gebucht wird, denn hier **steht die Kasse im alten Jahr**!

[1] Keine Vorsteuerbuchung am 31.12., weil die Rechnung noch nicht eingegangen ist.

12.3.3 Aktive Rechnungsabgrenzungsposten

1. Beispiel mit Lösung

Wir überweisen bereits am 20.12. die Miete für Januar n. J. in Höhe von 800,00 € durch Bank (Anfangsbestand 30.000,00 €).

1. Buchung am 20.12.

Konto	Soll	Haben
Mietaufwand	800,00	
an Bank		800,00

Soll	Mietaufwand		Haben
1. Bank	800,00		

Soll	Bank		Haben
AB	30.000,00	**1.** Mietaufw.	800,00
		3. SBK	29.200,00
	30.000,00		30.000,00

Vorüberlegungen am 31.12.

1. Am **31.12.** stellen wir fest, dass die Januarmiete **noch nicht fällig** war. Sie gehört **wirtschaftlich ins neue Jahr** (Aufwand im neuen Jahr), weil die Mietleistung des Vermieters noch nicht erbracht ist.
2. Da wir **schon gezahlt** haben **(Kasse steht im alten Jahr)** kann es sich **nicht** um eine Sonstige Forderung oder Sonstige Verbindlichkeit handeln, denn da steht ja die Kasse im neuen Jahr. Folglich muss es sich entweder um eine Aktive Rechnungsabgrenzung oder um eine Passive Rechnungsabgrenzung handeln. Weil **wir aktiv** geworden sind (wir haben bezahlt), handelt es sich um eine **„Aktive Rechnungsabgrenzung"** oder **Aktiver Rechnungsabgrenzungsposten (ARAP)**

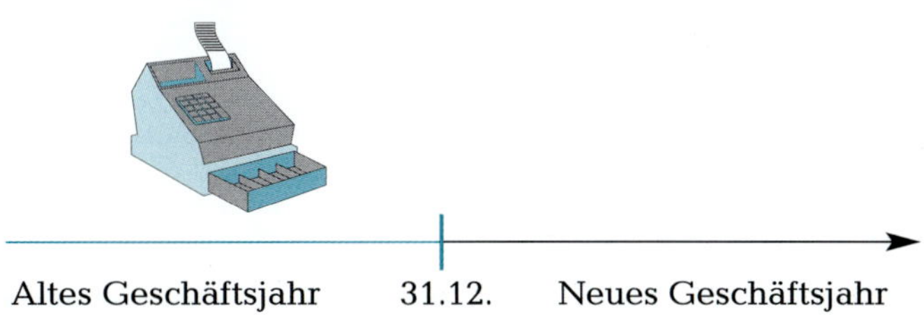

2. Buchung am 31.12. des alten Geschäftsjahres

Konto	Soll	Haben
ARAP	800,00	
an Mietaufwand		800,00

Bestände von oben

Soll	ARAP		Haben
2. Mietaufw.	800,00	**3.** SBK	800,00

Soll	Mietaufwand		Haben
1. Bank	800,00	**2.** ARAP	800,00

3. Buchung des Kontenabschlusses zum 31.12.

Konto	Soll	Haben
SBK	800,00	
an ARAP		800,00
SBK	29.200,00	
an Bank		29.200,00

Soll	Schlussbilanzkonto		Haben
3. ARAP	800,00		
3. Bank	29.200,00		

4. Eröffnungsbuchungen im Januar n. J. (ohne Eröffnungsbilanz)

Konto	Soll	Haben
ARAP	800,00	
an EB		800,00
Mietaufwand	800,00	
an ARAP		800,00

Soll	ARAP		Haben
4. EB	800,00	4. Mietaufw.	800,00

Soll	Mietaufwand		Haben
4. ARAP	800,00		

Erkenntnis

1. Obgleich die Betriebsausgabe im alten Jahr geleistet wurde **(Kasse steht im alten Jahr)**, **vermindert** der **Mietaufwand** den **Erfolg** des **nächsten Jahres**.
2. **ARAP** sind **Ansprüche** auf Leistungen, die von anderen **noch zu erbringen** sind (Miete, Zinsen, Versicherungsprämien).
3. Mithilfe der Aktiven Rechnungsabgrenzungsposten werden die im alten Jahr im **Voraus gezahlten** Aufwendungen über die Schlussbilanz in die Erfolgsrechnung des neuen Geschäftsjahres übertragen. Sie heißen deshalb auch **„transitorische**[1] **Posten der Aktiva"**.
4. Das Konto Mietaufwand weist nach Eröffnung im neuen Jahr die Miete für Januar in Höhe von 800,00 € aus. Das Konto ARAP hat seine Aufgabe erfüllt.

Merken Sie sich bitte:

- Das Konto **ARAP** erfasst zum **Jahresabschluss** alle Ausgaben des alten Geschäftsjahres, die **Aufwendungen** des **neuen Geschäftsjahres** sind.
- Der **Buchungssatz** bei Bildung der ARAP **lautet immer:**
  ARAP an Aufwandskonten.
- Bei **Auflösung** der Eröffnungsbilanz in **Konten** übernehmen Sie:
  Aufwandskonten an ARAP.

2. Beispiel mit Lösung

Die Kfz-Versicherungsprämie in Höhe von 1.200,00 € für den Praxis-Pkw wird von uns am 01. Oktober für 1 Jahr im Voraus durch Bank (Anfangsbestand 30.000,00 €) überwiesen.

1. Buchung am 01.10.

Konto	Soll	Haben
Kfz-Kosten	1.200,00	
an Bank		1.200,00

Soll	Kfz-Kosten		Haben
1. Bank	1.200,00		

Soll	Bank		Haben
AB	30.000,00	1. Kfz-Ko	1.200,00

Vorüberlegungen am 31.12.

1. Am **31.12.** stellen wir fest, dass die Kfz-Versicherungsprämie für die Monate Januar bis September **wirtschaftlich** dem **neuen Jahr** zuzuordnen ist.
2. Da wir **schon gezahlt** haben **(Kasse steht im alten Jahr)**, wird der Betrag für die Monate Januar bis September des nächsten Jahres auf dem Konto **ARAP** gebucht.

[1] lat. transire = hinübergehen.

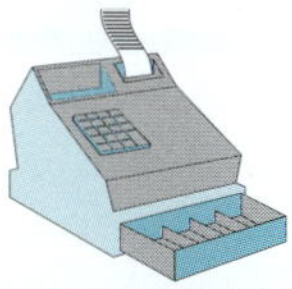

Okt.	Nov.	Dez.	Jan.	Febr.	März	April	Mai	Juni	Juli	Aug.	Sept.

Altes Geschäftsjahr 31.12. Neues Geschäftsjahr

2. Buchung am 31.12. des alten Geschäftsjahres

Konto	Soll	Haben
ARAP	900,00	
an Kfz-Kosten		900,00

Bestände von oben

Soll	ARAP		Haben
2. Kfz-Ko	900,00	**3.** SBK	900,00

Soll	Kfz-Kosten		Haben
1. Bank	1.200,00	**2.** ARAP	900,00
		3. GuV	300,00
	1.200,00		1.200,00

3. Buchung des Kontenabschlusses zum 31.12.

Konto	Soll	Haben
SBK	900,00	
an ARAP		900,00
GuV	300,00	
an Kfz-Kosten		300,00

Soll	Schlussbilanzkonto		Haben
3. ARAP	900,00		

Soll	GuV		Haben
3. Kfz-Ko	300,00		

4. Eröffnungsbuchungen im Januar n. J. (ohne Eröffnungsbilanz)

Konto	Soll	Haben
ARAP	900,00	
an EB		900,00
Kfz-Kosten	900,00	
an ARAP		900,00

Soll	ARAP		Haben
4. EB	900,00	**4.** Kfz-Ko	900,00

Soll	Kfz-Kosten		Haben
4. ARAP	900,00		

Erkenntnis

1. Obgleich die Betriebsausgabe im alten Jahr geleistet wurde **(Kasse steht im alten Jahr)**, **vermindern** die **Kfz-Kosten** der Monate Januar bis September den **Erfolg des nächsten Jahres**.
2. Die Vorauszahlung begründet den **Anspruch** des Rechtsanwalts/Notars **gegenüber** der **Versicherungsgesellschaft** auf Versicherungsschutz.
3. Mit Hilfe der **ARAP** werden die im alten Jahr im **Voraus gezahlten** Aufwendungen für die Monate Januar bis September des neuen Jahres über die Schlussbilanz in die Erfolgsrechnung des neuen Geschäftsjahres übertragen.
4. Das Konto Kfz-Kosten weist nach Eröffnung des Kontos im neuen Jahr die Kosten für Januar bis September in Höhe von 900,00 € aus. Das Konto ARAP hat seine Aufgabe erfüllt.

Merken Sie sich bitte:

- **Aufwendungen,** die **teils das alte Jahr** und **teils das neue Geschäftsjahr** betreffen, werden den einzelnen Geschäftsjahren **periodengerecht** zugeordnet.

Aufgaben

128 Bilden Sie die Buchungssätze zu folgenden Geschäftsfällen,

a) bei der Zahlung,
b) für die Buchung am 31.12.,
c) für die Buchung des Kontenabschlusses zum 31.12.,
d) für die Eröffnungsbuchungen im Januar des neuen Jahres.

Kontenrahmen: Mietaufwendungen, Raumkosten, Kfz-Kosten, Bank, SBK, GuV, Eröffnungsbilanz, ARAP, Postbank.

Geschäftsfall	Beträge in €
1. Wir zahlen am 22.12. die Januarmiete durch Banküberweisung	1.200,00
2. Am 16.12. zahlen wir Feuerversicherungsprämie (Raumkosten) für das neue Jahr durch Postbanküberweisung	2.000,00
3. Die Miete für eine Garage überweisen wir vereinbarungsgemäß am 01.12. für ein Jahr im Voraus durch Bank	600,00
4. Die Kfz-Versicherungsprämie wird am 01.10. für ein Jahr im Voraus durch Bank überwiesen	3.000,00

12.3.4 Passive Rechnungsabgrenzungsposten

1. Beispiel mit Lösung

Am 20.12. erhalten wir eine Bankgutschrift über die Januarmiete für einen vermieteten Praxisraum in Höhe von 300,00 €.

1. Buchung am 20.12.

Konto	Soll	Haben
Bank	300,00	
an Mieterträge		300,00

Soll	Bank		Haben
1. Mietertr.	300,00		

Soll	Mieterträge		Haben
		1. Bank	300,00

Vorüberlegungen am 31.12.

1. Am **31.12.** stellen wir fest, dass die Januarmiete **noch nicht fällig** war. Sie gehört **wirtschaftlich ins neue Jahr** (Ertrag im neuen Jahr), weil die Mietleistung von uns noch nicht erbracht ist.
2. Da unser **Mieter schon gezahlt** hat **(Kasse steht im alten Jahr)** kann es sich **nicht** um eine Sonstige Forderung oder Sonstige Verbindlichkeit handeln, denn da steht ja die Kasse im neuen Jahr. Also muss es sich entweder um eine Aktive Rechnungsabgrenzung oder um eine Passive Rechnungsabgrenzung handeln. Weil **wir passiv** sind (andere haben bezahlt), handelt es sich um eine **„Passive Rechnungsabgrenzung"** oder **Passiver Rechnungsabgrenzungsposten (PARAP)**.

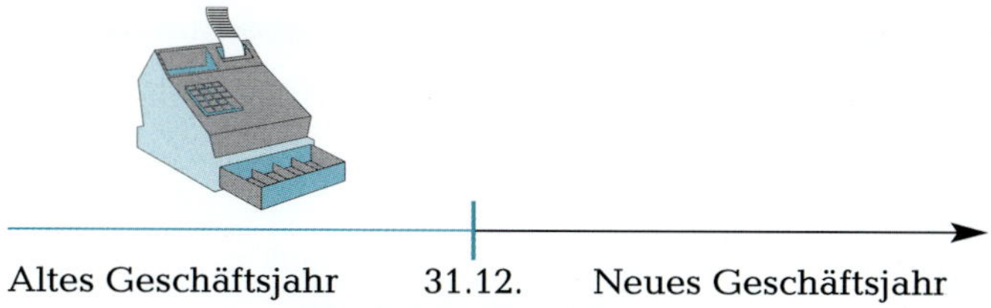

2. Buchung am 31.12. des alten Geschäftsjahres

Konto	Soll	Haben
Mieterträge	300,00	
an PARAP		300,00

Bestände von oben

Soll	Mieterträge		Haben
2. PARAP	300,00	1. Bank	300,00

Soll	PARAP		Haben
3. SBK	300,00	2. Mietertr.	300,00

3. Buchung des Kontenabschlusses zum 31.12.

Konto	Soll	Haben
PARAP	300,00	
an SBK		300,00

Soll	Schlussbilanzkonto		Haben
		3. PARAP	300,00

4. Eröffnungsbuchungen im Januar n. J. (ohne Eröffnungsbilanz)

Konto	Soll	Haben
EB	300,00	
an PARAP		300,00
PARAP	300,00	
an Mieterträge		300,00

Soll	PARAP		Haben
4. Mietertr.	300,00	4. EB	300,00

Soll	Mieterträge		Haben
		4. PARAP	300,00

Erkenntnis

1. Obgleich die Betriebseinnahme im alten Jahr geleistet wurde **(Kasse steht im alten Jahr)**, **erhöht** der **Mietertrag** den **Erfolg des nächsten Jahres**.
2. **PARAP** sind für uns **Verpflichtungen**, Leistungen zu erbringen. Die Mietvorauszahlung in obigem Beispiel begründet eine Verbindlichkeit gegenüber unserem Mieter auf Überlassung des gemieteten Raumes.
3. Mithilfe der Passiven Rechnungsabgrenzungsposten werden die im alten Jahr im **Voraus erhaltenen** Betriebseinnahmen über die Schlussbilanz in die Erfolgsrechnung des neuen Geschäftsjahres übertragen.
4. Das Konto Mieterträge weist nach Eröffnung des Kontos im neuen Jahr die Miete für Januar in Höhe von 300,00 € aus. Das Konto PARAP hat seine Aufgabe erfüllt.

Merken Sie sich bitte:

- Das Konto **PARAP** erfasst zum Jahresabschluss alle **Einnahmen** des **alten** Geschäftsjahres, die **Ertrag** des **neuen** Geschäftsjahres sind.
- Der Buchungssatz bei der Bildung der PARAP **lautet immer:**
  Ertragskonten an PARAP.
- Sie buchen bei **Auflösung** der PARAP im neuen Jahr:
  PARAP an Ertragskonten.

2. Beispiel mit Lösung

Am 01. Oktober erhalten wir die Halbjahresmiete für einen Praxisraum durch Banküberweisung in Höhe von 1.600,00 € im Voraus.

1. Buchung am 01.10.

Konto	Soll	Haben
Bank	1.600,00	
an Mieterträge		1.600,00

Soll — Bank — Haben

Soll		Haben	
1. Mietertr.	1.600,00		

Soll — Mieterträge — Haben

Soll		Haben	
		1. Bank	1.600,00

Vorüberlegungen am 31.12.

1. Am **31.12.** stellen wir fest, dass die Miete für die Monate Januar bis März **noch nicht fällig** war. Sie gehört für diese Monate **wirtschaftlich** ins **neue Jahr** (Ertrag im neuen Jahr), weil die Mietleistung von uns noch nicht erbracht ist.
2. Da unser **Mieter schon gezahlt** hat **(Kasse steht im alten Jahr)** und wir **passiv** waren, liegt eine **Passive Rechnungsabgrenzung** vor.

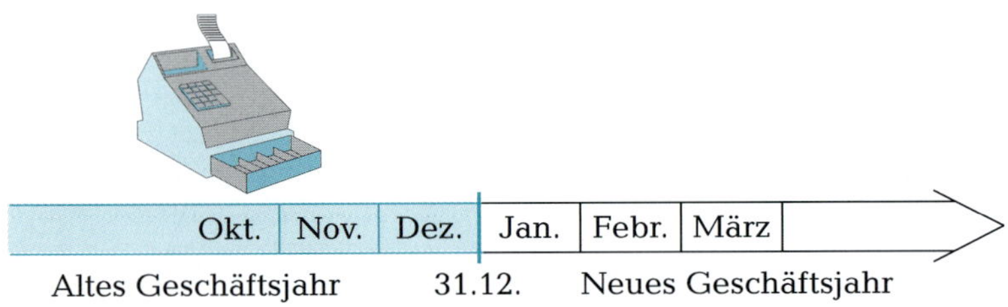

2. Buchung am 31.12. des alten Geschäftsjahres

Konto	Soll	Haben
Mieterträge	800,00	
an PARAP		800,00

Bestände von oben

Soll — Mieterträge — Haben

Soll		Haben	
2. PARAP	800,00	1. Bank	1.600,00
3. GuV	800,00		
	1.600,00		1.600,00

Soll — PARAP — Haben

Soll		Haben	
3. SBK	800,00	2. Mietertr.	800,00

3. Buchung des Kontenabschlusses zum 31.12.

Konto	Soll	Haben
PARAP	800,00	
an SBK		800,00
Mieterträge	800,00	
an GuV		800,00

Soll — Schlussbilanzkonto — Haben

Soll		Haben	
		3. PARAP	800,00

Soll — GuV — Haben

Soll		Haben	
		3. Mietertr.	800,00

4. Eröffnungsbuchungen im Januar n. J. (ohne Eröffnungsbilanz)

Konto	Soll	Haben
EB	800,00	
an PARAP		800,00
PARAP	800,00	
an Mieterträge		800,00

Soll — PARAP — Haben

Soll		Haben	
4. Mietertr.	800,00	4. EB	800,00

Soll — Mieterträge — Haben

Soll		Haben	
		4. PARAP	800,00

Erkenntnis

1. Obgleich die Betriebseinnahme im alten Jahr geleistet wurde **(Kasse steht im alten Jahr)**, **erhöht** der **Mietertrag** für die Monate Januar bis März den **Erfolg** des **nächsten Jahres**.
2. **PARAP** sind für uns **Verpflichtungen**, Leistungen zu erbringen. Die Mietvorauszahlung in obigem Beispiel begründet eine Verbindlichkeit gegenüber unserem Mieter auf Überlassung des gemieteten Praxisraumes.
3. Mithilfe der Passiven Rechnungsabgrenzungsposten werden die im alten Jahr im **Voraus erhaltenen** Betriebseinnahmen, die das neue Jahr betreffen, über die Schlussbilanz in die Erfolgsrechnung des neuen Geschäftsjahres übertragen.
4. Das Konto Mieterträge weist nach Eröffnung des Kontos im neuen Jahr die Miete für Januar bis März in Höhe von 800,00 € aus. Das Konto PARAP hat seine Aufgabe erfüllt.

Merken Sie sich bitte:

- **Erträge,** die **teils das alte Jahr** und **teils das neue Geschäftsjahr** betreffen, werden den einzelnen Geschäftsjahren **periodengerecht** zugeordnet.

Gesamtzusammenfassung

Tatbestand	im alten Jahr	im neuen Jahr	Buchungssatz
Kasse im neuen Jahr Noch zu vereinnahmender Ertrag	Ertrag	Einnahme	Sonstige Forderungen an Ertragskonto
Von uns noch zu zahlender Aufwand	Aufwand	Ausgabe	Aufwandskonto an Sonstige Verbindlichkeiten
Kasse im alten Jahr Von uns im Voraus bezahlter Aufwand	Ausgabe	Aufwand	Aktive Rechnungsabgrenzung an Aufwandskonto
Im Voraus vereinnahmter Ertrag	Einnahme	Ertrag	Ertragskonto an Passive Rechnungsabgrenzung

Aufgaben

129 Bilden Sie die Buchungssätze zu folgenden Geschäftsfällen,

1. bei der Zahlung,
2. für die Buchung am 31.12.,
3. für die Buchung des Kontenabschlusses zum 31.12.,
4. für die Eröffnungsbuchungen im Januar des neuen Jahres.

Kontenrahmen: Mieterträge, Bank, PARAP, Zinserträge, Postbank, EB, GuV, SBK.

Geschäftsfall **Beträge in €**

1. Wir erhalten am 20.12. eine Bankgutschrift über die Januarmiete für einen vermieteten Praxisraum.	800,00
2. Unser Mieter überweist am 01.12. die Miete für einen von uns vermieteten Praxisraum für Dezember bis Februar durch Bank.	3.000,00
3. Ein Mitarbeiter zahlt für ein von uns gewährtes Darlehen die Zinsen für die Monate Oktober bis März am 26. Dezember durch Postbank.	600,00
4. Bankgutschrift am 20.12. für die Januarmiete der vermieteten Wohnung im Praxisgebäude.	1.000,00

12.4 Skontobuchungen im System der doppelten Buchführung

Während **Skontobeträge** in der **Einnahmen-Überschussrechnung nicht** gesondert aufgezeichnet werden,[1] sind Skontobeträge, die von Lieferern gewährt werden, im **System** der **Doppik** als **Korrekturbuchungen** bei den **Anschaffungskosten** zu erfassen. Rabatte werden nicht gebucht.

Beispiel mit Lösung

Rechtsanwalt/Notar Dr. Uwe P. Dale kauft ein Fotokopiergerät zum Listenpreis von 2.000,00 €. Der Lieferer gewährt 3 % Skonto bei Zahlung innerhalb von 10 Tagen. Der Rechnungsbetrag wird innerhalb der Skontofrist durch Banküberweisung (Anfangsbestand 60.000,00 €) beglichen.

Eingangsrechnung	**€**
1 Fotokopierer	2.000,00
19 % Umsatzsteuer	380,00
Rechnungsbetrag	**2.380,00**
./. 3 % Skonto	71,40
Überweisungsbetrag	**2.308,60**

Die in dem Skontobetrag enthaltene Vorsteuer in Höhe von 11,40 € kann entweder sofort netto oder als Korrekturbuchung der Vorsteuer am Monatsende (Bruttobuchung) berichtigt werden.

1. Buchung

Rechnungseingang

Konto	**Soll**	**Haben**
Praxisausstattung	2.000,00	
Vorsteuer	380,00	
an Verbindlichk.		2.380,00

Soll	Praxisausstattung		Haben
1. Verb.	2.000,00		

Soll	Vorsteuer		Haben
1. Verb.	380,00		

Soll	Verbindlichkeiten		Haben
		1. PA/VorSt	2.380,00

[1] Vergleichen Sie bitte hierzu auch das Kapitel 6.2 im Teil Buchführung.

2. Buchung der Banklastschrift

a) Nettobuchung

Konto	**Soll**	**Haben**
Verbindlichkeiten	2.380,00	
an Bank		2.380,60
an Praxisausst.		60,00
an Vorsteuer		11,40

b) Bruttobuchung (ohne T-Konten)

Verbindlichkeiten	2.380,00	
an Bank		2.308,60
an Praxisausst.		71,40

Korrekturbuchung am Monatsende

Praxisausstattung	11,40	
an Vorsteuer		11,40

Bestände von oben

Soll	Praxisausstattung		Haben
1. Verb.	2.000,00	**2.** Verb.	60,00

Soll	Vorsteuer		Haben
1. Verb.	380,00	**2.** Verb.	11,40

Soll	Verbindlichkeiten		Haben
2. Bank/PA	2.380,00	**1.** PA/VorSt	2.380,00

Soll	Bank		Haben
AB	60.000,00	**2.** Verb.	2.308,60

Merken Sie sich bitte:

- **Skontobeträge mindern** die **Anschaffungskosten** und die **Vorsteuer.**
- Die **Korrektur** der Vorsteuer kann **netto** oder **brutto** vorgenommen werden.

Aufgaben

130 **131** Bilden Sie die Buchungssätze für folgende Geschäftsfälle. Buchen Sie **brutto mit anschließender Korrekturbuchung**.

Kontenplan: Fuhrpark, Praxisausstattung, Verbindlichkeiten, Bank, Vorsteuer.

Geschäftsfall **Beträge in €**	**130**	**131**
1. Kauf eines Notebooks auf Ziel.		
Eingangsrechnung		
1 Notebook	2.360,00	2.200,00
./. 7,5 % Rabatt	177,00	165,00
Nettobetrag	2.183,00	2.035,00
19 % Umsatzsteuer	414,77	386,65
Rechnungsbetrag	2.597,77	2.421,65
./. 2 % Skonto	51,96	48,43
Überweisung durch Bank	2.545,81	2.373,22
2. Zieleinkauf eines Rechenautomaten:		
Eingangsrechnung		
Listenpreis	1.500,00	1.300,00
./. 15 % Rabatt	225,00	195,00
Nettobetrag	1.275,00	1.105,00
19 % Umsatzsteuer	242,25	209,95
Bruttobetrag	1.517,25	1.314,95
Banküberweisung unter Abzug von 3 % Skonto.	?	?

3. Zieleinkauf eines Pkw für die Rechtsanwalts-/Notariatskanzlei.

Eingangsrechnung			
Listenpreis (Grundausstattung)		30.000,00	32.000,00
Zusatzausstattung:	Radio	1.400,00	1.600,00
	Sonderlackierung	3.000,00	2.800,00
Überführungskosten		600,00	600,00
Nettopreis		35.000,00	37.000,00
19 % Umsatzsteuer		6.650,00	7.030,00
Rechnungsbetrag		41.650,00	44.030,00

Der Rechnungsbetrag wird unter Abzug von 2 % Skonto durch Bank überwiesen.

12.5 Buchung ausscheidender Praxisgegenstände

Während bei der **Einnahmen-Überschussrechnung** die noch **nicht abgeschriebenen** Beträge als **Betriebsausgaben** und die **Verkaufserlöse** als **Betriebseinnahmen** zu buchen sind, werden die aus dem Anlagevermögen ausscheidenden Praxisgegenstände im System der doppelten Buchführung **direkt** von den **Bestandskonten** abgebucht.

Übersicht

Der am **Markt ermittelte** oder geschätzte **Tageswert** des Praxisgegenstandes kann **gleich** dem Buchwert, **höher** oder **niedriger** als der Buchwert sein.

Auswirkungen auf den Erfolg

- gleich ⟶ Tageswert = Buchwert ⟶ erfolgsneutral
- höher ⟶ Tageswert > Buchwert ⟶ Außerordentlicher Ertrag
- niedriger ⟶ Tageswert < Buchwert ⟶ Außerordentlicher Aufwand

Beispiele mit Lösung

Rechtsanwältin Adele Pfitzauf verkauft eine gebrauchte Rechenmaschine mit einem Buchwert von 2.000,00 € durch Banküberweisung:

1. zum Tageswert von netto 2.000,00 €

Ausgangsrechnung	**€**
1 Rechenmaschine	2.000,00
19 % Umsatzsteuer	380,00
Rechnungsbetrag	**2.380,00**

Buchung

Konto	Soll	Haben
Bank	2.380,00	
an Praxisausst.		2.000,00
an Umsatzsteuer		380,00

Soll Praxisausstattung Haben

Soll		Haben	
AB	2.000,00	Bank	2.000,00

Soll Bank Haben

Soll		Haben	
PA/USt	2.380,00		

Soll Umsatzsteuer Haben

Soll		Haben	
		Bank	380,00

Merken Sie sich bitte:

- Die **Rechenmaschine** wird **direkt** von dem **Vermögenskonto** abgebucht.
- Der **Verkaufsvorgang** bleibt **erfolgsneutral,** weil **Buchwert** und erzielter **Verkaufspreis** in ihrer Höhe **übereinstimmen.**

2. zum Tageswert von netto 3.000,00 €

Ausgangsrechnung	**€**
1 Rechenmaschine	3.000,00
19 % Umsatzsteuer	570,00
Rechnungsbetrag	**3.570,00**

Buchung

Konto	Soll	Haben
Bank	3.570,00	
an Praxisausst.		2.000,00
an Umsatzsteuer		570,00
an Außerordentl. Erträge (AoE)		1.000,00

Soll	Praxisausstattung		Haben
AB	2.000,00	Bank	2.000,00

Soll	Bank		Haben
PA/USt/ AoE	3.570,00		

Soll	Außerordentliche Erträge		Haben
		Bank	1.000,00

Soll	Umsatzsteuer		Haben
		Bank	570,00

Merken Sie sich bitte:

- Das ausgeschiedene **Anlagegut** buchen Sie **direkt** vom **Vermögenskonto** in Höhe des **Buchwertes** aus.
- Die **Differenz** zwischen dem Buchwert und dem erzielten Mehrerlös buchen Sie auf dem Konto **„Außerordentliche Erträge".**

3. zum Tageswert von netto 1.500,00 €

Ausgangsrechnung	**€**
1 Rechenmaschine	1.500,00
19 % Umsatzsteuer	285,00
Rechnungsbetrag	**1.785,00**

Buchung

Konto	Soll	Haben
Bank	1.785,00	
AoAufwand	500,00	
an Praxisausst.		2.000,00
an Umsatzsteuer		285,00

Soll	Praxisausstattung		Haben
AB	2.000,00	Bank	2.000,00

Soll	Außerordentlicher Aufwand		Haben
Bank	500,00		

Soll	Umsatzsteuer		Haben
		Bank	285,00

Soll	Bank		Haben
PA/AoA/ USt	1.785,00		

Merken Sie sich bitte:

- Das ausgeschiedene **Anlagegut** buchen Sie **direkt** vom **Vermögenskonto** in Höhe des **Buchwertes** aus.
- Die **Differenz** zwischen dem höheren Buchwert und dem niedrigeren Verkaufserlös buchen Sie auf dem Konto **„Außerordentlicher Aufwand".**

Aufgaben

132 133 Bilden Sie die Buchungssätze für folgende Geschäftsfälle:

Kontenplan: Bank, Kasse, Praxisausstattung, Fuhrpark, Umsatzsteuer, Außerordentlicher Ertrag, Außerordentlicher Aufwand.

Geschäftsfall **Beträge in €**	**132**	**133**
1. Barverkauf eines gebrauchten Druckers, Buchwert	1.200,00	1.300,00
Nettoverkaufspreis: a) 1.100,00; b) 1.500,00; c) zum Buchwert		
2. Verkauf eines gebrauchten Praxis-Pkw gegen Bankscheck, Buchwert	3.000,00	4.000,00
a) der Tageswert entspricht dem Buchwert,		
b) der Tageswert ist 40 % höher als der Buchwert,		
c) der Tageswert ist 30 % niedriger als der Buchwert.		
3. Kauf eines Notebooks, netto	2.000,00	2.500,00
19 % Umsatzsteuer	?	?
Inzahlunggabe einer gebrauchten Maschine, Buchwert	1,00	130,00
für netto	300,00	400,00
19 % Umsatzsteuer	57,00	76,00
Der Restbetrag wird durch Bank überweisen.	?	?

12.6 Bilanzierung der Umsatzsteuer-Zahllast bei Gewinnermittlung nach § 4 Abs. 1 EStG

Am **31.12.** erfolgt der **Jahresabschluss**. Die **Umsatzsteuer-Zahllast** des Monats Dezember muss aber **erst** zum **10. Januar** des **folgenden** Jahres bezahlt worden sein.

Bei der **Einnahmen-Überschussrechnung** nach § 4 Abs. 3 EStG ist dies unproblematisch, weil **erst** dann **gebucht** werden darf, wenn die **Zahllast** an das Finanzamt **abgeführt** worden ist (**Abflussprinzip**). Das ist in der Regel der 10. Januar des nächsten Jahres. Die Zahllast betrifft also das neue Jahr.

Bei der Gewinnermittlung durch **Betriebsvermögens- oder Eigenkapitalvergleich** nach § 4 Abs. 1 EStG werden – wie wir bereits wissen – alle Vermögensteile und Schulden dem

Jahr **zugeordnet**, zu dem sie **wirtschaftlich** gehören. Die **Umsatzsteuer-Zahllast** des Monats Dezember gehört also noch ins **alte Geschäftsjahr**.

Am **31.12.** haben wir eine **Verbindlichkeit** gegenüber dem **Finanzamt**, die auf der Passivseite der Schlussbilanz aufzunehmen ist.

12.6.1 Passivierung der Zahllast

Beispiel mit Lösung

Bei Rechtsanwalt/Notar Dr. Fritz Zornbeber zeigen die Konten am 31.12. folgende Bestände:

	Soll	Haben
Vorsteuer	30.000,00	
Umsatzsteuer		50.000,00

Aufgabe: Ermitteln, passivieren und buchen Sie die Umsatzsteuer-Zahllast sowie die Banküberweisung (Anfangsbestand 40.000,00 €) im neuen Jahr.

Buchung am 31.12.

1. Bei Ermittlung der Zahllast

Konto	Soll	Haben
Umsatzsteuer	30.000,00	
an Vorsteuer		30.000,00

Soll	Vorsteuer		Haben
Bestand	30.000,00	**1.** USt	30.000,00

Soll	Umsatzsteuer		Haben
1. VorSt	30.000,00	Bestand	50.000,00
2. SBK	20.000,00		
	50.000,00		50.000,00

2. Bei der Passivierung

Konto	Soll	Haben
Umsatzsteuer	20.000,00	
an SBK		20.000,00

Soll	Schlussbilanzkonto		Haben
		2. USt	20.000,00

3. Bei Eröffnung der Konten zum 01.01.
(ohne Eröffnungsbilanz)

Konto	Soll	Haben
Eröffnungsbilanz	20.000,00	
an Umsatzsteuer		20.000,00

Soll	Umsatzsteuer		Haben
4. Bank	20.000,00	**3.** EB	20.000,00

4. Bei Überweisung der Zahllast durch Bank

Konto	Soll	Haben
Umsatzsteuer	20.000,00	
an Bank		20.000,00

Soll	Bank		Haben
AB	40.000,00	**4.** USt	20.000,00

12.6.2 Aktivierung der Zahllast

Die **vereinnahmte** Umsatzsteuer **übersteigt** in der Regel die vom Rechtsanwalt/Notar **gezahlte** Vorsteuer. Gelegentlich kommt es vor, dass infolge größerer Anschaffungen die **Vorsteuer höher** ist als die Umsatzsteuer. Dieser **Vorsteuerüberhang** wird **aktiviert**, das heißt in die **Aktivseite** der **Bilanz** aufgenommen. Der Rechtsanwalt/Notar hat also eine **Forderung** (Anspruch) gegenüber dem **Finanzamt**. In diesem Fall ist das **Konto Umsatzsteuer** über das Konto Vorsteuer abzuschließen.

Beispiel mit Lösung

In der Rechtsanwaltskanzlei Dr. Karin Blatt ergeben sich am 31.12. folgende Bestände:

	Soll	Haben
Vorsteuer	20.000,00	
Umsatzsteuer		5.000,00

Aufgabe: Ermitteln und aktivieren Sie den **Vorsteuerüberhang**. Buchen Sie die Banküberweisung der Vorsteuerrückzahlung im neuen Jahr durch das Finanzamt.

Buchung am 31.12.

1. Bei Ermittlung des Vorsteuerüberhangs

Konto	Soll	Haben
Umsatzsteuer	5.000,00	
an Vorsteuer		5.000,00

Soll — Vorsteuer — Haben

Soll		Haben	
Bestand	20.000,00	**1.** USt	5.000,00
		2. SBK	15.000,00
	20.000,00		20.000,00

Soll — Umsatzsteuer — Haben

Soll		Haben	
1. VorSt	5.000,00	Bestand	5.000,00

2. Bei der Aktivierung

Konto	Soll	Haben
SBK	15.000,00	
an Vorsteuer		15.000,00

Soll — Schlussbilanzkonto — Haben

Soll		Haben	
2. VorSt	15.000,00		

3. Bei Eröffnung der Konten zum 01.01. (ohne Eröffnungsbilanz)

Konto	Soll	Haben
Vorsteuer	15.000,00	
an EB		15.000,00

Soll — Vorsteuer — Haben

Soll		Haben	
3. EB	15.000,00	**4.** Bank	15.000,00

4. Bei Banküberweisung der Vorsteuer durch das Finanzamt

Konto	Soll	Haben
Bank	15.000,00	
an Vorsteuer		15.000,00

Soll — Bank — Haben

Soll		Haben	
4. VorSt	15.000,00		

Merken Sie sich bitte:

Zum **31.12. (Bilanzstichtag)** ist im Schlussbilanzkonto
- eine **Umsatzsteuer-Zahllast zu passivieren** oder
- ein möglicher **Vorsteuerüberhang zu aktivieren.**

Zusammenfassung

Formale Darstellung und Kontenbild

a) bei Umsatzsteuer-Zahllast

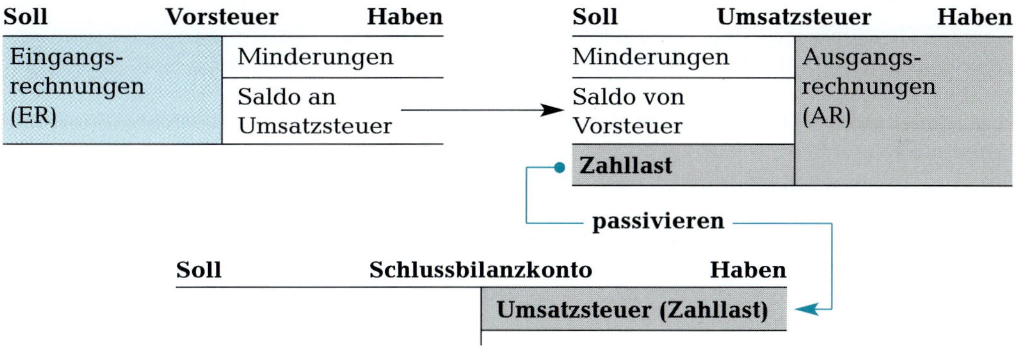

b) bei Vorsteuerüberhang (VorStÜberh)

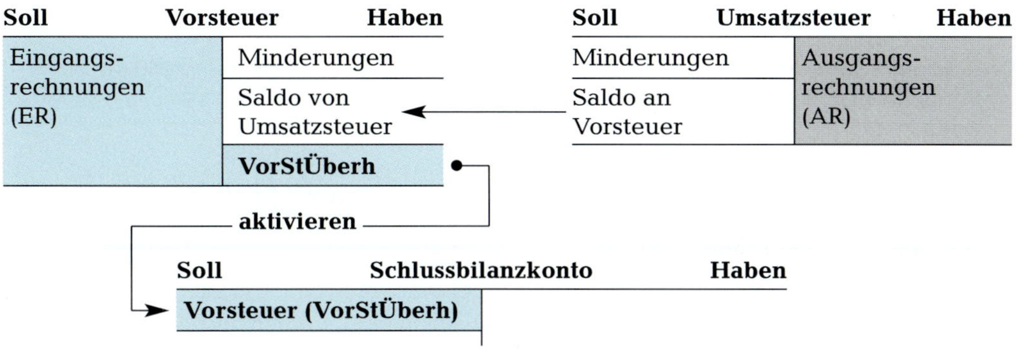

Aufgaben

134 Rechtsanwältin Dr. A. Meise ermittelt ihren Gewinn nach § 4 Abs. 1 EStG. Sie hat im Monat Dezember insgesamt Vergütungsrechnungen von netto 50.000,00 € an ihre Mandanten geschickt. Die Rechnungen sind noch nicht bezahlt. Die Summe der Eingangsrechnungen für gekaufte Praxisgegenstände beträgt 20.000,00 €. Diese Rechnungen sind ebenfalls noch nicht bezahlt. Der Steuersatz beträgt 19 %. Die Umsatzsteuer-Zahllast ist zu passivieren und im neuen Jahr durch Banküberweisung an das Finanzamt abzuführen.

Aufgaben

1. Übernehmen Sie die Umsatzsteuer der Vergütung und die Vorsteuer der Eingangsrechnungen auf T-Konten.
2. Ermitteln Sie zum Ende des Umsatzsteuervoranmeldezeitraumes (31.12.) die Zahllast kontenmäßig.
3. Passivieren Sie die Umsatzsteuer-Zahllast.
4. Eröffnen Sie das Umsatzsteuerkonto im neuen Jahr.
5. Buchen Sie die Überweisung der Zahllast durch Bank (Anfangsbestand 10.000,00 €).

12.7 Buchung der Personalkosten

Bei der **Gewinnermittlung** nach **§ 4 Abs. 1 EStG** werden die **Personalkosten brutto** gebucht. Auf dem Konto **Personalkosten** erscheinen die **Bruttogehälter im Soll**. Die einbehaltenen **Abzüge** und der Arbeitgeberanteil an der Sozialversicherung, die erst im folgenden Monat fällig werden, sind als **Verbindlichkeiten** auf dem Konto **„Noch abzuführende Abgaben (NaA)"** zu buchen. Bei Zahlung der Beträge im folgenden Monat werden diese Verbindlichkeiten ausgebucht.

Beispiel mit Lösung ohne vermögenswirksame Leistungen

Für die Rechtsanwaltsfachangestellte Margit Korrekt liegt für den Monat Juni folgende Gehaltsabrechnung vor:

Gehaltsabrechnung	**€**	**€**
Bruttogehalt		**2.015,00**
./. Lohnsteuer	218,75	
./. Solidaritätszuschlag	12,03	
./. Kirchensteuer 9 %	19,68	250,46
./. Sozialversicherungsbeiträge		
KV	159,19	
PflV	20,65	
RV	190,42	
AlV	30,23	400,49
Nettogehalt (Auszahlungsbetrag)		**1.334,05**
Arbeitgeberanteil an der Sozialversicherung		**389,40**

Sämtliche Zahlungen erfolgen durch Banküberweisungen (Anfangsbestand 30.000,00 €).

1. Buchung bei der Gehaltszahlung

Konto	Soll	Haben
Personalkosten	2.015,00	
an Bank		1.334,05
an NaA (ANAnt)		400,49
an NaA (Steuern)		250,46
Personalkosten	389,40	
an NaA (ArbGebA)		389,40

Soll — Personalkosten — Haben

Soll		Haben	
1. Bank	2.015,00		
1. NaA	400,49		

Soll — Bank — Haben

Soll		Haben	
AB	30.000,00	1. Pers	1.334,05
		2. NaA	1.040,35

2. Buchung bei Zahlung der NaA

Konto	Soll	Haben
NaA	789,89	
an Bank		789,89

Soll	NaA		Haben
2. Bank	1.040,35	1. Pers	400,49
		1. Pers	250,46
		1. Pers	389,40
	1.040,35		1.040,35

Aufgaben

135 Bilden Sie die Buchungssätze a) bei Gehaltszahlung und b) bei Zahlung der NaA, wenn die Zahlungen durch Banküberweisung (Anfangsbestand 50.000,00 €) erfolgen.

Auszug aus der **Gehaltsliste** für den Monat September.

Bruttogehalt	LSt	SolZ	KiSt 9 %	Steuern Gesamt	Sozialvers.	Gesamtabzüge	Nettogehalt	Arbeitgeberanteil an der SozVers
1.980,00	210,48	11,57	18,93	240,98	393,53	634,51	1.345,49	382,64

Beispiel mit Lösung mit vermögenswirksamen Leistungen

Die Kanzleiangestellte Evi Süffig, erhält ein monatliches Bruttogehalt von 1.995,00 €. Zusätzlich zu ihrem Gehalt zahlt ihr der Rechtsanwalt noch 20,00 € vermögenswirksame Leistungen auf ihr Konto bei der Bank (Bausparkasse). Die Buchungssätze zu folgenden Banküberweisungen (Anfangsbestand 50.000,00 €) sind zu bilden:

- Für das Nettogehalt
- Für die Abführung
  - der Sozialversicherungsbeiträge des Arbeitgebers und Arbeitnehmers,
  - der Lohnsteuer, des Solidaritätszuschlags und der Kirchensteuer,
  - der Sparleistung an die Bank/Bausparkasse.

Gehaltsabrechnung	**€**
Bruttogehalt	**1.995,00**
+ vermögenswirksame Leistung des **Arbeitgebers**	20,00
= steuer- und sozialversicherungspflichtiges Bruttogehalt	**2.015,00**
./. Lohnsteuer, SolZ und Kirchensteuer	262,77
./. Sozialversicherungsbeiträge Arbeitnehmer	412,57
./. Vermögenswirksame Sparleistung	20,00
Nettogehalt (Auszahlungsbetrag)	**1.319,66**
Arbeitgeberanteil an der Sozialversicherung	**389,40**

Buchungen

1. Gehaltszahlung

Konto	Soll	Haben
Personalkosten	2.015,00	
an Bank		1.319,66
an NaA (Arbeitnehmer)		412,57
an NaA (Steuern)		262,77
an SonstVerb		20,00
Personalkosten	389,40	
an NaA (Arbeitgeber)		389,40

2. Buchung der Überweisungen

a) Sozialversicherung

Arbeitgeber- und Arbeitnehmeranteil

NaA (SozVers) (ArbG und ArbN)	801,97	
an Bank		801,97
b) Lohn- und Kirchensteuer		
NaA (Steuern)	262,77	
an Bank		262,77
c) Vermögenswirksame Sparleistung		
Sonstige Verb.	20,00	
an Bank/Bausparkasse		20,00

Soll	Personalkosten		Haben
1. Bank	2.015,00		
1. NaA	412,57		

Soll	Sonstige Verbindlichkeiten		Haben
2.c) Bank	20,00	**1.** Pers	20,00

Soll	NaA		Haben
2. Bank	262,77	**1.** Pers	262,77
2. Bank	801,97	**1.** Pers	412,57
		1. Pers	389,40
	1.064,74		1.064,74

Soll	Bank		Haben
AB	50.000,00	**1.** Pers	1.319,66
		2.a) NaA	801,97
		2.b) NaA	262,77
		2.c) SoVerb	20,00

Merken Sie sich bitte:

- **Einbehaltene Abzüge und** der **Arbeitgeberanteil an der Sozialversicherung** werden **bis zur Überweisung** als **Verbindlichkeit** auf dem Konto **„Noch abzuführende Abgaben"** gebucht.

Aufgaben

136 Buchen Sie folgende Gehaltsabrechnung, wenn in der Kanzlei Dr. Margit von Buchprüfer der Gewinn nach § 4 Abs. 1 EStG ermittelt und die doppelte Buchführung angewandt wird.

Kontenplan: Personalkosten, Bank, NaA (Steuern, Arbeitnehmeranteil, Arbeitgeberanteil), Sonstige Verbindlichkeiten.

Die Kanzleiangestellte Karin Rosig, Steuerklasse II/05, erhält ein monatliches Bruttogehalt von 1.964,00 €. Zusätzlich zu dem Gehalt zahlt ihr die Rechtsanwältin Dr. Margit von Buchprüfer noch 30,00 € vermögenswirksame Leistungen auf ihr Konto bei der Bank (Bausparkasse). Der Kirchensteuersatz beträgt 9 %.

Aufgaben

Bilden Sie die Buchungssätze zu folgenden Banküberweisungen:

Für das Nettogehalt.
Für die Abführung (bitte jeweils eine eigene Überweisung buchen)
- der Sozialversicherungsbeiträge der Arbeitgeberin und Arbeitnehmerin,
- der Lohnsteuer, des Solidaritätszuschlags und der Kirchensteuer,
- der Sparleistung an die Bank/Bausparkasse.

Gehaltsabrechnung	€	€
Bruttogehalt		**1.964,00**
+ vermögenswirksame Leistung des Arbeitgebers		30,00
= steuer- und sozialversicherungspflichtiges Bruttogehalt		**1.994,00**
./. Lohnsteuer II/05	185,00	
./. Solidaritätszuschlag	5,98	
./. Kirchensteuer 9 %	9,98	200,96
./. Sozialversicherungsbeiträge		
Krankenversicherung	157,53	
Pflegeversicherung	20,44	
Rentenversicherung	188,43	
Arbeitslosenversicherung	29,91	396,31
./. Vermögenswirksame Sparleistung Arbeitgeber		30,00
Nettogehalt (Auszahlungsbetrag)		**1.366,73**
Arbeitgeberanteil an der Sozialversicherung		**385,34**

13 Kontenrahmen und Kontenplan

Alle Konten, die in Rechtsanwalts-/Notariatskanzleien verwendet werden, müssen klar bezeichnet, übersichtlich geordnet und eindeutig bestimmbar sein. Diese Anforderungen erfüllt der **Kontenrahmen**.

Merken Sie sich bitte:

- Ein **Kontenrahmen** ist ein **Ordnungssystem** für alle **Konten**, die in einer Rechtsanwalts/Notariatskanzlei geführt werden.

Kontenrahmen gibt es auch für Industriebetriebe, Groß- und Außenhandel, Einzelhandel, Handwerk, Wirtschafts- und steuerberatende Berufe, Banken und Versicherungen. Dabei ist der **Grundaufbau** der einzelnen Wirtschaftszweige **gleich**:

Die Kontenrahmen sind in **10 Kontenklassen (Klasse 0 bis 9)** gegliedert:

Übersicht

Kontenklasse	Inhalt
0	Anlage- und Kapitalkonten
1	Finanz- und Privatkonten
2 und 3	Bei Rechtsanwälten/Notaren nicht besetzt
4	Aufwands- und Kostenkonten
5/6/7	Bei Rechtsanwälten/Notaren nicht besetzt
8	Ertragskonten
9	Eröffnungs- und Abschlusskonten

Jede **Kontenklasse** (einstellige Ziffer) ist wiederum in **10 Kontengruppen** (zweistellige Ziffer) unterteilt; innerhalb jeder Kontengruppe können **10 Kontenarten** (dreistellige Ziffer) und je Kontenart **10 Kontenunterarten** (vierstellige Ziffer) gebildet werden.

Beispiel

Aus der **Kontonummer 4111** erkennen Sie die

- **Kontenklasse:** Aufwandskonten **4**
- **Kontengruppe:** Personalaufwendungen (Gehälter netto) **41**
- **Kontenart:** Vermögenswirksame Leistungen **411**
- **Kontenunterart:** Vermögenswirksame Leistungen Angestellter Manni Keule **4111**

Die Vermögenswirksame Leistung des Angestellten Manni Keule wird also unter der Kontonummer 4111 gebucht.

Die Darstellung zeigt außerdem, dass es möglich ist, jedes Konto durch seine Nummer eindeutig zu bestimmen.

Aus dem **Kontenrahmen entwickelt** jeder Rechtsanwalt/Notar seinen eigenen **Kontenplan**, der auf seine **individuellen Belange** ausgerichtet ist. Hierbei helfen ihm die verschiedenen Anbieter von EDV-Anlagen, die neben ihren standardmäßig vorhandenen Kontenrahmen individuelle Kontenpläne für die betreffende Kanzlei erstellen.

B Berufsbezogenes Rechnen

1 Grundrechenarten

In der modernen rechtsanwaltlichen oder notariellen Praxis reichen zwar Kopfrechnen, schriftliches oder halbschriftliches Rechnen nicht mehr aus, man kann aber andererseits auf diese Rechenmethoden nicht verzichten.

1.1 Grundregeln für das berufsbezogene Rechnen

Im Laufe der Zeit haben sich für alle Büroberufe gewisse **Grundsätze** entwickelt, die geeignet sind, das **Zahlenmaterial** sachlich und rechnerisch **richtig** und jederzeit **überprüfbar** darzustellen.

Die wichtigsten Grundsätze sind:

- Schreiben Sie Zahlenkolonnen stellengenau untereinander.
- Achten Sie auf Kommastellen.
- Schätzen Sie das gesuchte Ergebnis durch Überschlagen.
- Rechenvorteile nur dort anwenden, wo sie einen Zeitgewinn bringen.
- Runden Sie richtig (5 und mehr aufrunden, unter 5 abrunden).

1.1.1 Die Addition

Merken Sie sich bitte:

- Zahlen, die **addiert** werden sollen, nennt man **Summanden,** das Ergebnis der Addition heißt **Summe.**

7	**+**	**2**	**=**	**9**
Summand	**plus**	**Summand**	**gleich**	**Summe**

Rechenvorteile

▶ **Zahlen, die sich zu 10 ergänzen, fassen Sie zusammen:**

Beispiel

$$\left.\begin{array}{r} 3 \\ +\ 7 \end{array}\right\} 10 \qquad \begin{array}{r} +\ 8 \end{array} \qquad \left.\begin{array}{r} +\ 16 \\ +\ 4 \end{array}\right\} 20$$

Nichtgeübte Rechner sagen:
4 und 6 ist gleich 10 und 8 ist 18 und 7 ist 25
und 3 ist gleich 28 und 10 ist 38!

Sie als Fachleute lassen die Zwischenergebnisse weg und sagen:
20 → 30 → 38!

▶ **Wiederkehrende Zahlen werden multipliziert!**

Beispiel: 6 + 6 + 6 + 6 + 6 = 5 mal 6 = 30.

▶ Lange Zahlenreihen werden in Abschnitte gegliedert und die Teilergebnisse zur Endsumme zusammengezählt:

Beispiel

	€		€		€
3,64		Übertrag	77,46	Übertrag	144,60
8,76		8,81		23,06	
9,21		9,49		240,94	
10,11		3,42		0,05	
13,09	44,81	14,40		10,93	
16,12		5,42	41,54	112,17	387,15
3,76		2,37		308,22	
0,52		8,73		66,64	
3,33		1,35		7,46	
8,92	32,65	2,12		9,18	
	77,46	11,03	25,60	8,25	399,75
			144,60		**931,50**

Aufgaben

1 Addieren Sie im Kopf in der folgenden Übungstafel waagerecht von 1 bis 10 und senkrecht von a bis g. Wenden Sie dabei die oben erwähnten Rechenvorteile an.

	1	**2**	**3**	**4**	**5**	**6**	**7**	**8**	**9**	**10**
a	6	8	6	3	7	22	8	50	12	108
b	4	2	4	15	5	8	22	14	6	72
c	10	3	7	30	16	2	18	6	4	17
d	1	4	5	5	5	4	5	5	5	3
e	19	11	19	1	33	53	2	2	9	88
f	25	3	11	11	5	7	3	11	12	11
g	30	69	21	5	9	2	67	1	19	11

2 Addieren Sie im Kopf die Beträge des Kassenbuchs einer Rechtsanwaltskanzlei zunächst von unten nach oben und dann machen Sie die Probe, indem Sie von oben nach unten addieren.

Einnahmen	**Beträge in €**	**Ausgaben**
682,19		5.687,99
3.391,11		8,01
4.017,83		137,37
0,67		23,18
33,12		100,01
486,27		22,68
133,13		437,42
?		?

3 Addieren Sie die Zahlungsvorgänge aus verschiedenen **Kostenblättern** einer Rechtsanwaltskanzlei waagerecht und senkrecht. Schätzen Sie vorher die Ergebnisse überschlagsweise.

Einnahmen						**Beträge in €**
Gesamt	**Vergütung**	**Post- u. Telekomentgelte**[1]	**Auslagen**	**Umsatzsteuer**	**Vorgelegte Kosten**	**Fremdgeld**
?	600,00	40,00	20,00	125,40	130,00	2.000,00
?	1.030,00	66,14		208,32		
?	500,00	40,00		102,60		
?	700,00	32,35	17,62	142,49	194,00	
?	800,00	40,00		159,60	238,00	5.000,00
?	1.500,00	87,16	162,00	332,34		3.600,00
?	?	?	?	?	?	?

Ausgaben						**Beträge in €**
Gesamt	**Vergütung**	**Post- u. Telekomentgelte**[1]	**Auslagen**	**Umsatzsteuer**	**Vorgelegte Kosten**	**Fremdgeld**
?	300,00	40,00	20,00	68,40	123,00	2.000,00
?	866,00	44,72		173,04		
?	1.374,00	30,00	180,00	300,96		5.400,00
?	867,80	34,98	243,85	217,86		3.000,00
?	660,00	40,00		133,00		
?	798,00	30,00		157,32	336,00	
?	?	?	?	?	?	?

4 Prüfen Sie die **Richtigkeit** der folgenden Kostenaufstellung einer Rechtsanwaltskanzlei:

Kostenart	**Januar**	**Februar**	**März**	**Gesamt**
Allgemeine Verwaltungskosten	3.689,63	4.192,05	4.870,92	12.752,60
Energiekosten	1.360,18	1.017,10	2.080,17	4.957,45
Kraftfahrzeug-Kosten	632,00	938,52	1.870,08	3.440,60
Mietaufwendungen	2.400,00	2.400,00	2.480,00	7.270,00
Personalkosten	8.680,00	8.790,00	8.790,00	26.260,00
Reinigungskosten	113,00	176,50	190,00	497,50
Zinsaufwendungen	930,00	923,19	900,11	2.753,30
Gesamt	17.802,18	18.937,36	21.181,28	60.323,45

1.1.2 Die Subtraktion

Merken Sie sich bitte:

- Bei der Subtraktion wird von einer Zahl **(Minuend)** eine andere Zahl **(Subtrahend) abgezogen.** Das Ergebnis heißt **Differenz.**

9	**–**	**2**	**=**	**7**
Minuend	**minus**	**Subtrahend**	**gleich**	**Differenz**

[1] Tatsächlich entstanden.

Rechenvorteile

▶ Bei der **additiven Subtraktion** (Ergänzungsmethode) wird zum **Subtrahenden** die **Differenz** zum **Minuenden** addiert (ergänzt).

Beispiel

Beträge in €

376,00	Minuend
./. 233,00	Subtrahend
= 143,00	Differenz

Rechnen Sie:	3 + 3 = 6;	**Schreiben Sie:**	3
	3 + 4 = 7;		4
	2 + 1 = 3;		1

Kontrolle:

Addieren Sie:	3 + 3 = 6
	4 + 3 = 7
	1 + 2 = 3

▶ **Sollen von einer Zahl mehrere Zahlen abgezogen werden, so addiert man zunächst die Subtrahenden und ergänzt dann die Differenz zum Minuenden!**

Beispiel

€	Rechnen Sie:		Schreiben Sie	
2.863,00	8 + 2 + 6 + 4 +	3	= 23	3
./. 320,00	10 10			
./. 84,00	2 + 1 + 3 + 1 + 8 + 2 +	9	= 26	9
./. 416,00	10			
./. 32,00	2 + 4 + 3 +	9	= 18	9
./. 18,00	1 +	1	= 2	1
= **1.993,00** ←				

Aufgaben

5 Ermitteln Sie folgende Betriebsergebnisse einer Rechtsanwalts-/Notariatskanzlei:

	€	€	€	€
Betriebs**einnahmen**	264.163,18	312.911,00	183.492,91	468.927,11
./. Betriebs**ausgaben**	123.270,12	194.963,67	91.029,13	231.123,44
= Betriebs**ergebnis**	?	?	?	?

6 Wie hoch ist in der Kanzleikasse der jeweilige Zugang an Bargeld? Ermitteln Sie die Differenz ohne Umstellung der Zahlen von oben nach unten!

	€	€	€	€
Anfangsbestand	360,18	1.684,23	34.997,00	375.937,42
Endbestand	537,13	3.263,67	93.461,17	483.500,00
Zugang	?	?	?	?

7 Ermitteln Sie das Betriebsergebnis einer Notariatskanzlei.

	€	€	€	€
Betriebseinnahmen				
Vergütungen	296.384,00	367.533,07	294.634,88	598.379,97
Betriebsausgaben				
Personalkosten	52.777,90	88.762,33	90.173,06	133.785,23
Raumkosten	23.680,15	10.020,30	30.760,92	65.001,00
Kfz-Kosten	1.000,03	5.867,66	19.834,55	92.022,44
AVK	40.122,87	62.711,18	68.398,43	87.395,70
Betriebsergebnis	?	?	?	?

8 Ermitteln Sie den Saldo (Differenz) folgender Konten:

▶ **Achtung: Einnahmen stehen im Soll (S); Ausgaben werden im Haben (H) gebucht:**

Soll	**Postbank Haben**
8.760,12	377,90
9.342,18	4.642,78
468,03	
2.343,77	

Soll	**Bank Haben**
28.300,00	778,12
11.462,00	992,63
468,03	4,98
9.342,18	

Soll	**Kasse Haben**
3.600,00	4,19
5.367,82	33,77
480,11	820,41
33,28	3.742,67

9 Subtrahieren Sie halbschriftlich, ohne die Zahlen untereinander zu schreiben.

a) 6.367,98 € ./. 3.458,15 € ./. 416,78 €

b) 57.438,19 € ./. 24.817,98 € ./. 4,13 €

10 Übertragen Sie die nachfolgenden Einnahmen und Ausgaben jeweils auf ein Kassenkonto (T-Konto) und ermitteln Sie die Endbestände. Der Anfangsbestand steht immer im Soll!

	€	€	€	€
Anfangsbestand	3.642,70	466,11	2.463,00	5.803,94
Einnahmen	469,15	8.711,20	11,98	364,83
	33,88	1,08	460,00	512,80
S	912,90	802,02	90,12	3.840,11
	44,62	5,11	8,30	200,00
Ausgaben	1.463,55	7.462,78	888,43	4.942,18
	11,06	34,78	71,05	867,14
H	44,32	5,00	253,88	33,64
	862,52	66,99	31,84	5,36

1.1.3 Die Multiplikation

Merken Sie sich bitte:

- Zahlen, die miteinander **multipliziert** werden sollen, nennt man **Faktoren.** Das **Ergebnis** heißt **Produkt.**

6	**·**	**5**	**=**	**30**
Faktor	**mal**	**Faktor**	**gleich**	**Produkt**

Rechenvorteile:

▶ **Wenden Sie den Rechenvorteil mit der 1 an** (weil der Multiplikator schon da steht, brauchen wir ihn nicht mehr zu schreiben).

Beispiele

293 · 261	864 · 134
1758	2592
586	3456
76473	**115776**

▶ **Multiplizieren Sie mit den Zahlen 10, 100 oder 1000.**

Beispiele

	oder	
5 · 32		24 · 25
= 10 · (32 : 2)		= 24 · (100 : 4)
= 10 · 16		= 2400 : 4
= **160**		= **600**

oder

5 · 18	=	10 · 9	=	**90**
25 · 844	=	100 · 211	=	**21100**
50 · 4,36	=	100 · 2,18	=	**218,00**
125 · 0,88	=	1 000 · 0,11	=	**110,00**

▶ **Multiplizieren Sie mit 11 (0, 11; 1, 10; 110) besonders schnell, indem Sie zwei aufeinander folgende Zahlen addieren!**

Beispiel

So nicht!

345 · 11
345
 345
3795

Sondern so!

\+ \+
3 4 5 · 11 = 3795

Übernehmen Sie zuerst die 5, dann addieren Sie 5 + 4; 4 + 3 und übernehmen dann die 3!

▶ **Zerlegen Sie beim halbschriftlichen Rechnen den Multiplikator in Faktoren!**

Beispiele:	869 · 56 = 869 · 7 · 8	484 · 42 = 484 · 6 · 7
1. Schritt:	869 · 7 = 6083	484 · 6 = 2904
2. Schritt:	6.083 · 8 = **48664**	2.904 · 7 = **20328**

▶ **Nutzen Sie beim Multiplizieren die Nähe von Zehnerzahlen!**

Beispiele: 32 · 98 = 32 · 100 = 3200
./. 2 · 32 = 64
3136

oder 28 · 203 = 28 · 200 = 5600
\+ 28 · 3 = 84
5684

▶ **Halbieren Sie einen Faktor und verdoppeln Sie den anderen Faktor!**

Beispiele:	26 · 8	oder	480,60 · 15
1. Schritt:	52 · 4		240,30 · 30
2. Schritt:	104 · 2		**7209,00**
	208		

Aufgaben

11 Multiplizieren Sie im Kopf und wenden Sie die Rechenvorteile dann an, wenn sie Ihnen einen wirklichen Zeitgewinn bringen!

a)	76 · 5	f)	32 · 12	l)	135 · 11
b)	32 · 25	g)	8 · 44	m)	492 · 1,10
c)	860 · 50	h)	140 · 82	n)	2,36 · 24
d)	28 · 75	i)	360 · 15	o)	33,70 · 15
e)	16 · 125	k)	14 · 16	p)	462,90 · 20

12 In einer Rechtsanwalts-/Notariatskanzlei sollen die Räume mit Teppichboden zum Preis von 48,60 € je qm neu verlegt werden.

Berechnen Sie die Gesamtkosten und die Kosten je Raum, wenn die Räume folgende Ausmaße haben: (Runden Sie die Ergebnisse)[1]

Angabe in m	Länge	Breite
Raum 1:	6,30	5,14
Raum 2:	7,18	6,92
Raum 3:	4,98	5,17
Raum 4:	6,83	6,09

13 Ermitteln Sie den Endbestand in €, wenn in einer Portokasse folgende Briefmarken vorhanden sind:

Angaben in €

Stück	Wert	Stück	Wert
28	1,70	73	0,60
17	2,40	123	1,00
9	3,50	26	1,40
32	4,50	12	1,80

14 In der Kanzlei Dr. Fritz Zuverlässig, Ludwigshafen, wurden durch die Inventur nachstehende Vermögensteile gezählt und Schulden festgestellt.

Ermitteln Sie das Eigenkapital **(Eigenkapital = Vermögen ./. Schulden)**.

	Beträge in €
12 Stühle zu je	190,80
5 Schreibtische zu je	1.980,00
Bankguthaben	22.030,12
Kassenbestand	4.680,57
3 Teppiche zu je	6.300,00
5 Stühle zu je	870,90
3 Schreibtischsessel zu je	3.210,00
Schulden	18.000,00
1 Bücherschrank	6.805,00
Postbankguthaben	23.312,00
4 Schreibmaschinen zu je	900,00

[1] Beim Runden richten Sie sich nach der nächstfolgenden Ziffer.
Heißt die nächstfolgende Ziffer 0, 1, 2, 3, 4, so wird **abgerundet.**
Heißt die nächstfolgende Ziffer 5, 6, 7, 8, 9, so wird **aufgerundet.**
Beispiel: 8,459 gerundet auf Einer: 8,459 = **8**, auf Hundertstel: 8,459 = **8,46.**

1.1.4 Die Division

Merken Sie sich bitte:

- Teilen Sie eine Zahl **(Dividend)** durch eine andere Zahl **(Divisor)**, erhalten Sie den **Quotienten** (Ergebnis).

8	:	4	=	2
Dividend	**durch**	**Divisor**	**gleich**	**Quotient**

Teilbarkeitsregeln

Eine Zahl ist **teilbar** durch	**Beispiele**	
2, wenn die letzte Ziffer durch 2 teilbar ist	48	336
3, wenn die Quersumme durch 3 teilbar ist	45	5 469
4, wenn die beiden letzten Ziffern durch 4 teilbar sind	128	524
5, wenn die letzte Ziffer eine 0 oder eine 5 ist	35	200
6, wenn die Quersumme durch 3 teilbar und die letzte Ziffer gerade ist	66	114
8, wenn die 3 letzten Ziffern durch 8 teilbar sind	240	1 808
9, wenn die Quersumme durch 9 teilbar ist	81	1 305

Rechenvorteile:

▶ **Bei der Division durch die Zahlen 2 bis 9 schreiben wir keine Nebenrechnungen auf.**

Beispiele: 37.545 : 3 = **12.515 €** oder 580.321 : 8 = **72.540,125 €**

▶ **Zerlegen Sie beim halbschriftlichen Rechnen den Teiler in Faktoren!**

Beispiel: 38.790 : 24 =

1. Schritt: 38.790 : 6 = 6.465

2. Schritt: 6.465 : 4 = **1.616,25**

▶ Ist der **Divisor** eine **Dezimalzahl**, wird das Komma im Divisor und im Dividenden so viele Stellen nach **rechts** gerückt, dass der Divisor eine **ganze Zahl** wird.

Beispiele:

0,4 : 2,8 = 4,0 : 28 = **0,1428 = 0,14** gerundet

0,72 : 0,6 = 7,2 : 6 = **1,2**

4,39 : 0,0463 = 43.900 : 463 = **94,816414 = 94,816** gerundet

▶ **Schreiben Sie beim Dividieren nur die Zahlenreste hin!**

Beispiel

Nicht so! 632 : 27 = **23,407** gerundet **23,41**

```
632 : 27 = 23,407
54
 92
 81
 110
 108
   20
   00
  200
  189
   11
```

Sondern so! 632 : 27 = **23,407** gerundet **23,41**

```
632 : 27 = 23,407
 92
  110
   200
```

▶ Dividieren durch 25, 50 und 125

Beim Teilen durch 25 oder durch 50 ist es vorteilhafter, statt durch 25 zu dividieren, mit 100 zu teilen und mit 4 oder mit 2 zu multiplizieren.

Beispiele: 825 : 25 = 8,25 · 4 = **33**
750 : 50 = 7,5 · 2 = **15**

Beim Teilen durch 125 wird durch 1.000 dividiert und mit 8 multipliziert.

Beispiel: 3.125 : 125 = 3,125 · 8 = **25**

Aufgaben

15 Errechnen Sie die Kosten pro Einheit:

		Beträge in €
a) 47 qm Fußbodenbelag	kosten	4.112,50
b) 10 930 kWh	kosten	2.065,77
c) 873 kg Fracht	kosten	2.034,09
d) 36 Flaschen Wein	kosten	172,80

16 Ermitteln Sie den durchschnittlichen Stundenlohn eines Arbeitnehmers pro Monat, der folgende Monatslöhne erhalten hat:

Monat	Stunden	€
Januar	162	2.365,20
Februar	154	2.253,02
März	172	2.543,88
April	168	3.022,32

1.2 Geschäftsreisen

Der Rechtsanwalt hat Anspruch auf **Ersatz der Reisekosten**, die bei Erledigung des Auftrages notwendig waren. Zu den Reisekosten zählen auch die **Fahrtkosten**. Benutzt der Rechtsanwalt/Notar seinen **eigenen Pkw**, kann er 0,30 € für **jeden gefahrenen** Kilometer von seinem Mandanten verlangen. Bei Benutzung öffentlicher Verkehrsmittel werden die tatsächlich gezahlten Kosten berechnet (vergleichen Sie bitte Nr. 7004 VV RVG).

Beispiel:

Rechtsanwältin Dr. Uta Wischdes nimmt im Auftrag ihres Mandanten Sascha von der Walz einen auswärtigen Termin wahr. Die Fahrt wurde mit dem eigenen Pkw durchgeführt. Frau Rechtsanwältin Dr. Wischdes fuhr insgesamt 234 km.

Berechnung: 234 km · 0,30 € = **70,20 €**

Zusätzlich zu diesen Fahrtkosten erhält der Rechtsanwalt ein **Tage- und Abwesenheitsgeld** für die Zeit, in der er von seinem Büro abwesend war. Dieses Abwesenheitsgeld ist gem. Nr. 7005 Ziffer 1 bis 3 VV RVG wie folgt gestaffelt:

Abwesenheit	Beträge in €
• bis zu 4 Stunden	20,00
• mehr als 4 bis zu 8 Stunden	35,00
• mehr als 8 Stunden	60,00

Beispiel: Abwesenheit von 08:00 Uhr bis 11:20 Uhr = 20,00 €.

Die Übernachtungskosten erhält er gem. Nr. 7006 VV RVG in angemessenem Rahmen ebenfalls bezahlt.

Merken Sie sich bitte:

- Der **Rechtsanwalt** erhält für auswärtige Tätigkeiten **Fahrtkosten, Tage- und Abwesenheitsgeld** sowie **Übernachtungskosten** von seinem Auftraggeber.

Aufgaben

17 Berechnen Sie die Fahrtkosten gem. Nr. 7003 VV RVG in Euro für folgende gefahrenen Kilometer bei Benutzung des eigenen Kraftwagens:

a) 67 km b) 213 km c) 93 km d) 206 km e) 1 346 km

18 Wie hoch ist das Tage- und Abwesenheitsgeld bei einer Abwesenheit des Rechtsanwalts von:

	Abfahrt	Rückkehr		Abfahrt	Rückkehr
a)	09:30 Uhr	17:35 Uhr	d)	11:00 Uhr	16:35 Uhr
b)	07:12 Uhr	12:40 Uhr	e)	07:00 Uhr	19:20 Uhr
c)	10:20 Uhr	13:55 Uhr	f)	08:15 Uhr	12:15 Uhr

19 Welche Kosten kann Rechtsanwalt Hugo Blau seinem Mandanten berechnen, wenn er für diesen eine auswärtige Angelegenheit erledigt hat und mit seinem Pkw insgesamt 496 km gefahren ist und 11 Stunden unterwegs war?

20 Berechnen Sie die Fahrtkosten und das Tage- und Abwesenheitsgeld.

Im Auftrag seiner Mandantin Lisa Gut ist Rechtsanwalt Horst Maus bei einem auswärtigen Gericht tätig gewesen. Der Gerichtsort ist 97 km vom Kanzleiort entfernt. Die terminbedingte Abwesenheit betrug 7 Stunden und 45 Minuten. RA Maus fuhr mit seinem eigenen Pkw.

2 Die Bruch- und Dezimalrechnung

2.1 Begriffserklärung

Merken Sie sich bitte:

- **Brüche** sind **Teile eines Ganzen.** Sie entstehen, wenn ein **Ganzes** in beliebig viele **gleiche Teile zerlegt** wird.

Beispiel

Ein Kuchen soll in a) 2 Teile; b) 4 Teile; c) 8 Teile zerlegt werden.

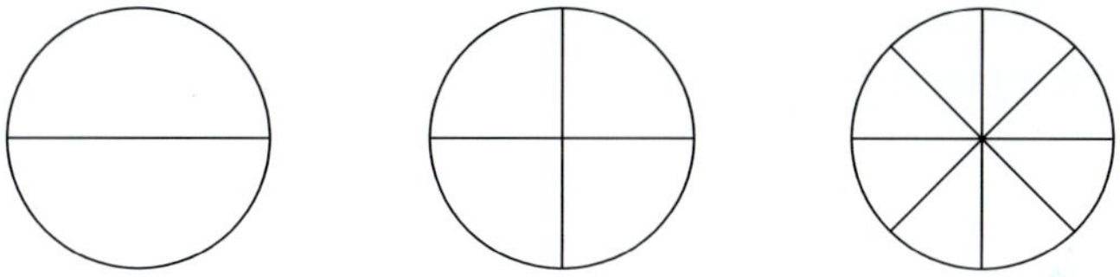

1 Kuchen = 2/2 **= 2 Halbe**; = 4/4 **= 4 Viertel**; = 8/8 **= 8 Achtel**

Jeder Bruch besteht aus zwei Zahlen:

1 ⟶ Zähler ⟶ Anzahl der Bruchteile
2 ⟶ Nenner ⟶ Größe der Bruchteile.

Der Bruchstrich bedeutet „dividiert durch“:

Beispiel: $\frac{4}{5} = 4 : 5$

Arten von Brüchen:

▶ **Echter Bruch**

Der Zähler ist kleiner als der Nenner!

Beispiele: $\frac{1}{2}$; $\frac{2}{3}$; $\frac{3}{4}$; $\frac{7}{8}$; $\frac{99}{100}$

▶ **Unechter Bruch**

Der Zähler ist größer als der Nenner!

Beispiele: $\frac{3}{2}$; $\frac{6}{5}$; $\frac{9}{7}$; $\frac{14}{11}$; $\frac{1.345}{900}$

▶ **Gemischte Zahl**

Sie besteht aus einer ganzen Zahl und einem Bruch!

Beispiele: $1\frac{2}{3}$; $3\frac{4}{5}$; $12\frac{7}{9}$; $63\frac{18}{29}$

Merken Sie sich bitte:

- **Gemischte Zahlen** können **umgewandelt** werden.

Umwandlung einer gemischten Zahl in einen unechten Bruch

Sie multiplizieren den Nenner mit der ganzen Zahl und addieren das Ergebnis zu dem gegebenen Zähler!

Beispiele

$4\frac{2}{7} = \frac{(7 \cdot 4) + 2}{7} = \mathbf{\frac{30}{7}}$

$3\frac{1}{8} = \frac{24 + 1}{8} = \mathbf{\frac{25}{8}}$

$6\frac{2}{5} = \mathbf{\frac{32}{5}}$

Umwandlung eines unechten Bruches in eine gemischte Zahl

Sie dividieren den Zähler durch den Nenner und behalten den Rest als echten Bruch bei. Der Nenner bleibt gleich.

Beispiele: $\frac{14}{5} = 14 : 5 = 2 \text{ Rest } 4 = 2\,\frac{4}{5}$

$\frac{10}{3} = 10 : 3 = 3 \text{ Rest } 1 = 3\,\frac{1}{3}$

▶ **Gleichnamige Brüche**

sind Brüche mit gleichem Nenner!

Beispiel: $\frac{1}{\mathbf{6}} + \frac{2}{\mathbf{6}} + \frac{5}{\mathbf{6}}$

▶ **Ungleichnamige Brüche**

sind Brüche mit ungleichem Nenner!

Beispiel: $\frac{2}{3} + \frac{3}{7} + \frac{4}{5} + \frac{6}{9}$

▶ **Dezimalbrüche**

Die Bruchteile werden in Kommastellen berechnet.

- Die erste Stelle hinter dem Komma bedeutet **„zehntel"** Bruchteil.

Beispiele: 0,3; 0,6; 3,2

- Die zweite Stelle hinter dem Komma bedeutet **„Hundertstel"**.

Beispiele: 0,07; 0,39; 4,68

Merken Sie sich bitte:

- **Brüche** können **umgewandelt** werden.

Umwandlung von Dezimalbrüchen in Brüche

Beispiele: $0{,}3 = \mathbf{\frac{3}{10}}$; $0{,}6 = \mathbf{\frac{6}{10}}$; $3{,}2 = 3\,\mathbf{\frac{2}{10}}$;

$0{,}07 = \mathbf{\frac{7}{100}}$; $0{,}39 = \mathbf{\frac{39}{100}}$; $4{,}68 = 4\,\mathbf{\frac{68}{100}}$

Umwandlung von Brüchen in Dezimalzahlen

Beispiele: $\frac{3}{5} = 3 : 5 = 0{,}6$; $\frac{7}{8} = 7 : 8 = 0{,}875$

▶ **Kürzen von Brüchen**

Sie dividieren Zähler und Nenner durch die gleiche Zahl!

Beispiele: $\frac{3}{6} : 3 = \mathbf{\frac{1}{2}}$; $\frac{4}{8} : 4 = \mathbf{\frac{1}{2}}$; $\frac{3}{9} = \mathbf{\frac{1}{3}}$

▶ **Erweitern von Brüchen**

Sie multiplizieren Zähler und Nenner mit der gleichen Zahl!

Beispiele: $\frac{1}{2} \cdot 4 = \mathbf{\frac{4}{8}} \cdot 5 = \mathbf{\frac{20}{40}} \cdot 3 = \mathbf{\frac{60}{120}} \ldots$

$3\frac{1}{2} = \mathbf{\frac{7}{2}} = \mathbf{\frac{14}{4}} = \mathbf{\frac{70}{20}} \ldots$

2.2 Addition von Brüchen

2.2.1 Gleichnamige Brüche

Merken Sie sich bitte:

- Sie **addieren gleichnamige Brüche,** indem Sie die **Zähler addieren** und den **Nenner beibehalten!**

Beispiele: $\frac{3}{7} + \frac{4}{7} + \frac{15}{7} + \frac{5}{7} + \frac{6}{7} = \mathbf{\frac{33}{7}}$

$\frac{4}{15} + \frac{6}{15} + \frac{9}{15} + \frac{11}{15} = \mathbf{\frac{30}{15}}$

2.2.2 Ungleichnamige Brüche

Merken Sie sich bitte:

- **Ungleichnamige Brüche** müssen Sie zuerst durch den **gemeinsamen Hauptnenner gleichnamig** machen und dann addieren!
- Der **Hauptnenner** ist die **kleinste Zahl,** in der die **Nenner** der zu addierenden Brüche **enthalten** sind.

Die **Bestimmung des Hauptnenners** können sie auf zweierlei Weise durchführen:

1. Möglichkeit

Alle Nenner werden miteinander multipliziert!

Beispiel

$$\frac{2}{3}+\frac{3}{4}+\frac{4}{5}=\frac{\overset{(20\cdot 2)}{40}+\overset{(15\cdot 3)}{45}+\overset{(12\cdot 4)}{48}}{60}=\frac{133}{60}=\mathbf{2\frac{13}{60}}$$

Hauptnenner: $3 \cdot 4 \cdot 5 = 60$

2. Möglichkeit

1) Sie schreiben die Nenner nebeneinander.
2) Nenner, die in anderen enthalten sind, streichen Sie.
3) Zerlegen Sie die übrigen Nenner in ihre Primzahlen (Primzahlen sind Zahlen, die nur durch 1 und durch sich selbst teilbar sind).
4) Multiplizieren Sie die Primfaktoren.

Beispiel

$$\frac{3}{4}+\frac{3}{5}+\frac{5}{8}+\frac{3}{10}+\frac{5}{12}+\frac{4}{15}=\frac{90+72+75+36+50+32}{120}=\frac{\mathbf{355}}{\mathbf{120}}=\mathbf{2\frac{115}{120}}=\mathbf{2\frac{23}{24}}$$

Nenner

	~~4~~	~~5~~	8	10	12	15
1) + 2)	~~4~~	~~5~~	8	10	12	15
3) : 2	–	–	4	5	6	–
: 2	–	–	2	–	3	–
: 2	–	–	1	–	–	–
: 3	–	–	–	–	1	5
: 5	–	–	–	1	–	1

Hauptnenner: **4)** $2 \cdot 2 \cdot 2 \cdot 3 \cdot 5 = \mathbf{120}$

2.2.3 Gemischte Zahlen

Merken Sie sich bitte:

- Sie können **gemischte Zahlen addieren,** wenn Sie zuerst die **Brüche gleichnamig** machen.
- Danach **addieren** Sie die **ganzen Zahlen und die Brüche.**

Beispiel: $2\frac{3}{4}+3\frac{5}{6}=2\frac{9}{12}+3\frac{10}{12}=5\frac{19}{12}=\mathbf{6\frac{7}{12}}$

oder $\frac{3}{4}+\frac{5}{6}=\frac{9+10}{12}=2+3=5\;\frac{19}{12}=\mathbf{6\frac{7}{12}}$

Aufgaben

1 Addieren Sie im Kopf!

a) $\frac{1}{9} + \frac{2}{9} + \frac{7}{9} + \frac{13}{9} + \frac{17}{9} + \frac{6}{9}$

b) $\frac{3}{12} + \frac{7}{12} + \frac{13}{12} + \frac{1}{12} + \frac{6}{12} + \frac{8}{12} + \frac{6}{12}$

c) $3\frac{1}{5} + 6\frac{2}{5} + 7\frac{4}{5} + 9\frac{3}{5}$

2 Machen Sie gleichnamig und addieren Sie:

a) $\frac{1}{4} + \frac{1}{3}$ b) $2\frac{1}{2} + 3\frac{1}{4}$ c) $5\frac{3}{8} + 4\frac{2}{3}$

d) $\frac{3}{4} + \frac{1}{5}$ e) $5\frac{1}{3} + 7\frac{1}{6}$ f) $7\frac{2}{5} + 11\frac{1}{6}$

g) $\frac{1}{2} + \frac{1}{6}$ h) $\frac{9}{8} + 3\frac{7}{9}$ j) $9\frac{3}{4} + 6\frac{7}{5}$

k) $2{,}5 + 9\frac{1}{2} + 0{,}3 + 2{,}6$ l) $\frac{4}{5} + 5\frac{2}{6} + \frac{7}{9} + 8{,}7$

2.3 Subtraktion von Brüchen

2.3.1 Gleichnamige Brüche

Merken Sie sich bitte:

- **Gleichnamige Brüche** können Sie **subtrahieren,** wenn Sie die **Zähler subtrahieren** und den **Nenner beibehalten!**

Beispiele: $\frac{6}{7} - \frac{4}{7} = \mathbf{\frac{2}{7}}$

$\frac{7}{15} - \frac{4}{15} - \frac{2}{15} = \mathbf{\frac{1}{15}}$

2.3.2 Ungleichnamige Brüche

Merken Sie sich bitte:

- **Ungleichnamige Brüche** müssen Sie zuerst durch den **gemeinsamen Hauptnenner gleichnamig** machen und dann **subtrahieren!** Es gelten die **gleichen Regeln** wie bei der Addition, **nur minus**.

Beispiele: $\frac{5}{6} - \frac{1}{4} - \frac{1}{3} = \frac{10-3-4}{12} = \frac{3}{12} = \mathbf{\frac{1}{4}}$

oder $16\frac{2}{3} - 3\frac{2}{7} = 16\frac{14}{21} - 3\frac{6}{21} = 13\mathbf{\frac{8}{21}}$

Aufgaben

3 Subtrahieren Sie im Kopf!

a) $\frac{7}{8} - \frac{3}{8} - \frac{2}{8} - \frac{1}{8}$ b) $\frac{26}{11} - \frac{9}{11} - \frac{2}{11} - \frac{3}{11} - \frac{7}{11}$ c) $12\frac{3}{4} - 11\frac{2}{4} - \frac{1}{4}$

4 Machen Sie gleichnamig und subtrahieren Sie!

a) $\frac{4}{5} - \frac{2}{3}$ b) $6\frac{9}{10} - 4\frac{1}{5}$ c) $6\frac{3}{8} - 2\frac{1}{4}$

d) $\frac{3}{8} - \frac{1}{6}$ e) $9\frac{2}{9} - 3\frac{1}{3}$ f) $7\frac{2}{5} - 3\frac{2}{6}$

g) $\frac{5}{7} - \frac{3}{14}$ h) $13\frac{3}{8} - 6\frac{3}{4}$ j) $23{,}50 - \frac{1}{3} - 16\frac{1}{2}$

2.4 Multiplikation von Brüchen

2.4.1 Multiplizieren eines Bruches mit einer ganzen Zahl

Merken Sie sich bitte:

- Sie können **einen Bruch** mit einer **ganzen Zahl multiplizieren,** wenn Sie den **Zähler** mit der **ganzen Zahl malnehmen.**

Beispiel: $\frac{2}{3} \cdot 5 = \frac{2 \cdot 5}{3} = \frac{10}{3} = \mathbf{3\frac{1}{3}}$

Aufgaben

5 Multiplizieren Sie im Kopf und kürzen Sie die Ergebnisse!

a) alle Brüche mal **2**: $\frac{1}{2}$; $\frac{1}{3}$; $\frac{1}{4}$; $\frac{1}{5}$; $\frac{1}{18}$; $\frac{1}{36}$; $\frac{1}{72}$; $\frac{1}{84}$;

b) alle Brüche mal **3**: $\frac{1}{2}$; $\frac{2}{3}$; $\frac{3}{4}$; $\frac{4}{5}$; $\frac{7}{42}$; $\frac{2}{84}$; $\frac{7}{168}$; $\frac{9}{2}$;

c) alle Brüche mal **8**: $\frac{1}{2}$; $\frac{4}{6}$; $\frac{7}{9}$; $\frac{12}{96}$; $\frac{200}{160}$.

2.4.2 Multiplizieren einer gemischten Zahl mit einer ganzen Zahl

Merken Sie sich bitte:

- Eine **gemischte Zahl** können Sie mit einer **ganzen Zahl multiplizieren,** wenn Sie **zuerst** die **ganze Zahl** und **dann** den **Bruch mit der ganzen Zahl malnehmen.** Danach **addieren** Sie die Ergebnisse.

Beispiel: $6\frac{3}{4} \cdot 4 = 6 \cdot 4 + \frac{3}{4} \cdot 4 = 24 + \frac{12}{4} = 24\frac{12}{4} = 27$

Aufgaben

6 Multiplizieren Sie schriftlich!

a) $5\frac{1}{3} \cdot 7$ b) $18\frac{2}{5} \cdot 12$ c) $3 \cdot 2\frac{6}{7}$

d) $1\frac{7}{15} \cdot 9$ e) $14\frac{7}{15} \cdot 16$ f) $12 \cdot 18\frac{3}{7}$

2.4.3 Multiplizieren eines Bruches mit einem Bruch

Merken Sie sich bitte:

- Sie können einen **Bruch** mit einem **Bruch multiplizieren,** wenn Sie **Zähler mit Zähler** und **Nenner mit Nenner** malnehmen!

Beispiel: $\frac{2}{3} \cdot \frac{3}{5} = \frac{6}{15} = \mathbf{\frac{2}{5}}$

oder $\frac{2 \cdot \cancel{3}}{\cancel{3} \cdot 5} = \mathbf{\frac{2}{5}}$

Aufgaben

7 Multiplizieren Sie im Kopf!

a) alle Brüche mal $\mathbf{\frac{1}{2}}$: $\frac{1}{2}$; $\frac{1}{3}$; $\frac{1}{4}$; $\frac{1}{5}$; $\frac{1}{8}$; $\frac{1}{15}$; $\frac{1}{24}$; $\frac{1}{48}$; $\frac{1}{112}$;

b) alle Brüche mal $\mathbf{\frac{1}{3}}$: $\frac{2}{3}$; $\frac{3}{4}$; $\frac{5}{6}$; $\frac{7}{9}$; $\frac{9}{12}$; $\frac{6}{15}$; $\frac{2}{16}$; $\frac{2}{25}$; $\frac{1}{55}$;

c) alle Brüche mal $\mathbf{\frac{1}{4}}$: $\frac{1}{2}$; $\frac{1}{5}$; $\frac{3}{4}$; $\frac{6}{7}$; $\frac{7}{11}$; $\frac{3}{12}$; $\frac{4}{15}$; $\frac{9}{16}$; $\frac{3}{20}$.

8 Multiplizieren Sie schriftlich. Bitte kürzen Sie, wo es möglich ist!

a) $\frac{27}{30} \cdot \frac{21}{6}$ b) $\frac{25}{13} \cdot \frac{39}{100}$ c) $\frac{28}{7} \cdot \frac{13}{3}$

d) $\frac{55}{11} \cdot \frac{15}{7}$ e) $\frac{122}{8} \cdot \frac{66}{120}$ f) $\frac{15}{9} \cdot \frac{75}{81}$

2.4.4 Multiplizieren eines Bruches mit einer gemischten Zahl

Merken Sie sich bitte:

- Einen **Bruch** können Sie mit **einer gemischten Zahl multiplizieren,** indem Sie zuerst die **gemischte Zahl** in einen **unechten Bruch verwandeln** und dann **Zähler mit Zähler** und **Nenner mit Nenner** malnehmen.

Beispiel: $\frac{5}{2} \cdot 3\frac{1}{5} = \frac{5}{2} \cdot \frac{16}{5} = \frac{80}{10} = \mathbf{8}$

Aufgaben

9 Multiplizieren Sie schriftlich!

a) $3\frac{4}{9} \cdot \frac{55}{7}$ b) $\frac{61}{5} \cdot 7\frac{2}{9}$ c) $24\frac{3}{4} \cdot 15\frac{3}{11}$

d) $7\frac{8}{21} \cdot 14\frac{3}{5}$ e) $82\frac{1}{7} \cdot 2\frac{1}{115}$ f) $48\frac{2}{7} \cdot 11\frac{4}{13}$

2.4.5 Multiplizieren eines Bruches mit einem Dezimalbruch

Merken Sie sich bitte:

- Sie können einen **Bruch** mit einem **Dezimalbruch multiplizieren,** indem Sie den **Dezimalbruch in einen Bruch** oder den **Bruch in einen Dezimalbruch** umwandeln!

Beispiele: $\frac{1}{4} \cdot 0{,}3 = \frac{1}{4} \cdot \frac{3}{10} = \mathbf{\frac{3}{40}}$

oder $5{,}6 \cdot 0{,}7 = \frac{56}{10} \cdot \frac{7}{10} = \frac{392}{100} = \mathbf{3\frac{92}{100}}$ **oder 3,92**

Aufgaben

10 Multiplizieren Sie schriftlich!

a) $\frac{2}{3} \cdot 0{,}3$ b) $23\frac{3}{5} \cdot 0{,}89$ c) $112{,}75 \cdot \frac{3}{4}$ d) $0{,}23 \cdot \frac{7}{11}$

2.5 Division von Brüchen

2.5.1 Dividieren eines Bruches durch eine ganze Zahl

Merken Sie sich bitte:

- Sie können einen **Bruch durch** eine **ganze Zahl dividieren,** indem Sie den **Nenner** mit der **ganzen Zahl multiplizieren!**

Beispiel: $\frac{3}{5} : 4 = \frac{3}{5 \cdot 4} = \mathbf{\frac{3}{20}}$

Aufgaben

11 Dividieren Sie im Kopf!

a) alle Brüche durch **2**: $\frac{1}{2}$; $\frac{3}{4}$; $\frac{7}{11}$; $\frac{4}{15}$; $\frac{8}{25}$; $\frac{3}{33}$; $\frac{6}{125}$;

b) alle Brüche durch **3**: $\frac{2}{5}$; $\frac{7}{9}$; $\frac{5}{15}$; $\frac{3}{10}$; $\frac{7}{150}$; $\frac{9}{200}$;

c) alle Brüche durch **8**: $\frac{1}{11}$; $\frac{4}{12}$; $\frac{7}{20}$; $\frac{4}{25}$; $\frac{22}{30}$; $\frac{17}{125}$.

12 Dividieren Sie halbschriftlich!

a) $\frac{2}{11} : 19$ b) $\frac{1}{12} : 18$ c) $\frac{1}{13} : 17$ d) $\frac{3}{14} : 16$ e) $\frac{4}{15} : 15$

2.5.2 Dividieren einer ganzen Zahl durch einen Bruch

Merken Sie sich bitte:

- Wenn Sie eine **ganze Zahl** durch einen **Bruch dividieren** wollen, müssen Sie die ganze **Zahl mit dem Kehrwert des Bruches multiplizieren!**

Beispiel: $7 : \frac{3}{4} = \frac{7 \cdot 4}{3} = \frac{28}{3} = \mathbf{9\frac{1}{3}}$

Aufgaben

13 Dividieren Sie im Kopf die ganzen Zahlen

1; 2; 3; 4; 5; 6; 7; 8; 9; 12; 15;

durch $\frac{1}{2}$; $\frac{1}{5}$; $\frac{2}{3}$.

2.5.3 Dividieren eines Bruches durch eine gemischte Zahl

Merken Sie sich bitte:

- **Gemischte Zahlen** müssen Sie vorher in einen **unechten Bruch umwandeln** und dann mit dem **Kehrwert multiplizieren!**

Beispiel: $\frac{1}{2} : 2\frac{1}{4} = \frac{1}{2} : \frac{9}{4} = \frac{1}{2} \cdot \frac{4}{9} = \frac{4}{18} = \mathbf{\frac{2}{9}}$

Aufgaben

14 Dividieren Sie schriftlich!

a) $6 : 3\frac{3}{4}$ b) $14 : 2\frac{5}{6}$ c) $825 : 25\frac{7}{8}$

d) $7 : 2\frac{1}{2}$ e) $35 : 7\frac{1}{7}$ f) $650 : 50\frac{3}{5}$

2.5.4 Dividieren eines Bruches durch einen Bruch

Merken Sie sich bitte:

- Sie können einen **Bruch durch einen Bruch dividieren,** indem Sie ihn mit dem **Kehrwert des zweiten Bruches malnehmen!**

Beispiel: $\frac{2}{3} : \frac{3}{5} = \frac{2 \cdot 5}{3 \cdot 3} = \frac{10}{9} = \mathbf{1\frac{1}{9}}$

Aufgaben

15 Dividieren Sie halbschriftlich!

a) $\frac{3}{2} : \frac{4}{7}$ b) $\frac{28}{7} : \frac{14}{3}$ c) $\frac{125}{8} : \frac{25}{4}$

d) $\frac{5}{6} : \frac{4}{6}$ e) $\frac{12}{8} : \frac{48}{4}$ f) $\frac{250}{6} : \frac{25}{72}$

16 Dividieren Sie schriftlich!

a) $\frac{6}{62} : \frac{7}{9}$ b) $\frac{61}{72} : \frac{7}{9}$ c) $\frac{171}{234} : 1\frac{45}{468}$ d) $\frac{7}{17} : 2\frac{3}{4}$

2.5.5 Dividieren eines Bruches durch einen Dezimalbruch

Merken Sie sich bitte:

- Sie können einen **Bruch** durch einen **Dezimalbruch teilen,** wenn Sie den **Dezimalbruch in einen Bruch** oder den **Bruch in einen Dezimalbruch umwandeln.** Danach **multiplizieren** Sie mit dem **Kehrwert.**

Beispiel: $0{,}3 : \frac{5}{6} = \frac{3 \cdot 6}{10 \cdot 5} = \frac{18}{50} = \mathbf{\frac{9}{25}}$

Aufgaben

17 Dividieren Sie schriftlich!

a) $\frac{2}{3} : 0{,}4$ b) $\frac{12}{15} : 0{,}67$ c) $123{,}06 : \frac{7}{8}$

d) $\frac{5}{7} : 0{,}7$ e) $0{,}06 : \frac{2}{7}$ f) $127\frac{3}{7} : 0{,}2$

2.6 Anwendung der Dezimalrechnung in der Praxis

2.6.1 Gebührenberechnung nach §§ 2, 13 RVG

Rechtsanwältinnen und Rechtsanwälte erhalten gem. § 2 Abs. 1 RVG für ihre anwaltliche Tätigkeit eine **Vergütung.** Diese Vergütung setzt sich aus **Gebühren und Auslagen** zusammen. Die Gebühren werden nach dem Wert berechnet, den der Gegenstand der anwaltlichen Tätigkeit hat **(Gegenstandswert).**

Gem. § 2 Abs. 2 RVG bestimmt sich die **Höhe der Vergütung** nach dem **Vergütungsverzeichnis (VV)** der **Anlage 1** zum **RVG.**

In der Anlage 1 zu § 2 Abs. 2 RVG ist die für den **Gebührentatbestand** vorgesehene **Gebühr** oder der **Satz der Gebühr** nach § 13 RVG enthalten. Gem. § 13 Abs. 1 RVG finden Sie die Gebühren in **EURO** in der Anlage 2.

Gebühren gemäß Anlage 2 zu § 13 Abs. 1 RVG

Bei einem Gegenstandswert bis … €	beträgt die Gebühr … €
300,00	25,00
600,00	45,00
…	…
1.500,00	105,00

Aufgaben

18 Ermitteln Sie aus der Tabelle der Anl. 2 zu § 13 Abs. 1 RVG die jeweilige Gebühr bei einem Gegenstandswert von

a) 480,00 € b) 1.070,00 € c) 1.490,00 €

Unterschiedlich hohe Gebührensätze finden sich in der Anl. 1 zu § 13 Abs. 1 RVG, so z. B.

in Nr. 1000 VV RVG **1,5 Satz** der Gebühr
in Nr. 2201 VV RVG **0,1 bis 0,5 Satz** der Gebühr
in Nr. 3101 VV RVG **0,8 Satz** der Gebühr

Bei **Rahmengebühren,** die den Gebührensatz bestimmen **(Gebührensatzrahmengebühren),** wird die Rechtsanwältin/der Rechtsanwalt die **Mittelgebühr** berechnen, wenn die **Voraussetzungen** des **§ 14 RVG** gegeben sind. In Nr. 2100 VV RVG wird als Beispiel der Gebührensatz von 0,5 bis 1,0 genannt.

Die **Mittelgebühr** wird wie folgt berechnet:

Gebührensatzrahmengebühr = Mindestsatz + Höchstsatz : 2

Beispiel: Nr. 2100 VV RVG = 0,5 + 1,0 : 2 = **0,75**

Die **Rahmengebühren** nach **Teil 4** VV RVG **Strafsachen** und **Bußgeldsachen** nach **Teil 5** VV RVG werden in Euro **(Betragsrahmengebühren)** ausgedrückt. Die Mittelgebühr wird wie folgt berechnet:

Mittelgebühr = Mindestgebühr + Höchstgebühr : 2

Beispiel: Nr. 4103 VV RVG = 30,00 + 312,50 : 2 = **171,25 €**

Merken Sie sich bitte:

- Gem. § 13 Abs. 2 RVG beträgt der **Mindestbetrag** einer Gebühr **10,00 Euro.**
- Ergeben sich aus der Berechnung der Gebühren **Cent-Beträge,** werden diese gem. § 2 Abs. 2 RVG auf den **nächstliegenden Cent auf- oder abgerundet; 0,5 Cent** werden aufgerundet.

Aufgaben

19 Berechnen Sie die Gebühren in €, wenn eine Gebühr 217,00 € gem. Anl. 2 zu § 13 Abs. 1 RVG beträgt:

Satz der Gebühr nach §§ 2, 13 Abs. 1 RVG i. V. m. Anl. 1 und Anlage 2 VV RVG.

a) 0,3 b) 0,55 c) 0,75 d) 0,9 e) 1,0
f) 1,2 g) 1,3 h) 1,5 j) 2,3 k) 3,0

Zur Lösung der folgenden Aufgaben benötigen Sie eine Tabelle der Anlage 2 zu § 13 Abs. 1 RVG.

20 Ermitteln Sie den Gesamtbetrag der folgenden Gebühren!

In einem Rechtsstreit wegen Zahlung einer Kaufpreisforderung fallen folgende Gebühren (ohne Auslagen) an: **Beträge in €**

1. 1,3 Verfahrensgebühr aus 17.800,00 €
   gem. §§ 2, 13 Abs. 1 RVG i. V. m. Nr. 3100 VV RVG
2. 1,2 Terminsgebühr aus 17.800,00 €
   gem. §§ 2, 13 Abs. 1 RVG i. V. m. Nr. 3104 VV RVG
3. 1,0 Einigungsgebühr aus 17.800,00 €
   gem. §§ 2, 13 Abs. 1 RVG i. V. m. Nr. 1003 VV RVG

Im **Berufungs- und Revisionsverfahren**, bei **bestimmten Beschwerden** und in **Verfahren** vor dem **Finanzgericht** erhält die Rechtsanwältin/der Rechtsanwalt die Gebühren nach §§ 2, 13 Abs. 1 RVG.

Beispiele

- **Berufungsverfahren** vor dem Landgericht, Gegenstandswert 6.520,00 € **Beträge in €**

1. 1,6 Verfahrensgebühr aus 6.520,00 €
   gem. §§ 2, 13 Abs. 1 RVG i. V. m. Nr. 3200 VV RVG 600,00
2. 1,2 Terminsgebühr aus 6.520,00 €
   gem. §§ 2, 13 Abs. 1 RVG i. V. m. Nr. 3202 VV RVG 450,00

- **Revision vor dem Oberlandesgericht,** Gegenstandswert 21.000,00 €

1. 1,6 Verfahrensgebühr aus 21.000,00 €
   gem. §§ 2, 13 Abs. 1 RVG i. V. m. Nr. 3206 VV RVG 1.033,60
2. 1,5 Terminsgebühr aus 21.000,00 €
   gem. §§ 2, 13 Abs. 1 RVG i. V. m. Nr. 3210 VV RVG 969,00

- **Revisionsverfahren vor dem BGH,** wenn sich die **Parteien nur** durch einen **beim BGH zugelassenen Rechtsanwalt vertreten** lassen können. Gegenstandswert: 64.000,00 €

1. 2,3 Verfahrensgebühr aus 64.000,00 €
   gem. §§ 2, 13 Abs. 1 RVG i. V. m. Nr. 3208 VV RVG 2.582,90
2. 1,5 Terminsgebühr aus 64.000,00 €
   gem. §§ 2, 13 Abs. 1 RVG i. V. m. Nr. 3210 VV RVG 1.684,50

Aufgaben

21 Entnehmen Sie bitte aus dem Vergütungsverzeichnis (VV) des RVG die Verfahrens- und die Terminsgebühren im Berufungsverfahren bei einem Gegenstandswert von:

a) 9.650,00 b) 17.864,11 c) 116.400,00
d) 9.875,12 e) 22.000,00 f) 200.000,00

22 Bestimmen Sie bitte die Verfahrens- und Terminsgebühren im Revisionsverfahren vor dem BGH, wenn sich die Parteien nur durch einen beim BGH zugelassenen Rechtsanwalt vertreten lassen können bei einem Gegenstandswert von:

a) 120.000,00 b) 170.000,00 c) 198.000,00

23 Ermitteln Sie bitte die Verfahrens- und Terminsgebühren im Revisionsverfahren vor dem BGH bei einem Gegenstandswert von:
a) 7.654,30 b) 10.234,50 c) 23.456,80

24 Wie hoch ist im folgenden Sachverhalt die Geschäftsgebühr gem. Nr. 2400 VV RVG?

Rechtsanwalt Hugo Freundlich war in einer außergerichtlichen Sache tätig. Der Fall war durchschnittlich; **allerdings war die Tätigkeit schwierig.** Außerdem lagen durchschnittliche Einkommens- und Vermögensverhältnisse des Mandanten vor. Aus diesen Gründen berechnet Herr Rechtsanwalt Freundlich die Mittelgebühr gem. §§ 2, 13 Abs. 1, 14 Abs. 1 RVG i. V. m. Nr. 2400 Anmerkung VV RVG. Der Gegenstandswert beträgt 4.567,00 €.

25 Berechnen Sie die Mittelgebühr der Nummern 4100, 4105, 4112, 4131 VV RVG!

26 Für ein **Schreiben einfacher Art**[1] (z. B. Kündigung, Mahnung) erhält der Rechtsanwalt gem. Nr. 2302 VV RVG **nur** einen **Gebührensatz** von **0,3.**

Wie hoch ist diese Gebühr bei einem Gegenstandswert von

a) 3.500,00 €; b) 8.000,00 €; c) 50.000,00 €?

2.6.2 Gebührenberechnung nach § 7 RVG i. v. m. Nr. 1008 VV RVG

Merken Sie sich bitte:

- Vertritt der Rechtsanwalt **mehrere Auftraggeber** (z. B. Eheleute, Erbengemeinschaft) in **derselben Angelegenheit,** so **erhöht** sich gem. § 7 RVG i. V. m. Nr. 1008 Anmerkung 1, 2 VV RVG die **Verfahrens- oder die Geschäftsgebühr** um einen **Gebührensatz** von **0,3** für **jede weitere Person.**
- **Mehrere Erhöhungen** dürfen einen **Gebührensatz von 2,0 nicht** übersteigen.

1. Beispiel

Frau Rechtsanwältin Dr. Hanna Klug vertritt das Ehepaar Fritz und Emma Garaus vor dem Amtsgericht wegen Zahlung rückständiger Miete in Höhe von 1.500,00 €.

Die **Verfahrensgebühr** wird nach §§ 2, 7, 13 Abs. 1 RVG i. V. m. Nrn. 1008 Anmerkung 1, 2, 3100 VV RVG wie folgt berechnet:

1. Auftraggeber (Ehemann)	1,3 Verfahrensgebühr
2. Erhöhung für die 2. Person (Ehefrau)	0,3 Erhöhung
Gesamt	**1,6 Erhöhte Verfahrensgebühr = 168,00 €**

[1] Nach der Anmerkung zu Nr. 2302 VV RVG handelt es sich um ein Schreiben einfacher Art, wenn dieses weder schwierige rechtliche Ausführungen noch größere sachliche Auseinandersetzungen enthält.

2. Beispiel

Rechtsanwalt Dr. Ede Fix hatte eine Erbengemeinschaft aus 4 Erben in einer außergerichtlichen Angelegenheit zu vertreten. Der Gegenstandswert betrug 21.000,00 €. Die Tätigkeit war umfangreich, sodass Dr. Fix die Mittelgebühr gem. § 14 RVG i. V. m. Nr. 2300 Anmerkung VV RVG berechnet.

Die **Geschäftsgebühr** wird gem. §§ 2, 7, 13 Abs. 1, 14 Abs. 1 RVG i. V. m. Nr. 1008 Anmerkung 1, 2, 2300 VV RVG wie folgt berechnet:

1. Auftraggeber	1,5 Geschäftsgebühr
2. Erhöhung für drei weitere Personen	0,9 Erhöhung
Gesamt	**2,4 Erhöhte Geschäftsgebühr = 1.550,40 €**

Aufgaben

27 Berechnen Sie die Verfahrensgebühr im ersten Rechtszug. Beachten Sie bitte, dass mehrere Erhöhungen einen Gebührensatz von 2,0 nicht übersteigen dürfen.

	Gegenstandswert in €	Anzahl der Auftraggeber
a)	3.460,70	2
b)	13.960,00	5
c)	44.216,00	4
d)	123.000,00	7
e)	155.000,00	9
f)	200.000,00	11

28 Berechnen Sie die Geschäftsgebühr aus den Angaben der Aufgabe 27, wenn es sich zwar um Durchschnittsfälle des § 14 RVG handelt, die Tätigkeit jedoch schwierig war.

29 Berechnen Sie die 0,3 Erhöhung des Gebührensatzes für den 2. Auftraggeber bei folgenden Tabellengebühren:

a) 85,00 b) 375,00 c) 526,00 d) 2.524,00

30 Berechnen Sie die Gebühren:

	Satz der Gebühr gem. Anl. 1 VV zu § 2 RVG	Gegenstandswert	Gebühr gem. Anl. 2 zu § 13 Abs. 1 RVG
a)	0,1 bis 1,0	7.500,00	412,00
b)	0,1 bis 0,5	9.667,00	?
c)	0,5 bis 2,5	62.100,00	?
d)	0,5 bis 1,3	3.700,00	245,00
e)	2,3	65.000,00	?
f)	0,8	20.000,00	646,00
g)	0,5 bis 1,0	31.220,00	?

Wir wissen bereits, dass der Rechtsanwalt im **Berufungs- und Revisionsverfahren,** bei **bestimmten Beschwerden** und in **Verfahren** vor dem **Finanzgericht** die Gebühren nach §§ 2, 13 Abs. 1 RVG erhält. Auch hier **erhöht** sich die **Verfahrensgebühr** für **jede weitere Person** um den **Gebührensatz von 0,3.**

Merken Sie sich bitte:

- **Mehrere Erhöhungen** dürfen einen **Gebührensatz von 2,0 nicht** übersteigen.

Beispiel

Rechtsanwalt Korbinian Fleißig war für die Eheleute Gutmütig im Berufungsverfahren vor dem Landgericht in München tätig. Der Gegenstandswert betrug 8.000,00 €.

Die **Verfahrensgebühr** wird nach §§ 2, 7, 13 Abs. 1 RVG i. V. m. Nr. 1008 Anmerkung 1, 2, 3200 VV RVG wie folgt berechnet:

1. Auftraggeber (Ehemann)	1,6 Verfahrensgebühr
2. Erhöhung für zweite Person (Ehefrau)	0,3 Erhöhung
Gesamt	**1,9 Erhöhte Verfahrensgebühr = 782,80 €**

Beispiel

Frau Rechtsanwältin Dr. Ilse Mutig war für die Eheleute Franz und Franziska Überall im Revisionsverfahren vor dem BGH in Karlsruhe tätig. Der Gegenstandswert betrug 21.000,00 €.

Die **Verfahrensgebühr** wird nach §§ 2, 7, 13 Abs. 1 RVG i. V. m. Nr. 1008 Anmerkung 1, 2, 3206 VV RVG wie folgt berechnet:

1. Auftraggeber (Ehemann)	1,6 Verfahrensgebühr
2. Erhöhung für zweite Person (Ehefrau)	0,3 Erhöhung
Gesamt	**1,9 Erhöhte Verfahrensgebühr = 1.227,40 €**

Beispiel

Der beim BGH zugelassene Rechtsanwalt Dr. Julius G. Scheit vertrat die Eheleute Adam und Eva Paradies im Revisionsverfahren vor dem BGH. Der Gegenstandswert betrug 64.000,00 €.

Die **Verfahrensgebühr** wird nach §§ 2, 7, 13 Abs. 1 RVG i. V. m. Nr. 1008, 3208 VV RVG wie folgt berechnet:

1. Auftraggeber (Ehemann)	2,3 Verfahrensgebühr
2. Erhöhung für zweite Person (Ehefrau)	0,3 Erhöhung
Gesamt	**2,6 Erhöhte Verfahrensgebühr = 2.919,80 €**

Aufgaben

31 Berechnen Sie bitte die Verfahrensgebühren im Berufungsverfahren vor dem Landgericht in Kaiserslautern. Beachten Sie bitte, dass mehrere Erhöhungen einen Gebührensatz von 2,0 nicht übersteigen dürfen.

	Gegenstandswert	Anzahl der Auftraggeber
a)	4.567,80	3
b)	12.670,11	5
c)	33.987,66	8

Gem. Nr. 1008 VV RVG werden die **Festgebühren** um **30 %** erhöht, wenn **mehrere Personen** Auftraggeber sind.

Merken Sie sich bitte:

- **Mehrere Erhöhungen** dürfen das **Doppelte** der **Festgebühr nicht** übersteigen.

Beispiel

Die Geschäftsgebühr für das Betreiben des Geschäfts einschließlich der Information oder die Mitwirkung bei der Gestaltung eines Vertrags nach Nr. 2503 VV RVG beträgt 70,00 €.

Die **Erhöhung der Geschäftsgebühr** wird bei zwei Auftraggebern wie folgt berechnet:

1. Auftraggeber	Geschäftsgebühr	= 70,00 €
2. Person	30 % Erhöhung aus 70,00 €	= 21,00 €
Gesamt		**= 91,00 €**

Bei **Betragsrahmengebühren** erhöhen sich gem. Nr. 1008 VV RVG durch jeden weiteren Auftraggeber der **Mindest- und Höchstbetrag** um **30 %.**

Merken Sie sich bitte:

- **Mehrere Erhöhungen** dürfen das **Doppelte** des **Mindest- und Höchstbetrages nicht** übersteigen.

Beispiel

Die Mittelgebühr in sozialrechtlichen Angelegenheiten, in denen gem. § 3 Abs. 1 RVG im gerichtlichen Verfahren Betragsrahmengebühren entstehen, beträgt die Geschäftsgebühr nach Nr. 2400 VV RVG 40,00 bis 520,00 €.

Die **Erhöhung der Geschäftsgebühr** wird bei zwei Auftraggebern wie folgt berechnet:

Mindestbetrag = 40,00 € erhöht um 30 % = 12,00 € = 52,00 €
Höchstbetrag = 520,00 € erhöht um 30 % = 156,00 € = 676,00 €

Mittelgebühr = 52,00 € + 676,00 € : 2 = **364,00 €**

Aufgaben

32 Berechnen Sie folgende Fest- und Betragsrahmengebühren sowie deren Erhöhungen:

Gesetzliche Bestimmungen	Fest-Betragsrahmengebühren	Auftraggeber
Nr. 3102 VV RVG	40,00 bis 460,00 €	3
Nr. 3204 VV RVG	50,00 bis 570,00 €	9
Nr. 2506 VV RVG	448,00 €	2

2.6.3 Beispiele aus dem Gerichtskostengesetz (GKG)

Für die **Inanspruchnahme** der **Gerichte** werden **Gerichtskosten,** die sich aus **Gebühren und Auslagen** zusammensetzen, **erhoben.**

Die **Gebührentatbestände** und die **Gebührensätze** sind dem **Kostenverzeichnis (KV)** zu entnehmen, das den §§ 3 Abs. 2, 34 Abs. 1 GKG als Anlage 1 beigefügt ist.

Übersicht

Kostenverzeichnis (KV) der Anlage 1 zu § 3 Abs. 2 GKG	Gebührentatbestand	Gebührensatz nach § 34 Abs. 1 GKG
1110	Mahnverfahren	0,5[1]
1210	Verfahren im Allgemeinen	3,0
1220	Berufungsverfahren	4,0
1230	Revisionsverfahren	5,0
1310	Ehesachen	2,0
7600	Gerichtlicher Vergleich	0,25

Die **Höhe** der **Gebühr** in Euro ergibt sich aus der Tabelle der Anl. 2 des § 34 Abs. 1 GKG.

Die Gebühren in **zivilrechtlichen Verfahren vor den ordentlichen Gerichten** außer Insolvenzverfahren und Verfahren der Zwangsversteigerung sowie Zwangsverwaltung richten sich überwiegend nach dem **Wert des Streitgegenstandes (Streitwert).**

Beispiel mit Lösung

Im Auftrag des Mandanten Gustav Fritze sollen wir einen Antrag auf Erlass eines Mahnbescheids gegen dessen Schuldner Felix Immerblau beim zuständigen Amtsgericht beantragen. Der Streitwert beträgt 21.360,00 €.

Welche Verfahrensgebühren entstehen?

Lösung

0,5 Gebühr im Verfahren über den Antrag auf Erlass eines Mahnbescheids
gem. §§ 3 Abs. 2, 34 Abs. 1 GKG
i. V. m. Nr. 1110 Anl. 1 KV GKG (0,5 von 288,00 €) 144,00 €

Sie wissen ja, die Gerichtskosten können entweder

- bar bei der Gerichtskasse eingezahlt,
- mittels Gerichtskostenaufdrucken
- oder durch Gerichtskosten-Freistempler

entrichtet werden!

Aufgaben

33 Bestimmen Sie die vorzulegenden Gerichtskosten in Euro nach dem GKG!

	Streitwert in €	Nummer des Gebührentatbestandes nach dem Kostenverzeichnis der Anlage 1 GKG
a)	2.000,00	1110
b)	5.575,00	1210
c)	80.000,00	1220
d)	19.800,00	1230
e)	500.000,00	7600

[1] mindestens 23,00 €.

3 Die Durchschnittsrechnung

Bei der **Durchschnittsrechnung** wird aus **mehreren Einzelwerten** (€, kg, m, Gebührensätze) ein **Mittelwert** (Durchschnittswert) gebildet.[1]

3.1 Der einfache Durchschnitt

Merken Sie sich bitte:

- **Einfacher Durchschnitt** $= \dfrac{\textbf{Summe der Einzelwerte}}{\textbf{Anzahl der Einzelwerte}}$

Beispiel mit Lösung

Ermitteln Sie die Mittelgebühr gem. Nr. 6300 VV RVG!

Lösung

Mittelgebühr	**=**	**Mindestgebühr**	**+**	**Höchstgebühr**	**: 2**
	=	30,00	+	400,00 = 430,00	: 2 = **215,00 €**

Aufgaben

1 Berechnen Sie die durchschnittlichen Heizkosten einer Rechtsanwaltskanzlei für 5 Jahre.

Jahre	Heizkosten in €
1	4.890,00
2	6.746,00
3	8.123,00
4	9.200,00
5	10.789,00

2 Ermitteln Sie den Notendurchschnitt!

Eine Rechtsanwalts-/Notarfachangestellte erzielte in 4 Klassenarbeiten im Fach Rechtslehre folgende Noten: Note 1,5; Note: 2; Note 3,5; Note 4.

3 Wie hoch ist der durchschnittliche monatliche Umsatz, wenn für eine Kanzlei folgende Umsatzzahlen vorliegen?

Monat	Umsatz in €
Januar	232.000,00
Februar	367.500,00
März	379.000,00
April	421.000,00

[1] Diese Berechnungsart haben wir bereits bei der Berechnung der Mittelgebühr angewandt.

4 Ermitteln Sie die durchschnittlichen Anschläge pro Minute, wenn eine Rechtsanwaltsfachangestellte bei drei 10-Minuten-Abschreibproben folgende Anschläge erzielte!

1. Probe	2 263 Anschläge
2. Probe	2 496 Anschläge
3. Probe	2 116 Anschläge

5 Wie viel Stunden und Minuten war eine Rechtsanwaltsfachangestellte im Durchschnitt täglich unterwegs, wenn ihre gesamte Abwesenheit bei einer 6-Tage-Woche 73,5 Stunden betragen hat?

3.2 Der gewogene Durchschnitt

Merken Sie sich bitte:

- **Gewogener Durchschnitt =** $\dfrac{\textbf{Summe der Einzelwerte}}{\textbf{Summe der Einzelmengen}}$

Beispiel mit Lösung

Sie sollen den Notendurchschnitt einer Klasse aus 28 Schülerinnen ermitteln, die folgende Noten erzielt haben!

Anzahl der Schülerinnen	Noten	Wert
3	1	**3** **1)**
6	2	12
10	3	30
6	4	24
2	5	10
1	6	6
2) **28**		**3)** **85** : 28 = **3,04**

4) (28 → Division)

Lösungsschritte

1) Multiplizieren Sie die Einzelmengen (Schülerzahlen) mit den Einzelwerten (Noten).

2) Addieren Sie die Gesamtmenge (Schülerinnen).

3) Addieren Sie den Gesamtwert.

4) Dividieren Sie den Gesamtwert durch die Gesamtmenge!

Aufgaben

6 Ermitteln Sie, wie viel € insgesamt von einer Kanzlei für Heizöl bezahlt wurden, und den durchschnittlichen Preis für 1 Liter!

	Liter (l)	Preis in € für 100 Liter
a)	8 000	47,00
b)	7 800	52,00
c)	12 000	46,80
d)	21 500	41,78

7 Welche Angaben mussten berechnet werden, wenn ein Lehrer sagt: „Das Durchschnittsalter der Schüler beträgt 16,7 Jahre"?

8 Wie hoch ist die auf zwei Stellen gerundete monatliche Miete für die einzelne Wohnung und die Durchschnittsmiete für alle Wohnungen zusammen, wenn von einem Vermieter folgende Wohnungen vermietet sind?

	Anzahl der Wohnungen	Preis/qm	Größe je Wohnung/qm
a)	23	3,68	68,75
b)	33	4,79	78,50
c)	21	6,83	86,90
d)	10	7,30	123,00

9 Berechnen Sie die durchschnittliche Gesamtvergütung und die durchschnittlichen Gesamtkosten je Quartal:

Monat	Vergütung aus		Kosten		
	Vergütung	Nebentätigkeiten	Personal	Raum	Sonstige
Januar	93.468,10	3.468,50	7.689,00	2.300,00	8.346,00
Februar	112.346,00	7.650,12	8.459,50	2.450,00	9.101,00
März	130.897,15	3.210,00	11.506,00	3.000,00	10.400,00
April	155.178,91	12.304,00	12.000,00	4.201,50	11.300,00
Mai	205.040,00	432,00	12.000,00	4.100,00	8.765,00
Juni	65.000,00	3.000,00	12.800,00	4.800,00	13.460,00

10 Erklären Sie anhand selbstgewählter Beispiele aus Tageszeitungen, Zeitschriften und sonstiger Informationsblätter den Aussagewert vorgefundener Durchschnittszahlen (z. B. Verkehrskontrollen, Staatsverschuldung).

11 Ermitteln Sie den **einfachen** und den **gewogenen** Durchschnittspreis folgender Lagerbestände.

	Stückzahl	Bezugspreis in €
a)	31	3.900,00
b)	15	4.875,00
c)	67	8.792,00
d)	45	13.123,00

12 Ermitteln Sie die monatlich im Durchschnitt angefallenen terminbedingten Fahrtkosten für Geschäftsreisen eines Rechtsanwalts, der in 4 Monaten insgesamt 3 468 km mit seinem Pkw zurückgelegt hat und die Kosten gem. Nr. 7003 VV RVG berechnet!

4 Die Verteilungsrechnung

Merken Sie sich bitte:

- Mit Hilfe der **Verteilungsrechnung** werden **Werte** oder Mengen auf **mehrere Personen** oder **Positionen verteilt!**

4.1 Die Verteilung zu gleichen Anteilen

Merken Sie sich bitte:

- Bei dieser Rechenart wird eine **bestimmte Summe** oder ein **vorgegebener Wert gleichmäßig** auf die beteiligten Personen verteilt!

Beispiel mit Lösung

Eine Mutter hat drei Kinder und drei Tafeln Schokolade. Jedes Kind soll den gleichen Anteil an der Schokolade bekommen. Wie viel Schokolade bekommt jedes Kind?

Lösung

$$\frac{\text{Verteilungssumme}}{\text{Anzahl der Teile}} = \frac{\text{zu verteilende Schokolade}}{\text{Anzahl der Kinder}} = \frac{3}{3} = \mathbf{1}$$

Ergebnis

Jedes Kind erhält eine Tafel Schokolade!

Aufgaben

1 Berechnen Sie im Kopf!

Wie viel € erhält jeder Mitspieler von einem Lottogewinn, wenn drei Spieler zusammen 660.000,00 € gewonnen und der Gewinn gleichmäßig unter den Spielern verteilt werden soll?

2 Berechnen Sie halbschriftlich!

Wie viel Kosten muss jedes der 30 Mitglieder eines Kegelklubs übernehmen, wenn die Gesamtkosten 255.000,00 € betragen und gleichmäßig verteilt werden sollen?

3 Berechnen Sie schriftlich!

Wie hoch ist der Gewinnanteil eines jeden Rechtsanwalts, wenn eine Anwaltsgemeinschaft aus 5 Rechtsanwälten besteht und der erzielte Gewinn in Höhe von 935.350,00 € gleichmäßig verteilt werden soll?

4 Wie viel € erhält jedes der fünf Geschwister, wenn sie einen Betrag in Höhe von 120.340,00 € gleichmäßig unter sich verteilen wollen? Von der Verteilungssumme sind jedoch vorher noch 3.212,00 € Kosten zu zahlen!

4.2 Die Verteilung bei ungleichen Teilen

Merken Sie sich bitte:

- Bei dieser Rechenart wird eine **bestimmte Summe** nach **unterschiedlichen** Anteilen **verteilt!**

Beispiel mit Lösung

Wie viel anteilige Mietkosten (Leasingkosten) muss jeder Rechtsanwalt bezahlen?

Die Rechtsanwälte Abel, Babel und Cabel nutzen gemeinsam eine Datenverarbeitungsanlage. Die Leasingkosten in Höhe von 36.000,00 € sollen entsprechend der Inanspruchnahme der Anlage verteilt werden. Rechtsanwalt Abel nutzte die Anlage 90 Stunden, Babel 150 Stunden und Cabel 60 Stunden!

Lösung

Beträge in €

1)

Rechtsanwälte	Nutzung in Stunden	Verteilungsschlüssel	Einzelwert	Gesamtkosten
Abel	90 **2)**	3 **3)**	3.600,00 **5)**	10.800,00
Babel	150	5	3.600,00	18.000,00
Cabel	60	2	3.600,00	7.200,00 **6)**

10 Teile → 36.000,00 : 10 =
1 Teil → 3.600,00

4)

Lösungsweg

1) Erstellen Sie ein Abrechnungsschema!
2) Schreiben Sie die gegebenen Anteile (hier Nutzung) untereinander!
3) Kürzen Sie die Anteile, sofern dies möglich ist!
4) Dividieren Sie die Gesamtkosten durch die Summe der Teile!
5) Multiplizieren Sie die Einzelwerte mit den Anteilen!
6) Machen Sie die Probe, indem Sie die Gesamtkosten addieren!

Aufgaben

5 Verteilen Sie im Kopf 9.900,00 € im Verhältnis 3 : 4 : 2!

6 Ermitteln Sie die Heizkosten, die jeder Mieter zahlen muss, wenn für ein Mietshaus in einem Abrechnungszeitraum 8.360,00 € Heizkosten entstanden sind. Die Mieter sollen entsprechend der Grundfläche ihrer Wohnung mit Heizkosten belastet werden.

Mieter	Grundfläche
a) Dieter Spiess	78 qm
b) Renate Mayer	39 qm
c) Janin Bayer	65 qm
d) Marion Japanes	104 qm

7 Verteilen Sie im angegebenen Verhältnis:

	Beträge in €	Verhältnis
a)	6.300,00	3 : 4 : 7
b)	11.484,01	4 : 5 : 8
c)	13.700,00	1 : 2 : 3 : 4
d)	285.000,00	2 : 3 : 5 : 6

Merken Sie sich bitte:

- Ist das Verteilungsverhältnis in **Brüchen** angegeben, muss zuerst der **Hauptnenner** ermittelt und, wenn möglich, gekürzt werden!

Beispiel mit Lösung

Berechnen Sie den Anteil, den jeder Käufer bezahlt hat, wenn vier Rechtsanwälte zusammen ein Haus zum Preis von 655.200,00 € gekauft haben.

Rechtsanwalt Rot gab 1/6, Grün 2/9, Gelb 1/3 und Blau den Rest des Kaufpreises!

Lösung

Rechtsanwalt	Anteil	Hauptnenner	Einzelwert €	Gesamtkosten in €
		18		
Rot	1/6	3	36.400,00	109.200,00
Grün	2/9	4	36.400,00	145.600,00
Gelb	1/3	6	36.400,00	218.400,00
Blau	Rest	5	36.400,00	182.000,00

18/18 Teile → 655.200,00 : 18 =

1 Teil → 36.400,00

Aufgaben

8 Verteilen Sie unter drei Personen eine Prämie von 25.000,00 €, wobei A 1/4, B 2/5 und C den Rest erhalten soll!

9 Berechnen Sie den jeweiligen Anteil an einem Gelegenheitsgeschäft mit einer Verteilungssumme von 32.896,71 €!

Personen	Anteil in €
Petra	1
Silke	1,28
Marie	1,95

10 Wie viel € erhält jede Auszubildende, wenn ein Betrag in Höhe von 292,00 € im Verhältnis A mit 1/5, B mit 1/10, C mit 1/4, D mit 1/8 und E mit dem Rest von 94,90 € zu verteilen ist?

4.3 Die Verteilungsrechnung mit Vor- und Nachleistungen

Merken Sie sich bitte:

- Bei dieser Rechenart wird nicht nur eine **bestimmte Summe verteilt,** sondern es werden auch **Vor- und Nachleistungen** berücksichtigt.[1]

Beispiel mit Lösung

Wie hoch sind die Gewinnanteile eines jeden Rechtsanwalts?

Der Jahresgewinn einer Rechtsanwaltskanzlei beträgt 385.000,00 € und soll nach Vertrag unter den drei beteiligten Rechtsanwälten wie folgt verteilt werden:

Rechtsanwalt	Anteile
Dr. Kling	3
Dr. Klang	4
Dr. Klong	5

Außerdem ist zu berücksichtigen:

a) Dr. Kling erhält vorab noch 5.000,00 € als Ersatz für besondere Auslagen.

b) Dr. Klong hat bereits 10.000,00 € im Laufe des Jahres für private Lebensführung aus der Verteilungssumme erhalten.

Lösungshinweise

Denken Sie: Hätte Rechtsanwalt Dr. Kling gestern (also **vor** Feststellung des Gewinns) seine ihm zustehenden 5.000,00 € z. B. der Kasse entnommen, wären heute nur noch 380.000,00 € vorhanden. Dieser Betrag muss deshalb von der **Verteilungssumme abgezogen** werden **(Nachleistungen)**.

Denken Sie: Hätte Rechtsanwalt Dr. Klong im Laufe des Jahres keine 10.000,00 € privat z. B. der Kasse entnommen, wären heute 390.000,00 € vorhanden und könnten verteilt werden. Dieser Betrag muss deshalb der **Verteilungssumme hinzugerechnet** werden **(Vorleistungen)**!

Merken Sie sich bitte:

- **Vorleistungen** müssen der Verteilungssumme **hinzugerechnet** werden.
- **Nachleistungen** müssen von der Verteilungssumme **abgezogen** werden.

Lösung

Rechtsanwalt	Anteile	+ Vorleistungen ./. Nachleistungen	Einzelwert €	Gesamtwert in €
Dr. Kling	3	+ 5.000,00	32.500,00	102.500,00
Dr. Klang	4		32.500,00	130.000,00
Dr. Klong	5	./.10.000,00	32.500,00	152.500,00
	12 Teile	./. 5.000,00 →		385.000,00
				+ 5.000,00
				390.000,00 : 12
	1 Teil →			32.500,00

[1] Bevor Sie rechnen, vergleichen Sie bitte die Lösungshinweise auf dieser Seite!

Aufgaben

11 Wie viel erhält jedes Kind, wenn eine Erbschaft in Höhe von 290.000,00 € unter 2 Geschwistern gleich verteilt werden soll? Agathe hat schon früher zum Studium 35.000,00 € und Berta zum Bau eines Hauses 50.000,00 € erhalten.

12 Wie viel € entfallen auf jeden Unternehmer, wenn 3 Handwerker beim Bau einer Turnhalle mitgeholfen haben und noch 270.000,00 € erhalten? Die Verteilung soll nach den von ihnen eingesetzten Arbeitskräften vorgenommen werden. Es haben eingesetzt:

Handwerker	Arbeitskräfte
Felix Soft	42
Hugo Latte	36
Emil Estrich	24

Emil Estrich hat eine Spezialmaschine zur Verfügung gestellt und erhält vorweg 12.000,00 €. Felix Soft hat bereits 7.000,00 € erhalten (runden Sie das Ergebnis).

13 Welche Gewinnanteile erhalten die Mitglieder der Wettspielgemeinschaft?
Es gewannen die Spieler Fritz, Gustav und Hans 480.000,00 €. Nach einvernehmlicher Absprache erhält Fritz doppelt so viel wie Gustav, Hans erhält 20.000,00 € weniger, aber dreimal so viel wie Gustav. Außerdem haben Fritz 5.000,00 € und Gustav 14.000,00 € bereits erhalten.

14 Wie viel € erhalten die Eigentümer eines Mietshauses vom Jahresmietertrag?
Für 5 vermietete gleich große Wohnungen erhalten fünf Hauseigentümer einen Jahresmietertrag von insgesamt 380.000,00 €. Laut Vereinbarung der Hauseigentümer ist der Mietertrag „nach Köpfen" (gleichmäßig) zu verteilen, wobei allerdings Folgendes zu berücksichtigen ist:

Hauseigentümer	Vorgang während des Jahres
Max Blau	Privatentnahme 20.000,00 €
Eva Rot	Privatentnahme 5.000,00 €
Josef Grün	Erhält zusätzlich noch 30.000,00 €
Hans Schwarz	Erhält Sonderzahlung von 2.000,00 €
Detlef Reich	Privatentnahme 8.000,00 €

15 Vier Mietparteien haben gemeinsam ein Haus gemietet. Berechnen Sie die Bruttojahresmiete, einschließlich der Nebenkosten, für jede Mietpartei!

Mietpartei	Personen Anzahl	Wohnfläche in qm	Nettomiete €/Monat
Olaf Kurz	5	140	740,00
Max Schuppe	2	60	300,00
Lisa Fritz	3	80	480,00
Resi Amigo	1	30	180,00

Im Abrechnungsjahr entstanden folgende **Nebenkosten:**

– Stromkosten für Treppen und Flure	560,00 €
– Wasserverbrauch	7.700,00 €
– Heizöl	20.181,00 €.

Verteilungsschlüssel der Nebenkosten:
- Stromkosten im Verhältnis 6 : 3 : 4 : 1
- Wassergebühren nach der Personenzahl
- Heizkosten nach der Wohnfläche

4.4 Verteilung von Gewinnen bei einzelnen Gesellschaftsformen

4.4.1 Gewinnverteilung bei der Gesellschaft bürgerlichen Rechts (GbR)

Merken Sie sich bitte:

- Gem. § 722 BGB erhält **jeder Gesellschafter** den **gleichen Anteil am Gewinn,** sofern nichts anderes vertraglich vereinbart ist. Selbstverständlich ist auch jeder Gesellschafter mit dem **gleichen Anteil an einem Verlust** beteiligt.

Beispiel mit Lösung

Berechnen Sie die Gewinnanteile der Gesellschafter nach der jeweiligen Beteiligung an der ARGE Brückenbau (= Arbeitsgemeinschaft zur Erstellung einer Brücke), die einen Gewinn in Höhe von 800.000,00 € erzielt hat und an der folgende Gesellschafter beteiligt sind:

Gesellschafter	Beteiligung
Manni Blech	100.000,00
Ronny Ploch	150.000,00
Sonny Schein	250.000,00

Der Gesellschafter Sonny Schein erhält als Vorwegvergütung für die Geschäftsführung noch 20.000,00 €.

Lösung

Gesellschafter	Beteiligung €	Anteile	Vor-/Nachleistung	Einzelwerte €	Gesamtgewinn €
Blech	100.000,00	2		78.000,00	156.000,00
Ploch	150.000,00	3		78.000,00	234.000,00
Schein	250.000,00	5	+ 20.000,00	78.000,00	410.000,00
		10 Teile	+ 20.000,00		800.000,00
					./. 20.000,00
					780.000,00 : 10
		1 Teil			78.000,00

Aufgaben

16 Verteilen Sie den Gewinn nach der Kapitalbeteiligung.

An einer GbR sind A mit 30.000,00 €; B mit 45.000,00 € und C mit 27.000,00 € beteiligt. Der Gewinn beträgt 33.900,00 €.

17 Berechnen Sie die Gewinnanteile der Gesellschafter!

Der von einer GbR erwirtschaftete Gewinn in Höhe von 328.000,00 € soll nach Köpfen an die vier Gesellschafter verteilt werden, wobei Folgendes noch zu berücksichtigen ist:

Gesellschafter	Vorgang im Laufe des Geschäftsjahres
Leo Lob	Privatentnahme 20.000,00 €
Theo Frohsinn	Privatentnahme 22.000,00 €
Heinz von Lach	Erhält vorweg 18.000,00 € Sonderzahlung
Marie Zweifel	Privatentnahme 67.000,00 €

4.4.2 Gewinnverteilung bei der Offenen Handelsgesellschaft (OHG)

Merken Sie sich bitte:

- Gemäß **§ 121 HGB** erhält **jeder Gesellschafter** der OHG
  - zunächst **4 vom Hundert seines Kapitalanteils,**
  - der **Restgewinn** wird **nach Köpfen** verteilt.

Diese **Gewinnverteilung** wurde **gewählt**, weil die Gesellschafter der OHG **solidarisch** (einer für alle), **unmittelbar** (direkt) und **unbeschränkt** (mit ihrem gesamten Privat- und Geschäftsvermögen) für die Schulden der Gesellschaft haften! Die gesetzliche Regelung gilt nur, wenn der Gesellschaftsvertrag keine andere Verteilung vorschreibt.

Beispiel mit Lösung

Berechnen Sie den Gewinnanteil eines jeden Gesellschafters nach § 121 HGB!

An einer OHG ist Astrid mit 100.000,00 €, Jürgen mit 300.000,00 €, Christian mit 200.000,00 € und Philipp mit 100.000,00 € beteiligt. Der Gewinn beträgt 420.000,00 €.

Lösung

Beträge in €

Gesellschafter	Kapitaleinlage	4 % Gewinn 1)	Restgewinn 3)	Gesamtgewinn 4)
Astrid	100.000,00	4.000,00	98.000,00	102.000,00
Jürgen	300.000,00	12.000,00	98.000,00	110.000,00
Christian	200.000,00	8.000,00	98.000,00	106.000,00
Philipp	100.000,00	4.000,00	98.000,00	102.000,00
	700.000,00	28.000,00		420.000,00
			2) →	./. 28.000,00
				392.000,00 : 4

Lösungsschritte

1) Berechnen Sie zuerst die Verzinsung, indem Sie bei einer Jahresverzinsung die Kapitaleinlage mit 4 multiplizieren und das Ergebnis durch 100 dividieren.

2) Subtrahieren Sie diesen Gewinnanteil von dem Gesamtgewinn.

3) Dividieren Sie den Restgewinn durch die „Köpfe" (Gesellschafter).

4) Addieren Sie die beiden Gewinnteile zum Gesamtgewinn!

Aufgaben

18 Verteilen Sie den Gewinn nach § 121 HGB und Gesellschaftsvertrag!

Eine OHG erzielt einen Gewinn von **a)** 630.000,00 €; und **b)** 278.000,00 €. Die Kapitaleinlagen der Gesellschafter betragen:

Gesellschafter	Kapitaleinlage a)	b)	Beträge in €
Adam Groß	135.000,00	65.000,00	
Eva Klein	275.000,00	130.000,00	
Hans Mogel	125.000,00	45.000,00	
Ruth Schenk	90.000,00	200.000,00	

Der Gesellschafter Groß erhält laut Gesellschaftsvertrag eine Vorwegvergütung von **a)** 15.000,00 und **b)** 22.000,00 für die Geschäftsführung.

19 Berechnen Sie die Gewinnanteile eines jeden Gesellschafters einer OHG:

Beteiligt sind Rot mit 360.000,00 €, Grün mit 500.000,00 € und Schwarz mit 700.000,00 €. Vom Gewinn in Höhe von 340.000,00 € erhält Schwarz vorweg eine Vergütung von 20.200,00 €. Die Kapitalanteile sind mit 7,5 % zu verzinsen und der Rest des Gewinns nach § 121 HGB zu verteilen.

Merken Sie sich bitte:

- **Nicht entnommene Gewinnanteile** werden dem **Eigenkapital** der Gesellschafter **zugeschlagen!**

Beispiel mit Lösung

Zeigen Sie die Entwicklung der Kapitalkonten der Gesellschafter einer OHG zum Jahresende auf, wenn folgende Gesellschafter beteiligt sind:

Gesellschafter	Beteiligung	Anfangsbestände
Felix May	1/3	Soll – Eigenkapital May – Haben: Anfangsbestand 67.000,00
Julia Groß	1/6	Soll – Eigenkapital Groß – Haben: Anfangsbestand 55.000,00
Franz Blass	Rest	Soll – Eigenkapital Blass – Haben: Anfangsbestand 90.000,00

Die OHG erzielte einen Gewinn in Höhe von 116.000,00 €, der vertragsgemäß auf der Grundlage der Beteiligungen verteilt wird.

Außerdem ist zu berücksichtigen:

Die Kapitalkonten werden mit 8 % verzinst.
Blass erhält vorweg 33.040,00 € für die Geschäftsführung.

Lösung

Beträge in €

Gesellschafter	Kapitaleinlage	8 % Gewinn	Anteil		Vor-/Nachleistungen	Einzelwerte	Gesamtgewinn	Neues Kapital
May	67.000,00	5.360,00	1/3	2	0,00	11.000,00	27.360,00	94.360,00
Groß	55.000,00	4.400,00	1/6	1	0,00	11.000,00	15.400,00	70.400,00
Blass	90.000,00	7.200,00	Rest	3	+ 33.040,00	11.000,00	73.240,00	163.240,00
		16.960,00		6	+ 33.040,00			

116.000,00
./. 33.040,00
82.960,00
./. 16.960,00
66.000,00 : 6

Soll — Eigenkapital May — Haben

Soll		Haben	
		AB	67.000,00
		Gewinn	27.360,00

Soll — Eigenkapital Groß — Haben

Soll		Haben	
		AB	55.000,00
		Gewinn	15.400,00

Soll — Eigenkapital Blass — Haben

Soll		Haben	
		AB	90.000,00
		Gewinn	73.240,00

Aufgaben

20 Wie haben sich die Kapitalkonten der Gesellschafter entwickelt, wenn an einer OHG die Gesellschafter A mit 1/4, B mit 1/6, C mit 3/8 und D mit dem Rest beteiligt sind?

Der Jahresgewinn der OHG beträgt 300.000,00 €. Die vertraglichen Regelungen der Gesellschafter untereinander lauten:

Der Gesellschafter C erhält vorweg 4.000,00 € monatlich für die Geschäftsführung. Die Gesellschafter A und B erhalten von dem verteilungsfähigen Gewinn noch jeder 12.000,00 € für die Bereitstellung der Geschäftsräume. Das Anfangskapital der Gesellschafter ist mit 7 % zu verzinsen und betrug:

Beträge in €

Gesellschafter	Eigenkapital am Jahresanfang
A	332.000,00
B	150.000,00
C	80.000,00
D	200.000,00

4.4.3 Gewinnverteilung bei der Kommanditgesellschaft (KG)

Bei der KG unterscheidet man zwei Arten von Gesellschaftern:

▶ **Komplementäre = Vollhafter mit Geschäftsführungsbefugnis**

Komplementäre haften wie die OHG-Gesellschafter mit ihrem gesamten Privat- und Geschäftsvermögen und werden daher auch wie diese rechtlich behandelt.

▶ **Kommanditisten = Teilhafter ohne Geschäftsführungsbefugnis**

Kommanditisten sind Kapitalgeber und haften für die Schulden der Gesellschaft nur in Höhe ihrer Kapitaleinlage.

Merken Sie sich bitte:

- Gemäß **§ 168 HGB** erhält **jeder Gesellschafter** der KG
  - zunächst **4 vom Hundert seiner Kapitaleinlage,**
  - der **Restgewinn** wird **im angemessenen Verhältnis** der Kapitalanteile verteilt.

Die gesetzliche Regelung gilt nur, wenn der Gesellschaftsvertrag keine andere Verteilung vorschreibt!

Beispiel mit Lösung

Wie hoch sind die Gewinnanteile eines jeden Gesellschafters einer KG?

Eine KG weist am Jahresende einen Gewinn von 270.000,00 € aus. Die Beteiligungen sind: Komplementär A mit 300.000,00 €, Komplementär B mit 250.000,00 € und Kommanditist C mit 100.000,00 €.

Die Komplementäre erhalten vorweg je 48.000,00 € für die Geschäftsführung. Die Kapitalbeteiligungen sind mit 6 % zu verzinsen; der Restgewinn wird im Verhältnis 4 : 4 : 1 verteilt.

Lösung

Beträge in €

Gesellschafter	Kapitaleinlage	6 % Gewinn	Vor-/Nachleistungen	Anteil am Restgewinn	Einzelwert	Gesamtwert	Gesamtgewinn
Kompl. A	300.000,00	18.000,00	+48.000,00	4	15.000,00	60.000,00	126.000,00
Kompl. B	250.000,00	15.000,00	+48.000,00	4	15.000,00	60.000,00	123.000,00
Komm. C	100.000,00	6.000,00	0,00	1	15.000,00	15.000,00	21.000,00
		39.000,00	+96.000,00	9 Teile			270.000,00

270.000,00
./. 96.000,00
174.000,00
./. 39.000,00
135.000,00 : 9

1 Teil → 15.000,00

Aufgaben

21 Berechnen Sie die Gewinnanteile der Gesellschafter einer KG, wenn die Kapitalkonten folgenden Stand aufweisen:

Beträge in €

Gesellschafter	Voll-/Teilhafter	Eigenkapital
Felix Nashorn	Komplementär	400.000,00
Olaf Otto	Komplementär	440.000,00
Rosel Struppig	Kommanditistin	200.000,00

Die KG erzielte einen Gewinn in Höhe von 234.000,00 €, der wie folgt verteilt werden soll:
- Die Kapitalkonten sind mit 7 % zu verzinsen,
- Gesellschafter Otto erhält eine Vorwegvergütung von 36.000,00 €,

- Komplementär Nashorn hat bereits 24.000,00 € privat entnommen,
- ebenso hat Kommanditistin Struppig 10.000,00 € vorweg erhalten.

Der Restgewinn ist im Verhältnis 6 : 7 : 2 zu verteilen.

22 Ermitteln Sie die Gewinnanteile der Gesellschafter einer KG!

Beträge in €

Gesellschafter	Eigenkapitalanteil
Komplementär Carl Alt	80.000,00
Kommanditist Ede Fix	40.000,00
Kommanditist Fritz Speck	20.000,00

Die KG erwirtschaftete einen Gewinn in Höhe von 140.000,00 €, der nach Gesellschaftsvertrag wie folgt verteilt werden soll:

- Die Eigenkapitalanteile werden mit 9 1/3 % verzinst!
- Komplementär Alt erhält vorab 60.000,00 € für die Geschäftsführung.
- Der Restgewinn wird im Verhältnis der Kapitalanteile verteilt.

4.5 Anwendung der Verteilungsrechnung in der Praxis

Verschiedene gesetzliche Bestimmungen, wie z. B. das Erbrecht des BGB, die Kostenteilung der ZPO oder die Verteilung der Reisekosten nach dem RVG, schreiben vor, dass bestimmte Mengen oder Werte auf bestimmte Personen zu verteilen sind. Für Sie als Mitarbeiter-/innen einer Rechtsanwalts- oder Notariatskanzlei ist es deshalb wichtig, Verteilungsrechnungen in der Kanzlei zu erkennen und diese lösen zu können.

4.5.1 Verteilung der Reisekosten

Der Rechtsanwalt erhält von seinem Mandanten die notwendigen Reisekosten für Geschäftsreisen ersetzt. Wenn eine Reise jedoch **mehreren Geschäften** dient, hat der Rechtsanwalt die entstandenen Kosten gem. Vorbemerkung 7 Abs. 3 VV RVG i. V. m. Nr. 7003 bis 7006 VV RVG unter den **beteiligten Mandanten** in einem angemessenen Verhältnis **aufzuteilen**.

Merken Sie sich bitte:

- Die **tatsächlich entstandenen Reisekosten** und **Abwesenheitsgelder** sind nach dem **Verhältnis der Kosten** zu verteilen, die entstanden **wären,** wenn **jede Geschäftsreise einzeln** abgerechnet werden würde (Realkostensplittung).

Beispiel mit Lösung

Ermitteln Sie die von beiden Parteien zu tragenden Reisekosten!

Rechtsanwalt Dr. Ede Fix mit seiner Kanzlei in München, wurde in der Strafsache B. Trüger vom Landgericht Frankfurt/Main zu einem Ortstermin am Montag, dem 03.06., gebeten.

Der Zeitaufwand betrug 2 Stunden.

Im Auftrag des Mandanten Max Feist nahm Dr. Fix am gleichen Tag noch einen wichtigen Besprechungstermin in Saarbrücken wahr. Der Zeitaufwand betrug hier 3 Stunden.

Die terminbedingte Abwesenheit für beide Mandanten betrug 17 Stunden. Für die Reise benutzte RA Dr. Fix seinen Pkw.

Durch die Wahrnehmung der beiden Termine an einem Tag sind **tatsächlich** folgende **Kosten** entstanden:

▶ **Fahrtkosten:** (Nr. 7003 VV RVG) München – Frankfurt – Saarbrücken – München

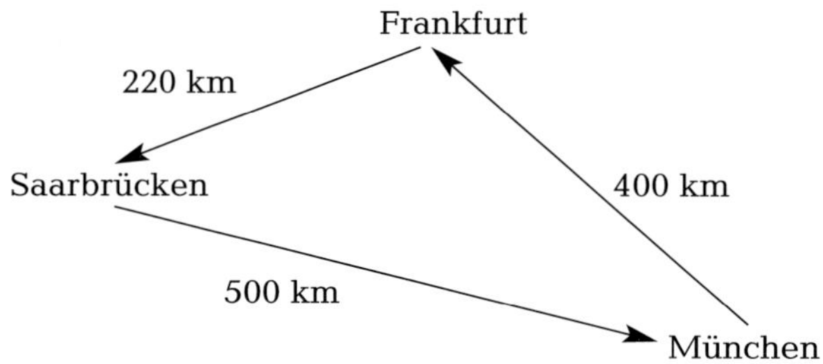

Hinfahrt:	München – Frankfurt	= 400 km · 0,30 € =	120,00 €
	Frankfurt – Saarbrücken	= 220 km · 0,30 € =	66,00 €
Rückfahrt:	Saarbrücken – München	= 500 km · 0,30 € =	150,00 €

▶ **Tage- und Abwesenheitsgeld** (Nr. 7005 VV RVG)
Abwesenheit über 8 Stunden = 60,00 €

Gesamtkosten (tatsächlich entstanden) **396,00 €**

Lösungsweg

1) Ermittlung der **Kosten, die entstanden wären**, wenn die Geschäftsreisen einzeln abgerechnet werden würden:

a) Ortstermin in Frankfurt/Main in Sachen B. Trüger

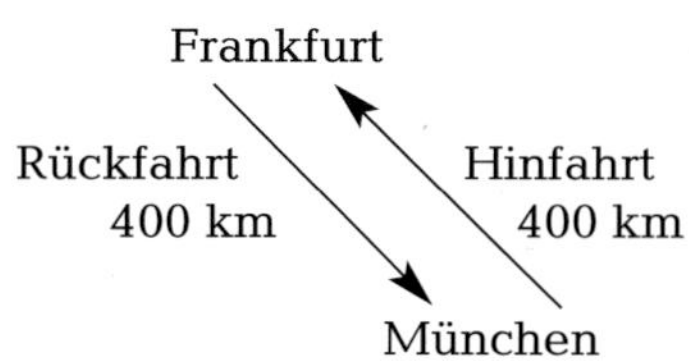

- **Fahrtkosten:** München – Frankfurt und zurück
  400 km · 2 = 800 km · 0,30 € 240,00 €

- **Tage- und Abwesenheitsgeld**
  über 8 Stunden einschließlich der Fahrtzeiten 60,00 €

Gesamte Reisekosten für Auftrag B. Trüger **300,00 €**

b) Besprechung in Saarbrücken im Auftrag des Mandanten Max Feist

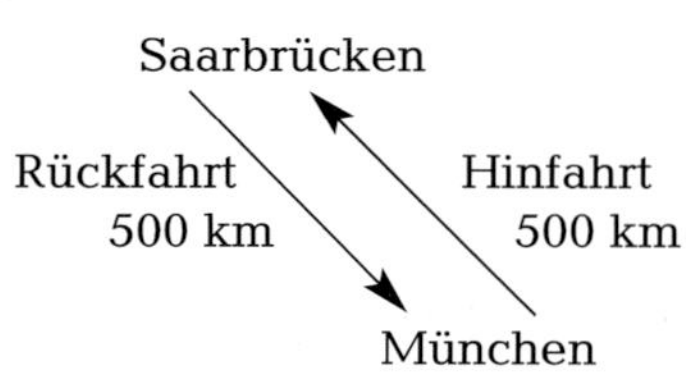

- **Fahrtkosten:** München – Saarbrücken und zurück
  500 km · 2 = 1 000 km · 0,30 € — 300,00 €

- **Tage- und Abwesenheitsgeld**
  über 8 Stunden einschließlich der Fahrtzeiten — 60,00 €

Gesamte Reisekosten für Auftrag Max Feist — 360,00 €

2) Die **tatsächlich entstandenen** Kosten in Höhe von 396,00 € werden wie folgt **verteilt**:

Beträge in €

Kosten bei Einzelberechnung	Verteilungs-schlüssel	Einzelwert	Anteil an den Gesamtkosten
B. Trüger	300,00	0,6	180,00
Max Feist	360,00	0,6	216,00
	660,00		396,00 : 660,00
		1 Teil →	0,6

Ergebnis

Der Mandant B. Trüger muss 180,00 €, der Mandant Max Feist 216,00 € Reisekosten tragen.

Aufgaben

23 Verteilen Sie die Gesamtkosten nach Vorbemerkung 7 Abs. 3 VV RVG i. V. m. Nr. 7003 bis 7006 VV RVG!

Die gesamten Reisekosten des RA Dr. Emil Specht für drei auf einer Reise erledigte Geschäfte betragen 990,00 €. Die Einzelkosten hätten betragen:[1]

Beträge in €

Mandant	Einzelberechnung
Abel	110,00
Babel	770,00
Cabel	550,00

24 Berechnen Sie die Reisekosten[2], die jeder Mandant zu tragen hat!

Frau Rechtsanwältin Leotine Rosig hat drei auswärts durchzuführende Geschäfte für drei verschiedene Mandanten an einem einzigen Tag erledigt.

Die Gesamtkosten betragen 600,00 €. Bei getrennter Abwicklung der Geschäfte wären folgende Einzelkosten entstanden:

Beträge in €

Mandant	Einzelberechnung
Dobel	300,00
Hobel	210,00
Pobel	430,00

1 Kürzen Sie die Verteilungsgrundlage, wo immer es geht.
2 Rechnen Sie mit möglichst vielen Kommastellen!

Merken Sie sich bitte:

- Erstreckt sich die **Geschäftsreise über** einen **Kalendertag hinaus,** sind die angefallenen **Übernachtungskosten auch** erstattungsfähig!

Aufgaben

25 Ermitteln Sie zunächst die Gesamtkosten und verteilen Sie!

Rechtsanwalt Dr. Kalle Zuverlässig war im Auftrag seiner Mandanten Noll und Poll in zwei verschiedenen Angelegenheiten zwei volle Tage auswärts tätig. Er hat insgesamt 900 km Fahrtstrecke mit seinem Pkw zurückgelegt. Er ist Montag vormittag um 09:00 Uhr von der Kanzlei weggefahren und erst am Dienstag um 22:00 Uhr zurückgekommen. Die Übernachtungskosten betrugen 130,00 € und wurden von Herrn RA Zuverlässig bar bezahlt.
Bei Einzelabrechnung wären folgende Kosten entstanden:
Mandant Noll 570,00 €; Mandant Poll 835,00 €.

26 Mit welchen anteiligen Reisekosten werden die Mandanten belastet?

Im Auftrag seines Mandanten Hudlmeier hatte Rechtsanwalt Klug aus Kaiserslautern in einer Strafsache zwei Zeugen in Berlin zu vernehmen; der Zeitaufwand betrug einen vollen Tag. Die Fahrt wurde mit dem eigenen Pkw durchgeführt. RA Klug übernachtete in Berlin und zahlte an Übernachtungskosten 100,00 €.
Im Auftrag seines Mandanten Hesse erledigte Rechtsanwalt Klug in den beiden folgenden Tagen drei wichtige Besprechungstermine in Kassel. Die Übernachtungskosten beliefen sich auf 90,00 €.

Lösungshinweise

a) Berechnen Sie zunächst die Gesamtkosten der dreitägigen Reise:

Fahrtkosten Kaiserslautern – Berlin	(700 km)
Fahrtkosten Berlin – Kassel	(450 km)
Fahrtkosten Kassel – Kaiserslautern	(300 km)
Tage- und Abwesenheitsgeld für 3 Tage	
Übernachtungskosten für 2 Übernachtungen	

b) Ermitteln Sie die Beträge der Einzelberechnungen:

1. Welche Kosten hätte die Vernehmung der Zeugen in Berlin im Auftrage des Mandanten Hudlmeier verursacht?
2. Wie hoch wären die Kosten, die der Auftrag des Mandanten Hesse verursacht hätte?

Aufgaben

27 Welche Kostenanteile können den Mandantinnen berechnet werden?

Rechtsanwältin Rosel Liebling mit ihrer Kanzlei in Dresden erledigt drei auswärtige Geschäfte an einem Tag. Sie fuhr mit ihrem Pkw. Der Tageskilometerzähler zeigte nach Abschluss der Fahrt 867 km. Die terminbedingte Abwesenheit betrug 12 Stunden.
Bei getrennter Abwicklung dieser Geschäfte wären folgende Einzelkosten entstanden:

Mandantin	Einzelberechnung	Beträge in €
Lore Rosso	275,00	
Agatha Hutmacher	115,00	
Josefine Rutz	468,00	

4.5.2 Verteilung der Prozesskosten nach § 92 ZPO

Merken Sie sich bitte:

- Gemäß § 92 ZPO sind die entstandenen **Prozesskosten anteilig** zu verteilen, wenn jede **Partei teilweise obsiegt** (= gewinnt) bzw. **teilweise unterliegt** (= verliert). Die **Verteilung** der Kosten ergibt sich aus dem **Urteil!**

Beispiel mit Lösung

Berechnen Sie die Prozesskostenanteile des Klägers und des Beklagten!

In einem Zivilprozess betragen die Prozesskosten 5.000,00 €. Der Kläger hat 1 Teil, der Beklagte hat 4 Teile der Kosten zu tragen.

Lösung

Beträge in €

Partei	Verteilungs-grundlage	Anteile	Kostenanteil
Kläger	1/5	1	1.000,00
Beklagter	4/5	4	4.000,00

5 Teile → 5.000,00 : 5
1 Teil → 1.000,00

Ergebnis

Der Kläger hat 1.000,00 €, der Beklagte 4.000,00 € Kosten zu tragen.

Aufgaben

28 Berechnen Sie die vom Kläger und vom Beklagten zu tragenden Prozesskostenanteile und ergänzen Sie die Tabelle!

Prozesskosten gem. Urteil	Anteile	
€	Kläger	Beklagter
636,00	2	5
999,00	1	1
1.689,00	4	5
567,00	3	5
456,00	2	4
3.609,00	7	5

4.5.3 Verteilung von Vermögens- oder Erbmassen gem. §§ 1922 ff. BGB

Merken Sie sich bitte:

- Das **Vermögen** einer **verstorbenen natürlichen Person** ist an die **Erben zu verteilen** (vgl. § 1922 Abs. 1 BGB).

Beispiel mit Lösung

Berechnen Sie die Erbanteile, wenn jedes Kind den gleichen Anteil erhalten soll.

Erblasser **E** stirbt und hinterlässt ein Barvermögen von 540.000,00 €. Er wird überlebt von seinen Kindern Fritz, Gustav und Hanna. Seine Ehefrau ist schon vor 2 Jahren verstorben.

Lösung

Beträge in €

Kind	Anteil	Gesamt
Fritz	1/3	180.000,00
Gustav	1/3	180.000,00
Hanna	1/3	180.000,00
	3 Teile	540.000,00 : 3
	1 Teil	180.000,00

Aufgaben

29 Wie viel € erhält jeder Erbe nach der Testamentseröffnung?

Der Erblasser E hat in seinem Testament (= letztwillige Verfügung) bestimmt, dass seine Tochter Kunigunde 1/5, sein erster Sohn Brutus 1/3, sein zweiter Sohn Trotzi 1/6 und sein dritter Sohn Max den Rest der Erbschaft erhalten soll. Der ganze Nachlass beträgt 324.000,00 €.

30 Erblasser E stirbt und hat in seinem Testament Folgendes verfügt:

Das Barvermögen in Höhe von 439.795,00 € erhält die Ehefrau zu 2/7, seine beiden Töchter Evi und Berta und sein Sohn Raffnix zu je 1/7. Von dem Restbetrag soll jedes Kind eine Sonderzahlung in Höhe von 35.000,00 € erhalten.

Außerdem ist zu beachten:
Sohn Raffnix hat bereits 20.000,00 € für seine Ausbildung erhalten, die mit der Erbschaft verrechnet werden sollen. Den verbleibenden Restbetrag soll das Tierheim der Stadt erhalten.

a) Welche Anteile erben die Erben?

b) Wie hoch ist der Betrag, der an das Tierheim übergeben wird?

5 Der Dreisatz

Merken Sie sich bitte:

- Die **Dreisatzrechnung** wird angewandt, wenn aus **drei Größen** eine **vierte Größe** errechnet werden soll.
- Die Lösung des Dreisatzes erfolgt in drei Schritten:

1. Bedingungssatz = (Was ist gegeben?)
2. Fragesatz = (Was ist gesucht?)
3. Schlusssatz = (Schluss auf die Einheit).

5.1 Einfacher Dreisatz

5.1.1 Einfacher Dreisatz mit geradem Verhältnis

Merken Sie sich bitte:

- Wenn sich die **gesuchte Größe** in der **gleichen Weise** ändert wie die **gegebene** Größe, hat der Dreisatz ein **gerades** Verhältnis.

Beispiel mit Lösung

In einem Ladengeschäft kosten 18 Bleistifte 13,50 €. Wie viel kosten 26 Bleistifte?

Lösung durch Schlussrechnung

1. **Bedingungssatz** (gegeben?): 18 Bleistifte kosten 13,50 € **1)**
2. **Fragesatz** (gesucht?): 26 Bleistifte kosten x € **2)**
3. **Schlusssatz 3)** $x = \frac{13{,}50 \cdot 26}{18} = \mathbf{19{,}50}$ **€**

Antwort: 26 Bleistifte kosten 19,50 €.

Lösungsschritte

1) Beginnen Sie immer mit dem **Bedingungssatz**. Setzen Sie die **gesuchte** Einheit (hier €) immer nach **rechts**!

2) Setzen Sie beim **Fragesatz** die gleichen Einheiten unter die des Bedingungssatzes. Die **gefragte** Einheit (hier €) steht ebenfalls **rechts**!

3) Schlusssatz: **Schließen** Sie von der **Mehrheit** (18 Bleistifte) auf die **Einheit** (1 Bleistift) und von dieser auf die gesuchte Einheit (26 Bleistifte):

18 Bleistifte kosten 13,50 €

1 Bleistift kostet weniger, nämlich den 18. Teil $\frac{13{,}50}{18}$

26 Bleistifte kosten 26-mal mehr, nämlich $\frac{13{,}50 \cdot 26}{18}$

Merken Sie sich bitte:

- Je **mehr** Bleistifte wir kaufen wollen, desto **mehr** € müssen wir zahlen!
- **Oder kürzer**: Je **mehr**, desto **mehr!**

2. Beispiel mit Lösung

18 Bleistifte sollen wieder 13,50 € kosten. Wie teuer sind 5 Bleistifte?

Lösung durch Schlussrechnung

1. Bedingungssatz (gegeben?) 18 Bleistifte kosten 13,50 €
2. Fragesatz (gesucht?): 5 Bleistifte kosten x €
3. Schlusssatz: $x = \frac{13{,}50 \cdot 5}{18} = \mathbf{3{,}75}$ **€**

Antwort: 5 Bleistifte kosten 3,75 €.

Merken Sie sich bitte:

- Je **weniger** Bleistifte wir kaufen wollen, desto **weniger** € müssen wir zahlen!
- **Oder kürzer:** Je **weniger**, desto **weniger!**

Zusammenfassung

Gerades Verhältnis

Je mehr, desto mehr | **Je weniger, desto weniger**

Formale Darstellung

1)		**2)**
18 Bleistifte	kosten	13,50 €
↑ **nach oben dividieren**	**schräg multiplizieren** ↙	
26 Bleistifte	kosten	x €
3)		

$$x = \frac{2) \cdot 3)}{1)}$$

Exkurs: Lösung mit quotientengleichen Zahlenpaaren

Vorstehende Beispiele lassen sich auch durch **Verhältnisgleichung** lösen:

1. Bedingungssatz (gegeben?): 18 Bleistifte kosten 13,50 €
2. Fragesatz (gesucht?): 26 Bleistifte kosten x €

Legen Sie das Verhältnis fest! Je **mehr** desto **mehr** = **gerades Verhältnis**

3. Verhältnisgleichung:
   Bilden Sie quotientengleiche Zahlenpaare: $\frac{x\ €}{26\ \text{Bleistifte}} = \frac{13{,}50\ €}{18\ \text{Bleistifte}}$

   x verhält sich zu 26 wie 13,50 zu 18

$$\frac{x}{26} = \frac{13{,}50}{18} \cdot 26$$

$$x = \frac{13{,}50 \cdot 26}{18}$$

$$x = \mathbf{19{,}50\ €}$$

Merken Sie sich bitte:

- Der Ansatz der Gleichung lautet:
  „x" verhält sich zur **„Vielheit des Fragesatzes"** (26 Bleistifte) wie die **„über x stehende Größe"** (13,50 €) zur **„Vielheit des Bedingungssatzes"** (18 Bleistifte)!

Aufgaben

1 Rechnen Sie im Kopf!

a) 20 Gummibärchen kosten 1,80 €. Wie viel kosten 3, 7, 9, 11, 15, 30, 40 Stück?
b) 5 kg Bananen kosten 12,00 €. Wie viel kosten 1; 2,5; 6; 15; 25; 30 kg?
c) 6 Bleistifte kosten 7,20 €. Wie viel kosten 4, 5, 8, 12, 15, 20 Bleistifte?

2 Ein Industrieunternehmen stellt Kabelkanalsysteme her. In 350 Minuten werden 2 800 Teile produziert. Wie viel Stunden und Minuten werden für die Herstellung von

a) 1 280 Teilen b) 3 008 Teilen

benötigt?

3 Wie viel Liter Kraftstoff verbrauchte ein Pkw auf 100 km, wenn der Wagen für eine Geschäftsreise von 650 km Länge insgesamt 72,8 Liter benötigte?

4 Ein Lkw verbraucht auf 100 km durchschnittlich 16,8 Liter Dieselkraftstoff. Wie viel Liter verbraucht er für eine Strecke von

a) 30 km; b) 90 km; c) 160 km; d) 480 km; e) 700 km?

5 Berechnen Sie die Kfz-Kosten für 7.800 km, wenn der von einem Rechtsanwalt geleaste (gemietete) Pkw bei einer jährlichen Fahrleistung von 31.500 km insgesamt 45.880,00 € Kosten verursacht.

6 Eine Rechtsanwalts-/Notariatskanzlei soll mit neuem Teppichboden ausgelegt werden. Berechnen Sie den Preis des benötigten Teppichbodens, wenn 31 qm 1.171,80 € kosten und insgesamt 123 qm Bodenbelag erforderlich sind.

7 Zum Vorkontieren von 5 Buchungsbelegen braucht eine Buchhalterin im Durchschnitt 65 Sekunden. Wie lange benötigt sie, um 390 Belege zu kontieren?

8 Drei Schreibkräfte einer Kanzlei erstellen wöchentlich im Durchschnitt 504 Schriftstücke. Wie viel Schreibkräfte müssen zusätzlich eingestellt werden, um wöchentlich 1 176 Schriftstücke zu erstellen?

9 Rechtsanwältin Ida Löblich bucht zur Erledigung einer auswärtigen Angelegenheit ein Hotelzimmer für 5 Tage zu einem Pauschalpreis von 464,50 €. Wie hoch ist die Hotelrechnung, wenn sie das Zimmer für 7 Tage benutzt?

10 Wie teuer ist ein Kokosläufer von 36 4/5 m Länge, wenn 6 3/4 m Länge 112,00 € kosten?

5.1.2 Einfacher Dreisatz mit ungeradem Verhältnis

Merken Sie sich bitte:

- Wenn sich die gesuchte Größe in der **umgekehrten Weise** wie die gegebene Größe ändert, so hat der Dreisatz ein **ungerades** Verhältnis.

1. Beispiel mit Lösung

Für Inventurarbeiten in einem Lagerhaus brauchen 40 Angestellte 6 Arbeitstage. Wie viel Tage würden 60 Angestellte für dieselben Arbeiten benötigen?

Lösung durch Schlussrechnung

1. Was ist gegeben? 40 Angestellte brauchen 6 Arbeitstage **1)**
2. Was ist gesucht? 60 Angestellte brauchen x Arbeitstage **2)**
3. Schlusssatz **3)** $x = \frac{6 \cdot 40}{60}$

   x = **4 Arbeitstage**

Antwort: 60 Angestellte brauchen 4 Arbeitstage, um dieselben Arbeiten zu erledigen.

Lösungsschritte

1) Beginnen Sie immer mit dem **Bedingungssatz**. Setzen Sie die **gesuchte** Einheit (hier Arbeitstage) immer nach **rechts**!

2) Setzen Sie beim **Fragesatz** die gleichen Einheiten unter die des Bedingungssatzes. Die **gefragte** Einheit (hier Arbeitstage) steht ebenfalls **rechts**!

3) Schlusssatz: Schließen Sie von der Mehrheit (40 Angestellte) auf die Einheit (1 Angestellte(r) und von dieser auf die gesuchte Einheit (60 Angestellte):

40 Angestellte brauchen	6 Arbeitstage
1 Angestellte(r) braucht 40-mal mehr Tage	$6 \cdot 40$
60 Angestellte brauchen 60-mal weniger Tage	$\frac{6 \cdot 40}{60}$

Merken Sie sich bitte:

- Je **mehr** Angestellte arbeiten, desto **weniger** Tage benötigen sie!
- **Oder kürzer**: Je **mehr**, desto **weniger!**

2. Beispiel mit Lösung

40 Angestellte sollen für Inventurarbeiten wieder 6 Arbeitstage benötigen. Wie viel Tage würden 15 Angestellte für die gleichen Arbeiten brauchen?

Lösung durch Schlussrechnung

1. Was ist gegeben?	40 Angestellte brauchen 6 Arbeitstage
2. Was ist gesucht?	15 Angestellte brauchen x Arbeitstage
3. Schlusssatz:	$x = \frac{6 \cdot 40}{15}$
	x = **16 Arbeitstage**

Antwort: 15 Angestellte benötigen 16 Arbeitstage!

Merken Sie sich bitte:

- Je **weniger** Angestellte arbeiten, desto **mehr** Tage benötigen sie!
- **Oder kürzer:** Je **weniger**, desto **mehr!**

Zusammenfassung

Ungerades Verhältnis

Je mehr, desto weniger | **Je weniger, desto mehr**

Formale Darstellung

1) ← **waagerecht multiplizieren** — **2)**

40 Angestellte	brauchen	6 Arbeitstage
↓ **nach unten dividieren**		
15 Angestellte	brauchen	x Arbeitstage
3)		$\mathbf{x = \frac{2) \cdot 1)}{3)}}$

Exkurs: Lösung mit produktgleichen Zahlenpaaren

Vorstehende Beispiele lassen sich auch durch **Produktgleichung** lösen:

1. Was ist gegeben? 40 Angestellte brauchen 6 Arbeitstage
2. Was ist gesucht? 60 Angestellte brauchen x Arbeitstage

Legen Sie das Verhältnis fest! Je **mehr** desto **weniger** = **ungerades Verhältnis**

3. Produktgleichung: Gesamtzeit mit 60 Angestellten = Gesamtzeit mit 40 Angestellten

Bei **ungeraden** Verhältnisse werden **produktgleiche** Zahlenpaare gebildet: $60 \cdot x$ Tage $= 40 \cdot 6$ Tage

Ansatz als Produktgleichung $60\,x = 40 \cdot 6$

$$x = \frac{40 \cdot 6}{60}$$

$x =$ **4 Arbeitstage**

Merken Sie sich bitte:

- Das Produkt aus **„der Vielheit des Fragesatzes“** (60 Angestellte) und **„x“** (Arbeitstage) ist gleich dem Produkt der Größe **„über x“** (6 Tage) und der **„Vielheit des Bedingungssatzes“** (40 Angestellte).

Aufgaben

11 Rechnen Sie im Kopf!

a) 6 Rechtsanwaltsfachangestellte erledigen einen Auftrag in 8 Stunden. Wie viel Stunden brauchen 3; 4; 8; 12; 16; 24; 48 Angestellte, um dieselbe Arbeit zu erledigen?

b) 8 Arbeiter reinigen die Fenster eines Hochhauses in 15 Stunden. Wie lange würden 5; 6; 10; 15; 20; 30; 40 Arbeiter zur Erledigung dieser Arbeit benötigen?

12 Einer Auszubildenden reicht ihr Taschengeld 20 Tage, wenn sie täglich 16,00 € ausgibt. Wie lange würde das Geld reichen, wenn sie täglich 40,00 € ausgäbe?

13 Eine Industrieunternehmung benötigt zur Beheizung ihrer Produktionsanlage täglich 235 Liter Heizöl. Der Ölvorrat reicht für 80 Tage. Ermitteln Sie den täglichen Höchstverbrauch, wenn durch Einsparmaßnahmen der Vorrat künftig 100 Tage reichen soll!

14 Wie viel Stunden und Minuten brauchen 8 Schreibkräfte einer Rechtsanwaltskanzlei, wenn 5 Schreibkräfte 78 Schriftstücke in 12 Stunden erledigen?

15 Für eine Klassenfahrt mit einem Bus werden 670,00 € benötigt, die von 25 Schülerinnen zu gleichen Teilen aufgebracht werden sollen. Aus persönlichen Gründen müssen 3 Schülerinnen ihre Teilnahme kurzfristig absagen. Wie viel € müssen die anderen zuzahlen?

16 Ein Lehrbuch von 670 Seiten enthält 48 Druckzeilen auf jeder Seite und soll neu gedruckt werden. Um wie viel Seiten könnte der Umfang des Buches vermindert werden, wenn je Buchseite 60 Zeilen gedruckt werden sollen?

17 In einem Großhandelsunternehmen sind 7 Arbeitskräfte 9 Stunden mit Lagerarbeiten beschäftigt. Wie lange müssten 3 Arbeitskräfte für dieselbe Arbeit eingesetzt werden?

18 Zur Erstellung eines Fertighauses benötigt ein Bauunternehmer bei 15 Arbeitstagen 16 Arbeiter. Wie viel Arbeiter muss er zusätzlich einstellen, wenn die Arbeit bereits in 12 Tagen erledigt sein muss?

19 Rechtsanwalt Dr. Otto Flott fährt mit seinem Pkw zu einem auswärtigen Termin. Die Hinfahrt bewältigt er in 2 Stunden und 30 Minuten bei einer durchschnittlichen Fahrgeschwindigkeit von 88 km/h. Auf der Rückfahrt möchte Dr. Flott 30 Minuten Fahrzeit einsparen. Wie schnell muss er fahren?

5.2 Zusammengesetzter Dreisatz (Vielsatz)

Merken Sie sich bitte:

- Beim **Vielsatz** sind mehr als **drei Größen** bekannt, um eine **unbekannte Größe** zu ermitteln!

Beispiel mit Lösung

In einem Industriebetrieb sollen 150 Teile eines Kabelkanalsystems von 9 Maschinen in 5 Arbeitstagen hergestellt werden. Ein zweiter Auftrag von 240 Teilen wird von 12 Maschinen ausgeführt. Wie viel Tage müssen für die Produktion des zweiten Auftrages eingeplant werden?

Lösung durch Schlussrechnung

1. Gegeben? 9 Maschinen benötigen für 150 Teile 5 Arbeitstage **1)**
2. Gesucht? 12 Maschinen benötigen für 240 Teile x Arbeitstage **2)**

Legen Sie die Verhältnisse fest:

a) Je **mehr** Maschinen produzieren, desto **weniger** Tage = ungerades Verhältnis

b) Je **mehr** Teile produziert werden, desto **mehr** Tage = gerades Verhältnis

3. Schlusssatz: **3)**

$$x \mathrel{\hat{=}} \frac{5 \cdot 9 \cdot 240}{12 \cdot 150}$$

$x =$ **6 Arbeitstage**

Antwort: Für die Ausführung des zweiten Auftrages werden 6 Arbeitstage benötigt!

Lösungsschritte

1) Beginnen sie immer mit dem **Bedingungssatz**. Setzen Sie die **gesuchte** Einheit (hier Arbeitstage) immer nach **rechts**!

2) Setzen Sie beim **Fragesatz** die gleichen Einheiten unter die des Bedingungssatzes. Die **gefragte** Einheit (hier Arbeitstage) steht ebenfalls **rechts**!

Lösen Sie nun den Vielsatz in einzelne Dreisätze auf und bestimmen Sie die Verhältnisse!

3) Schlusssatz: Schließen Sie jeweils von der Mehrheit auf die Einheit und von dieser auf die gesuchte Einheit:

a) 9 Maschinen benötigen	5 Arbeitstage
1 Maschine benötigt 9-mal mehr Tage	$5 \cdot 9$
12 Maschinen benötigen 12-mal weniger Tage, nämlich den 12. Teil	$\frac{5 \cdot 9}{12}$
b) 150 Teile werden in 5 Tagen produziert (s. o.)	$\frac{5 \cdot 9}{12}$
1 Teil erfordert weniger Zeit, nämlich den 150. Teil	$\frac{5 \cdot 9}{12 \cdot 150}$
240 Teile erfordern 240-mal mehr Tage	$\frac{5 \cdot 9 \cdot 240}{12 \cdot 150}$

Merken Sie sich bitte:

- Lösen Sie zuerst den **Vielsatz in einfache Dreisätze** auf und **bestimmen** Sie die **Verhältnisse,** die sowohl gerade als auch ungerade sein können.

Exkurs: Lösung durch Gleichsetzung der Leistungseinheit

Vorstehendes Beispiel lässt sich auch durch **Gleichung** lösen:

1. Gegeben: 9 Maschinen benötigen für 150 Teile 5 Arbeitstage
2. Gesucht: 12 Maschinen benötigen für 240 Teile x Arbeitstage

Gleichsetzung der Leistungseinheit:

Tagesleistung je Maschine = Tagesleistung je Maschine (Frage: Was ist gleich?)

3. Gleichung: $\frac{150}{9 \cdot 5} = \frac{240}{12 \cdot x}$

Brüche kürzen $\frac{10}{3} = \frac{20}{x} \; \Big| \cdot \frac{3x}{10}$

x = **6 Arbeitstage**

Antwort: Für die Ausführung des zweiten Auftrages werden 6 Arbeitstage benötigt.

Merken Sie sich bitte:

- **Bestimmen** Sie unter Zuhilfenahme der Angaben des **Bestimmungssatzes** die **Leistungseinheit** und stellen Sie diese der Leistungseinheit des **Fragesatzes gegenüber.**

Aufgaben

20 Im vergangenen Wirtschaftsjahr benötigten 12 Angestellte bei einer täglichen Arbeitszeit von 8 Stunden 6 Tage, um die Inventur durchzuführen. In diesem Jahr soll die Bestandsaufnahme in 4 Tagen mit 16 Angestellten erledigt werden. Wie viel Stunden müssen die Angestellten täglich länger arbeiten?

21 In einer Rechtsanwalts-/Notariatskanzlei erledigen 6 Angestellte bei einer täglichen Arbeitszeit von 8 Stunden die anfallenden Arbeiten in 5 Tagen. Wie viele Überstunden müssten geleistet werden, wenn die gleiche Arbeit in 4 Tagen erledigt werden muss und eine Angestellte wegen Krankheit ausfällt?

22 Der Bauunternehmer Leo Steinbeißer erhält den Auftrag, in 27 Tagen ein Haus zu errichten. Er kann 30 Arbeitnehmer mit einer täglichen Arbeitszeit von 8 Stunden abstellen. Wie viel Arbeitnehmer müssten zusätzlich eingestellt werden, wenn das Haus in 24 Tagen fertig sein sollte und nur 6 Stunden gearbeitet werden dürfte?

23 In einer Notariatskanzlei sollen 320 Aktenstücke von 2 Angestellten bei einer täglichen Arbeitszeit von 8 Stunden in 3 Tagen erledigt werden. Wie viel Tage wären 3 Angestellte beschäftigt, wenn sie 480 Aktenstücke zu erledigen hätten, aber nur für 6 Stunden täglich zur Erledigung dieser Arbeit abgestellt werden könnten?

24 Wenn 12 Rechtsanwaltsfachangestellte 6 Tage lang 8 Stunden arbeiten, betragen die Personalkosten 25.344,00 €. Wie hoch sind diese Kosten, wenn 15 Angestellte 9 Tage lang 7 Stunden arbeiten?

25 Eine Klasse mit 25 Schülerinnen plant für 7 Tage einen Aufenthalt im Schullandheim. Die Köchin hat zur Versorgung der Jugendlichen 35 kg Obst eingekauft. Da aber 29 Personen eintreffen und diese auch noch länger bleiben wollen, kauft sie noch 23 kg Obst hinzu. Wie lange kann die Köchin bei gleichem Speisezettel die Schülerinnen mit Obst versorgen?

26 6 Schreibkräfte einer Rechtsanwaltskanzlei brauchen zur Anfertigung einer Revisionsbegründungsschrift von 210.000 Anschlägen 5 Stunden, wenn die durchschnittliche Schreibleistung je Minute 210 Anschläge beträgt. Wie lange brauchen 5 Schreibkräfte für eine Begründungsschrift mit 180.000 Anschlägen, wenn sie im Durchschnitt 240 Anschläge in der Minute leisten?

27 Eine Landschaftsgärtnerei muss innerhalb von 48 Arbeitstagen eine Parkanlage erstellen, wozu 14 Arbeitskräfte beschäftigt werden. Infolge ungünstiger Witterungseinflüsse ist nach 20 Tagen erst ein Viertel der Anlage fertig. Wie viel Arbeitskräfte müssen zusätzlich eingestellt werden, wenn der Termin eingehalten und durch Einsatz größerer Maschinen die Leistung je Arbeitskraft verdoppelt werden soll?

28 Eine Brücke kann von 36 Arbeitskräften bei täglich 7 1/2 stündiger Arbeit in 10 Arbeitstagen erstellt werden. Nach 4 Arbeitstagen erkranken jedoch 6 Arbeitnehmer. Wie viele Minuten müssen die verbleibenden Arbeitskräfte täglich länger arbeiten, um die Brücke doch noch rechtzeitig fertigzustellen?

29 Ein Energieversorgungsunternehmen will Kanalrohre für eine Fernheizung verlegen. Bei der Aushebung eines Grabens von 50 m Länge, 6 m Breite und 10 m Tiefe sind 12 Arbeitnehmer bei 10 Stunden täglicher Arbeitszeit 6 Tage lang beschäftigt. Wie viel Tage werden 15 Arbeiter brauchen, die bei 8 Stunden täglicher Arbeitszeit einen Graben von 25 m Länge, 12 m Breite und 5 m Tiefe ausheben müssen?

30 Der Rechtsanwalt Olaf Schnuppe will seinen Kanzleibetrieb auf EDV umstellen. Zur Vorbereitung von 800 Handakten aus der Zwangsvollstreckung sind 4 Angestellte an 10 Arbeitstagen je 2 Stunden beschäftigt. Für weitere 600 Handakten können 5 Angestellte täglich 3 Stunden eingesetzt werden, deren Arbeitsergebnis allerdings um 1/5 geringer als das der ersten Gruppe ist. Für wie viel Tage muss die zweite Gruppe zur Verfügung stehen?

31 Prüfen Sie bitte, ob ein Industrieunternehmen einen Auftrag innerhalb eines Monats ausführen kann, wenn folgende Daten vorliegen: 6 Arbeitnehmer waren bisher bei ähnlichen Aufträgen mit einer täglichen Arbeitszeit von 7 Stunden für einen Zeitraum von 30 Tagen beschäftigt. Neu ist, dass die tägliche Arbeitszeit um eine Stunde erhöht wird und 1 Arbeitnehmer nicht mitarbeitet.

6 Der Kettensatz

Merken Sie sich bitte:

- Der **Kettensatz** wird hauptsächlich bei **Preisberechnungen** mit **ausländischen Währungen, Maßen** und **Gewichten** angewandt. Er besteht aus mehreren Gleichungen, die in bestimmter Reihenfolge untereinander gesetzt werden. Die Kettensatzregel kann aber **nur** angewandt werden, wenn Dreisatzaufgaben mit **geraden Verhältnissen** vorliegen.

Beispiel mit Lösung

Eine Tuchweberei aus Großbritannien bietet einem Wuppertaler Hosenfabrikanten 120 yds Anzugstoff zum Gesamtpreis von 1,800.00 GBP[1] an. Wie viel € kostet 1 m dieses Stoffes, bei einem Devisenbriefkurs[2] von 0,6248 GBP für 1 €? (12 yds = 11 m)!

Lösung durch Schlussrechnung mit mehreren Ansätzen

a) Umrechnung der yds in m

1. Bedingungssatz (Was ist gegeben?) — 12 yds entsprechen 11 m
2. Fragesatz (Was ist gesucht?) — 120 yds entsprechen x m

$$x = \frac{11 \cdot 120}{12}$$

$$x = \mathbf{110\ m}$$

3. Antwort: 120 yds entsprechen 110 m!

b) Umrechnung der GBP in €

1. Bedingungssatz (Was ist gegeben?) — 0,6248 GBP entspricht 1 €
2. Fragesatz (Was ist gesucht?) — 1,800.00 GBP entsprechen x €

$$x = \frac{1 \cdot 1{,}800.00}{0{,}6248}$$

$$x = \mathbf{2.880{,}92\ €}$$

3. Antwort: 1,800.00 GBP entsprechen 2.880,92 €!

c) Umrechnung des € für 1 m

1. Bedingungssatz (Was ist gegeben?) — 110 m kosten 2.880,92 €
2. Fragesatz (Was ist gefragt?) — 1 m kostet x €

$$x = \frac{2.880{,}92 \cdot 1}{110}$$

$$x = \mathbf{26{,}19\ €}$$

3. Antwort: 1 m Anzugstoff kostet 26,19 €!

---

1 Beim englischen Pfund (GBP) schreiben Sie die 1.000er Stellen mit Komma und die Dezimalstellen mit Punkt.

2 Zu Kursnotierungen vergleichen Sie bitte Kapitel 7 im Teil Berufsbezogenes Rechnen.

d) Darstellung auf einem gemeinsamen Bruchstrich

Setzen Sie in die Gleichung **c)** für 2.880,92 € die Einzelwerte $\frac{1 \cdot 1{,}800.00}{0{,}6248}$ aus der Gleichung **b)** und aus der Gleichung **a)** für 110 die Einzelwerte $\frac{12}{11 \cdot 120}$.
Sie erhalten den Bruchsatz:

$$x = \frac{1 \cdot 1{,}800.00 \cdot 12}{0{,}6248 \cdot 120 \cdot 11}$$

x = **26,19 €**

Sie sehen selbst, dass diese Art der Lösung doch ein wenig aufwendig ist! Einfacher geht es mit dem **Kettensatz**!

2. Lösung durch Kettensatz

Beim Kettensatz werden die einzelnen Gleichungen kettenförmig miteinander verbunden:

Linke Seite	Rechte Seite
x € **1)**	1 m **2)**
11 m **2)**	12 yds
120 yds	1,800.00 GBP
0,6248 GBP	1 € **3)**

$$x = \frac{1 \cdot 12 \cdot 1{,}800.00 \cdot 1}{11 \cdot 120 \cdot 0{,}6248}$$

x = **26,19 €**

Kettenglied

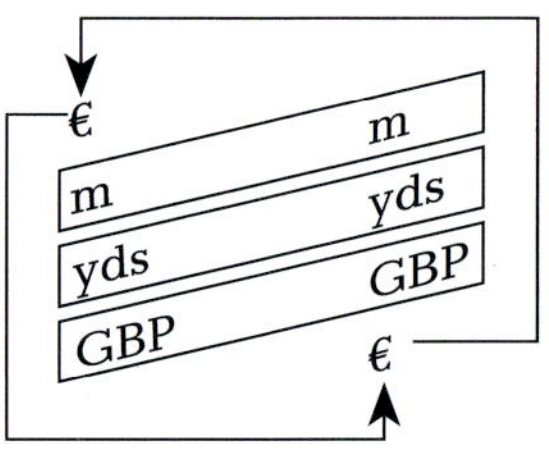

Antwort: 1 m Anzugstoff kostet 26,19 €.

Lösungsschritte

1) Beginnen Sie die Kette mit der gesuchten Größe (hier €).

2) Jedes folgende linke Kettenglied der Gleichung muss die gleiche Benennung haben wie das rechte Kettenglied der vorausgegangenen Gleichung (hier m = m; yds = yds; GBP = GBP).

3) Die Kette ist geschlossen, wenn alle in der Aufgabe genannten Größen berücksichtigt wurden und am Ende die Bezeichnung steht, mit der die erste Gleichung begonnen wurde (hier € = €)!

4) Ziehen Sie einen Bruchstrich. Danach kippen Sie die Kette nach links und Sie erhalten:

$$x = \frac{\text{Zahlen der rechten Seite (Zähler)}}{\text{Zahlen der linken Seite (Nenner)}}$$

Die häufig vorkommende Ziffer 1 können Sie weglassen, weil sie das Ergebnis nicht beeinflusst.

Merken Sie sich bitte:

- Der **Kettensatz** ist eine **vereinfachte Dreisatzrechnung** für Dreisätze mit **geraden Verhältnissen.**

Aufgaben

1 Wie viel € kostet 1 m Stoff aus den USA, wenn 1 yd zu 7 1/2 US-Dollar (USD) bei einem Kurs von 1,0065 USD für 1 € angeboten wird (12 yds = 11 m)?

2 Rechtsanwalt Fritz Kranich kauft in Schweden einen Schreibtisch für 24.000,00 SEK. Welchen Euro-Betrag muss RA Kranich zahlen, wenn der Kurs für 1 € 8,5359 SEK beträgt?

3 Ein französischer Exporteur lieferte vor der Einführung des Euro an einen deutschen Weinbrandhersteller Branntwein im Gesamtwert von 120.000,00 FRF. Wie viel DEM mussten zur Zahlung des Betrages getauscht werden? (Kurse: DEM = 1,95583 €; FRF 6,55957 €)

4 Rechtsanwalt Dr. Klug soll von ihm seit längerer Zeit verwahrtes Fremdgeld in Höhe von 20.000,00 DEM an die Begünstigte in den USA weiterleiten. Wie viel USD werden bei einem Kurs von 1,0065 USD für 1 € überwiesen?

5 Frau Rechtsanwältin Dr. Eva Gutmütig benötigt für eine Geschäftsreise nach Kanada kanadische Dollar (CAD). Wie viel CAD erhält sie für 4.000,00 €? (Kurs: 1,4961 CAD = 1 €).

6 Rechtsanwalt/Notar Dr. Ede Überall kehrt von seiner Reise aus Norwegen zurück und hat noch 5.000,00 norwegische Kronen (NOK) übrig, die er in Deutschland umtauschen will. Wie viel € erhält er bei einem Kurs von 9,0840 NOK für 1 €?

7 Fritz Überall unternimmt eine Geschäftsreise in die USA. Er will dort einen goldenen Nasenring kaufen und seiner Freundin schenken.
Wie teuer sind die Materialkosten von 20 g Gold in Euro, wenn Sie einen Kurs von 0,983 € für 1 USD berücksichtigen, 1 Unze = 31,1035 g wiegt und eine Feinunze Gold 456,00 USD kostet?

8 Ein Exporteur aus Basel liefert an eine deutsche Rechtsanwaltskanzlei Kopierpapier zum Preis von 8.000,00 Schweizer Franken (CHF). Wie viel € müssen zur Zahlung des Betrages aufgebracht werden, wenn der Wert 1,54018 CHF für 1 € beträgt?

7 Währungsrechnen

Die **Notwendigkeit,** Euro (€) in Fremdwährung oder Fremdwährung in € **umzurechnen,** ergibt sich aus den vielfältigen **Beziehungen** der deutschen **Wirtschaft** mit dem **Ausland.** Hier sind in erster Linie Kaufleute, Rechtsanwälte und Notare gefordert.

Aber auch Sie als Teilnehmer(in) des **internationalen Reiseverkehrs** sollten gute Kenntnisse im Umgang mit ausländischen Zahlungsmitteln haben.

Ausländische Zahlungsmittel werden in **Devisen** und **Sorten** unterteilt:

- **Devisen** sind **bargeldlose Zahlungsmittel** (Zahlungsanweisungen) in fremder Währung, wie z.B. Schecks, Wechsel, Auszahlungen (Überweisungen).
- **Sorten** sind **bare** ausländische **Zahlungsmittel** (Banknoten und Münzen).

Das in den einzelnen Staaten geregelte Geldsystem heißt **Währung,** das Verhältnis zweier Währungen wird durch deren Kurs **(Wechselkurs)** ausgedrückt.

7.1 Wechselkurse und deren Notierung

Grundsätzlich gibt es zwei Arten der Wechselkursbildung:

- **Freie Wechselkurse**

  sie ergeben sich aus dem Zusammenspiel von **Angebot** und **Nachfrage** am Markt (Börsen).
- **Feste Wechselkurse**

  ergeben sich aus der **Neufestsetzung der Parität** (Gleichheit des Wertverhältnisses) durch staatliche Maßnahmen der **Aufwertung** und **Abwertung.**

Während bisher in Deutschland die Preisnotierung[1] für ausländische Währungen galt, gilt ab dem 1999-01-01 die **Mengennotierung** für die Kursnotiz.

Merken Sie sich bitte:

- Bei der **Mengennotierung** bezeichnet der Wechselkurs die **Menge ausländischer Geldeinheiten,** die Sie für **einen Euro** erhalten oder zahlen müssen.
- Der **Kurs** ist der **Preis für einen Euro** (EUR) in **Fremdwährung.**

  Beispiel: Für USD 1,0065 lautet die **Kursgleichung:** 1 € = 1,0065 USD

In den **Euroländern** ist im „Maastricht-Vertrag" der EURO als Europäische Währung eingeführt worden. Die Wertverhältnisse der nationalen Währungen zum EUR wurden wie folgt festgeschrieben:

[1] Preisnotierung = Wechselkurs ist der Preis für 100 (1, 1.000) Einheiten ausländischen Geldes, ausgedrückt in Inlandseinheiten. Wie viel € kosten 100 (1, 1.000) ausländische Geldeinheiten? Beispiel: Bei USD 1,1234 lautet die Kursgleichung: 1 USD (kostet) entspricht einem Wert von 1,1234 €.

Umrechnungskurse der Euroländer für 1 Euro (€)				
Land	**Währung**	**Abkürzung**	**ISO-Code**[1]	**Kurs/EUR**
Belgien	belgische Francs	bfr	BEF	40,3399
Deutschland	Deutsche Mark	DM	DEM	1,95583
Finnland	Finnmark	FmK	FIM	5,94573
Frankreich	französische Francs	FF	FRF	6,55957
Irland	irisches Pfund	Ir£	IEP	0,787564
Italien	Lira	Lit	ITL	1.936,27
Luxemburg	luxemburgische Francs	lfr	LUF	40,3399
Niederlande	Gulden	hfl	NLG	2,20371
Österreich	Schilling	öS	ATS	13,7603
Portugal	Escudos	Esc	PTE	200,482
Spanien	Peseta	Pta	ESP	166,386

Merken Sie sich bitte:

- Für die **Euroländer** gibt es **keine Ankaufskurse** und **keine Verkaufskurse** mehr!
- In den Mitgliedsländern existiert nur noch ein **unveränderlicher Wechselkurs!**
- **Wechselkursschwankungen** sind **nicht mehr** möglich!

Während die **Umtauschkurse** zwischen den Währungen der Euroländer festgeschrieben sind, **schwanken** diese im **Verhältnis Euroland** zu den **anderen Staaten:**

Auszug	**Devisen- und Sortenkurse (bei Mengennotierung)** *Basis = 1 Euro (€)*				
Land	**ISO-Code**	**Devisenkurse**		**Sortenkurse**	
		Geld (Verkauf)	**Brief (Ankauf)**	**Ankauf**	**Verkauf**
Dänemark	DKK	7,4200	7,4600	7,7791	7,1495
Großbrit.	GBP	0,6248	0,6288	0,6498	0,5991
Japan	JPY	102,7100	102,8900	101,9000	99,8980
Kanada	CAD	1,4841	1,4868	1,4277	1,4126
Norwegen	NOK	8,0362	8,0642	9,3875	7,7005
Schweden	SEK	8,5359	8,5839	9,7560	8,1522
Schweiz	CHF	1,5930	1,6090	1,6200	1,5839
USA	USD	1,0065	1,0125	1,0290	0,9722

Die **Kurshöhe** für den Ankauf und Verkauf ist bei Nichteuro-Währungen **unterschiedlich.**

Merken Sie sich bitte:

- Die Banken
  - **verkaufen Nichteuro-Währungen an uns** (ihren Kunden) **bei Mengennotierungen** immer zum **niedrigeren Geldkurs**[2] (Geld = Verkauf);
  - **kaufen Nichteuro-Währungen von uns** (ihren Kunden) **bei Mengennotierungen** immer zum **höheren Briefkurs** (Brief = Ankaufskurs);
  - Oder kürzer: **Für uns als Kunden gelten immer** die **ungünstigeren Kurse!**[3]

[1] ISO = International Organisation for Standardisation bezeichnet mit den ersten beiden Buchstaben das Land und mit dem dritten Buchstaben die Währung.

[2] Bei preisnotierten **Kursen (Ausnahmefall)** gilt: Geld = Ankauf, Brief = Verkauf. Der Ankaufskurs ist stets kleiner als der Verkaufskurs; die Einheit ausländischen Geldes ist 1; 100; 1.000.

[3] Außerdem verlangen die Banken bei Währungsgeschäften üblicherweise Gebühren, die aber hier nicht behandelt werden.

7.2 Umrechnung von Währungseinheiten

Merken Sie sich bitte:

- Beim **Währungsrechnen** handelt es sich um **Dreisatzaufgaben mit geraden Verhältnissen.**
- Die Lösungen sollen hier mithilfe der **Schlussrechnung** und des **Kettensatzes** erfolgen!

Soweit in den Aufgaben dieses Kapitels keine gesonderten Kursangaben genannt sind, rechnen Sie bitte mit den Angaben der obigen Kurstabellen.

7.2.1 Umrechnung von EUR in Auslandswährung

Beispiel mit Lösung

Rechtsanwalt Dr. Josef Stuhlbein bietet der Bürobedarfsgroßhandlung Josef Tippix in Basel ein von ihm geschriebenes Software-Paket zum Preis von 40.000,00 € an. Der Verkaufspreis soll in CHF umgerechnet werden. Geldkurs CHF: 1,5930, Briefkurs 1,6090. Wie hoch ist der Angebotspreis in CHF, wenn der gültige Kurs zu Grunde gelegt wird?

Bevor Sie die Aufgabe lösen, **stellen Sie** den entsprechenden **Kurs** durch folgende Fragen **fest:**

- **Kauft die Bank** in Deutschland ausländische Währungseinheiten? ⟶ **Briefkurs!**
- **Verkauft die Bank** in Deutschland ausländische Währungseinheiten? ⟶ **Geldkurs!**

In unserem Beispiel **verkauft** die Bank CHF für € ⟶ **Devisengeldkurs 1,5930**

Lösung durch

1. Kettensatz

x CHF	40.000,00 €
1,00 €	1,5930 CHF

$$x = \frac{40.000,00 \cdot 1,5930}{1,00}$$

x = 63.720,00 CHF

2. Schlussrechnung

$$1,00\ € \triangleq 1,5930\ \text{CHF}$$
$$40.000,00\ € \triangleq x\ \text{CHF}$$

$$x = \frac{1,5930 \cdot 40.000,00}{1,00}$$

x = 63.720,00 CHF

Antwort: Der Angebotspreis beträgt 63.720,00 CHF.

Die Lösungen zeigen, dass jede Rechenmethode zum gleichen Ergebnis führt; deshalb gilt:

Merken Sie sich bitte die Formel:

Allgemeine Formel: $$\textbf{Auslandswährung} = \frac{\textbf{Inlandswährung} \cdot \textbf{Kurs}}{\textbf{1}}$$

$$\textbf{AW} = \frac{\textbf{IW} \cdot \textbf{Kurs}}{\textbf{1}}$$

7.2.2 Umrechnung von Auslandswährungen in EUR

Beispiel mit Lösung

Die Rechtsanwaltskanzlei Dr. Josefa Mutig & Partner erhält von der schwedischen Möbelfabrik Kinea wegen einer Mängelrüge über einen beschädigten Schreibtisch eine Gutschrift in Höhe von 59.800,00 SEK. Wie hoch ist der Betrag der Gutschrift in €, wenn die SEK zum Geldkurs von 8,5359 und zum Briefkurs von 8,5839 notiert wird?

Beantworten Sie auch hier die Fragen, um den entsprechenden Kurs festzustellen:

- **Kauft die Bank** in Deutschland ausländische Währungseinheiten? → **Briefkurs!**
- **Verkauft die Bank** in Deutschland ausländische Währungseinheiten? → **Geldkurs!**

In unserem Beispiel **kauft** die Bank SEK für € → **Devisenbriefkurs 8,5839**

Lösung durch

1. Kettensatz

x €	59.800,00 SEK
8,5839 SEK	1,00 €

$$x = \frac{59.800,00 \cdot 1,00}{8,5839}$$

x = 6.966,53 €

2. Schlussrechnung

8,5839 SEK = 1,00 €
59.800,00 SEK = x €

$$x = \frac{1,00 \cdot 59.800,00}{8,5839}$$

x = 6.966,53 €

Antwort: Der Rechnungsbetrag lautet über 6.966,53 €.

Die Lösungen zeigen, dass jede Rechenmethode zum gleichen Ergebnis führt; deshalb gilt:

Merken Sie sich bitte die Formel:

Allgemeine Formel: $$\textbf{Inlandswährung (€)} = \frac{\textbf{Auslandswährung} \cdot \textbf{1}}{\textbf{Kurs}}$$

$$\textbf{IW} = \frac{\textbf{AW} \cdot \textbf{1}}{\textbf{Kurs}}$$

Aufgaben

1 Welchen Kurs müssen Sie berücksichtigen, wenn Sie

a) nach Ihrem Urlaub in Deutschland nicht mehr benötigte CAD umtauschen,

b) in Deutschland eine Fremdwährungsüberweisung tätigen,

c) sich bei einer deutschen Bank ausländisches Bargeld für eine Geschäftsreise besorgen?

2 Ein deutscher Exporteur liefert an die Schokoladenfabrik Igor Schnäbeli, Schweiz, Milchpulver. Der Verkaufspreis beträgt 30.000,00 €. Wie hoch ist der Rechnungsbetrag in CHF?

3 Rechtsanwalt Ede Fix soll 40.000,00 FIM an den Begünstigten weiterleiten. Wie viel € entspricht diese Summe?

4 Die norwegische Möbelfabrik Saski schreibt unserer Kanzlei wegen Mängelrüge insgesamt 20.000,00 NOK gut. Wie hoch ist der Betrag der Gutschrift in €?

5 Frau Rechtsanwältin Dr. Ida Neu beauftragt ihre Hausbank, zu Gunsten eines Lieferers aus London 12.459,00 GBP auf das Konto einer englischen Bank zu überweisen. Mit welchem Euro-Betrag wird die Rechtsanwältin auf ihrem Konto belastet?

6 Rechtsanwalt Dr. Fritz Clever kauft Büroartikel in Basel (Schweiz) zum Preis von 9.000,00 CHF. Wie viel € muss Dr. Clever von seinem deutschen Bankkonto bei einem Kurs von 1,5930 überweisen?

7 Die Rechtsanwaltsfachangestellte Ines Schlau tauscht 2.000,00 €. Wie viel USD erhält sie?

8 Für einen bevorstehenden Urlaub in der Schweiz erwirbt Rechtsanwalt Dr. Blau von seiner Bank 2.400,00 CHF in Noten. Mit welchem Betrag wird sein Konto belastet?

9 In einer Erbschaftsangelegenheit soll Rechtsanwalt/Notar Dr. Hans Korrekt 20.000,00 USD an den Erben übergeben. Wie viel € werden (kostenfrei) überwiesen?

10 Die ABC-Bank in Köln überweist im Auftrag ihres Kunden folgende Fremdwährungsbeträge:

a) nach Japan 23.456,00 JPY

b) in die Schweiz 6.789,30 CHF

Mit welchem Euro-Betrag (ohne Kosten) belastet die Bank das Konto des Kunden?

11 Die Rechtsanwaltsfachangestellte Dagmar Grübchen reicht im Namen ihres Chefs bei einer deutschen Geschäftsbank folgende Noten zur Abrechnung ein:

a) NOK 120,00

b) CAD 234,00

c) USD 812,00

d) SEK 289,00

Über welchen Euro-Betrag lautet die Gutschrift der Bank?

8 Die Prozentrechnung

8.1 Prozentrechnung als Vergleichsrechnung

Die **Prozentrechnung** ist eine **Vergleichsrechnung**, bei der beliebige Zahlen zur Vergleichszahl **100** ins Verhältnis gesetzt werden. Prozent (lat.) heißt: pro centum = für (vom) Hundert. Ist die **Vergleichszahl 1.000**, so sprechen wir von einer **Promillerechnung**.

Die Prozentrechenaufgaben können durch Schlussrechnung, als Verhältnisgleichung, als Kettensatz oder mithilfe von Formeln gelöst werden. Jede Rechenmethode führt zum gleichen Lösungsbruch.

Beispiel mit Lösung

Das Bekleidungshaus „Grüne Socke" bezieht von einer Wuppertaler Tuchfabrik:

a) Damenröcke, Marke Engelsgold, Einkaufspreis (Ep) je Stück 200,00 €
   – der Gewinn an einem Rock beträgt 60,00 €

b) Herrenmäntel, Marke Paperlapap, Einkaufspreis (Ep) je Stück 500,00 €
   – der Gewinn an einem Herrenmantel beträgt 100,00 €

An welchem der beiden Kleidungsstücke erzielt das Bekleidungshaus einen höheren Gewinn in Prozent?

Lösung

Damenröcke

an 200,00 € Ep = 60,00 € Gewinn
an 100,00 € Ep = x € Gewinn

$$x = \frac{60 \cdot 100}{200}$$

x = 30,00 € Gewinn

d. h. 30,00 € von 100,00 €

heißt **30 vom Hundert = 30 %**

Herrenmäntel

an 500,00 € Ep = 100,00 € Gewinn
an 100,00 € Ep = x € Gewinn

$$x = \frac{100 \cdot 100}{500}$$

x = 20,00 € Gewinn

d. h. 20,00 € von 100,00 €

heißt **20 vom Hundert = 20 %**

Merken Sie sich bitte:

- Die **Prozentrechnung** ist eine **Vergleichsrechnung** mit der **Vergleichszahl 100.**
- In der Prozentrechnung sind **drei Größen** zu unterscheiden:

Prozentsatz (p)		**Grundwert (G)**		**Prozentwert (W)**
Zahl, die das Verhältnis zur Vergleichsgröße 100 angibt.		Bezugsgröße, die immer 100 % entspricht.		Wert, der mithilfe des Prozentsatzes aus dem Grundwert berechnet wird.
30 % (20 %)	**von**	**200,00 € (500,00 €)**	**=**	**60,00 € (100,00 €)**

Achtung!

Zwei dieser **Größen** müssen **gegeben** sein, um die **dritte** Größe zu berechnen!

8.2 Berechnung des Prozentwertes

Merken Sie sich bitte:

- Aus dem **Grundwert (G)** und dem **Prozentsatz (p)** wird der **Prozentwert (W)** bestimmt!

Beispiel mit Lösung

Ein Lieferer gewährt auf einen Rechnungsbetrag von 900,00 € bei Zahlung innerhalb von 8 Tagen 3 % Skonto. Wie viel € beträgt der Skonto?

Lösung durch

1. Schlussrechnung

Gegeben: G ≙ 900,00 €
p ≙ 3 %

Gesucht: W ≙ x €

100 % ≙ 900,00 €
3 % ≙ x €

$$x \mathrel{\hat{=}} \frac{900 \cdot 3}{100}$$

x = 27,00 €

2. Kettensatz

Gegeben: G = 900,00 €
p = 3 %

Gesucht: W = x €

x € | 3 %
100 % | 900,00 €

$$x = \frac{900 \cdot 3}{100}$$

x = 27,00 €

3. Formel

Gegeben: G = 900,00 €
p = 3 %

Gesucht: W = x €

$$W = \frac{G \cdot p}{100}$$

$$W = \frac{900 \cdot 3}{100}$$

W = 27,00 €

Antwort: Der Skonto beträgt 27,00 €.

Die Lösungen zeigen, dass jede Rechenmethode zum gleichen Ergebnis führt!

Merken Sie sich bitte:

▶ **Prozentwert** $\mathrel{\hat{=}} \dfrac{\textbf{Grundwert} \cdot \textbf{Prozentsatz}}{\textbf{100}}$

oder kürzer ▶ **W** $\mathrel{\hat{=}} \dfrac{\mathbf{G \cdot p}}{\mathbf{100}}$

Rechenvorteile:

Wenn der Prozentsatz ein bequemer Teiler von 100 ist,

- **multiplizieren** Sie den Grundwert mit dem entsprechenden Quotienten **p/100**.

Beispiel: 20 % von 400,00 € = 400 · 20/100 = 400 · 1/5 = **80,00 €**,

- **dividieren** Sie den Grundwert durch den **Kehrwert** von **p/100**.

Beispiel: 20 % von 400,00 € = 400 : 100/20 = 400 : 5/1 = 400 : 5 = **80,00 €**!

Die Kenntnis der folgenden **bequemen Prozentsätze** ist bei der Lösung von Prozentaufgaben äußerst hilfreich!

Tabelle bequemer Teiler

100 %	= Grundwert	10 %	= 1/10 des Grundwertes
75 %	= 3/4	8 1/3 %	= 1/12
66 2/3 %	= 2/3	6 2/3 %	= 1/15
50 %	= 1/2	6 1/4 %	= 1/16
33 1/3 %	= 1/3	5 %	= 1/20
25 %	= 1/4	4 1/6 %	= 1/24
20 %	= 1/5	3 1/3 %	= 1/30
16 2/3 %	= 1/6	2 1/2 %	= 1/40
14 2/7 %	= 1/7	1 2/3 %	= 1/60
12 1/2 %	= 1/8	1 1/3 %	= 1/75
11 1/9 %	= 1/9	1 1/4 %	= 1/80

Achtung!

Rechnen Sie die Aufgaben 1–3 im Kopf nach folgendem Lösungsweg:

Prozentwert = 1 % des Grundwertes · Prozentsatz!

Aufgaben

1

a) 2 % von	100,00	400,00	500,00	1.600,00 €
b) 6 % von	150,00	450,00	600,00	2.000,00 €
c) 15 % von	200,00	300,00	800,00	4.000,00 €
d 16 % von	300,00	400,00	700,00	8.000,00 €

2

a) 1/2 %; 1/3 %, 2/3 %, 1/5 %; 4/5 % von 600,00; 3.000,00; 3.600,00 €

b) 1 1/2 %; 1 1/3 %; 1 2/3 %; 2 1/2 % von 300,00; 600,00; 1.200,00 €

3 Lösen Sie bitte die **Aufgabe 1** als **Promillerechnung** (der Grundwert enspricht 1.000 %)!

Beispiel: 2 ‰ von 300,00 € = **0,60 €**

4 Schreiben Sie in Dezimalzahlen (Hundertstel und Tausendstel)!

Beispiel: 19 % = 19/100 = **0,19**

a) 22 %; b) 38 %; c) 50 %; d) 75 %; e) 82 1/2 %

5 Schreiben Sie in Prozent und in Promille!

Beispiel: 0,33 = 33/100 = **33 %**

a) 0,16; b) 0,175; c) 0,08; d) 0,012; e) 0,678

6 Bei einer Bestandsaufnahme der vorhandenen Mandantenakten stellt der Auszubildende Jupp Hurtig fest, dass von 4 500 Fällen im laufenden Jahr 90 Fälle nicht abgeschlossen werden konnten. Er berichtet seinem Chef, dass im letzten Jahr von 1 800 Fällen ebenfalls 90 Sachen nicht abgeschlossen wurden und sich folglich nichts geändert habe. Worin irrt Hurtig?

7 Berechnen Sie den Zieleinkaufspreis, wenn auf den Listenpreis der Ware folgende Rabattsätze gewährt werden: **(Listenpreis ./. Rabatt = Zieleinkaufspreis).**

	Listenpreis €	Rabatt %		Listenpreis €	Rabatt %
a)	3.654,24	12 1/2	b)	3.897,60	14 2/7
c)	4.800,00	15	d)	5.274,00	16 2/3
e)	130,00	25	f)	23.869,77	33 1/3

8 Berechnen (kalkulieren) Sie die Einstandspreise!

	a)	b)	c)	d)	e)	f)
Listenpreis in € **./. Rabatt in %**	150,00 10	288,00 16 2/3	360,00 20	686,00 12 1/2	3.546,60 33 1/3	5.676,40 25
= Zieleinkaufspreis € **./. Skonto in %**	? 2	? 2	? 3	? 2 1/2	? 2 3/4	? 3
= Bareinkaufspreis € **+ Bezugskosten €**	? 12,60	? 37,05	? 28,10	? 33,05	? 123,50	? 266,70
= Einstandspreis €	?	?	?	?	?	?

9 Berechnen Sie den Flugpreis in €, wenn eine Fluggesellschaft auf den Grundpreis von 408,50 USD (Kurs 1,0060 €) einen Rabatt von 20 % gewährt.

10 Der Pkw eines Rechtsanwalts verursacht jährlich Betriebskosten in Höhe von 30.000,00 €.

a) Wie hoch ist der Anteil an privater Nutzung, wenn das Finanzamt 28 % veranschlagt hat?

b) Berechnen Sie die 19 % Umsatzsteuer von dem Privatanteil!

11 Berechnen Sie die Überweisungsbeträge **Beträge in €**

	Rechnungsbetrag	./. Rabatt %	./. Skonto %	= Überweisungsbetrag
a)	2.936,50	16 2/3	2	
b)	20.687,12	25	2,5	
c)	346.965,00	33 1/3	2	

12 Die Preise für Heizöl erhöhten sich gegenüber dem Vorjahr um 8 1/2 %. Wie viel € betrug die Preiserhöhung, wenn im letzten Jahr für 100 Liter Öl 89,00 € bezahlt werden mussten?

13 Der Nettoverkaufspreis eines Druckers beträgt 870,00 €, der Umsatzsteuersatz 19 %.

a) Berechnen Sie den Bruttoverkaufspreis!

b) Bei Zahlung innerhalb von 8 Tagen gewährt der Verkäufer 2 % Skonto.
   1. Wie hoch ist der Skontobetrag in €?
   2. Wie hoch ist der Überweisungsbetrag?

14 Sie sollen drei Angebote für EDV-Anlagen vergleichen und das günstigste Angebot ermitteln:

	1. Angebot	2. Angebot	3. Angebot
Einkaufspreis in €	6.500,00	7.200,00	8.100,00
./. Rabatt in %	12 1/2	25	30
./. Skonto in %	–	3	2
+ Bezugskosten €	380,00	16,00	frei Haus

15 Der Versicherungswert eines Fertigwarenlagers beträgt 291.500,00 €. Wie hoch sind die jährlichen Versicherungskosten einschließlich 12 % Versicherungssteuer bei einem Prämiensatz von 5 1/8 ‰?

8.3 Berechnung des Prozentsatzes

Merken Sie sich bitte:

- Aus dem **Grundwert (G)** und dem **Prozentwert (W)** wird der **Prozentsatz (p)** bestimmt!

Beispiel mit Lösung

Von 30 Teilnehmerinnen und Teilnehmern (Tn) einer Klassenfahrt sind 18 Mädchen. Wie viel Prozent sind das?

Lösung durch

1. Schlussrechnung

Gegeben: G ≙ 30 Tn
W ≙ 18 Tn

Gesucht: p ≙ x %

30 Tn ≙ 100 %
18 Tn ≙ x %

$$x \mathrel{\hat{=}} \frac{100 \cdot 18}{30}$$

x = 60 %

2. Kettensatz

Gegeben: G = 30 Tn
W = 18 Tn

Gesucht: p = x %

x % | 18 Tn
30 Tn | 100 %

$$x = \frac{100 \cdot 18}{30}$$

x = 60 %

3. Formel

Gegeben: G ≙ 30 Tn
W ≙ 18 Tn

Gesucht: p ≙ x %

$$p \mathrel{\hat{=}} \frac{W \cdot 100}{G}$$

$$p \mathrel{\hat{=}} \frac{18 \cdot 100}{30}$$

x = 60 %

Antwort: Bei der Klassenfahrt sind 60 % Mädchen.

Die Lösungen zeigen, dass jede Rechenmethode zum gleichen Ergebnis führt!

Merken Sie sich bitte:

▶ **Prozentsatz** $\mathrel{\hat{=}} \frac{\textbf{Prozentwert} \cdot \textbf{100}}{\textbf{Grundwert}}$

oder kürzer ▶ $\mathbf{p \mathrel{\hat{=}} \frac{W \cdot 100}{G}}$

Achtung!

Rechnen Sie die Aufgaben 16 und 17 im Kopf nach folgendem Lösungsweg:

Prozentsatz = Prozentwert : 1 % des Grundwertes!

Aufgaben

16 Wie viel Prozent des Verkaufspreises (Vp) beträgt der Rabatt?

30,00 Vp	3,00 Rabatt
200,00 Vp	40,00 Rabatt
1.500,00 Vp	450,00 Rabatt
900,00 Vp	54,00 Rabatt
100,00 Vp	40,00 Rabatt

17 Wie viel Prozent des Einkaufspreises (Ep) beträgt der Gewinn?

1.600,00 Ep	320,00 Gewinn
5.000,00 Ep	250,00 Gewinn
80,00 Ep	24,00 Gewinn
700,00 Ep	91,00 Gewinn
200,00 Ep	20,00 Gewinn

18 Eine Rechtsanwaltsfachangestellte erhielt bisher ein Bruttogehalt von 2.135,00 €. Nach einer Gehaltserhöhung erhält sie 2.237,48 € brutto. Von diesem Gehalt werden Lohnsteuer, Solidaritätszuschlag und Kirchensteuer in Höhe von 483,20 € sowie der Arbeitnehmeranteil an der Sozialversicherung von 200,00 € abgezogen.

a) Wie viel Prozent beträgt die Gehaltserhöhung brutto?

b) Wie viel Prozent betragen die gesamten Abzüge?

c) Wie hoch ist das Gehalt, das ausgezahlt wird (Nettogehalt)?

19 Ermitteln Sie für eine Rechtsanwaltskanzlei den prozentualen Kostenanteil am Umsatz!

	Umsatz in €	Kosten in €		Umsatz in €	Kosten in €
a)	57.600,00	9.792,00	b)	348.500,00	45.305,00
c)	27.875,00	22.300,00	d)	1.168.000,00	570.600,00
e)	229.000,00	47.000,00	f)	702.800,00	454.104,00

20 Der Umsatz eines Obst- und Gemüsehändlers betrug 445.144,00 € am Schluss des ersten Wirtschaftsjahres und im darauf folgenden zweiten Jahr 546.960,00 €. Wie hoch war die tatsächliche Umsatzsteigerung in Prozent, wenn eine Preissteigerungsrate (Inflationsrate) von 4,2 % im zweiten Jahr berücksichtigt werden musste?

21 Ein Schreibtisch kostete bisher 790,00 €. Jetzt wird er um 96,00 € preisgünstiger angeboten. Wie viel Prozent beträgt die Preissenkung?

22 Für eine Gebäude-Haftpflichtversicherung mit einer Versicherungssumme von 1,5 Mio € muss der Versicherungsnehmer eine Jahresprämie von 3.900,00 € zahlen. Wie hoch ist der Prämiensatz in ‰ und die Versicherungssteuer, wenn sie 12 % der Prämie beträgt?

23 Wie viel € und Prozent beträgt der Gewinn?
Hinweis: (Verkaufspreis ./. Einkaufspreis = Gewinn).

	Einkaufspreis in €	Verkaufspreis in €
a)	1.188,00	1.449,36
b)	23.600,00	24.237,20

24 Wie viel Prozent der Bilanzsumme betragen die einzelnen Aktiv- und Passivposten?

Aktiva	**Bilanz Rechtsanwalt Dr. Ede Fix**		**Passiva**
Bebaute Grundstücke	600.000,00	Eigenkapital	513.000,00
Fuhrpark	80.000,00	Hypotheken	310.000,00
Praxisausstattung	70.000,00	Fremdgeld	35.000,00
Bank	100.000,00		
Kasse	8.000,00		
	858.000,00		858.000,00

25 Vervollständigen Sie zunächst die Tabelle und ermitteln Sie dann die Rabatt- und Skontosätze!

	a)	b)	c)	d)	e)	f)
Listenpreis in €	150,00	288,00	360,00	686,00	3.546,60	5.676,40
./. Rabatt in €	30,00	28,80	126,00	171,50	531,99	1.248,81
= Zieleinkaufspreis €	?	?	?	?	?	?
./. Skonto in €	3,00	7,78	5,85	7,72	90,44	121,76
= Bareinkaufspreis €	?	?	?	?	?	?
+ Bezugskosten €	12,60	37,05	28,10	33,05	123,50	266,70
= Einstandspreis €	?	?	?	?	?	?

26 Der Gewinn einer Gärtnerei wird wegen mangelhafter Buchführung vom Finanzamt auf 16.400,00 € geschätzt. Der Jahresumsatz belief sich auf 147.600,00 €.

a) Wie viel Prozent des Umsatzes hat das Finanzamt seiner Schätzung zu Grunde gelegt?

b) Die Gärtnerei hatte 12.300,00 € Gewinn vom Umsatz angemeldet. Wie viel Prozent war dies?

27 In einer Sonderaktion wurde der Preis eines Mantels von 780,00 € auf 570,00 € herabgesetzt. Wie viel Prozent betrug die Preissenkung?

28 Die Gehälter der Mitarbeiter einer Rechtsanwalts-/Notariatskanzlei werden erhöht. Berechnen Sie die Erhöhungen in Prozent!

	Gehalt in €	**Erhöhung in €**		**Gehalt in €**	**Erhöhung in €**
a)	1.800,00	86,04	b)	2.300,00	115,00
c)	2.670,00	400,50	d)	3.500,00	129,50
e)	4.700,00	91,65	f)	6.900,00	329,82
g)	7.200,00	263,52	h)	8.150,00	244,50

29 Berechnen Sie die monatliche Miete je Wohnung vor und nach der Mietpreiserhöhung in € und Prozent!

Wohnung	**Fläche in qm**	**Mietpreis in € vor Erhöhung pro qm**	**Mietpreis in € nach Erhöhung pro qm**
Abel	60	6,80	7,34
Babel	78	7,30	8,00
Cabel	135	8,40	9,34
Dabel	216	9,10	10,30

30 In einer Schuhfabrik wurden für einen Auftrag 11.300 kg Leder verarbeitet. Dabei entstanden 3/4 t Lederabfälle. Wie viel % entspricht der Abfall?

31 Ein Wohn- und Geschäftshaus hat eine Gesamtnutzfläche von 1.900 qm. Der Eigentümer nutzt davon 63 qm für Bürozwecke und 312 qm für Lager. Der Rest der Nutzfläche ist als Wohnfläche vermietet.

a) Wie viel Prozent macht der eigenbetriebliche Anteil aus?

b) Wie viel Prozent sind vermietet, wenn der Eigentümer selbst in einer Wohnung von 90 qm wohnt?

8.4 Berechnung des Grundwertes

Merken Sie sich bitte:

- Aus dem **Prozentsatz (p)** und dem **Prozentwert (W)** wird der **Grundwert (G)** bestimmt!

Beispiel mit Lösung

Ein Rechtsanwalt erhält auf den Preis eines Teppichs für die Kanzlei 30 % Rabatt, was einem Betrag von 180,00 € entspricht. Wie hoch war der ursprüngliche Verkaufspreis?

Lösung durch

1. Schlussrechnung

Gegeben: $W \hat{=} 180{,}00$ €
$p \hat{=} 30$ %

Gesucht: $G \hat{=} x$ €

$30\ \% \hat{=} 180{,}00$ €
$100\ \% \hat{=} x$ €

$$x \hat{=} \frac{180 \cdot 100}{30}$$

x = 600,00 €

2. Kettensatz

Gegeben: $W = 180{,}00$ €
$p = 30$ %

Gesucht: $G = x$ €

x € | 100 %
30 % | 180,00 €

$$x = \frac{180 \cdot 100}{30}$$

x = 600,00 €

3. Formel

Gegeben: $W \hat{=} 180{,}00$ €
$p \hat{=} 30$ %

Gesucht: $G \hat{=} x$ €

$$G \hat{=} \frac{W \cdot 100}{p}$$

$$G \hat{=} \frac{180 \cdot 100}{30}$$

x = 600,00 €

Antwort: Der ursprüngliche Verkaufspreis betrug 600,00 €.

Die Lösungen zeigen, dass jede Rechenmethode zum gleichen Ergebnis führt!

Merken Sie sich bitte die Formel:

▶ **Grundwert** $\hat{=} \dfrac{\textbf{Prozentwert} \cdot \textbf{100}}{\textbf{Prozentsatz}}$

oder kürzer ▶ $G \hat{=} \dfrac{W \cdot 100}{p}$

Achtung!

Rechnen Sie die Aufgaben 32 und 33 im Kopf nach folgendem Lösungsweg:

Grundwert = (Prozentwert : Prozentsatz) · 100

Aufgaben

32 Stellen Sie den Rechnungsbetrag fest!

	Skontobetrag in €	Skonto in %
a)	48,00	2
b)	36,00	3
c)	7,20	2
d)	22,50	1,5
e)	14,40	3

33 Ermitteln Sie den Grundwert:

	Prozentwert in €	Prozentsatz
a)	5.000,00	25
b)	9.000,00	18
c)	16.000,00	80
d)	33.300,00	90
e)	12.000,00	16 2/3

34 Für Instandhaltungsarbeiten an ihren Wohnungen hat eine Wohnungsbaugesellschaft 18 % der Jahresbruttomiete, das sind 45.800,00 €, aufgewandt. Wie hoch war die Jahresbruttomiete?

35 Wie hoch ist der Verkaufspreis eines Pkw, wenn 19 % Umsatzsteuer 3.072,00 € sind?

36 Die Personalkosten einer Rechtsanwalts-/Notariatskanzlei sind im letzten Jahr um 3,7 % gestiegen, was einen Betrag von 495,80 € ausmacht.

a) Wie hoch waren die Kosten vor der Steigerung?

b) Wie hoch sind die Personalkosten jetzt?

37 Der Vermieter der Kanzleiräume teilt mit, dass er mit Beginn des neuen Quartals die Miete um 7 % erhöhen wird. Die Mietpreiserhöhung beträgt 336,00 €. Wie hoch ist die neue Miete?

38 Der Dezemberumsatz einer Notariatskanzlei lag um 12 1/2 %, das sind 13.500,00 €, über dem Umsatz des Monats November. Wie hoch war der Novemberumsatz?

39 Für eine EDV-Anlage ist eine Anzahlung in Höhe von 2.300,00 € zu leisten. Die restlichen 80 % des Kaufpreises werden vertragsgemäß in 5 gleich hohen Raten bezahlt.

a) Wie hoch ist der Kaufpreis?

b) Wie hoch ist eine Rate?

c) Welcher Betrag könnte gespart werden, wenn der Gesamtbetrag unter Abzug von 3 % Skonto innerhalb von 8 Tagen bezahlt werden würde?

40 Eine Rechtsanwaltskanzlei konnte durch Rationalisierungsmaßnahmen die Personalkosten um 6 2/3 %, das sind 8.990,00 €, verringern. Wie hoch war der ursprüngliche Kostenansatz?

41 Ein Angestellter einer Rechtsanwalts-/Notariatskanzlei hat monatlich 789,90 € Lohnsteuer zu zahlen. Das entspricht einer Steuerbelastung von 26 %. Wie hoch ist sein monatliches Bruttogehalt?

8.4.1 Prozentrechnung auf Hundert (vom vermehrten Grundwert)

Merken Sie sich bitte:

- Der **vermehrte Grundwert** ist **größer als 100 %. Gesucht** wird der **reine** Grundwert!

Beispiel mit Lösung

Der Preis eines Schreibtisches ist um 8 % erhöht worden. Er beträgt jetzt 3.024,00 €. Wie viel kostete der Schreibtisch vorher?

Vorüberlegungen:

Der alte Preis ist der Grundwert und entspricht 100 %. Von diesem Preis wird die Preiserhöhung von 8 % berechnet, sodass der neue Preis 108 % beträgt (vermehrter Grundwert)!

Machen Sie eine Aufstellung von oben nach unten und rechnen Sie von unten nach oben!

Alter Preis	€	≙ 100 %	8 %	= Preiserhöhung
+ 8 % Preiserhöhung	€	≙ 8 %		
= Neuer Preis	3.024,00 €	≙ 108 %	100 %	= Alter Preis

Achtung!
Der vermehrte Grundwert (neuer Preis) ist immer größer als 100 %!

1. Lösung

a) reiner Grundwert (G)
durch
Schlussrechnung

108 % ≙ 3.024,00 €
100 % ≙ x €

$$x \mathrel{\hat{=}} \frac{3.024 \cdot 100}{108}$$

x = 2.800,00 €

b) Prozentwert (W)

108 % ≙ 3.024,00 €
8 % ≙ x €

$$x \mathrel{\hat{=}} \frac{3.024 \cdot 8}{108}$$

x = 224,00 € = (3.024 – 224 = 2.800 €)

Antwort: Der Schreibtisch kostete vorher 2.800,00 €.

Die Lösungen zeigen, dass Sie den alten Preis auf zweierlei Weise ermitteln können:

a) Sie berechnen entweder den **reinen Grundwert** (100 % = 2.800,00 €) oder

b) den **Prozentwert** (224,00 €) und subtrahieren diesen vom neuen Preis (3.024,00 €)!

Machen Sie eine Aufstellung nach obigem Muster und tragen Sie die Ergebnisse ein:

Alter Preis	2.800,00 €	≙ 100 %
+ 8 % Preiserhöhung	224,00 €	≙ 8 %
= Neuer Preis	3.024,00 €	≙ 108 %

Exkurs: Lösung durch Formeln

Gegebene Größen		Gesuchte Größen	
Vermehrter Grundwert (G + W)	≙ G+	reiner Grundwert	≙ G
Prozentsatz	≙ p	Prozentwert	≙ W

Formeln

für den **reinen Grundwert**

$$\mathbf{G \mathrel{\hat=} \frac{G+ \cdot 100}{(100 + p)}}$$

für den **Prozentwert**

$$\mathbf{W \mathrel{\hat=} \frac{G+ \cdot p}{(100 + p)}}$$

Für die Promillerechnung gelten diese Formeln auch (Bezugsgröße 1.000)!

2. Lösung

a) reiner Grundwert (G)

Gegeben: G+ ≙ 3.024,00 €
p ≙ 8 %

Gesucht: G ≙ x €

$$G \mathrel{\hat=} \frac{3.024 \cdot 100}{(100 + 8)}$$

$$G \mathrel{\hat=} \frac{3.024 \cdot 100}{108}$$

G = 2.800,00 €

b) Prozentwert (W)

Gegeben: G+ ≙ 3.024,00 €
p ≙ 8 %

Gesucht: W ≙ x €

$$W \mathrel{\hat=} \frac{3.024 \cdot 8}{(100 + 8)}$$

$$W \mathrel{\hat=} \frac{3.024 \cdot 8}{108}$$

W = 224,00 €

Die Lösungen zeigen, dass jede Rechenmethode zum gleichen Ergebnis führt!

Merken Sie sich bitte die Formeln:

Berechnung des reinen Grundwertes:

▶ **Grundwert** $\mathbf{\mathrel{\hat=} \frac{(Grundwert + Prozentwert) \cdot 100}{(100 + Prozentsatz)}}$

oder kürzer ▶ $\mathbf{G \mathrel{\hat=} \frac{G+ \cdot 100}{(100 + p)}}$

Berechnung des Prozentwertes:

▶ **Prozentwert** $\mathbf{\mathrel{\hat=} \frac{(Grundwert + Prozentwert) \cdot Prozentsatz}{(100 + Prozentsatz)}}$

oder kürzer ▶ $\mathbf{W \mathrel{\hat=} \frac{G+ \cdot p}{(100 + p)}}$

Rechenvorteile:

Wenn der Prozentsatz ein bequemer Teiler von 100 ist, so ist er dies auch vom vermehrten Grundwert!

Beispiel mit Lösung

Nach einer Erhöhung um 10 % beträgt der Verkaufspreis einer Jeans 124,30 €. Wie hoch ist die Preiserhöhung und wie hoch ist der alte Preis?

Lösung

Alter Preis	113,00 €	≙	100 %	10 Teile
+ 10 % Preiserhöhung	11,30 €	≙	10 %	1 Teil
= Neuer Preis	124,30 €	≙	110 %	11 Teile

124,30 € : 11 = 11,30 € Erhöhung
124,30 € – 11,30 € = 113,00 € alter Preis

Merken Sie sich bitte:

10 % ≙ 1/10 des **reinen Grundwertes von 100 %** (100 : 10 = 10)
aber **1/11** des **vermehrten Grundwertes von 110 %** (110 : 10 = 11)

also: 124,30 € : 11 bzw. 1/11 von 124,30 € = 113,00 €!

Aufgaben

42 Das Gehalt einer Angestellten im Notariatsbüro beträgt nach einer Gehaltserhöhung von 8 1/3 % jetzt 2.535,00 €. Wie hoch ist die Gehaltserhöhung und wie hoch war das ursprüngliche Gehalt?

43 Der Kurs (Preis) einer Aktie stieg um 12 1/2 % auf jetzt 236,00 €. Wie hoch war der Kurs vorher und wie hoch ist die Kurssteigerung?

44 In einer Rechtsanwaltskanzlei finden Sie folgende Vergütungsrechnungen, die 19 % Umsatzsteuer enthalten. Wie hoch sind die jeweiligen Nettobeträge?

a) 321,00 € b) 687,00 € c) 3.456,10 €
d) 2.060,15 € e) 1.190,00 € f) 5.253,07 €

45 Berechnen Sie die Kostensteigerung und die ursprünglichen Kosten in €!

	a)	b)	c)	d)
Kostensteigerung in Prozent	6 2/3	2 1/2	8 1/3	25
Neue Kosten in €	3.753.072,00	368.139,00	464.399,00	138.000,00

46 Das Bruttogehalt eines Rechtsanwaltsfachangestellten hat sich im letzten Jahr um 5,5 % und in diesem Jahr um 3,78 % erhöht. Das monatliche Entgelt beträgt jetzt 2.299,25 €. Wie hoch war das Bruttogehalt vor diesen Erhöhungen?

8.4.2 Prozentrechnung im Hundert (vom verminderten Grundwert)

Merken Sie sich bitte:

- Der **verminderte Grundwert** ist immer **kleiner als 100 %. Gesucht** wird der **reine Grundwert!**

Beispiel mit Lösung

Der Verkaufspreis eines PC musste aus Konkurrenzgründen um 20 % herabgesetzt werden und kostet jetzt noch 3.500,00 €. Wie viel € betrug der alte Preis und wie viel € die Preissenkung?

Vorüberlegungen:

Der alte Preis ist der Grundwert und entspricht 100 %. Von diesem Preis wird die Preissenkung von 20 % abgezogen, sodass der neue Preis 80 % beträgt (verminderter Grundwert)!

Machen Sie eine Aufstellung von oben nach unten und rechnen Sie von unten nach oben!

Alter Preis	? €	≙	100 %
– 20 % Preissenkung	? €	≙	20 %
= Neuer Preis	3.500,00 €	≙	80 %

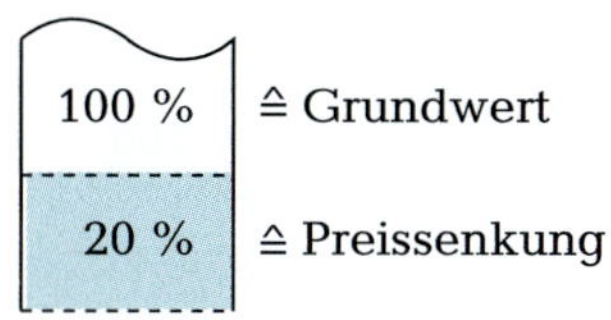

Achtung!

Der verminderte Grundwert (neuer Preis) ist immer kleiner als 100 %!

1. Lösung

a) reiner Grundwert (G) durch **Schlussrechnung**

80 % ≙ 3.500,00 €
100 % ≙ x €

$$x \mathrel{\hat{=}} \frac{3.500 \cdot 100}{80}$$

x = 4.375,00 €

b) Prozentwert (W)

80 % ≙ 3.500,00 €
20 % ≙ x €

$$x \mathrel{\hat{=}} \frac{3.500 \cdot 20}{80}$$

x = 875,00 € = (3.500 + 875 = 4.375 €)

Antwort: Der alte Preis betrug 4.375,00 € und die Preissenkung 875,00 €!

Die Lösungen zeigen, dass Sie den alten Preis auf zweierlei Weise ermitteln können:

a) Sie berechnen entweder den **reinen Grundwert** (100 % ≙ 4.375,00 €) oder

b) den **Prozentwert** (875,00 €) und addieren diesen zum neuen Preis (3.500,00 €)!

Machen Sie eine Aufstellung nach obigem Muster und tragen Sie die Ergebnisse ein:

Alter Preis	4.375,00 €	≙	100 %
– 20 % Preissenkung	875,00 €	≙	20 %
= Neuer Preis	3.500,00 €	≙	80 %

Exkurs: Lösung durch Formel

Gegebene Größen		Gesuchte Größen	
Verminderter Grundwert (G – W)	≙ G–	reiner Grundwert	≙ G
Prozentsatz	≙ p	Prozentwert	≙ W

Formeln

für den **reinen Grundwert**

$$G \triangleq \frac{G- \cdot 100}{(100 - p)}$$

für den **Prozentwert**

$$W \triangleq \frac{G- \cdot p}{(100 - p)}$$

Für die Promillerechnung gelten diese Formeln auch (Bezugsgröße 1 000)!

2. Lösung

a) reiner Grundwert (G)

Gegeben: G– ≙ 3.500,00 €
p ≙ 20 %

Gesucht: G ≙ x €

$$G \triangleq \frac{3.500 \cdot 100}{(100 - 20)}$$

$$G \triangleq \frac{3.500 \cdot 100}{80}$$

G = 4.375,00 €

b) Prozentwert (W)

Gegeben: G– ≙ 3.500,00 €
p ≙ 20 %

Gesucht: W ≙ x €

$$W \triangleq \frac{3.500 \cdot 20}{(100 - 20)}$$

$$W \triangleq \frac{3.500 \cdot 20}{80}$$

W = 875,00 €

Die Lösungen zeigen, dass jede Rechenmethode zum gleichen Ergebnis führt!

Merken Sie sich bitte die Formeln:

Berechnung des reinen Grundwertes:

▶ $$\text{Grundwert} \triangleq \frac{(\text{Grundwert} - \text{Prozentwert}) \cdot 100}{(100 - \text{Prozentsatz})}$$

oder kürzer ▶ $$G \triangleq \frac{G- \cdot 100}{(100 - p)}$$

Berechnung des Prozentwertes:

▶ $$\text{Prozentwert} \triangleq \frac{(\text{Grundwert} - \text{Prozentwert}) \cdot p}{(100 - \text{Prozentsatz})}$$

oder kürzer ▶ $$W \triangleq \frac{G- \cdot p}{(100 - p)}$$

Rechenvorteile:

Wenn der Prozentsatz ein bequemer Teiler von 100 ist, so ist er dies auch vom verminderten Grundwert!

Beispiel mit Lösung

Für eine Verkaufsaktion wird der Verkaufspreis einer Damenbluse um 10 % auf 63,00 € herabgesetzt. Wie viel € betrug der alte Preis und wie viel € die Preissenkung?

Lösung

Alter Preis	70,00 € ↑	≙	100 %	10 Teile
– Preissenkung	7,00 €	≙	10 %	1 Teil
↓ = Neuer Preis	63,00 €	≙	90 %	9 Teile

63,00 € : 9,00 € = 7,00 € Preissenkung
63,00 € + 7,00 € = 70,00 € alter Preis

Merken Sie sich bitte:

10 % ≙ 1/10 des **reinen Grundwertes von 100 %** (100 : 10 = 10)
aber **1/9** des **verminderten Grundwertes von 90 %** (90 : 10 = 9)
also: 63,00 € : 9 bzw. 1/9 von 63,00 € = 7,00 €!

Tabelle bequemer Teiler unter teilweiser Einbeziehung der Tabelle der Seite 299

Prozentsatz	vom reinen Grundwert	vom vermehrten Grundwert	vom verminderten Grundwert
50	1/2	1/3	1/1
33 1/3	1/3	1/4	1/2
25	1/4	1/5	1/3
20	1/5	1/6	1/4
16 2/3	1/6	1/7	1/5
14 2/7	1/7	1/8	1/6
12 1/2	1/8	1/9	1/7
11 1/9	1/9	1/10	1/8
10	1/10	1/11	1/9
8 1/3	1/12	1/13	1/11

Prozentsatz	vom reinen Grundwert	vom vermehrten Grundwert	vom verminderten Grundwert
6 2/3	1/15	1/16	1/14
6 1/4	1/16	1/17	1/15
5	1/20	1/21	1/19
4 1/6	1/24	1/25	1/23
3 1/3	1/30	1/31	1/29
2 1/2	1/40	1/41	1/39
2	1/50	1/51	1/49
1 2/3	1/60	1/61	1/59
1 1/3	1/75	1/76	1/74
1 1/4	1/80	1/81	1/79

Aufgaben

Übungsaufgaben und vermischte Aufgaben

47 Ein Kunde überweist nach Abzug von 2 % Skonto

a) 893,76; b) 1.209,32; c) 9.666,00 €.

Wie hoch waren die ursprünglichen Rechnungsbeträge?

48 Berechnen Sie die Selbstkosten und den Gewinn in €.

Hinweis: Selbstkosten + Gewinn = Barverkaufspreis.

	Barverkaufspreis €	Gewinn %		Barverkaufspreis €	Gewinn %
a)	378,00	12 1/2	e)	3.897,00	1 1/4
b)	2.456,00	33 1/3	f)	12.456,80	6 2/3
c)	990,00	14 2/7	g)	764,00	18
d)	3.468,90	16 2/3	h)	1.621,45	23,76

49 Ermitteln Sie die fehlenden Werte.

	a)			b)			c)			d)		
	€	%	%	€	%	%	€	%	%	€	%	%
Listenpreis	300,00	100	–	?	?	–	2.500,00	100	–	489,70	?	–
./. Rabatt	60,00	20	–	198,00	?	–	416,67	16 2/3	–	124,87	?	–
Zieleinkaufspreis	240,00	80	100	1.782,00	90	100	2.083,33	?	100	?	74,5	100
./. Skonto	6,00	–	2,5	53,46	–	?	41,67	–	2	4,82	–	?
Bareinkaufspreis	**234,00**	**–**	**97,5**	**?**	**–**	**97**	**?**	**–**	**98**	**360,01**	**–**	**98,68**

50 Wir überweisen folgende Rechnungsbeträge durch Banküberweisung. Ermitteln Sie jeweils die fehlenden Größen.

	Beispiel			**a)**			**b)**		
	%	%	€	%	%	€	%	%	€
Warenwert	100		600,00	?		1.500,00	100		?
+ 19 % Umsatzsteuer	19		114,00	19		?	19		912,00
Rechnungsbetrag	119	100	714,00	119	100	?	119	?	5.712,00
./. Skonto		3	21,42		2,5	44,63		3 1/3	?
Überweisungsbetrag		**97**	**692,58**		**?**	**1.740,37**		**?**	**?**

51 Der Verkaufspreis einer Stereoanlage wurde um 10 % herabgesetzt. Da die Anlage aber nicht verkauft werden konnte, wurde der Preis nochmals um 25 % herabgesetzt. Sie kostet jetzt noch 1.215,00 €.

a) Zu welchem Preis sollte die Stereoanlage ursprünglich verkauft werden?

b) Welchem Prozentsatz entspricht die Ermäßigung insgesamt?

52 Nach Abzug von 2 % Skonto überweisen wir 909,44 €.

a) Über wie viel € lautet der Rechnungsbetrag?

b) Wie viel € beträgt der Umsatzsteueranteil von 19 %, der im Skonto enthalten ist?

53 Die Vergütungseinnahmen eines Rechtsanwalts betrugen im vergangenen Monat 18.600,00 € brutto, das heißt einschließlich 19 % Umsatzsteuer.

a) Wie hoch war die Nettovergütung?

b) Wie viel € betrug die Umsatzsteuer?

54 Ein Mineralölkonzern erhöhte vor den Sommerferien den Preis für Super-Kraftstoff um 4 % je 100 Liter; musste aber aus Konkurrenzgründen diesen erhöhten Preis wieder um 1,5 % auf 130,70 € pro 100 Liter zurücknehmen. Wie viel € betrug der ursprüngliche Preis?

55 Der Umsatz einer Würstchenbraterei hat sich im 2. Jahr um 10 % und im 3. Jahr um weitere 5 % erhöht. Im 4. Jahr ist der Umsatz um 3 1/3 % und im 5. Jahr nochmals um 5 % zurückgegangen und beträgt jetzt 169.708,00 €. Wie hoch war der Umsatz im 1. Jahr?

56 Für welches der folgenden Angebote wird sich der Rechtsanwalt entscheiden? Rechtsanwalt Egon Zuverlässig will eine Kanzlei eröffnen und benötigt u. a. 8 Besucherstühle. Er erhält auf seine Anfragen bei Lieferern folgende Angebote (ohne Berücksichtigung der Umsatzsteuer):

Angebot 1: Preis 300,00 / Stuhl. Bei Abnahme von 8 Stühlen 12,5 % Mengenrabatt. Fracht und Verpackung 20,00 € / Stuhl. Bei Zahlung innerhalb von 8 Tagen 3 % Skonto (Skontoabzug nur vom Warenwert).

Angebot 2: Preis 290,00 / Stuhl. 5 % Rabatt. Lieferung frei Haus. Bei Zahlung innerhalb von 8 Tagen 2,5 % Skonto.

Angebot 3: Preis 420,00 / Stuhl. Bei Abnahme der nachgefragten Menge werden 33 1/3 % Rabatt gewährt. Fracht und Verpackung für die gesamte Sendung 200,00 €. Bei Zahlung innerhalb von 8 Tagen 3 1/3 % Skonto (nur vom Warenwert)!

8.5 Anwendung der Prozentrechnung in der Praxis

8.5.1 Die Absetzung für Abnutzung beim Anlagevermögen[1]

Die Absetzung für Abnutzung (AfA) ist die Verteilung der Anschaffungskosten (AK) eines Wirtschaftsgutes auf seine betriebsgewöhnliche Nutzungsdauer (bgwNd).

Zu den Wirtschaftsgütern, die der Abnutzung unterliegen, gehören in einer Rechtsanwalts-/Notariatskanzlei Gegenstände des Anlagevermögens, insbesondere Kraftfahrzeuge und Praxisausstattung, wie z. B. Notebooks, PC, Schreibtische, Stühle, Teppiche usw. Für die Berechnung der AfA ist es zweckmäßig, die betriebsgewöhnliche Nutzungsdauer in einem Prozentsatz auszudrücken, der auf die Anschaffungskosten angewandt wird.

Beispiel mit Lösung

Rechtsanwalt Leo Semmel kauft am 2. 1. einen Pkw.

Eingangsrechnung	**€**
1 Pkw	60.000,00
19 % Umsatzsteuer	11.400,00
Rechnungsbetrag	**71.400,00**

[1] Vergleichen Sie bitte die buchmäßige Behandlung der Abschreibung im Kapitel 10.2.3 Teil Buchführung.

Die betriebsgewöhnliche Nutzungsdauer dieses Pkw soll 6 Jahre betragen.

Achtung:

Bemessungsgrundlage für die AfA ist nur der Betrag der **Anschaffungskosten (AK) ohne** Umsatzsteuer!

Lösung

Formeln:

▶ $$\textbf{AfA-Betrag} = \frac{\textbf{Anschaffungskosten}}{\textbf{bgw Nutzungsdauer}} \quad \textbf{oder} \quad \textbf{AfA-Satz \%} = \frac{\textbf{100}}{\textbf{bgw Nutzungsdauer}}$$

$$\text{AfA €} = \frac{60.000,00}{6} \qquad \text{AfA \%} = \frac{100}{6}$$

AfA € = 10.000,00 **AfA % = 16,67**

Ergebnis

Die Anschaffungskosten in Höhe von 60.000,00 € können jährlich mit 10.000,00 € oder 16,67 % abgeschrieben werden.

Aufgaben

57 Rechtsanwalt Hugo Zornbeber kauft am 1.12. einen Pkw in Höhe von 48.000,00 €. Die betriebsgewöhnliche Nutzungsdauer des Kfz beträgt 6 Jahre.

Wie hoch ist die zeitanteilige AfA?

58 Berechnen Sie die linearen AfA-Sätze in Prozent.

Betriebsgewöhnliche Nutzungsdauer	3	5	8	13	23 Jahre
lineare Abschreibungsmethode	?	?	?	?	?

59 Die Büromöbel einer Rechtsanwaltskanzlei sollen jährlich linear mit 7,69 % der Anschaffungskosten in Höhe von 23.456,80 € abgeschrieben werden.

a) Wie hoch ist der höchst zulässige jährliche Abschreibungsbetrag?
b) Wie hoch ist der Restbuchwert am 31.12. des 3. Jahres?

60 Im Laufe eines Jahres schaffte Rechtsanwalt Isegrimm folgende Gegenstände des Anlagevermögens an:

Gegenstand	Anschaffungskosten in € einschl. 19 % Umsatzsteuer	Anschaffungs-zeitpunkt	Betriebsgewöhnliche Nutzungsdauer in Jahren
PC	5.568,00	03.03.	3
Panzerschrank	23.200,00	01.07.	23
Pkw	58.000,00	02.01.	6
Fotokopiergerät	9.280,00	01.10.	7
Autotelefon	1.740,00	01.11.	5
Handy	2.080,00	20.02.	5

Ermitteln Sie die Prozentsätze und die Beträge bei linearer AfA nach folgendem Muster:

Gegenstand	Anschaffungskosten		Anschaffung	Bgw	Abschreibung	
	mit	ohne	Datum	Nd	Prozent	Zeitanteilig
	Umsatzsteuer			Jahr		

8.5.2 Die Post- und Telekompauschale

Gemäß **Nr. 7001 und 7002 VV RVG** hat der Rechtsanwalt **Anspruch** auf **Ersatz** der bei der **Ausführung des Auftrages** entstandenen **Entgelte** für **Post- und Telekommunikationsdienstleistungen.**[1]

Der Rechtsanwalt **kann** gem. **Nr. 7001 VV RVG** entweder den Ersatz der **tatsächlich entstandenen Entgelte (Post- und Telekomentgelte)** oder gem. **Nr. 7002 VV RVG** eine **Pauschale** in Höhe von **20 %** der **gesetzlichen Gebühren** fordern **(Post- und Telekompauschale).**

In **derselben Angelegenheit,** in **demselben zivilrechtlichen Rechtszug** und in **Straf- und Bußgeldsachen** jedoch **höchstens 20,00 €.**

Beispiel

Ermitteln Sie die gesetzlichen Gebühren und die Post- und Telekompauschale ohne Umsatzsteuer, wenn die Rechtsanwältin in einer Angelegenheit vor dem Amtsgericht in Hamburg wegen einer Kaufpreisforderung in Höhe von 223,60 € die Vergütung nach dem RVG berechnet. Post- und Telekomentgelte sind entstanden.

Lösung

Gegenstandswert: 223,60 €	**Beträge in €**
1. 1,3 Verfahrensgebühr gem. §§ 2, 13 Abs. 1 RVG i. V. m. Nr. 3100 VV RVG	32,50
2. 1,2 Terminsgebühr gem. §§ 2, 13 Abs. 1 RVG i. V. m. Nr. 3104 VV RVG	30,00
3. 20 % Post- und Telekompauschale gem. Nr. 7002 VV RVG*	**12,50**
4. Zwischensumme (Nettovergütung)	75,00

*** Berechnung der Post- und Telekompauschale**

$$100\,\% \triangleq 62{,}50\,€ \quad (= 32{,}50\,€ + 30{,}00\,€)$$
$$20\,\% \triangleq x\,€$$
$$x = \frac{62{,}50 \cdot 20}{100}$$
$$\mathbf{x = 12{,}50\,€}$$

Ergebnis

Die Post- und Telekompauschale beträgt 20 % der gesetzlichen Gebühren = 12,50 €.

[1] Um diesem „Wortungetüm" zu entgehen, benutzen wir das Wort „Post- und Telekompauschale" oder „-entgelte"

Aufgaben

61 Ermitteln Sie die Post- und Telekompauschale bei folgenden gesetzlichen Gebühren:

Zivilsachen

	Gebührensatz nach VV RVG	Gebühr in €
a)	0,55 gem. Nr. 2100 VV RVG	57,75
b)	0,3 gem. Nr. 2302 VV RVG	48,30
c)	0,5 gem. Nr. 3306 VV RVG	42,50
d)	0,3 gem. Nr. 3309 VV RVG	65,10

62 Ermitteln Sie bitte die gesetzlichen Gebühren des Rechtsanwalts nach Abschluss der gerichtlichen Verfahren im ersten Rechtszug.

In allen Fällen sind Post- und Telekomentgelte entstanden.

Beachten Sie bitte den Höchstbetrag der Post- und Telekompauschale.

Anzuwendende gesetzliche Bestimmungen:
§§ 2, 13 Abs. 1 RVG i. V. m. Nr. 3100, 3104, 7001, 7002 VV RVG

a) Gegenstandswert 300,00 €

1,3 Verfahrensgebühr
1,2 Terminsgebühr
Post- und Telekompauschale

b) Gegenstandswert 4.000,00 €

1,3 Verfahrensgebühr
1,2 Terminsgebühr
Post- und Telekompauschale

c) Gegenstandswert 17.800,00 €

1,3 Verfahrensgebühr
1,2 Terminsgebühr
Post- und Telekompauschale

d) Gegenstandswert 9.203,25 €

1,3 Verfahrensgebühr
1,2 Terminsgebühr
Post- und Telekompauschale

63 Bestimmen Sie bitte die Höhe der Vergütung des Rechtsanwalts aus der Tabelle des RVG und errechnen Sie die Post- und Telekompauschale. Der Rechtsanwalt bestimmt den Gebührensatz der Mittelgebühr nach § 14 Abs. 1 RVG i. V. m. Nr. 2400 Anmerkung VV RVG. Die Tätigkeit war schwierig.

Anzuwendende gesetzliche Bestimmungen:
§§ 2, 13 Abs. 1, 14 Abs. 1 RVG i. V. m. Nr. 2400 VV RVG

a) Gegenstandswert 610,90 €

1,5 Geschäftsgebühr
Post- und Telekompauschale

b) Gegenstandswert 19.000,00 €

1,5 Geschäftsgebühr
Post- und Telekompauschale

8.5.3 Die Umsatzsteuer

Der Rechtsanwalt hat gem. Nr. 7008 VV RVG Anspruch auf Ersatz der auf seine Vergütung entfallenden Umsatzsteuer. Der Steuersatz beträgt nach dem Stand von 2007 19 %.

Die Umsatzsteuer wird aus den/der

- Rechtsanwaltsvergütung
- Entgelten für Post- und Telekommunikationsdienstleistungen
- Dokumentenpauschale
- Reisekosten

ermittelt und den Auftraggebern (Mandanten) in Rechnung gestellt.[1]

Beispiel mit Lösung

Erstellen Sie die Vergütungsrechnung des Klägervertreters. Post- und Telekomentgelte sind entstanden.

Vor dem Landgericht Frankenthal fand im ersten Rechtszug ein Prozess wegen Zahlung eines Schmerzensgeldes in Höhe von 10.000,00 € aus einem Unfallgeschehen statt. Nach mündlicher Verhandlung und Beweisaufnahme erging ein Urteil.

Lösung

Gegenstandswert: 10.000,00 €	**Beträge in €**
1. 1,3 Verfahrensgebühr gem. §§ 2, 13 Abs. 1 RVG i. V. m. Nr. 3100 VV RVG	631,80
2. 1,2 Terminsgebühr gem. §§ 2, 13 Abs. 1 RVG i. V. m. Nr. 3104 VV RVG	583,20
3. Post- und Telekompauschale gem. Nr. 7002 VV RVG	20,00
4. Zwischensumme (Nettovergütung)	1.235,00
5. 19 % Umsatzsteuer aus 1.235,00 €* gem. Nr. 7008 VV RVG	**234,65**
6. Insgesamt (Bruttovergütung)	**1.469,65**

(Ort, Datum, Unterschrift = ODU)

*** Berechnung der Umsatzsteuer:**

$$100\ \% \mathrel{\hat{=}} 1.235{,}00\ €$$
$$19\ \% \mathrel{\hat{=}} x\ €$$
$$x = \frac{1.235{,}00 \cdot 19}{100}$$
$$x = \mathbf{234{,}65\ €}$$

[1] Vergleichen Sie auch das Kapitel Umsatzsteuer im **Teil Buchführung.**

Aufgaben

64 Ergänzen Sie die Aufgaben 62 a) bis 62 d) aus dem Kapitel 8.5.2 um die Umsatzsteuer gem. Nr. 7008 VV RVG.

65 Vervollständigen Sie die Tabelle mit den fehlenden Beträgen:

	a)	b)	c)	d)
Gesetzliche Gebühren	?	?	?	?
+ Post- und Telekompauschale	?	?	20,00	20,00
Zwischensumme	?	?	?	?
+ 19 % Umsatzsteuer	?	?	?	?
Insgesamt	92,82	381,99	744,94	1.011,50

66 Ergänzen Sie die Aufstellung und ermitteln Sie die Umsätze, die der Berechnung der Umsatzsteuerzahllast zu Grunde liegen.

Beträge in €	**a)**	**b)**	**c)**
Umsatzsteuer bei Ausgangsrechnungen	11.400,00	?	76.000,00
./. Vorsteuer bei Eingangsrechnungen	2.640,00	8.000,00	25.000,00
= Umsatzsteuerzahllast	8.760,00	11.000,00	?
Erzielter Umsatz	60.000,00	?	?

8.5.4 Die Hebegebühr

Rechtsanwälte und Notare sind berechtigt, von ihren Mandanten für die **Entgegennahme**, **Verwahrung** und **Weiterleitung** von **Geld (Fremdgeld)**, **Wertpapieren** und **Kostbarkeiten** **Hebegebühren** (Inkassogebühren) zu verlangen.

Die **Höhe** der Gebühr richtet sich nach dem **Wert** des erhaltenen und ausgezahlten oder weitergeleiteten **Fremdgeldes**. Bei **Wertpapieren** ist nicht der Nennwert (der auf dem Wertpapier aufgedruckte Wert), sondern der **Kurswert** (der Preis des Wertpapiers, der an der Börse durch Angebot und Nachfrage erzielt wird), **maßgebend**.

Die Hebegebühr beträgt gem. Nr. 1009 VV RVG:

Beträge in €	**Gebühr in %**
• bis 2.500,00 einschließlich	1,00
• vom Mehrbetrag bis 10.000,00	0,5
• vom Mehrbetrag über 10.000,00	0,25

oder nach dem vereinfachten Verfahren:

- Beträge bis 2.500,00 € einschließlich 1,00 % vom Gesamtbetrag
- Beträge bis 10.000,00 € einschließlich 0,50 % vom Gesamtbetrag, zuzüglich 12,50 €
- Beträge über 10.000,00 € 0,25 % vom Gesamtbetrag, zuzüglich 37,50 €

Bei Auszahlung in Teilbeträgen wird die Hebegebühr von jedem Teilbetrag gesondert berechnet.

Außer der Hebegebühr kann der Rechtsanwalt noch Post- und Telekomentgelte gem. Nr. 7001, 7002 VV RVG und 19 % Umsatzsteuer gem. Nr. 7008 VV RVG von seinem Auftraggeber verlangen, wenn sich der Auftrag auf das Einziehen und Weiterleiten von Fremdgeld beschränkt.

Beispiel 1: Auszahlungsbeträge bis zu 2.500,00 €

Rechtsanwalt Dr. Hans Klug erhält den Auftrag, vom unterlegenen Gegner 2.500,00 € in Empfang zu nehmen und an seinen Mandanten weiterzuleiten.

Für den Empfang, die Verwahrung und die Weiterleitung des Fremdgeldes berechnet Dr. Klug seinem Mandanten:

Gegenstandswert: 2.500,00 €	**€**
1. 1 % Hebegebühr aus 2.500,00 € gem. Nr. 1009 VV RVG	25,00
2. 20 % Post- und Telekompauschale gem. Nr. 7002 VV RVG	5,00
3. Zwischensumme	30,00
4. 19 % Umsatzsteuer aus 30,00 € gem. Nr. 7008 VV RVG	5,70
5. Insgesamt	**35,70**

Aufgaben

67 Berechnen Sie die Hebegebühr, die Post- und Telekompauschale und die Umsatzsteuer für die Auszahlung folgender Beträge:

	Fremdgeldeingang €	Auszahlungsbetrag €
a)	1.300,00	1.300,00
b)	2.000,00	2.000,00
c)	2.400,00	2.400,00

68 Wie hoch ist die Hebegebühr, die Post- und Telekompauschale und die Umsatzsteuer, wenn folgende Fremdgeldeingänge in Teilbeträgen ausgezahlt werden?

	Fremdgeldeingang €	Auszahlungsbetrag €
a)	4.330,00	2.000,00
		2.330,00
b)	6.780,00	2.500,00
		2.400,00
		Rest?

Beispiel 2: Auszahlungsbeträge bis 10.000,00 € einschließlich

Rechtsanwalt Kurt Gutmütig erhält den Auftrag, von einer Kfz-Versicherung 10.000,00 € in Empfang zu nehmen und an seinen Mandanten weiterzuleiten.

Rechtsanwalt Gutmütig erstellt folgende Vergütungsrechnung an seinen Auftraggeber:

Gegenstandswert: 10.000,00 €	**€**	**€**
1. 1 % Hebegebühr aus 2.500,00 € gem. Nr. 1009 VV RVG	25,00	
0,5 % Hebegebühr aus 7.500,00 € gem. Nr. 1009 VV RVG	37,50	62,50 *
2. 20 % Post- und Telekompauschale gem. Nr. 7002 VV RVG		12,50
3. Zwischensumme		75,00
4. 19 % Umsatzsteuer aus 75,00 € gem. Nr. 7008 VV RVG		14,25
5. Insgesamt		**89,25**

*** Das vereinfachte Verfahren für Beträge über 2.500,00 € bis 10.000,00 €:**

Fremdgeldeingang 10.000,00 €

1. Berechnet werden 0,50 % vom Gesamtbetrag 10.000,00 €	= 50,00 €
2. Von den ersten 2.500,00 € hätten aber 1 % berechnet werden müssen, so dass noch 0,5 % von 2.500,00 € = 12,50 € hinzugezählt werden	= + 12,50 €
3. Ergebnis	**= 62,50 €**

Merken Sie sich bitte:

- Für die **Entgegennahme, Verwaltung** und **Weiterleitung** von Fremdgeld bis zu 10.000,00 € einschließlich werden **0,50 %** des Gesamtbetrages **plus 12,50 € Hebegebühr** berechnet.

Aufgaben

69 Berechnen Sie die Hebegebühr, die Post- und Telekompauschale und die Umsatzsteuer:

	Fremdgeldeingang in €	Auszahlungsbeträge in €
a)	17.100,00	9.000,00
		8.100,00
b)	19.900,00	10.000,00
		9.900,00

70 Berechnen Sie die Hebegebühr, die Post- und Telekompauschale und die Umsatzsteuer!

In Sachen Gut gegen Böse & Fraglos OHG überweist der Rechtsanwalt folgende Beträge, die er im Auftrag seines Mandanten Gut weiterzuleiten hat. Es erhalten:

Böse 9.900,00 €,
Fraglos 7.600,00 €.

Beispiel 3: Auszahlungsbeträge über 10.000,00 €

Im Auftrag seines Mandanten hatte Rechtsanwalt Bruno Klein 48.000,00 € weiterzuleiten. Nach Erledigung des Auftrages erstellt Rechtsanwalt Klein folgende Vergütungsrechnung:

Gegenstandswert: 48.000,00 €		**€**	**€**
1. 1%	Hebegebühr aus 2.500,00 € gem. Nr. 1009 VV RVG	25,00	
0,5 %	Hebegebühr aus 7.500,00 € gem. Nr. 1009 VV RVG	37,50	
0,25 %	Hebegebühr aus 38.000,00 € gem. Nr. 1009 VV RVG	95,00	157,50*
2. 20 %	Post- und Telekompauschale gem. Nr. 7002 VV RVGO (Höchstwert)		20,00
3. Zwischensumme			177,50
4. 19 %	Umsatzsteuer aus 177,50 € gem. Nr. 7008 VV RVG		33,73
5. Insgesamt			**211,23**

*** Das vereinfachte Verfahren für Beträge über 10.000,00 €:**

Fremdgeldeingang 48.000,00 €

1. Berechnet werden 0,25 % vom Gesamtbetrag 48.000,00 €	120,00 €
2. Von den ersten 2.500,00 € hätten aber 1 % berechnet werden müssen, deshalb kommen hinzu 0,75 % von 2.500,00 €.	+ 18,75 €
Von den verbleibenden 7.500,00 € hätten 0,5 % berechnet werden müssen, sodass 0,25 % von 7.500,00 € hinzuzufügen sind.	+ 18,75 €
Ergebnis	**157,50 €**

Merken Sie sich bitte:

- Für die **Entgegennahme, Verwahrung** und **Weiterleitung** von **Fremdgeld** über 10.000,00 € werden **0,25 %** vom Gesamtbetrag **plus 37,50 €** berechnet.

Aufgaben

71 Berechnen Sie die Hebegebühr, die Post- und Telekompauschale und die Umsatzsteuer!

Rechtsanwalt/Notar Dr. Fritz Fleißig hatte im Auftrag seiner Mandanten folgende Beträge weiterzuleiten:

	Fremdgeldeingang in €	Auszahlungsbetrag in €
a)	23.456,00	23.456,00
b)	60.000,00	60.000,00
c)	123.456,00	123.456,00

Beispiel 4: Besonderheit der Berechnung der Hebegebühr bei zu verrechnendem Vergütungsanspruch gem. Nr. 1009 Abs. 2 VV RVG

Ermitteln Sie den an den Mandanten weiterzuleitenden Fremdgeldbetrag!

Die Versicherungsgesellschaft Ohnesorge AG übergibt dem Rechtsanwalt 10.000,00 € zur Weiterleitung an den Mandanten (Auftraggeber). Der Rechtsanwalt war bereits in dieser Angelegenheit tätig. Er berechnet deshalb seine Vergütung und verrechnet diese mit dem Fremdgeld wie folgt:

Gegenstandswert: 10.000,00 €	**Beträge in €**
1. 1,3 Verfahrensgebühr gem. §§ 2, 13 Abs. 1 RVG i. V. m. Nr. 3100 VV RVG	631,80
2. 1,2 Terminsgebühr gem. §§ 2, 13 Abs. 1 RVG i. V. m. Nr. 3104 VV RVG	583,20
3. Post- und Telekompauschale gem. Nr. 7002 VV RVG	20,00
4. Zwischensumme (Nettohonorar)	1.235,00
5. 19 % Umsatzsteuer aus 1.235,00 € gem. Nr. 7008 VV RVG	234,65
6. Insgesamt	**1.469,65**

Berechnung des Auszahlungsbetrages		**Beträge in €**
Fremdgeld	10.000,00	
./. Vergütungsrechnung	1.469,65	
= Bemessungsgrundlage für die Hebegebühr		8.530,35
1. 0,5 % Hebegebühr aus 8.530,35 € gem. Nr. 1009 VV RVG	42,65	
+ Korrekturbetrag	12,50	
2. Zwischensumme	55,15[1]	
3. 19 % Umsatzsteuer aus 55,15 € gem. Nr. 7008 VV RVG	10,48	
4. Insgesamt		65,63
Der Mandant erhält		**8.464,72**

Merken Sie sich bitte:

- Die **Hebegebühr** entsteht **nicht,** wenn der Rechtsanwalt **eingezogene Beträge** (Fremdgeld) auf seine **Vergütung verrechnet.**
- War der Rechtsanwalt **außerhalb** der Entgegennahme, Aufbewahrung und Weiterleitung von Fremdgeld **tätig,** darf **keine Post- und Telekompauschale** auf die Hebegebühr berechnet werden. In derselben Angelegenheit darf die Post- und Telekompauschale höchstens 20,00 € in Zivil- und Strafsachen betragen.

[1] Die Post- und Telekompauschale entfällt, weil der Rechtsanwalt bereits in derselben Angelegenheit den Höchstbetrag von 20,00 € berechnet hat.

Aufgaben

72 Wie hoch ist der Überweisungsbetrag an den Auftraggeber, wenn Rechtsanwalt Ignazius Blasenfrei eine Versicherungssumme in Höhe von 45.000,00 € zur Weiterleitung erhalten hat? Vor der Überweisung des Betrages verrechnet der RA seine Vergütung in Höhe von 2.689,00 € einschließlich Post- und Telekompauschale und Umsatzsteuer.

73 Ergänzen Sie zunächst die Vergütungsrechnung für das zivilrechtliche Verfahren im ersten Rechtszug und erstellen Sie dann die Vergütungsrechnung für die Hebegebühr. Ermitteln Sie:

a) die Hebegebühr,

b) die Umsatzsteuer,

c) den Überweisungsbetrag!

In Sachen Engel gegen Teufel erhält der Rechtsanwalt von der Versicherungsgesellschaft Schnell & Sicher AG einen Schadensersatzanspruch in Höhe von 19.000,00 € zur Weiterleitung an seinen Mandanten.

Bevor der Betrag weitergeleitet wird, berechnet der Rechtsanwalt seine Vergütung, die ihm für die Durchführung des zivilrechtlichen Verfahrens zustehen, wie folgt:

Gegenstandswert: 19.000,00 €	**Beträge in €**
1. 1,3 Verfahrensgebühr gem. §§ 2, 13 Abs. 1 RVG i. V. m. Nr. 3100 VV RVG	?
2. 1,2 Terminsgebühr gem. §§ 2, 13 Abs. 1 RVG i. V. m. Nr. 3104 VV RVG	?
3. Post- und Telekompauschale gem. Nr. 7002 VV RVG	20,00
4. Zwischensumme (Nettovergütung)	?
5. 19 % Umsatzsteuer aus ..?.. € gem. Nr. 7008 VV RVG	291,65
6. Insgesamt	**?**

74 Frau Rechtsanwältin Juliane Rosig hat einen Betrag von 16.000,00 € an ihren Mandanten weiterzuleiten. Vor der Überweisung verrechnet sie 1,3 Verfahrensgebühr sowie 1,2 Terminsgebühr aus dem vollen Betrag. Von dem restlichen Geld berechnet sie die Hebegebühren und die Umsatzsteuer.

a) Erstellen Sie die Vergütungsrechnung. Denken Sie bitte auch an die Nr. 7002 VV RVG.

b) Berechnen Sie die Bemessungsgrundlage der Hebegebühr.

c) Erstellen Sie die Vergütungsrechnung für die Hebegebühr.

d) Ermitteln Sie den Überweisungsbetrag.

9 Die Zinsrechnung

Der **Zins** ist der **Preis**, der für die zeitweise **Überlassung von Kapital** berechnet wird. Eine Bank schreibt uns z. B. Zinsen gut, wenn wir ihr Geld (Spareinlagen) überlassen, oder sie berechnet uns Zinsen, wenn wir ein Darlehen bei ihr aufgenommen haben.

Die Zinsrechnung ist die **Anwendung der Prozentrechnung** unter Berücksichtigung des Faktors **Zeit**. Die drei Größen der Prozentrechnung werden teilweise umbenannt!

Prozentrechnung	→	**Zinsrechnung**
Grundwert (G)	wird	**Kapital (K oder k)**
Prozentsatz (p)	wird	**Zinssatz/Zinsfuß (P oder p)**
Prozentwert (W)	wird	**Zinsen (Z oder z)**
	Neu	**Zeit (T oder t)**

9.1 Die Berechnung der Zinsen nach der allgemeinen Zinsformel

9.1.1 Die Berechnung von Jahreszinsen

Merken Sie sich bitte:

- Aus dem **Kapital** (k), dem **Zinssatz** (p) und der **Zeit** (j = Jahr, m = Monat, t = Tag) werden die Zinsen (z) bestimmt.

Beispiel mit Lösung

Ein Kapital in Höhe von 8.000,00 € wurde für 1 Jahr zu einem Zinssatz von 9 % ausgeliehen. Wie hoch waren die Zinsen?

Lösung

Gegeben: k = 8.000,00 €
p = 9 %
t = 1 Jahr

Gesucht: z = ? €

Aus der
Prozentrechnung → **wird die** → **Zinsrechnung**

$$W = \frac{G \cdot P}{100} \qquad z = \frac{k \cdot p}{100}$$

$$W = \frac{8.000 \cdot 9}{100} \qquad z = \frac{8.000 \cdot 9}{100}$$

$$\mathbf{W = 720{,}00\ €} \qquad \mathbf{z = 720{,}00\ €}$$

Antwort: Die Zinsen betrugen 720,00 €.

Merken Sie sich bitte:

- Im **Zinsfuß** ist die **Zeit von 1 Jahr enthalten!**
- 9 % Zinsfuß heißt, dass in **einem Jahr 9,00 € Zinsen von 100,00 €** anfallen!

Die Aufgabe lässt sich auch mithilfe des **Dreisatzes** (Vielsatz) lösen:

Was ist gegeben? 100,00 € Kapital bringen/kosten in 1 Jahr 9,00 € Zinsen.

Was ist gesucht? 8.000,00 € Kapital bringen/kosten in 1 Jahr x € Zinsen?

Schlusssatz: $x \triangleq \frac{9 \cdot 8.000 \cdot 1}{100 \cdot 1}$

x = 720,00 €

Merken Sie sich bitte:

▶ $\textbf{Jahreszinsen} = \frac{\textbf{Kapital} \cdot \textbf{Zinssatz} \cdot \textbf{Jahr (j)}}{\textbf{100} \cdot \textbf{Jahr (j)}}$[1]

oder kürzer ▶ $\mathbf{Z(j) = \frac{k \cdot p \cdot j}{100 \cdot 1}}$

Soll der Zins für mehrere Jahre berechnet werden, braucht man nur das Vielfache des Jahreszinses zu ermitteln!

Beispiel mit Lösung

Ein Kapital von 5.000,00 € wird zu 8 % für 4 Jahre ausgeliehen. Wie hoch sind die Zinsen?

Lösung durch

1. Schlussrechnung

Gegeben: k ≙ 5.000,00 €
p ≙ 8 %
t ≙ 4 Jahre

Gesucht: z ≙ ? €

100,00 € Kapital bringen in 1 Jahr 8,00 € Zinsen
5.000,00 € Kapital bringen in 4 Jahren x € Zinsen

$x = \frac{8 \cdot 5.000 \cdot 4}{100 \cdot 1}$

x = 1.600,00 €

2. Formel

Gegeben: k = 5.000,00 €
p = 8 %
t = 4 Jahre

Gesucht: z = ? €

$z = \frac{k \cdot p \cdot j}{100 \cdot 1}$

$z = \frac{5.000 \cdot 8 \cdot 4}{100 \cdot 1}$

z = 1.600,00 €

Antwort: Die Zinsen betragen 1.600,00 €.

Aufgaben

1 Berechnen Sie die Jahreszinsen, die der Darlehensnehmer für die Darlehensgewährung zahlen muss oder der Darlehensgeber als Zinserträge vereinnahmen kann:

	Kapital €	Zinsfuß %	Zeit in Jahren		Kapital €	Zinsfuß %	Zeit in Jahren
a)	3.000,00	12	3	d)	75.000,00	7,5	10
b)	2.490,00	10 1/2	5	e)	163.800,00	14	1 1/2
c)	30.000,00	6 3/8	4	f)	170.190,00	13	1 3/4

In der Praxis sind nicht nur Jahreszinsen zu berechnen, sondern hauptsächlich **Monats-** und **Tageszinsen**!

1 Die Berechnung der Jahreszinsen bezieht sich immer auf 1 Jahr.

9.1.2 Die Berechnung von Monatszinsen

Beispiel mit Lösung

Ein Rechtsanwalt nimmt bei seiner Bank ein Darlehen in Höhe von 8.000,00 € zu 7 1/2 % für 5 Monate in Anspruch. Wie viel Zinsen muss er zahlen?

Lösung durch

1. Schlussrechnung

Gegeben: k = 8.000,00 €
p = 7,5 %
t = 5 Monate (m)

Gesucht: z = ? €

100,00 € Kapital kosten in 12 Monaten (m) 7,50 € Zinsen
8.000,00 € Kapital kosten in 5 Monaten (m) ? € Zinsen

$$x = \frac{7{,}50 \cdot 8.000 \cdot 5}{100 \cdot 12}$$

$$\mathbf{x = 250{,}00\ €}$$

2. Formel

Gegeben: k = 8.000,00 €
p = 7,5 %
t = 5 Monate (m)

Gesucht: z = ? €

$$z = \frac{k \cdot p \cdot m}{100 \cdot 12}$$

$$z = \frac{8.000 \cdot 7{,}50 \cdot 5}{100 \cdot 12}$$

$$\mathbf{z = 250{,}00\ €}$$

Antwort: Der Rechtsanwalt muss 250,00 € Zinsen bezahlen.

Merken Sie sich bitte:

▶ $$\textbf{Monatszinsen} = \frac{\textbf{Kapital} \cdot \textbf{Zinssatz} \cdot \textbf{Monate (m)}}{\textbf{100} \cdot \textbf{Monate (m)}^{1}}$$

oder kürzer ▶ $$\mathbf{Z\,(m) = \frac{k \cdot p \cdot m}{100 \cdot 12}}$$

Aufgaben

2 Berechnen Sie die Zinsen!

	Kapital €	Zinsfuß %	Zeit in Monaten		Kapital €	Zinsfuß %	Zeit in Monaten
a)	300,00	6	4	d)	32.000,00	9 2/7	8
b)	2.200,00	8,4	7	e)	124.700,00	12 1/6	9
c)	13.830,50	7 2/9	8	f)	180.300,00	14,25	3

9.1.3 Die Berechnung von Tageszinsen

Beispiel mit Lösung

Ein Kaufmann legt bei seiner Bank 30.000,00 € Festgeld für 54 Tage zum Zinssatz von 8 % an. Wie viel Zinsen erhält er?

---

[1] Die Berechnung der Monatszinsen bezieht sich immer auf 12 Monate.

Lösung durch

1. Schlussrechnung

Gegeben: k = 30.000,00 €
p = 8 %
t = 54 Tage

Gesucht: z = ? €

100,00 € Kapital bringen in 360 Tagen 8,00 € Zinsen
30.000,00 € Kapital bringen in 54 Tagen ? € Zinsen

$$x = \frac{8 \cdot 30.000 \cdot 54}{100 \cdot 360}$$

x = 360,00 €

Antwort: Der Kaufmann erhält 360,00 € Zinsen.

2. Formel

Gegeben: k = 30.000,00 €
p = 8 %
t = 54 Tage

Gesucht: z = ? €

$$z = \frac{k \cdot p \cdot t}{100 \cdot 360}$$

$$z = \frac{30.000 \cdot 8 \cdot 54}{100 \cdot 360}$$

z = 360,00 €

Merken Sie sich bitte:

▶ **Tageszinsen** = $\frac{\textbf{Kapital} \cdot \textbf{Zinssatz} \cdot \textbf{Tage (t)}}{\textbf{100} \cdot \textbf{Tage}^{1}}$

oder kürzer ▶ $Z(t) = \frac{k \cdot p \cdot t}{100 \cdot 360}$ **(oder 365/366 bei Privatleuten)**

Aufgaben

3 Berechnen Sie die Zinsen, die ein Kaufmann bezahlen muss, wenn er von seiner Bank folgende Beträge als Darlehen erhalten hat:

	Kapital €	Zinsfuß %	Zeit in Tagen		Kapital €	Zinsfuß %	Zeit in Tagen
a)	345,00	8	30	d)	23.567,80	6,33	137
b)	8.900,00	7 3/4	92	e)	134.789,90	9 2/7	318
c)	11.200,00	10	185	f)	389.123,00	11	264

Zusammenfassung

Jahreszinsen: $z = \frac{k \cdot p \cdot j}{100 \cdot 1}$ **(j = Anzahl der Jahre)**

Monatszinsen: $z = \frac{k \cdot p \cdot m}{100 \cdot 12}$ **(m = Anzahl der Monate)**

Tageszinsen: $z = \frac{k \cdot p \cdot t}{100 \cdot 360}$ **(t = Anzahl der Tage) oder (365/366)**

[1] Die Berechnung der Tageszinsen bezieht sich unter Kaufleuten auf 360 Tage und unter Privatleuten auf 365 (im Schaltjahr 366) Tage.

9.2 Berechnung der Zinstage

9.2.1 Berechnung der Tage in der bürgerlichen Zinsrechnung

In Rechtsanwalts- und Notariatskanzleien müssen häufig Zinsen unter Privatleuten und im Rechtsverkehr berechnet werden.

Merken Sie sich bitte:

Für die Berechnung der Zinstage gilt:
- Das **Kalenderjahr** wird mit **365 oder 366 (Schaltjahr) Tagen** gerechnet.
- Der Tag, an dem das Ereignis eintritt **(erster Tag),** wird **mitgezählt.**[1]

Beispiel: In einem Urteil wird ausgesprochen, dass eine Mietforderung ab dem 21. Mai zu verzinsen ist. Der 21.05. ist mitzuverzinsen und zählt deshalb bei der Zinstageberechnung mit.

Ausnahme: Beginnt die Verzinsungspflicht aufgrund eines in den **Lauf eines Tages fallenden Ereignisses**, wird dieser **Tag nicht** mitgerechnet.

Beispiel: Eine Kaufpreisforderung ist am 10. März fällig. Wird sie nicht fristgerecht bezahlt, beginnt die Verzinsung erst mit dem 11. März, 00:00 Uhr. Der 10. März wird also nicht mitgerechnet.

- Der Tag, bis zu dem gerechnet wird **(letzter Tag), zählt** ebenfalls **mit.**

Zinsen sind nach vollen Tagen zu berechnen. Erfolgt die Rückzahlung eines Darlehens im Laufe eines Tages, wird dieser Tag noch mitgerechnet.

Beispiel: Zahlung einer Darlehensrate am 30. November. Der 30. November ist bei der Zinstageberechnung mitzuzählen.

- **Jeder Monat** wird **genau** nach Kalender **(Kalendertage)** gerechnet.

Beispiel mit Lösung

Die Rentnerin Eva Immer-Grün lieh sich von ihrer Nachbarin, der Pauline Kleinkram, Geld vom 3. Januar (01 = 1. Jahr) bis 15. April (01). Für wie viel Tage muss sie Zinsen zahlen?

Lösung

Monat	Tage	
Januar	29	
Februar	28	(im Schaltjahr sind dies 29 Tage!)
März	31	
April	15	
Gesamt	**103 Tage**	

Antwort:
Frau Immer-Grün muss für 103 Tage Zinsen bezahlen.

Zusammenfassung

- Das **Kalenderjahr** wird mit **365 oder 366 (Schaltjahr) Tagen** gerechnet.
- Der Tag, an dem das Ereignis eintritt **(erster Tag)**, wird **mitgezählt**.
- Der Tag, bis zu dem gerechnet wird **(letzter Tag)**, **zählt** ebenfalls **mit**.
- **Jeder Monat** wird **genau** nach Kalender **(Kalendertage)** gerechnet.

[1] Bei der **Euro-Zinsrechnung** wird der erste Tag **nicht** mitgerechnet.

Aufgaben

4 Berechnen Sie die Kalendertage in der bürgerlichen Zinsrechnung nach dem Kalender.

a) 16.01. bis 27.02.
b) 16.01. bis 01.03.
c) 21.03. bis 01.04.
d) 30.04. bis 03.06.
e) 01.05. bis 01.09.
f) 29.02. bis 31.07.
g) 03.07. bis 15.09.
h) 20.10. bis 30.11.
j) 01.11. bis 31.12.

9.2.2 Berechnung der Tage in der kaufmännischen Zinsrechnung

In Deutschland rechnet die **kaufmännische** Praxis **das Jahr zu 360 Tagen** und **alle Monate** zu **30 Tagen (Zinstage)**![1]

Merken Sie sich bitte:

Für die Berechnung der Zinstage gilt:

- Der Tag, von dem aus gerechnet wird **(erster Tag),** zählt **nicht** mit!
- Der Tag, bis zu dem gerechnet wird **(letzter Tag), zählt** mit!
- Der **31. eines Monats** wird **nicht gerechnet.**
- Der Monat Februar wird auch mit 30 Tagen gerechnet, wenn der Zinszeitraum in den Monat März oder weiter geht. Geht die Verzinsung nur bis zum 28. (29.) Februar, so wird nur mit 28 oder 29 Tagen gerechnet.

Beispiel mit Lösung

Der Kaufmann Franz Blattfuß nimmt am 15. Juli (Jahr 01) bei seiner Hausbank ein Darlehen auf. Am 18. Oktober (Jahr 03) soll das Darlehen in einer Summe zurückgezahlt werden. Für wie viele Tage muss Blattfuß Zinsen zahlen?

Lösungswege

1. Additionsverfahren

Berechnet werden zuerst die ganzen Jahre, dann die ganzen Monate und zuletzt die Tage!

15.07. (01) bis 15.07. (03) = 2 Jahre · 360 Tage	=	720 Tage
15.07. (03) bis 15.10. (03) = 3 Monate · 30 Tage	=	90 Tage
15.10. (03) bis 18.10. (03)	=	3 Tage
Insgesamt	**=**	**813 Tage**

2. Subtraktionsmethode

Das Anfangsdatum wird vom Enddatum subtrahiert!

Tage	Monate	Jahre
18.	10.	(03)
– 15.	– 07.	– (01)
3 Tage	3 Monate	2 Jahre · 360 Tage

2 Jahre · 360 Tage	=	720 Tage
3 Monate	+	90 Tage
3 Tage	+	3 Tage
Insgesamt	**=**	**813 Tage**

Die Ergebnisse sind, trotz unterschiedlicher Berechnungsmethoden, gleich.

[1] Bei der **Euro-Zinsmethode** rechnen Sie allerdings die Tage **nach dem Kalender** genau.

Beispiele

Berechnung der Zinstage unter Kaufleuten in Deutschland.

Lösung

a) 02. Februar bis 31. März

02.02. bis 02.03. = 1 Monat →	=	30 Tage
02.03. bis 30.03. = →	+	28 Tage
Gesamt	**=**	**58 Tage**

oder

02.02. bis 02.04. = 2 Monate →	=	60 Tage
– 02.04. bis 30.03. (rückwärts rechnen!) →	–	2 Tage
Gesamt	**=**	**58 Tage**

oder

30.	03.		
– 02.	– 02.		
28 Tage	1 Monat = →	=	30 Tage
(28 Tage) →		+	28 Tage
	Gesamt	**=**	**58 Tage**

b) 31. März (01) bis 28. Februar (04)

30.03. (01) bis 30.03. (03)	= 2 Jahre · 360 Tage	=	720 Tage
+ 30.03. (03) bis 30.01. (04)	= 10 Monate · 30 Tage	=	300 Tage
+ 30.01. (04) bis 28.02. (04)		=	28 Tage
	Gesamt	**=**	**1 048 Tage**

oder

Tag	Monat	Jahr
28.	02.	04
– 30.	– 03.	– 01
– 2 Tage	– 1 Monat	+ 3 Jahre
	– 30 Tage	+ 1 080 Tage
– 2 Tage	– 30 Tage	

(1 080 Tage) →	+	1 080 Tage
(30 Tage) →	–	30 Tage
(2 Tage) →	–	2 Tage
Gesamt	**=**	**1 048 Tage**

9.2.3 Vergleich der bürgerlichen Zinsrechnung mit der kaufmännischen Zinsrechnung

Beispiel mit Lösung

Wie viel Tage ist ein Kapital ausgeliehen, wenn es vom 02. März (01) bis zum 02. Mai (01) zu verzinsen ist?

Lösung nach der

1. bürgerlichen Methode (Kalendertage)

März	30 Tage
April	30 Tage
Mai	2 Tage
Gesamt	**62 Tage**

2. kaufmännischen Methode (Zinstage)

März	28 Tage
April	30 Tage
Mai	2 Tage
Gesamt	**60 Tage**

Aufgaben

5 Berechnen Sie bei a) bis c) die Tage nach der bürgerlichen **und** kaufmännischen Methode und bei d) bis j) die Tage nur nach der kaufmännischen Methode:

a) 20.01. bis 25.02.
b) 21.03. bis 01.06.
c) 28.02. bis 20.09.
d) 01.02. (01) bis 31.08. (02)
e) 31.10. (01) bis 28.02. (02)
f) 31.10. (01) bis 01.03. (03)
g) 17.08. (01) bis 29.08. (03)
h) 13.06. (01) bis 01.03. (02)
j) 30.03. (01) bis 31.03. (02)

6 Berechnen Sie die Zinsen nach der bürgerlichen und nach der kaufmännischen Methode.

Kapital €	Zinssatz %	Laufzeit	Kapital €	Zinssatz %	Laufzeit
3.600,00	8	25.02. bis 24.07.	678,90	9 1/2	31.01. (01) bis 03.03. (02)
5.000,00	10	28.02. bis 03.06.	400,00	11,70	29.10. (01) bis 29.02. (02)
3.470,50	12	01.03. bis 24.10.	376,40	12 1/3	31.12. (01) bis 01.05. (02)

7 Wie hoch sind die Zinsen und die Rückzahlungsbeträge nach der kaufmännischen Methode?

a) 2.000,00 € vom 31. März bis zum 30. Oktober nächsten Jahres zu 7 1/3 %
b) 45.000,00 € vom 12. April bis zum 25. Nov. des übernächsten Jahres zu 11 1/8 %
c) 238.345,00 € vom 01. Januar bis zum 31. Dezember zu 7,88 %

8 Ermitteln Sie den am 05.10. fälligen Restbetrag nach der kaufmännischen Methode! Rechnung über 29.700,00 € vom 02.03. Zahlungsziel 30 Tage; Verzugszinsen nach gesetzlichem Zinssatz gem. § 352 HGB[1]. Teilzahlungen wurden geleistet, und zwar:

6.000,00 € am 30.04.
11.500,00 € am 31.07.
7.000,00 € am 03.06.
3.300,00 € am 30.09.

9.3 Berechnung des Kapitals, des Zinsfußes und der Zeit

9.3.1 Berechnung des Kapitals (k)

Merken Sie sich bitte:

- Um das **Kapital (k)** berechnen zu können, müssen die **Zinsen (z)**, der **Zinsfuß (p)** und die **Zeit (t)** bekannt sein.

Beispiel mit Lösung

Für die Zeit vom 17. April bis zum 17. Juli musste ein Käufer bei 8 % Zins 180,00 € Verzugszinsen zahlen. Wie hoch war der ursprüngliche Kaufpreis?

Lösung durch

1. Dreisatz

Gegeben: $z \triangleq$ 180,00 €
$p \triangleq$ 8 %
$t \triangleq$ 90 Tage

8,00 € Zinsen in 360 Tagen bei 100,00 €
180,00 € Zinsen in 90 Tagen bei ? €

[1] 5 % über dem Basiszinssatz von 4,26 % = 9,26 %.

Beispiel mit Lösung

Gesucht: $K \mathrel{\hat{=}} ?\ €$

$$x \mathrel{\hat{=}} \frac{100 \cdot 180 \cdot 360}{8 \cdot 90}$$

$$\mathbf{x = 9.000{,}00\ €}$$

Antwort: Der ursprüngliche Kaufpreis betrug 9.000,00 €.

2. Formel

Die allgemeine Zinsformel $z = \frac{k \cdot p \cdot t}{100 \cdot 360}$

wird durch Erweiterung und Kürzung **umgeformt**:

1. Beide Seiten der Gleichung mit 100 · 360 multiplizieren und kürzen:

$$\frac{k \cdot p \cdot t \cdot \cancel{100} \cdot \cancel{360}}{\cancel{100} \cdot \cancel{360}} = z \cdot 100 \cdot 360$$

$$k \cdot p \cdot t = z \cdot 100 \cdot 360$$

2. Durch p · t dividieren:

$$\frac{k \cdot \cancel{p} \cdot \cancel{t}}{\cancel{p} \cdot \cancel{t}} = \frac{z \cdot 100 \cdot 360}{p \cdot t}$$

$$\mathbf{k = \frac{z \cdot 100 \cdot 360}{p \cdot t}}$$

$$k = \frac{180 \cdot 100 \cdot 360}{8 \cdot 90}$$

$$\mathbf{k = 9.000{,}00\ €}$$

Antwort: Der ursprüngliche Kaufpreis betrug 9.000,00 €.

Merken Sie sich bitte:

▶ **Kapital =** $\mathbf{\frac{Zins \cdot 100 \cdot 360}{Zinssatz \cdot Tage}}$

oder kürzer ▶ $\mathbf{k = \frac{z \cdot 100 \cdot 360}{p \cdot t}}$

Aufgaben

9 Welche Kapitalien liegen bei der Berechnung der folgenden Zinsen nach der unter Kaufleuten anzuwendenden Methode zu Grunde?

	Zinssatz (p) %	Zeit (t)	Zins (z) €
a)	4	27.02. bis 31.03.	22,00
b)	4 1/2	01.04. bis 01.09.	147,00
c)	5	16.06. bis 31.12.	116,40
d)	6 2/3	05.03. bis 17.06.	102,00
e)	7,50	27.02. bis 01.04.	90,10
f)	8,25	10.06. bis 28.08.	321,75

10 Wie hoch ist ein Darlehen, wenn die Hausbank für die Zeit vom 01.04. bis zum 31.10. bei einem Zinssatz von 9 % dem Kunden nach der kaufmännischen Methode 627,00 € Zinsen berechnet?

11 Ein Lieferer berechnet seinem Kunden (beide Kaufleute) für die Zeit vom 01. Januar bis zum 01. Januar des Folgejahres Verzugszinsen in Höhe von 625,00 € bei einem Zinssatz von 8 %. Wie hoch ist die ursprüngliche Forderung und der Rückzahlungsbetrag?

12 Wie hoch ist eine Schuld, wenn für die Zeit vom 13. Juni bis 29. August bei einem Zinssatz von 12 % nach der kaufmännischen Methode 741,00 € Zinsen zu zahlen sind?

13 Frau Rechtsanwältin Margot Geistreich beabsichtigt, ein Mietshaus zu kaufen. Die monatlichen Mieteinnahmen betragen 15.000,00 €.
An jährlichen Aufwendungen fallen an: **Beträge in €**

– Hypothekenzinsen	10.000,00	– Steuern und Gebühren	2.000,00
– Reparaturen	3.000,00	– Heizungskosten	18.000,00
– Abschreibungen	11.400,00		

Welchen Kaufpreis kann Frau Geistreich für das Haus bezahlen, wenn sie eine Verzinsung ihres eingesetzten Kapitals in Höhe von 6,78 % erzielen will?

9.3.2 Berechnung des Zinsfußes (p)

Merken Sie sich bitte:

- Um den **Zinsfuß (p)** berechnen zu können, müssen die **Zinsen (z)**, das **Kapital (k)** und die **Zeit (t)** bekannt sein.

Beispiel mit Lösung

Mit wie viel Prozent wird ein Darlehen in Höhe von 30.000,00 € verzinst, das in 180 Tagen mit 32.000,00 € zurückzuzahlen ist?

Lösung durch

1. Dreisatz

Gegeben: $z \mathrel{\hat{=}} 2.000{,}00$ €
$k \mathrel{\hat{=}} 30.000{,}00$ €
$t \mathrel{\hat{=}} 180$ Tage

Gesucht: $p \mathrel{\hat{=}} x$ %

30.000,00 € in 180 Tagen ≙ 2.000,00 €
100,00 € in 360 Tagen ≙ x €

$$x = \frac{2.000 \cdot 100 \cdot 360}{30.000 \cdot 180}$$

$$x = 13{,}33$$

= 13,33 €

Antwort: 100,00 € bringen in 360 Tagen 13,33 € Zinsen, so dass der Zinsfuß 13 1/3 % beträgt.

2. Formel

Aus der allgemeinen Zinsformel $z = \dfrac{k \cdot p \cdot t}{100 \cdot 360}$

wird durch Umformung die Formel für die Berechnung des Zinsfußes:

1. Beide Seiten der Gleichung mit 100 · 360 multiplizieren und kürzen:

$$\frac{k \cdot p \cdot t \cdot \cancel{100} \cdot \cancel{360}}{\cancel{100} \cdot \cancel{360}} = z \cdot 100 \cdot 360$$

$$k \cdot p \cdot t = z \cdot 100 \cdot 360$$

2. Durch k · t dividieren:

$$\frac{\cancel{k} \cdot p \cdot \cancel{t}}{\cancel{k} \cdot \cancel{t}} = \frac{z \cdot 100 \cdot 360}{k \cdot t}$$

$$\mathbf{p = \frac{z \cdot 100 \cdot 360}{k \cdot t}}$$

$$p = \frac{2.000 \cdot 100 \cdot 360}{30.000 \cdot 180}$$

$$\mathbf{p = 13{,}33\ \%}$$

Antwort: Das Darlehen wird mit 13 1/3 % verzinst.

Merken Sie sich bitte:

▶ **Zinsfuß** $= \dfrac{\textbf{Zins} \cdot \textbf{100} \cdot \textbf{360}}{\textbf{Kapital} \cdot \textbf{Tage}}$

oder kürzer ▶ $\mathbf{p = \dfrac{z \cdot 100 \cdot 360}{k \cdot t}}$

Aufgaben

14 Welcher Zinsfuß liegt bei der Berechnung folgender Zinsen nach der unter Kaufleuten anzuwendenden Methode zu Grunde?

	Kapital (k) €	Zeit (t)	Zins (z) €
a)	1.734,00	06.06. bis 22.01. (02)	30,82
b)	864,40	15.04. bis 03.07.	10,34
c)	6.820,00	26.02. bis 17.05.	153,45
d)	3.570,00	02.08. bis 02.04. (02)	107,10
e)	2.648,00	06.12. bis 24.03.(02)	52,96
f)	24.150,00	48 Monate	6.440,00

15 Berechnen Sie den Zinsfuß für ein Darlehen in Höhe von 40.000,00 €, das nach 3 1/2 Jahren mit 48.000,00 € zurückgezahlt wird.

16 Die Hausbank berechnet einem Kaufmann für ein Darlehen von 70.000,00 € für 80 Tage 1.400,00 € Zinsen; für ein zweites Darlehen von 96.000,00 € für 90 Tage 1.560,00 € Zinsen. Welcher Zinsfuß liegt den Berechnungen zu Grunde?

17 Stellen Sie bitte fest, wie viel Prozent Verzugszinsen ein Kaufmann seinem Kunden berechnet, wenn er wegen einer 90 Tage Zielüberschreitung den Rechnungsbetrag von 20.202,60 € auf 20.631,90 € erhöht.

18 Zu welchem Zinsfuß verzinst sich das eingesetzte Eigenkapital?

Kaufpreis eines Geschäftshauses 500.000,00 €. An Eigenkapital könnte Rechtsanwalt Fritz Groß 200.000,00 € einsetzen und für den Rest eine Hypothek, die jährlich mit 7,5 % verzinst werden muss, aufnehmen. Die Mieteinnahmen belaufen sich auf 2.900,00 € monatlich; an pauschalen Kosten fallen 5.000,00 € im Jahr an.

9.3.3 Berechnung der Zeit (t)

Merken Sie sich bitte:

- Um die **Zeit (j, m, t)** berechnen zu können, müssen die **Zinsen (z)**, der **Zinsfuß (p)** und das **Kapital (k)** gegeben sein.

Beispiel mit Lösung

Ein Kapital in Höhe von 28.000,00 € war zu 4,5 % angelegt und brachte 350,00 € Zinsen. Wie viel Tage war das Kapital ausgeliehen?

Lösung durch

1. Dreisatz

Gegeben: $z \triangleq 350{,}00$ €
$p \triangleq 4{,}50$ %
$k \triangleq 28.000{,}00$ €

Gesucht: $t \triangleq x$ Tage

100,00 € bringen 4,50 € in 360 Tagen
28.000,00 € bringen 350,00 € in x Tagen

$$x = \frac{360 \cdot 100 \cdot 350}{28.000 \cdot 4{,}50}$$

$$\mathbf{x = 100\ Tage}$$

Antwort: Das Kapital war 100 Tage ausgeliehen.

2. Formel

Aus der allgemeinen Zinsformel $z = \frac{k \cdot p \cdot t}{100 \cdot 360}$

wird durch Umformung die Formel für die Berechnung der Zeit:

1. Beide Seiten der Gleichung mit 100 · 360 multiplizieren und kürzen:

$$\frac{k \cdot p \cdot t \cdot 1\cancel{00} \cdot 36\cancel{0}}{1\cancel{00} \cdot 36\cancel{0}} = z \cdot 100 \cdot 360$$

$$k \cdot p \cdot t = z \cdot 100 \cdot 360$$

2. Durch k · p dividieren:

$$\frac{\cancel{k} \cdot \cancel{p} \cdot t}{\cancel{k} \cdot \cancel{p}} = \frac{z \cdot 100 \cdot 360}{k \cdot p}$$

$$\mathbf{t = \frac{z \cdot 100 \cdot 360}{k \cdot p}}$$

$$t = \frac{350 \cdot 100 \cdot 360}{28.000 \cdot 4{,}50}$$

$$\mathbf{t = 100\ Tage}$$

Antwort: Das Kapital war 100 Tage ausgeliehen.

Merken Sie sich bitte:

$$\text{Zeit} = \frac{\text{Zins} \cdot 100 \cdot 360}{\text{Kapital} \cdot \text{Zinssatz}}$$

oder kürzer

$$t = \frac{z \cdot 100 \cdot 360}{k \cdot p}$$

Aufgaben

19 Welche Zeit liegt bei der Berechnung folgender Zinsen nach der unter Kaufleuten anzuwendenden Methode zu Grunde?

	Kapital (k) €	Zinssatz (p) %	Zinsen (z) €
a)	3.500,00	6 1/2	455,00
b)	7.630,00	10	152,60
c)	1.400,00	8	168,00
d)	3.565,60	12	71,31
e)	480,00	5	10,40
f)	6.840,00	3,78	245,62

20 Ein Rechtsanwalt erhält eine Rechnung über 7.128,00 € mit einem Zahlungsziel von 30 Tagen. An welchem Tag wurde sie ausgestellt, wenn am 21. Dezember 6 % vereinbarte Verzugszinsen, das sind 95,04 €, nach der kaufmännischen Methode berechnet wurden?

21 Am 31. Dezember muss eine Rechtsanwaltsfachangestellte für ein Kapital von 6.813,33 €, das sie bei ihrer Bekannten zu einem Zinssatz von 9 % aufgenommen hat, 168,00 € Zinsen nach der bürgerlichen Methode zahlen. An welchem Tag hat sie das Darlehen aufgenommen?

22 Notar Ede Fix nahm am 12.01. ein Darlehen in Höhe von 160.700,00 € bei seiner Bank auf. Wann musste er dieses Darlehen zurückzahlen, wenn 3.214,00 € Zinsen bei einem Zinsfuß von 7 1/2 % berechnet wurden?

23 Eine Spareinlage in Höhe von 2.400,00 € erbringt bei 3,6 % insgesamt 11,76 € Zinsen. An welchem Tag sind diese Zinsen erreicht, wenn die Einlage am 22. Februar geleistet und nach der kaufmännischen Methode gerechnet wird?

24 Bis zu welchem Tag müssen 9.292,50 € vom 1. Juli ab zu 6 % verzinst werden, damit sie so viele Zinsen bringen wie 10.620,00 € zu 7 % vom 1. Juli bis zum 1. Oktober nach der kaufmännischen Methode?

9.4 Kapital- und Zinsberechnungen vom vermehrten und verminderten Kapital

9.4.1 Der Zeitprozentsatz (angepasster Zinssatz)

Soll die **Zinsrechnung** in eine **Prozentrechnung umgewandelt** werden, müssen wir die Zeit ausschalten. Aus dem immer für 360 Tage (1 Jahr, 12 Monate) geltenden Zinssatz muss ein **Zeitprozentsatz** ermittelt werden, der sich dem jeweiligen Zeitraum anpasst (angepasster Zinssatz).

Beispiel mit Lösung

Welchem Zeitprozentsatz entsprechen 12 % Verzugszinsen in 90 Tagen?

Lösung durch

1. Dreisatz

In 360 Tagen – 12 %
in 90 Tagen – x %

$$x = \frac{12 \cdot 90}{360}$$

x = 3 %

2. Formel

Durch Umformung der Proportion
Zeitprozentsatz (p_t) : Zeitraum (t) = Zinssatz (p) : 360

ergibt sich $p_t = \frac{p \cdot t}{360} = \frac{12 \cdot 90}{360}$

$\mathbf{p_t = 3\ \%}$

Antwort: Der Zeitprozentsatz beträgt 3 %.

Merken Sie bitte sich:

▶ **Zeitprozentsatz =** $\mathbf{\frac{Zinsfuß \cdot Tage}{360}}$

oder kürzer ▶ $p_t = \frac{p \cdot t}{360}$

Aufgaben

25 Welchem Zeitprozentsatz entsprechen

a) 8 % Zinsen in 60 Tagen
b) 6 % Zinsen in 90 Tagen
c) 4 % Zinsen in 270 Tagen
d) 7,50 % Zinsen in 120 Tagen
e) 3 % Zinsen in 72 Tagen
f) 5 % Zinsen in 144 Tagen

26 Die Hausbank eines Rechtsanwalts verlangt für die Gewährung eines Darlehens u. a. 1,5 % Bearbeitungsgebühr. Welchem Zeitprozentsatz entspricht diese Gebühr, wenn der Rechtsanwalt ein Darlehen für 60 Tage beansprucht?

27 Wenn ein Steuerpflichtiger seine Steuer nicht pünktlich abführt, muss er einen Verspätungszuschlag von 1 % bezahlen. Welchem Zeitprozentsatz entspricht dieser Zuschlag, wenn die Steuer 36 Tage verspätet gezahlt wurde?

9.4.2 Zinsrechnung vom vermehrten Kapital

Mithilfe der Zinsformel können die Zinsen errechnet werden, wobei vom **reinen Kapital** ausgegangen wird. Ist dieses Kapital jedoch um Zinsen vermehrt, muss zuerst der Jahreszinsfuß in einen Prozentsatz des Kapitals umgerechnet werden.

Beispiel mit Lösung

Ein Kunde überweist am 18. September einen seit dem 18. Mai fälligen Rechnungsbetrag einschließlich 12 % Verzugszinsen in Höhe von 12.480,00 € durch Bank. Wie hoch ist der Rechnungsbetrag und wie hoch sind die Verzugszinsen?

Lösung durch

1. Dreisatz

Berechnung des **Zeitprozentsatzes** (angepasster Zinssatz)

In 360 Tagen – 12 %
In 120 Tagen – x %

$$x = \frac{12 \cdot 120}{360}$$ **x = 4 %**

Kapital (Rechnungsbetrag)	100 %
+ Zinsen 12 % für 120 Tage	4 %
Vermehrtes Kapital (Überweisungsbetrag)	104 %

Ermittlung des **reinen Kapitals**

104 % ≙ 12.480,00 €
100 % ≙ x €

$$x \triangleq \frac{12.480 \cdot 100}{104}$$ **x = 12.000,00 €**

Antwort: 1. Der Rechnungsbetrag lautet über 12.000,00 €.
2. Die Verzugszinsen betragen 480,00 €, denn 12.480,00 ./. 12.000,00 = **480,00 €**

2. Lösung durch Verhältnisgleichung

$$\frac{x}{100} = \frac{12.480}{104} = \frac{12.480 \cdot 100}{104} = 12.000{,}00\ €$$

Durch Umformen der Verhältnisgleichung ergibt sich die
Formel für das reine Kapital:

$k : k^+ = 100 : (100 + p_t)$;

$$k = \frac{k^+ \cdot 100}{(100 + p_t)}$$

Es gilt: $k^+ = k + z$ (vermehrtes Kapital)

Gegeben: $k^+ = 12.480{,}00$ €
$p = 4$ %

Gesucht: $k = ?$ €

$$k = \frac{12.480 \cdot 100}{(100 + 4)} = \frac{12.480 \cdot 100}{104}$$

k = 12.000,00 €

Antwort: Der Rechnungsbetrag lautet über 12.000,00 €.

Merken Sie sich bitte:

▶ $$k = \frac{\textbf{(Kapital + Zinsen)} \cdot 100}{\textbf{(100 + Zeitprozentsatz)}}$$

oder kürzer ▶ $$k = \frac{k^+ \cdot 100}{(100 + p_t)}$$

Aufgaben

28 Berechnen Sie aus den folgenden Angaben die ursprünglichen Kapitalien und die Zinsen:

	Kapital + Zinsen (k^+) €	Zeit (t)	Zinsfuß (p) %
a)	4.302,60	10.05. bis 10.09.	3
b)	737,30	02.03. bis 02.06.	4
c)	3.284,54	10.05. bis 10.09.	4,50
d)	205.000,00	02.06. bis 02.12.	5
e)	85.000,00	40 Monate	10
f)	6.069,00	125	18

29 Eine Rechtsanwaltsfachangestellte nahm am 15. März ein Darlehen auf, das sie am 03. Juli einschließlich 5 % Zinsen mit 5.521,60 € zurückzahlte. Wie hoch war das Darlehen und die Zinsen?

30 Ein Kaufmann benötigt zur Behebung einer augenblicklichen Zahlungsschwierigkeit ein kurzfristiges Darlehen. Für die Gewährung des Darlehens vom 25. März bis zum 15. Juni verlangt der Darlehensgeber einschließlich 7,5 % Zinsen 128.100,00 €. Wie hoch sind das Darlehen und die Zinsen?

31 Ein Guthaben wuchs vom 15. Januar bis zum 25. September bei einem Zinssatz von 3,75 % auf 2.308,59 € an. Wie hoch ist das ursprüngliche Guthaben und die Zinsen?

9.4.3 Zinsrechnung vom verminderten Kapital

Mit Hilfe der Zinsformel können die Zinsen errechnet werden, wobei vom **reinen Kapital** ausgegangen wird. Ist dieses Kapital jedoch um Zinsen vermindert, muss zuerst der Jahreszinsfuß in ein Prozentsatz des Kapitals umgerechnet werden.

Beispiel mit Lösung

Ein Darlehen mit einer Laufzeit vom 19. Mai bis zum 4. Juli wird nach Abzug von 8 % Zinsen mit 14.256,00 € ausbezahlt. Wie hoch ist das Darlehen und die im Voraus abgezogenen Zinsen?

Lösung durch

1. Dreisatz

Berechnung des **Zeitprozentsatzes** (angepasster Zinssatz)

In 360 Tagen – 8 %

In 45 Tagen – x %

$$x = \frac{8 \cdot 45}{360}$$

x = 1 %

Kapital (Darlehensbetrag)	100 %
./. Zinsen 8 % für 45 Tage	1 %
Vermindertes Kapital (Auszahlungsbetrag)	99 %

Ermittlung des **reinen Kapitals**

99 % ≙ 14.256,00 €
100 % ≙ x €

$x \triangleq \frac{14.256 \cdot 100}{99}$ **x = 14.400,00 €**

Antwort: 1. Die Darlehensschuld beträgt 14.400 €.
2. Die im Voraus abgezogenen Zinsen betragen 144,00 €, denn 14.400,00 ./. 14.256,00 = **144,00 €**

2. Lösung durch Verhältnisgleichung

$\frac{x}{100} = \frac{14.256}{99} = \frac{14.256 \cdot 100}{99}$ **= 14.400,00 €**

Durch Umformen der Verhältnisgleichung ergibt sich die
Formel für das reine Kapital:

$k : k^- = 100 : (100 - p_t)$;

$k = \frac{k^- \cdot 100}{(100 - p_t)}$

Es gilt: $k^- = k - z$ (vermindertes Kapital)

Gegeben: $k^- = 14.256,00$ €
$p = 1$ %

Gesucht: $k = ?$ €

$k = \frac{14.256 \cdot 100}{(100 - 1)} = \frac{14.256 \cdot 100}{99}$

k = 14.400,00 €

Antwort: Die Darlehensschuld beträgt 14.400,00 €.

Merken Sie sich bitte:

▶ $k = \frac{\textbf{(Kapital – Zinsen)} \cdot 100}{\textbf{(100 – Zeitprozentsatz)}}$

oder kürzer ▶ $k = \frac{k^- \cdot 100}{(100 - p_t)}$

Aufgaben

32 Berechnen Sie die ursprüngliche Darlehenshöhe und die Zinsen, wenn folgende Beträge ausgezahlt wurden:

	Kapital – Zinsen (k^-) €	Zeit (j, m, t)	Zinsfuß %
a)	3.773,04	01.01. bis 01.02.	6
b)	4.704,00	31.05. bis 10.11.	4,50
c)	1.267,76	10.04. bis 25.04.	8
d)	10.369,62	3 Monate	5

33 Ein Kaufmann beantragt bei seiner Hausbank eine Finanzierungshilfe für die Dauer von 7 Monaten. Die Bank gewährt das Darlehen und behält 9 % Zinsen bei der Auszahlung ein. Die ausgezahlte Summe beträgt 227.400,00 €. Wie hoch sind das ursprüngliche Darlehen und die Zinsen?

34 Der Rentner Hugo Wenig nimmt ein Darlehen zu einem Jahreszinsfuß von 6 2/3 % für die Zeit vom 15. Juli bis zum 09. September auf. Unter Abzug der Zinsen werden ihm 2.772,00 € ausgezahlt. Welcher Betrag ist zurückzuzahlen und wie hoch sind die Zinsen?

9.5 Zinsrechnung mit der kaufmännischen Zinsformel

9.5.1 Berechnung der Zinsen mit Zinszahl (#) und Zinsdivisor (Zd)

In der kaufmännischen Praxis (vor allem bei Banken und Sparkassen) werden oft mehrere Kapitalien mit **verschiedenen Laufzeiten**, aber zum **gleichen Zinssatz** verzinst. Bei Anwendung der Tageszinsformel müsste jeder einzelne Betrag mit dem gleichen Zinssatz multipliziert und durch 100 und 360 dividiert werden.

Zur Vereinfachung der Rechnung wird die Zinsformel umgestellt und in zwei Teile zerlegt:

$$z = \frac{k \cdot p \cdot t}{100 \cdot 360} = \frac{k \cdot t \cdot p}{100 \cdot 360} = \frac{k \cdot t}{100} \cdot \frac{p}{360} = \boxed{\frac{k \cdot t}{100}} : \boxed{\frac{360}{p}}$$

Zinszahl : Zinsdivisor
: Zd

Merken Sie sich bitte:

▶ **Kaufmännische Zinsformel: Zinsen =** $\dfrac{\textbf{Zinszahl (\#)}}{\textbf{Zinsdivisor (Zd)}}$

oder kürzer ▶ $z = \dfrac{\#}{Zd}$

Beispiel mit Lösung

Wie viel € Zinsen bringt ein Kapital in Höhe von 550,82 € zu 6 % in 90 Tagen?

Lösung

$$z = \frac{\#}{Zd}$$

$$\# = \frac{k \cdot t}{100} = \frac{550{,}82 \cdot 90}{100} = 5{,}5082 \cdot 90 = 495{,}738 = \mathbf{496}$$

$$Zd = \frac{360}{p} = \frac{360}{6} = \mathbf{60}$$

$$z = \frac{496}{60} = \mathbf{8{,}27\ €}$$

Antwort: Das Kapital bringt 8,27 € Zinsen.

Beachten Sie bitte folgende Besonderheiten:

- Der **Zinsdivisor** und die **Zinszahlen** haben **keine Benennung**.
- Obwohl Banken und Sparkassen in Deutschland vielfach die Euro-Cent-Beträge des Kapitals bei der Berechnung der Zinszahlen weglassen, wollen wir in diesem Buch aus Übungsgründen mit allen Kommastellen des Kapitals rechnen.
- Die **Zinszahlen** sind immer **ganze Zahlen**. Es gelten die allgemeinen Regeln der Auf- und Abrundung.

Beispiele für die Berechnung der Zinszahlen (#)

k = 1.135,64 €
t = 170 Tage

$$\# = \frac{k \cdot t}{100} = 11{,}3564 \cdot 170 = 1.930{,}588 = \mathbf{1.931}$$

k = 636,15 €
t = 95 Tage

$$\# = \frac{k \cdot t}{100} = 6{,}3615 \cdot 95 = 604{,}3425 = \mathbf{604}$$

Viele Zinssätze sind in 360 ohne Rest enthalten und ergeben **ganze Zinsdivisoren (Zd)**!

Übersicht der gängigen Zinsdivisoren

Zinssatz (p)	Zinsdivisor (360/p)	Zinssatz (p)	Zinsdivisor (360/p)	Zinssatz (p)	Zinsdivisor (360/p)
24	15	6 2/3	54	2 2/3	135
20	**18**	**6**	**60**	**2 1/2**	**144**
18	20	5	72	2 2/5	150
15	**24**	**4 4/5**	**75**	**2 1/4**	**160**
12	30	4 1/2	80	2	180
10	**36**	**4 2/7**	**84**	**1 1/2**	**240**
9	40	4	90	1 1/3	270
8	**45**	**3 3/4**	**96**	**1 1/4**	**288**
7 1/2	48	3 3/5	100	1	360
7 1/5	**50**	**3 1/3**	**108**	**1/2**	**720**

Bei Zinssätzen, die **nicht in 360** glatt enthalten sind (z. B. 5 1/2 %, 6 1/2 % usw.), ist es **zweckmäßig**, mit der abgewandelten kaufmännischen Zinsformel zu rechnen:

$$z = \frac{\# \cdot p}{360}$$

Beispiel

Ermitteln Sie 5,5 % aus # 1.836

$$z = \frac{1.836 \cdot 5{,}5}{360} = \mathbf{28{,}05\ €}$$

Sie könnten aber auch den Zinssatz zerlegen.

Beispiel: Zerlegen von Zinssätzen

Ermitteln Sie 5,5 % aus # 1.836

5 1/2 % wird zerlegt in 4 % + 1 1/2 % (Sie könnten auch 5 % und 1/2 % wählen …)

4 % Zinsen:	1.836 : 90	= 20,40 €
1 1/2 % Zinsen:	1.836 : 240	= 7,65 €
5 1/2 % Zinsen		= **28,05 €**

Achtung: Wenn Sie nicht **sofort** erkennen, ob ein bequemer Zinsdivisor vorliegt, rechnen Sie vorteilhafter mit der abgewandelten kaufmännischen Zinsformel!

Aufgaben

35 Berechnen Sie die Zinszahlen:

	Kapital €	Zeit (j, m, t)		Kapital €	Zeit (j, m, t)		Kapital €	Zeit (j, m, t)
a)	360,90	70 t	d)	2.360,00	3 m	g)	22.444,50	144 t
b)	840,10	2 j	e)	3.676,85	57 t	h)	16.926,35	1 1/3 m
c)	333,05	360 t	f)	99.000,00	221 t	j)	7.890,51	17,5 m

36 Berechnen Sie den Zinsdivisor:

a) 4,8 %	c) 2 2/3 %	e) 1,5 %	g) 3,75 %	j) 18 %	l) 1 1/4 %
b) 3/8 %	d) 4 2/7 %	f) 3,6 %	h) 6 2/3 %	k) 24 %	m) 7 1/5 %

37 Ermitteln Sie die Laufzeit folgender Darlehen:

	Darlehensbetrag €	Zinszahlen #		Darlehensbetrag €	Zinszahlen #
a)	3.750,00	6 150	d)	4.485,30	13.007
b)	10.000,00	33 500	e)	960,00	5.472
c)	14.040,57	42 122	f)	3.740,15	8.415

38 Ermitteln Sie das Kapital aus folgenden Zinszahlen:

	Zinszahl (#)	Laufzeit		Zinszahl (#)	Laufzeit
a)	5.160	02.01. bis 22.03.	d)	13.650	15.03. bis 15.05.
b)	21.810	05.03. bis 20.05.	e)	2.608	31.05. bis 10.07.
c)	6.084	10.09. bis 28.11.	f)	177.840	15.02. bis 09.07.

39 Berechnen Sie den Rückzahlungsbetrag einschließlich Zinsen, wenn ein Notar bei einem Gläubiger ein Darlehen in Höhe von 70.000,00 € für die Zeit vom 10. Januar bis zum 31. Juli aufnimmt, und zwar zu folgenden Zinssätzen:
a) 8 1/5 %; b) 7 1/5 %; c) 6 2/3 %.

40 Berechnen Sie die Zinsen!

	Zinszahl (#)	Zinssatz (%)		Zinszahl (#)	Zinssatz (%)
a)	3.360	7,5	d)	382.500	8
b)	32.400	6 2/3	e)	75.600	4 2/7
c)	10.620	15	f)	10.080	1 1/4

9.5.2 Summarisches Zinsrechnen

Merken Sie sich bitte:

Die Anwendung der **kaufmännischen Zinsformel** ist besonders vorteilhaft bei der Berechnung von Zinsen für **mehrere Kapitalbeträge**

- zum **gleichen Abrechnungstag,**
- zum **gleichen Zinsfuß.**

Um die Zinsen zu erhalten, wird zuerst die **Summe aller Zinszahlen** ermittelt und diese dann durch den **gemeinsamen Zinsdivisor** geteilt.

Beispiel mit Lösung

Eine Rechtsanwaltsfachangestellte zahlt bei ihrer Bank folgende Beträge ein:

Datum	Betrag in €
25.03.	2.104,80
23.04.	1.000,00
06.05.	800,50
03.06.	1.201,90

Die Beträge werden mit 4 2/7 % verzinst. Wie hoch ist das Guthaben am 30.06.?

Lösung

Stichtag 30.06. 3)

Betrag **1)** €	Wertstellung	Tage **4)**	Zinszahl (#)	$= \frac{k \cdot t}{100}$
2.104,80 **2)**	25.03.	95	2.000 **5)**	
1.000,00	23.04.	67	670	
800,50	06.05.	54	432	
1.201,90	03.06.	27	325	
5.107,20			**5) 3.427**	$Zd = \frac{360}{p} = \frac{360}{4\ 2/7} =$ **84 6)**
+ 40,80 4 2/7 % Zinsen **7)**			3.427 : 84 = **40,80 € 6)**	
5.148,00 Guthaben zum 30.06. 7)				

Lösungsschritte

1) Erstellen Sie ein Schema und merken Sie sich das obige Muster.

2) Tragen Sie bitte alle Beträge in das Schema ein.

3) Legen Sie den Stichtag fest und kennzeichnen Sie ihn besonders!

4) Berechnen Sie die Tage vom Wertstellungstag bis zum Stichtag (Abrechnungstag).

5) Ermitteln Sie die Zinszahlen und addieren Sie!

6) Errechnen Sie die Zinsen über den Zinsdivisor.

7) Rechnen Sie die Zinsen dem Gesamtbetrag zu und Sie erhalten das Guthaben zum 30.06!

Aufgaben

41 Ein Einzelhändler schuldet seinem Lieferer folgende Beträge:

Rechnung vom	**Betrag €**	**Rechnung vom**	**Betrag €**
15.01.	2.120,80	30.04.	6.780,00
11.02.	870,00	02.05.	12.245,60
27.03.	33.997,20	12.06.	9.812,34

Berechnen Sie den Betrag der Zahlung am 31.07. einschließlich 8 % Zinsen.

42 Ein Industrieunternehmen lieferte an eine Elektrogroßhandlung Kabelkanalsysteme, und zwar:

Rechnung vom	Zahlungsziel	Warenwert (€)	+ 19 % Umsatzsteuer
27.02.	3 Monate	15.000,00	?
03.04.	65 Tage	28.523,00	?
17.06.	sofort	879,60	?
05.07.	bis zum 30.07.	55.678,00	?

a) Wann werden die einzelnen Bruttobeträge fällig?

b) Welchen Betrag muss der Kunde am 05.08. einschließlich 7,20 % Verzugszinsen zahlen?

43 Rechtsanwalt Dr. Ole Klug hat am 10. Mai ein Investitionsdarlehen in Höhe von 20.000,00 € zu einem Zinsfuß von 8,75 % aufgenommen. Wie groß ist seine Gesamtschuld einschließlich Zinsen am 31. Dezember, wenn er am 02. Juli und am 01. November das Darlehen um jeweils 3.500,00 € erhöht hat?

44 Der Barpreis eines Kühlschrankes beträgt 1.200,00 €. Ein Kunde kauft den Kühlschrank am 10.05. und zahlt 465,00 € an. Den Rest zahlt er in drei gleichen Raten am 15.06., 15.07. und 15.08. Wie viel € muss er am 15.08. einschließlich 13 % Zinsen zahlen?

45 Sie haben den Auftrag, für den Mandanten Ede Reich eine Forderungsaufstellung einschließlich 6 2/3 % Verzugszinsen zum 30.11. gegenüber dessen Kunden anzufertigen:

	Rechnungsbetrag in €	fällig seit		Rechnungsbetrag in €	fällig seit
a)	19.261,02	01.03.	e)	1.971,90	13.06.
b)	2.806,14	28.04.	f)	33.879,50	29.08.
c)	56.790,98	02.05.	g)	320,11	30.09.
d)	12.564,11	10.06.	h)	8.012,99	20.10.

9.6 Die effektive (tatsächliche) Verzinsung

Bei verschiedenen Anwendungsfällen, wie z. B. beim Liefererskonto, bei Darlehens- und Wertpapiergeschäften ist es notwendig, zwischen dem **Nominalzinssatz** und dem **effektiven (tatsächlichen) Zinssatz** zu unterscheiden.

Der Effektivzinssatz bezieht sich immer auf den Zeitraum eines Jahres.

9.6.1 Effektivzinssätze bei Gewährung von Skonto

Merken Sie sich bitte:

- **Skonto** ist ein prozentualer **Abzug** vom Rechnungsbetrag (Zielpreis) für die **vorzeitige Zahlung** innerhalb einer vereinbarten Frist (Skontozeitraum).

Beispiel

Die Zahlungsbedingungen bei Abschluss eines Kaufvertrages lauten:

„Zahlbar innerhalb von 8 Tagen unter Abzug von 2 % Skonto, innerhalb von 30 Tagen netto." Welchem Effektivzinssatz entspricht der Skonto?

Betriebswirtschaftliche Klärung des Sachverhaltes:

1. Bei Zahlung am 8. Tag können noch 2 % Skonto vom Rechnungsbetrag abgezogen werden. Wird am 30. Tag gezahlt, ist der volle Betrag (ohne Abzug) zu entrichten.

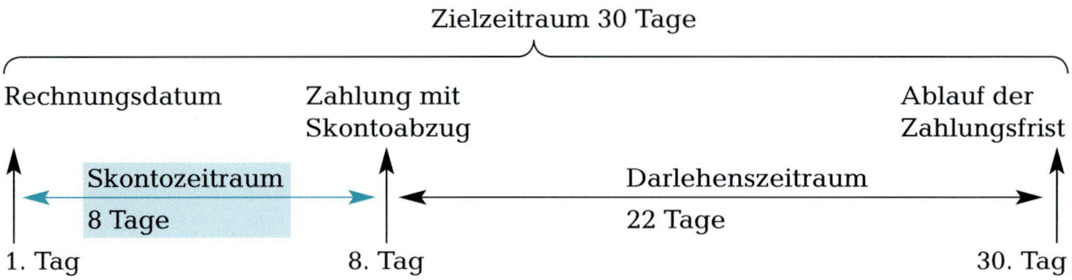

2. Die ersten 8 Tage des Ziels verursachen noch keine Darlehenskosten. Diese entstehen erst ab dem 8. bis zum 30. Tag. Der Darlehenszeitraum umfasst 22 Tage und wird wie folgt berechnet:

Darlehenszeitraum	=	Zielzeitraum	–	Skontozeitraum
22 Tage	=	30 Tage	–	8 Tage

Lösung

Berechnung des Effektivsatzes durch Schlussrechnung:

Zielzeitraum	30 Tage
– Skontozeitraum	8 Tage
= Darlehenszeitraum	**22 Tage**

In 22 Tagen – 2 %
In 360 Tagen – x %

$$x = \frac{2 \cdot 360}{22}$$

x = 32,727 = **32,73 %**

Antwort: Der effektive Skontosatz beträgt 32,73 %!

Verfügt ein Rechtsanwalt über **genügend flüssige Mittel**, so wird er **immer den Liefererskonto** ausnutzen.

Fehlen ihm die flüssigen Mittel, so ist es immer dann ratsam, ein **Bankdarlehen** zur Bezahlung der Liefererrechnung in Anspruch zu nehmen, wenn der Skontoertrag größer ist als der Zinsaufwand.

Beispiel mit Lösung

Ein Rechtsanwalt kauft eine DV-Anlage für 4.760,00 € einschließlich 19 % Umsatzsteuer. Bei Abschluss des Kaufvertrages wurde Folgendes vereinbart: „Zahlbar innerhalb von 10 Tagen 3 % Skonto, innerhalb von 30 Tagen netto." Zur Bezahlung des Rechnungsbetrages könnte der Rechtsanwalt ein Bankdarlehen zu 12 % in Anspruch nehmen.

a) Lohnt sich zur Ausnutzung des Skontos die Aufnahme eines Bankdarlehens?

b) Wie hoch ist der effektive Skontosatz?

Lösung

a) Finanzierungsgewinn?

€		Prozent
4.760,00	Rechnungsbetrag	100
./. 142,80	Skontoertrag	3
4.617,20	**Überweisungsbetrag**	**97**

100 % ≙ 4.760,00 €
3 % ≙ x €

$$x = \frac{4.760,00 \times 3}{100}$$

x = 142,80 €

Darlehensaufnahme **(nur in Höhe des Überweisungsbetrages)**:	4.617,20 €
Darlehenszeitraum	20 Tage
Darlehenszinsen	12 %

$$\text{Darlehenszinsen} = \frac{k \times p \times t}{100 \times 360} = \frac{4.617,20 \times 12 \times 20}{100 \times 360} = \mathbf{30,78\ €}$$

abziehen

Skontoertrag	142,80 €
./. Kosten des Bankdarlehens	30,78 €
Finanzierungsgewinn	**112,02 €**

Antwort: Die Aufnahme eines Bankdarlehens lohnt sich!

b) Berechnung des effektiven Skontosatzes[1]

In 20 Tagen ≙ 3 % Skonto
In 360 Tagen ≙ x % Skonto

$$x = \frac{3 \times 360}{20} \quad x = \mathbf{54\ \%}$$

Antwort: Der effektive Skontosatz beträgt 54 %.

Aufgaben

46 Berechnen Sie den Jahreszinssatz für Finanzierungshilfen bei folgenden Zahlungsbedingungen:

a) 2 % Skonto in 12 Tagen oder in 30 Tagen netto Kasse.
b) 2 1/2 % Skonto in 20 Tagen oder in 90 Tagen ohne Abzug.
c) 3 % Skonto in 8 Tagen oder in 60 Tagen netto Kasse.
d) 1 1/2 % Skonto in 3 Tagen oder in 20 Tagen netto Kasse.

---

[1] Diese Rechnung ist eine **Überschlagsrechnung**, mit der wir in diesem Buch rechnen.
Die mathematisch genaue Rechnung bezieht den Skontoertrag auf den Überweisungsbetrag.

$$p = \frac{142,80 \times 100 \times 360}{4.617,20 \times 20}$$

p = 55,73 %

47 Ermitteln Sie den Finanzierungserfolg in € und den effektiven Skontosatz in % nach der Überschlagsrechnung!

	Rechnungsbetrag in € ohne Umsatzsteuer	Zahlungsbedingungen	Kreditkosten
a)	12.887,93	2 % Skonto innerhalb von 8 Tagen oder 20 Tage netto Kasse	16 %
b)	5.948,28	3 % Skonto innerhalb von 8 Tagen oder 30 Tage ohne Abzug	18 %
c)	14.870,69	2,5 % Skonto innerhalb von 10 Tagen oder 40 Tage netto Kasse	13 %
d)	20.513,20	3 % Skonto innerhalb von 15 Tagen oder 90 Tage netto	9 %

48 Bei Abschluss eines Kaufvertrages über Praxisausstattung wurden folgende Zahlungsbedingungen vereinbart: „Bei Zahlung innerhalb von 14 Tagen gewähren wir 3 % Skonto, innerhalb von 50 Tagen ist der Rechnungsbetrag ohne Abzug zahlbar."

Lohnt sich bei einer Rechnung über 40.250,00 € zur Ausnutzung von Skonto die Aufnahme eines Bankdarlehens, wenn die Hausbank 15 % Zinsen und 1 1/2 % Bearbeitungsgebühr von der Darlehenssumme berechnet?

49 Am 12. April geht bei Frau Rechtsanwältin Dr. Lore Grieß eine Rechnung über bestellte und gelieferte Büromaterialien in Höhe von 4.165,00 € ein. Der Rechnungsbetrag kann vereinbarungsgemäß bis zum 20. April unter Abzug von 3 % Skonto oder bis zum 15. Juni netto bezahlt werden.

a) Ermitteln Sie den Skontobetrag und die darin enthaltene Umsatzsteuer bei einem Steuersatz von 19 %.

b) Wie hoch ist der effektive Skontosatz?

c) Wie hoch ist der Finanzierungserfolg in €, wenn zur Ausnutzung des Skontos ein Darlehen bei der Bank zu folgenden Konditionen aufgenommen werden soll:
   - 15 % Zins
   - 0,78 % Bearbeitungsgebühr vom Darlehensbetrag
   - 2,30 € Schreibauslagen.

9.6.2 Effektivzinssätze bei Darlehensgeschäften

Bei **mittel- und langfristigen Darlehen** (z. B. Anschaffungsdarlehen oder Hypothekardarlehen) zahlen die Banken üblicherweise nicht das volle Darlehen (100 %) aus, sondern einen um das **Damnum (Disagio, Abgeld)** und die Kosten verminderten Betrag.

Der Auszahlungsbetrag ist also niedriger als der Darlehens- oder Rückzahlungsbetrag. Die zusätzlichen Kosten, wie Provision, Spesen und Disagio, aber auch die Art der **Tilgung (Rückzahlung)** und die Zinszahlungstermine beeinflussen die Höhe der effektiven Zinsbelastung.

Aus diesem Grunde müssen die Abzüge in den von der Bank geforderten Darlehenszinssatz mit eingerechnet werden. Also **nicht der Nominalzinssatz**, **sondern** der **Effektivzinssatz** ist für die Darlehensgewährung **entscheidend**.

Die Darlehen werden nach der Art ihrer **Rückzahlung** unterschieden, und zwar in **Fälligkeits**darlehen, **Kündigungs**darlehen, **Abzahlungs**darlehen und **Annuitäts**darlehen.

9.6.2.1 Fälligkeitsdarlehen

Merken Sie sich bitte:

- Das **Darlehen** ist in **voller Höhe** am vereinbarten **Fälligkeitstag zurückzuzahlen**. Der **Darlehensnehmer** muss während der Laufzeit **Zinsen**, aber **keine Tilgungsbeträge bezahlen**.

Beispiel mit Lösung

Der Rechtsanwaltsfachangestellte Franzl Ungestüm nimmt bei der Bank ein Anschaffungsdarlehen zu folgenden Konditionen (Bedingungen) auf:

Darlehensbetrag	40.000,00 €
Auszahlung	98 %
Zinsen	9 % für ein Jahr (per annum = p. a.) nominal
Provision	2 1/2 % von der Darlehenssumme
Spesen	40,00 €

Das Darlehen ist nach 5 Jahren **in einer Summe** zurückzuzahlen (Fälligkeitsdarlehen). Der Zinssatz bleibt für die Dauer der Laufzeit gleich („festgeschriebener Zinssatz"); Zinszahlungen sind jeweils zum 31.12. fällig und spätestens am 3. Werktag des neuen Jahres zu leisten.

Berechnen Sie den **Auszahlungsbetrag** und den **effektiven Zinssatz**!

Lösung

a) Bankabrechnung

40.000,00 €	Darlehen	100 %
800,00 €	./. Disagio	2 %
1.000,00 €	./. Provision	2 1/2 %
40,00 €	./. Spesen	
38.160,00 €	**Auszahlungsbetrag**	

b) Zinsabrechnung

	800,00 €	Disagio
+	1.000,00 €	Provision
+	40,00 €	Spesen
+	18.000,00 €	Zinsen für 5 Jahre
	19.840,00 €	**Darlehenskosten**

$$z = \frac{k \cdot p \cdot j}{100 \cdot 1}$$

$$z = \frac{40.000 \cdot 9 \cdot 5}{100 \cdot 1}$$

$$\mathbf{z = 18.000{,}00\ €}$$

$$\text{Effektiver Zinssatz} = \frac{19.840 \cdot 100}{38.160 \cdot 5} = \mathbf{10{,}40\ \%}$$

Antwort: Die effektive Zinsbelastung beträgt 10,40 %.

Merken Sie sich bitte:

▶ $$\textbf{Effektivzinssatz} = \frac{\textbf{Darlehenskosten} \cdot \textbf{100}}{\textbf{Auszahlungsbetrag} \cdot \textbf{Laufzeit}}$$

Aufgaben

50 Ermitteln Sie für folgende Fälligkeitsdarlehen

a) den Auszahlungsbetrag,
b) die Darlehenskosten,
c) den Effektivzinssatz.

	Darlehensbetrag in €	Disagio in %	Zinssatz in %	Laufzeit	Spesen
a)	100.000,00	3	8	4 Jahre	100,00
b)	30.000,00	6	7,5	60 Monate	20,00
c)	360.000,00	7	6,5	10 Jahre	0,00
d)	90.000,00	8	4,75	72 Monate	180,00
e)	550.000,00	2,25	9	5 Jahre	150,00

51 Ermitteln Sie das günstigste Angebot!

Ein Rechtsanwalt benötigt zum Umbau seiner Kanzlei ein Hypothekendarlehen in Höhe von 100.000,00 €. Er hat folgende Angebote eingeholt:

1. Angebot: Sparkasse Überall: 9 % Zinsen, Auszahlung 98 %, 2 % Provision, 100 € Spesen
2. Angebot: Kreditbank Ulm: 6 3/4 % Zinsen, 4 % Disagio, 0,5 % Provision, 30 € Spesen
3. Angebot: Finanz-AG, Köln: 10,55 % Zinsen, 100 % Auszahlung, 2 % Bearbeitungsgebühr

In allen Fällen erfolgt die Rückzahlung des Darlehens am Ende der Laufzeit von 10 Jahren in einer Summe. Zinszahlungen sind jährlich zu leisten.

9.6.2.2 Exkurs: Abzahlungs-/Annuitätsdarlehen und einfache Tilgungspläne

Merken Sie sich bitte:

- Beim **Abzahlungsdarlehen** zahlt der **Darlehensnehmer** regelmäßig neben den **Zinsen gleich bleibende Tilgungsraten** (Ratentilgung). Die **Schuld** wird also immer **kleiner**, so dass sich die **Zinsen** entsprechend der Restschuld ebenfalls **verringern**.

Beispiel mit Lösung

Berechnen Sie die Restschuld nach 5 Jahren, wenn ein Darlehen in Höhe von 200.000,00 € zu 10 % Zinsen und einer Tilgungsdauer von 10 Jahren ausgeliehen worden ist.

Tilgungsplan

Jahr	Darlehen €	Zinsen 10 %	Tilgung 10 %	Gesamtbetrag €
01	200.000,00	20.000,00	20.000,00	40.000,00
02	180.000,00	18.000,00	20.000,00	38.000,00
03	160.000,00	16.000,00	20.000,00	36.000,00
04	140.000,00	14.000,00	20.000,00	34.000,00
05	120.000,00	12.000,00	20.000,00	32.000,00
06	**100.000,00**			

Antwort: Die Restschuld beträgt nach 5 Jahren 100.000,00 €.

Formale Darstellung

Zins	Tilgung	Zin	Tilgung	Zi	Tilgung	...	Z	Tilgung

Merken Sie sich bitte:

- Der **Darlehensnehmer** zahlt immer **gleich bleibende Tilgungsraten.**

Aufgaben

52 Erstellen Sie für nachfolgende Fälligkeitsdarlehen die Tilgungspläne für die ersten 4 Jahre!

	Darlehen €	Zinssatz %	Tilgung %
a)	100.000,00	12	3
b)	60.000,00	7 1/2	2

Merken Sie sich bitte:

- Beim **Annuitätsdarlehen** werden jährlich **gleich bleibende Zahlungen** (Annuitätentilgung) vereinbart, die sowohl **Zins** als auch **Tilgung enthalten**. Da der **Zinsanteil** durch die Verringerung der **Schuld** immer **kleiner** wird, **wächst** der **Tilgungsanteil** durch die ersparten Zinsen.

Beispiel mit Lösung

Ein Kaufmann benötigt zur Erweiterung (Expansion) seiner Produktionsanlagen ein Darlehen in Höhe von 500.000,00 €. Zwischen Unternehmer (Bank) und Darlehensnehmer (Kaufmann) wurden folgende Konditionen vereinbart:

Darlehensbetrag	500.000,00 €	
Auszahlung	100 %	
Zinssatz	10 %	
Jährliche Tilgung (Annuität)	2 %	+ ersparte Zinsen

Wie hoch ist die Restschuld des Darlehens am Ende des 4. Jahres?

Lösung

Tilgungsplan

Jahr Ende	Darlehen/ Restschuld €	Zinsen 10 % €	2 % Tilgung + ersparte Zinsen €	Annuität (10 % Zinsen + 2 % Tilgung)
01	500.000,00	50.000,00	10.000,00	60.000,00
02	490.000,00	49.000,00	11.000,00	60.000,00
03	479.000,00	47.900,00	12.100,00	60.000,00
04	466.900,00	46.690,00	13.310,00	60.000,00
05	**453.590,00**			

Antwort: Die Restschuld am Ende des 4. Jahres beträgt 453.590,00 €.

Formale Darstellung

Zinsen	T	Zinse	Ti	Zins	Til	...	Z	Tilgung

Merken Sie sich bitte:

- Der **Darlehensnehmer** zahlt immer **jährlich gleich bleibende Beträge** (Annuitäten).

Aufgabe

53 Erstellen Sie für folgende Darlehen die Tilgungspläne (Annuitäten) für die ersten 4 Jahre.

	Darlehen €	Zinssatz %	Tilgung %
a)	100.000,00	12	3
b)	350.000,00	8	2,5

Auswertung der Ergebnisse:

1. Wie viel Zinsen wurden in den 4 Jahren bei den einzelnen Darlehen insgesamt bezahlt?
2. Wie hoch ist der getilgte Betrag nach 4 Jahren bei jedem Darlehen?
3. Berechnen Sie die monatliche finanzielle Belastung des Darlehensnehmers.

9.6.3 Die Abrechnung von Verbraucherdarlehensverträgen

Gem. § 491 Abs. 1 BGB liegt ein **Verbraucherdarlehen** dann vor, wenn ein **Unternehmer** (§ 14 Abs. 1 BGB) einem **Verbraucher** (§ 13 BGB) ein **entgeltliches Darlehen** von über 200,00 € **gewährt.**

Der **Unternehmer** heißt **Darlehensgeber,** der **Verbraucher** heißt **Darlehensnehmer.**

Die **Verbraucherdarlehensverträge** sind gem. § 492 Abs. 1 BGB **schriftlich** abzuschließen. Der Abschluss des Vertrags in **elektronischer Form** ist **ausgeschlossen.**

Nach § 502 Abs. 1 BGB **muss** die vom Verbraucher zu unterzeichnende **Vertragserklärung** bei **Teilzahlungsgeschäften** neben dem **Barzahlungspreis,** dem **Teilzahlungspreis** (Gesamtbetrag von Anzahlung und allen vom Verbraucher zu entrichtenden Teilzahlungen einschließlich Zinsen und sonstiger Kosten), dem **Betrag, Zahl** und **Fälligkeit** der einzelnen **Teilzahlungen** u. a. **auch** den **effektiven Jahreszins enthalten.**

Der **Verbraucher kann** gem. § 504 BGB **vorzeitig** seine **Verbindlichkeiten** aus dem **Teilzahlungsgeschäft erfüllen.** Allerdings kann der **Unternehmer Zinsen** und sonstige laufzeitabhängige **Kosten** für die **ersten neun Monate** der **ursprünglich** vorgesehenen **Laufzeit** auch dann **verlangen,** wenn der Verbraucher seine Verbindlichkeiten vor Ablauf dieses Zeitraums erfüllt.

9.6.3.1 Berechnung der Darlehenskosten und der Tilgungsrate

Merken Sie sich bitte:

- Die **Darlehenskosten** (Zinsen und Provision) für die **gesamte Laufzeit** werden der **Anfangsschuld zugeschlagen**. Die **Tilgung** erfolgt in **gleichen Monatsraten**, die auf die gesamte Laufzeit zu verteilen sind.

Beispiel mit Lösung

Die Rechtsanwaltsfachangestellte Ines Schlau (Verbraucherin, Darlehensnehmerin) nimmt bei der Bank (Unternehmerin, Darlehensgeberin) ein Darlehen zu folgenden Konditionen auf:

Darlehensbetrag	4.000,00 €	
Darlehenszinsen	0,50 %	p. m. (je Monat)
Bearbeitungskosten	2,00 %	von der Darlehenssumme
Laufzeit	24	Monate

Berechnen Sie den durchschnittlichen Darlehensbetrag, die Darlehenszinsen, die Gesamtschuld und die Höhe der monatlichen Tilgungsrate.

Lösung

1. Berechnung des durchschnittlichen Darlehensbetrages

$$\text{Darlehensrate} = \frac{\text{Darlehensbetrag}}{\text{Laufzeit}} = \frac{4.000,00}{24} = 166,67\ €$$

$$\text{Durchschnittliches Darlehen} = \frac{\text{Darlehensbetrag} + \text{letzte Darlehensrate}}{2} = \frac{4.000 + 166,67}{2} = \mathbf{2.083,33\ €}$$

2. Berechnung der Darlehenszinsen

0,5 % je Monat · 24 Monate = 0,5 · 24 = 12 %; 12 % von 2.083,33 € = **250,00 €**

3. Berechnung der Ratenhöhe

Darlehensbetrag	4.000,00 €
+ 0,5 % Zinsen p. m. (= 12 % für 24 Monate)	250,00 €
+ 2 % Bearbeitungsgebühr von 4.000,00 €	80,00 €
Gesamtschuld	**4.330,00 €**

Monatliche Tilgungsrate

$$\frac{\text{Gesamtschuld}}{\text{Anzahl der Raten}} = \frac{4.330,00}{24} = \mathbf{180,42\ €}$$

4. Ergebnis:

– Durchschnittlicher Darlehensbetrag	2.083,33 €
– Darlehenszinsen	250,00 €
– Gesamtschuld	4.330,00 €
– monatliche Tilgungsrate	180,42 €

Aufgaben

54 Ede Grünschnabel nimmt zum Kauf einer Wohnzimmereinrichtung ein Anschaffungsdarlehen in Höhe von 6.000,00 € auf. Die Darlehensbedingungen (Konditionen) lauten: 0,8 % Zinsen je Monat von 6.000,00 €, 2,5 % einmalige Bearbeitungsgebühr von 6.000,00 €, die Laufzeit beträgt 36 Monate.

Berechnen Sie die Zinsen, die Gesamtschuld und die Höhe der monatlichen Tilgungsrate.

9.6.3.2 Der effektive Jahreszinssatz

In unserem obigen Beispiel haben wir zwar die monatlichen Zinsen, aber nicht die Bearbeitungsgebühr auf die gesamte Laufzeit umgerechnet.

Wenn wir aber die Kosten verschiedener Darlehensarten vergleichen wollen, müssen wir die Jahreskosten auf eine einheitliche Vergleichsgrundlage stellen. Der zu ermittelnde **Zinssatz**, der den **Jahreskosten** entspricht, ist dann der **effektive Zinssatz**. Dieser Zinssatz beinhaltet die Zinsen und alle angefallenen Kosten und Gebühren.

Bei der Berechnung ist zu berücksichtigen, dass der ursprüngliche Darlehensbetrag durch die laufende monatliche Tilgung immer geringer wird. Daher gehen wir von einem **durchschnittlichen** Darlehensbetrag aus.

Beispiel mit Lösung

Max Ungeduldig kauft eine Stereoanlage:

Kaufpreis	4.000,00 €
19 % Umsatzsteuer	760,00 €
Rechnungsbetrag	**4.760,00 €**

Zwischen Verkäufer und Käufer wurde Folgendes vereinbart:

„Beim Kauf ist eine Anzahlung in Höhe von 100,00 € zu leisten, der Rest in 18 gleichen Monatsraten. Die Zinshöhe beträgt 0,5 % je Monat; vom Rechnungsbetrag wird eine einmalige Bearbeitungsgebühr in Höhe von 2 % berechnet."

Wie hoch ist die tatsächliche (effektive) Verzinsung dieses Ratengeschäftes?

Lösung

1. Berechnung des durchschnittlichen Darlehensbetrages

Darlehensrate: $\frac{\text{Darlehensbetrag}}{\text{Laufzeit}} = \frac{4.760}{18} = \mathbf{264{,}44\ €}$

Durchschnittliches Darlehen $= \frac{\text{Darlehensbetrag + letzte Darlehensrate}}{2}$

$= \frac{4.760 + 264{,}44}{2}$

$= \mathbf{2.512{,}22\ €}$

Merken Sie sich bitte:

- Bei der Berechnung des **durchschnittlichen Darlehensbetrages** werden die **Darlehenskosten nicht** berücksichtigt.

2. Berechnung der Jahreskosten

a) Jahreszinsen

Die Zinsen werden vom Darlehensbetrag (Kaufpreis ./. Anzahlung) berechnet:

Kaufpreis	4.760,00 €
./. Anzahlung	100,00 €
Darlehensbetrag	**4.660,00 €**

0,5 % Zinsen für 12 Monate = 6 %

6 % von 4.660,00 € = **279,60 €**

b) Bearbeitungsgebühr pro Jahr

2 % von 4.760,00 € = 2 × 47,60 = **95,20 €**

Diese 92,80 € beziehen sich auf eine Laufzeit von 18 Monaten. Sie müssen auf die Laufzeit eines Jahres umgerechnet werden:

18 Monate ≙ 95,20 €
12 Monate ≙ x €

$$x = \frac{95{,}20 \cdot 12}{18}$$

x = 63,47 €

Zusammenstellung:

Jahreszinsen	279,60 €
+ Bearbeitungsgebühr pro Jahr	63,47 €
= Jahreskosten	**343,07 €**

3. Berechnung des effektiven Zinssatzes

1. Durchschnittlicher Darlehensbetrag	2.512,22 €
2. Jahreskosten	343,07 €

2.512,22 ≙ 100 %
343,07 ≙ x %

$$x = \frac{100 \times 343{,}07}{2.512{,}22}$$

x = 13,66 %

Antwort: Bei diesem Teilzahlungsgeschäft beträgt der effektive Jahreszinssatz 13,66 %.[1]

Merken Sie sich bitte:

▶ **Effektiver Jahreszinssatz = $\frac{\textbf{Jahreskosten} \cdot \textbf{100}}{\textbf{Durchschnittlicher Darlehensbetrag}}$**

Aufgaben

55 Berechnen Sie bei folgenden Anschaffungsdarlehen

- den durchschnittlichen Darlehensbetrag,
- die Jahreskosten,
- den effektiven Jahreszinssatz.

	Kaufpreis €	Anzahlung €	Darlehenssumme €	Laufzeit Monate	Zinssatz %/Monat	Bearbeitungsgebühr %/Darlehenssumme
a)	2.600,00	200,00	2.400,00	15	0,5	3
b)	6.500,00	380,00	?	34	0,66	2

1 Prüfen Sie bei Teilzahlungsgeschäften vorher die Bedingungen, damit Sie keine Überraschungen erleben!

9.6.3.3 Effektiver Zinssatz für den Zinsanteil

Sie haben bereits erfahren, dass bei Ratendarlehen und bei Ratenzahlung in Kaufverträgen die monatlichen Zinsen zusätzlich als effektiver Zinssatz für den Zinsanteil zu berechnen sind.

Dieser effektive Jahreszinssatz berücksichtigt nicht die Kosten und die Bearbeitungsgebühren des Darlehens.

Beispiel mit Lösung

Otto Leichtsinn kauft ein gebrauchtes Motorrad für 10.500,00 €. Er zahlt 500,00 € bar an, den Restbetrag will er in Raten zahlen. Zwischen ihm und dem Händler wurde Folgendes vereinbart:

Zinssatz 0,65 % pro Monat von 10.000,00 €, 2 % Bearbeitungsgebühr vom Ratenbetrag, 25 gleiche Monatsraten.

Berechnen Sie
1. den durchschnittlichen Darlehensbetrag,
2. die Jahreszinsen,
3. den effektiven Zinssatz für den Zinsanteil.

Lösung

1. Berechnung des durchschnittlichen Darlehensbetrages

Darlehensrate: $\frac{\text{Darlehensbetrag}}{\text{Laufzeit}} = \frac{10.000}{25} = \mathbf{400{,}00\ €}$

Durchschnittliches Darlehen $= \frac{\text{Darlehensbetrag + letzte Darlehensrate}}{2}$

$$= \frac{10.000 + 400}{2} = \mathbf{5.200{,}00\ €}$$

2. Berechnung der Jahreszinsen

Die Zinsen werden vom Darlehensbetrag (Kaufpreis ./. Anzahlung) berechnet:

Kaufpreis	10.500,00 €
./. Anzahlung	500,00 €
Ratenbetrag	**10.000,00 €**

0,65 % · 12 Monate = 7,8 %
7,8 % von 10.000,00 = **780,00 €**

3. Berechnung des effektiven Zinssatzes für den Zinsanteil

Durchschnittlicher Darlehensbetrag	5.200,00 € ≙ 100 %
Jahreszinsen	780,00 € ≙ x %

$$x = \frac{100 \cdot 780}{5\,200}$$

x = **15 %**

Antwort:	1. Durchschnittlicher Darlehensbetrag	5.200,00 €
	2. Jahreszinsen	780,00 €
	3. Effektiver Zinssatz für den Zinsanteil	15 %

Merken Sie sich bitte:

- **Effektiver Zinssatz für den Zinsanteil** $= \dfrac{\textbf{Jahreszinsen} \cdot \textbf{100}}{\textbf{Durchschnittliches Darlehen}}$

Aufgaben

56 Felix Sorglos möchte ein Teilzahlungsdarlehen über 4.500,00 € zum Kauf einer Stereoanlage bei einer Bank aufnehmen. Die Bank räumt ihm mangels ausreichender Sicherheiten dieses Darlehen nicht ein. Bei einem Darlehensvermittler wird ihm folgendes Angebot unterbreitet:

„Darlehensbetrag 4.500,00 €, nur 0,66 % Zinsen p. m., 2 % Bearbeitungsgebühr von der Darlehenssumme, Rückzahlung in 36 gleichen Monatsraten."

Berechnen Sie

a) den gesamten Rückzahlungsbetrag,

b) die Höhe der monatlichen Raten,

c) den effektiven Jahreszins,

d) den effektiven Zinssatz für den Zinsanteil.

e) Vergleichen Sie Ihre Ergebnisse mit denen, die Sie aus Darlehensangeboten Ihrer Zeitung, der ortsansässigen Banken oder aus Versandhauskatalogen entnehmen können.

10 Die Diskontrechnung (Verkauf von Wechseln)

10.1 Der Wechselkredit

Merken Sie sich bitte:

- Der **Wechsel** ist eine **Urkunde,** durch die sich der **Bezogene** (Schuldner) **verpflichtet,** an den **Aussteller** (Gläubiger) zu einem **bestimmten Termin** (Verfalltag) eine **bestimmte Geldsumme** (Wechselbetrag) **zu zahlen.**

Beispiel

Die Schuhfabrik Kappe & Steg OHG, Eiergasse 5, 66953 Pirmasens, liefert am 12. Mai an die Schuhgroßhandlung Max Krause, Badstraße 3, 67346 Speyer, Schuhe im Gesamtwert von 5.950,00 € einschließlich Umsatzsteuer. Zwischen Verkäufer und Käufer wurde vereinbart, dass die Zahlung des Kaufpreises mit folgendem Wechsel (verkleinert) erfolgen soll:

Pirmasens, den 12. Mai 20..
Ort und Tag der Ausstellung (Monat in Buchstaben)

Nr. d. Zahl.-Ortes	Zahlungsort	Verfalltag

Gegen diesen **Wechsel** – erste Ausfertigung – zahlen Sie am 12. August 20..
Monat in Buchstaben

an eigene Order € 5.950,00
Betrag in Ziffern

Euro Fünftausendneunhundertfünfzig Cent wie oben
Betrag in Buchstaben

Bezogener Schuhgroßhandlung
Max Krause
in Badstraße 3, 67346 Speyer
Straße und Ort (genaue Anschrift)

Zahlbar in
Zahlungsort
bei
Name des Kreditinstituts
z. L. Konto Nr.

Angenommen
Max Krause

Kappe & Steg OHG
Eiergasse 5
Fritz Kappe
Unterschrift und genaue Anschrift des Ausstellers

Die Wechselziehung hat für den Aussteller und den Bezogenen Vorteile:

Merken Sie sich bitte:

Vorteile

Aussteller
(Lieferer, Gläubiger)
Weiterleitung des Wechsels an seinen Lieferer **oder**
Verkauf des Wechsels an eine Bank
= **Diskontierung**

Bezogener
(Kunde, Schuldner)
Zuerst Ware verkaufen, dann Kaufpreis bezahlen.

Entschließt sich der Aussteller, den Wechsel zu einer Bank zu geben, um sofort Bargeld zu erhalten, **gewährt** die **Bank** vom **Kauftag bis zum Verfalltag einen Kredit**, weil sie selbst erst am Verfalltag den Wechselbetrag vom Bezogenen erhält.

Für diese **Kreditgewährung verlangt** die Bank **Vorzinsen** oder **Diskont**. Den Diskont kann die Bank nicht vom Bezogenen verlangen, weil sich dieser nur für die Zahlung der Wechselsumme verpflichtet hat. Der Diskont wird also dem **Wechseleinreicher** berechnet, indem nur ein um den Diskont und die Spesen verminderter Wert **(Barwert)** gutgeschrieben wird.

Merken Sie sich bitte:

- **Wechselsumme ./. Diskont und Spesen = Barwert**
- **Diskont wird immer nach der Euro-Zinsmethode berechnet.**
- **Diskont =** $\dfrac{\text{Wechselsumme} \cdot \text{Basiszinssatz} \cdot \text{Kalendertage}}{100 \cdot 360}$

Der von der Bank berechnete Diskont wird häufig nicht dem Bezogenen (Kunden) weiterberechnet, sondern vom Wechseleinreicher (Lieferer) getragen. Dieser hat aber die Möglichkeit, derartige Beträge und Kosten vorab in seinem Angebotspreis zu kalkulieren.

Die **Diskontrechnung** ist eine **Anwendung der Zinsrechnung**, bei der bestimmte Begriffe ausgetauscht, die Abkürzungen jedoch beibehalten werden:

Zinsrechnung →	Diskontrechnung	Abkürzung
Kapital	**Wechselsumme**	**k**
Zinsfuß, Zinssatz	**Diskontsatz oder Basiszinssatz**	**p**
Zinsen	**Diskont**	**z**
Zeit (Tage, Monate, Jahre)	**Zeit vom Ankaufstag bis Fälligkeitstag**	**t**
Zinszahl	**Diskontzahl**	**#**
Zinsdivisor, Zinsteiler	**Diskontdivisor, Diskontteiler**	**Zd**

10.2 Diskontieren eines Wechsels

Bei der Diskontierung von Wechseln können die Geschäftsbanken den Diskont über dem Basiszinssatz je nach Marktlage, Kreditwürdigkeit des Kunden und nach der Höhe der Wechselsumme selbst festsetzen.

Merken Sie sich bitte:

Bei der Berechnung der **Diskonttage** sind folgende **Besonderheiten** zu beachten:

- Ist der **Wechsel** an einem **Samstag (Sa), Sonntag (So)** oder **gesetzlichen Feiertag (F) fällig, verlängert** sich die **Laufzeit** des Wechsels bis zum **folgenden Werktag**!
- Die **Monate** werden mit ihren **tatsächlichen Tagen**[1] gerechnet.

Beispiel mit Lösung (vgl. Ausgangsbeispiel Seite 358)

Die Schuhfabrik Kappe & Steg OHG reicht den Wechsel am 20. Mai bei ihrer Bank zum Diskont ein.

Überprüfen Sie den von der Bank berechneten Gutschriftsbetrag (Barwert), wenn 12 % Diskont berechnet wurden.

[1] Nach der Euro-Zinsmethode werden die Monate mit den tatsächlichen Kalendertagen und das Jahr mit 360 Tagen angesetzt. Der erste Tag der Laufzeit zählt nicht.

Formale Darstellung

12.05.	20.05.		12.08.
Tag der Ausstellung	Tag der Einreichung = Gutschrift zum Barwert	**84 Tage Kreditlaufzeit**	Tag des Verfalls

Die Bank schreibt am 20.05. (Diskontierungs- oder Einreichungstag) den Barwert gut und erteilt dem Wechseleinreicher Abrechnung. Erst am 12.08. erhält die Bank ihrerseits die Wechselsumme vom Bezogenen.

Abrechnung der Bank

Wechsel, fällig am 12.08.	5.950,00 €
./. Diskont, 12 % für 84 Tage **1)**	166,60 €
Barwert am 20.05.	**5.783,40 € 2)**

Lösungsschritte

1) Berechnen Sie den Diskont nach der europäischen Zinsformel:

$$z = \frac{\#}{Zd} = \frac{59{,}50 \times 84}{30} = \frac{4.998{,}00}{30} = \mathbf{166{,}60\ €}$$

2) Ermitteln Sie den Barwert, indem Sie den Diskont von der Wechselsumme abziehen.

Aufgaben

1 Ermitteln Sie die Diskonttage (nach der Euro-Zinsmethode), wenn folgende Wechsel bei der Bank eingereicht werden:

	Einreichungstag	Verfalltag
a)	26.06.	31.07.
b)	20.04.	30.06. (Sa)
c)	10.02.	16.04. (Karfreitag)
d)	28.04.	05.06. (Pfingstsamstag)
e)	31.10.	25.12. (1. Weihnachtstag)

2 Welchen Betrag schreibt die Bank jeweils gut, wenn folgende Wechsel eingereicht werden?

	Wechselbetrag in €	Basiszinssatz in %	Einreichungstag	Verfalltag
a)	2.000,00	8	19.03.	01.05. (F)
b)	3.456,80	7 1/5	01.02.	01.04.
c)	12.876,50	6 2/3	14.01.	29.02. (So)
d)	156.300,00	9	20.11.	25.12. (F)

3 Sie erhalten folgende Bankabrechnung und sollen den Basiszinssatz bestimmen:

a) Wechsel, fällig am 21.04.	3.765,90 €
./. Diskont	40,79 €
Barwert am 28.02.	**3.725,11 €**

b) Wechsel, fällig am 02.05.	18.500,30 €
./. Diskont	499,51 €
Barwert am 10.02.	**18.000,79 €**

4 Ein Wechsel über 2.688,00 €, fällig am 18.05., wird mit 44,81 € Diskont, was einem Basiszinssatz von 10 % entspricht, diskontiert. An welchem Tag wurde der Wechsel bei der Bank zur Gutschrift des Barwertes eingereicht?

10.3 Diskontierung mehrerer Wechsel

Werden **mehrere Wechsel gleichzeitig** abgerechnet, wird die **summarische Zinsrechnung** angewandt.

Beispiel mit Lösung

Berechnen Sie die Gutschrift (Barwert) der Bank am 25.09., wenn folgende Wechsel zu 9 % Diskont und 5,00 € Spesen pro Wechsel, diskontiert werden!

Wechselbetrag in €	Verfalltag
4.300,00	19.10.
3.241,60	27.10. (So)
1.675,00	09.11.

Lösung

	Einreichungstag 25.09. **3)**			
Wechselbetrag in € **1)**	Verfalltag	Tage **4)**	Diskontzahl #[1]	$= \frac{k \cdot t}{100}$
4.300,00 **2)**	19.10.	24	1.032 **5)**	
3.241,60	27.10. (So)	33	1.070	
1.675,00	09.11.	45	754	
9.216,60			2.856	
./. 71,40 Diskont 9 % **6)**				
./. 15,00 Spesen				
9.130,20 Barwert zum 25.09. 7)				

Lösungsschritte

1) Erstellen Sie ein Schema und merken Sie sich das Muster.
2) Tragen Sie alle Beträge in das Schema ein.
3) Legen Sie den Einreichungstag fest und kennzeichnen Sie diesen besonders.
4) Berechnen Sie die Tage vom Einreichungstag bis zum Verfalltag. (Denken Sie an den Unterschied zwischen Verfalltag und Zahlungstag!)
5) Ermitteln Sie die Diskontzahlen und addieren Sie.
6) Errechnen Sie den Diskont nach der bekannten Formel: $\frac{\#}{Zd} = \frac{2.856}{40} = 71{,}40$ €
7) Ziehen Sie den Diskont und die Spesen vom Wechselbetrag ab und Sie erhalten den Barwert!

Aufgaben

5 Berechnen Sie den Barwert zum 01.08., wenn folgende Wechsel zum Diskont eingereicht werden:

a) Wechselbetrag in €	Verfalltag	b) Wechselbetrag in €	Verfalltag
2.000,00	30.09.	3.000,00	01.10.
6.320,00	15.10.	4.230,10	13.10. (Sa)
2.630,00	19.10.	9.500,00	21.10.
5.100,00	30.10.	5.600,00	29.10.

Konditionen: Diskontsatz 7 1/2 %, Spesen pro Wechsel 6,00 €.

[1] Vielfach geben die Banken einen Mindestdiskont in € an. (Die Berechnung der Mindestdiskontzahlen ist nicht mehr üblich.)

6 Welchen Betrag schreibt eine deutsche Bank gut, wenn sie am 12.03. folgende Wechsel zum Basiszinssatz von 6 2/3 % diskontiert?

Wechselbetrag in €	Verfalltag	Spesen in €
6.300,85	15.04.	8,50
376,20	11.05. (So)	2,00
21.800,00	20.05.	21,00
7.980,10	24.05. (So)	11,50

7 Ermitteln Sie die Restschuld unseres Mandanten Rudi Ratlos zum 21.08. bei folgendem Sachverhalt:

Ratlos erhielt am 20.02. von der Raiffeisenbank ein Darlehen in Höhe von 30.000,00 €, das mit 15 % zu verzinsen und am 21.08. zurückzuzahlen ist.

Am 21.08. reicht Ratlos bei der Bank folgende Wechsel zum Diskont ein, die diese mit 7 1/5 % diskontiert:

a) Wechselbetrag in €	Verfalltag	b) Wechselbetrag in €	Verfalltag
6.000,00	03.09. (Sa)	12.400,00	31.08.
10.000,00	02.10.	9.870,00	30.09.
3.800,00	22.10. (So)	6.500,00	03.10. (F)
5.700,00	30.10.	1.987,50	29.10.

10.4 Rückrechnung nicht eingelöster Wechsel gem. Art. 47 ff. Wechselgesetz (WG)

Wird ein **Wechsel** am Verfalltag oder an einem der beiden folgenden Werktage vom Bezogenen **nicht eingelöst**, geht er zu **Protest**. Der **letzte Wechselnehmer** (Wechselinhaber) hat dann **Rückgriffs-(Regress-)Ansprüche** gegen **alle** Wechselverpflichteten (Vormänner), die gem. Art. 47 WG als Gesamtschuldner haften.

Merken Sie sich bitte:

Nach Art. 48 WG kann der **Inhaber** des Wechsels folgende **Ansprüche** geltend machen:
- Die **Wechselsumme**
- Mindestens 6 % **Zinsen** ab Verfalltag
- **Protestkosten**
- **Auslagen** für Benachrichtigung
- **1/3 % Provision** von der Wechselsumme

Beispiel mit Lösung

Ein Wechsel über 10.000,00 €, fällig am 10.08., wird am 16.08. dem Vormann zurückgegeben. An Kosten sind entstanden: Protestkosten 40,00 €, Auslagen 8,00 €.

Lösung der Rückrechnung

	€
Wechselbetrag	10.000,00
6 % Zinsen für 6 Tage aus 10.000,00 €	10,00
Protestkosten	40,00
Auslagen	8,00
1/3 % Provision aus 10.000,00 €	33,33
Rückgriffssumme	**10.091,33**

Aufgaben

8 Im Auftrage unseres Mandanten Ede Pech rechnen wir folgende Protestwechsel zurück:

	Wechselbetrag €	Verfalltag	Protestkosten €	Zinsen %	Auslagen €	Tag der Rückrechnung
a)	20.000,00	10.08.	120,00	6	15,00	13.08.
b)	5.320,10	02.03.	18,00	6	8,00	07.03.
c)	9.000,00	03.05.	30,00	6	5,00	06.05.
d)	5.000,80	10.04.	20,00	6	5,80	15.04.

Außerdem berechnet der Inhaber der Wechsel jeweils 1/3 % Provision von jeder Wechselsumme.

11 Abrechnung von Kontokorrentkonten

Merken Sie sich bitte:

- Unter einem **Kontokorrentkonto** versteht die Praxis ein Konto **in laufender Rechnung.**

So führen beispielsweise die **Banken** für jeden ihrer Kunden ein Konto, in dem sämtliche Geldzugänge und Geldabgänge fortlaufend erfasst und miteinander verrechnet werden. Aber auch **Kaufleute** richten für ihre Geschäftsfreunde ein Kontokorrentkonto (Personenkonto) ein, in dem Forderungen und Verbindlichkeiten festgehalten und regelmäßig verrechnet werden. Je nachdem, ob Ausgangs- oder Eingangsrechnungen vorliegen, werden Forderungen oder Verbindlichkeiten gebucht.

Beispiel

Ein Industrieunternehmen liefert an einen Fensterbaubetrieb für 50.000,00 € Kunststofffensterprofile. Dieser wiederum baut für 30.000,00 € Fenster bei diesem Lieferer ein.

Buchungen im Industrieunternehmen		**Buchungen im Fensterbaubetrieb**	
Ausgang 50.000,00 €	= Forderungen →	Eingang 50.000,00 €	= Verbindlichkeiten
Eingang 30.000,00 €	= Verbindlichk. ←	Ausgang 30.000,00 €	= Forderungen
20.000,00 €	**= Forderungen**	**20.000,00 €**	**= Verbindlichkeiten**

Sie als Rechtsanwaltsfachangestellte werden häufig mit der Aufstellung von Kontokorrenten befasst sein, wenn Sie Forderungsaufstellungen mit Verzinsungen für die Mandanten anfertigen oder Kontoauszüge der Banken nachprüfen sollen.

Gem. § 355 Abs. 2 HGB muss die Verrechnung einschließlich der Zinsabrechnung wenigstens einmal im Jahr erfolgen. In der Regel rechnen Banken am Ende eines Viertel- oder Halbjahres ab. Während der Abrechnungszeiträume erhält der Kontoinhaber Kontoauszüge, die er mit seinen buchhalterischen Aufzeichnungen vergleicht.

Die Kontokorrentkonten der Banken werden hauptsächlich für Kaufleute, Rechtsanwälte und Notare sowie für Selbstständige geführt. Sparkonten enthalten auch Geldeinzahlungen und Geldabhebungen, sind aber mehr für den privaten Bereich bestimmt.

Die buchmäßige Erfassung der Kontokorrentkonten geschieht dadurch, dass der **Rechtsanwalt** ein Konto **„Bank"** (Betriebskonto, Anderkonto) führt und die **Bank** ein Konto **„Rechtsanwalt"**. Zwischen diesen beiden Konten bestehen Beziehungen, die spiegelbildlich gebucht werden:

Formale Darstellung

Buchführung bei der Bank

Soll — **Rechtsanwalt**	**Haben**
Geldausgänge Anfangsbestand = Forderung an den Rechtsanwalt	Geldeingänge Anfangsbestand = Schuld gegenüber dem Rechtsanwalt
Aktivkonto	Passivkonto
Belastungen	**Gutschriften**

Buchführung beim Rechtsanwalt

Soll — **Bank**	**Haben**
Geldeingänge Anfangsbestand = Forderung gegen die Bank	Geldausgänge Anfangsbestand = Schulden bei der Bank
Aktivkonto	Passivkonto
Gutschriften	**Belastungen**

Spiegelbild

In einer Rechtsanwalts-/Notariatskanzlei sind mindestens folgende Geldbewegungen zu buchen:

Beispiele

Geldeingänge

- Bareinzahlungen
- Überweisungen von Mandanten
- Eingang von Fremdgeld
- Scheckgutschriften
- Wechselgutschriften
- Gutschriften für Habenzinsen

Geldausgänge

- Barabhebungen
- Überweisungen an Lieferer/Gerichte usw.
- Weiterleitung von Fremdgeld
- Scheckeinlösungen
- Wechseleinlösungen
- Belastungen für Sollzinsen
- Belastungen für Überziehungsprovision
- Belastungen für Umsatzprovision usw.

Bei einem Kontokorrentkonto werden die laufenden Ein- und Auszahlungen miteinander verrechnet, so dass sich als Saldo ein Guthaben oder eine Schuld ergibt. Jede Veränderung auf dem Konto führt also zu einem neuen **Saldo**, der bis zum nächsten Geschäftsfall zu verzinsen ist **(Saldenmethode)**.

Zur Ermittlung der jeweiligen Beträge und der Zinsen **(Buchungsposten)** werden diese in einer **Zinsstaffel** nach ihrer **Wertstellung** geordnet.

Merken Sie sich bitte:

- **Buchungstag = Tag der Buchung des Geschäftsfalles.**
- **Wertstellung = Tag des Beginns der Verzinsung des Geschäftsfalles.**

Je nach der Art der Geschäftsbeziehungen zwischen Kaufleuten und ihren Kunden oder zwischen solchen und den Banken, kann das Kontokorrent ein **Guthabenkonto**, ein **Schuldkonto** oder ein **Konto mit wechselndem Schuldverhältnis** sein.

11.1 Abrechnung von Guthabenkonten

Die Bedeutung der Guthabenkonten ist besonders in den **Anderkonten** der Rechtsanwälte und Notare sowie bei allen übrigen Konten zu sehen, die während des Abrechnungszeitraumes **nur Habensalden** aufweisen.

Beispiel mit Lösung

Bei der Hausbank des Rechtsanwalts Dr. R. Eger wird ein Anderkonto geführt. Wie hoch ist das Guthaben am 31.12., wenn Sie einen Habenzinsfuß von 1,5 % und 1/4 % Umsatzprovision von der größeren Seite[1] berücksichtigen?

Soll — Rechtsanwalt Dr. R. Eger — Haben

Tag	Text	Wert	Betrag	Tag	Text	Wert	Betrag
10.10.	Überweisung	10.10.	2.000,00	01.10.	Saldovortrag	30.09.	20.000,00
15.10.	Überweisung	15.10.	12.000,00	02.12.	Einzahlung	02.12.	25.000,00
03.12.	Überweisung	03.12.	15.000,00				

[1] Vielfach berechnen Banken anstelle der prozentualen Umsatzprovision eine Gebühr für jeden **Buchungsposten (Postengebühr).**

Betriebswirtschaftliche Klärung des Sachverhaltes:

1. Die Aufzeichnungen des Kontos machen deutlich, dass der Rechtsanwalt am 30.09. ein Guthaben in Höhe von 20.000,00 € hat. Deshalb hat er auch Anspruch auf Habenzinsen.
2. Am 10.10. wird ein Betrag in Höhe von 2.000,00 € an einen Mandanten weitergeleitet. Das Konto zeigt den veränderten Saldo vom 30.09. bis zum 10.10. (10 Tage), nicht.
3. Der um 2.000,00 € verringerte Habensaldo bleibt vom 10.10. bis zum 15.10. für 5 Tage bestehen. Die am 15.10. vorgenommene Überweisung reduziert das Guthaben um den Betrag von 12.000,00 € und bleibt 47 Tage unverändert. Im Konto sehen wir das nicht!
4. Am 02.12. überweist z. B. eine Versicherung 25.000,00 € zur Weiterleitung an unseren Mandanten. Hiervon wird ein Teilbetrag von 15.000,00 € am 03.12. weitergeleitet. Wenn wir nicht rechnen, erfahren wir den Habensaldo und die entsprechende Zeit nicht ...!

Sie merken selbst:

Die Beschreibung der Buchungen eines Kontos ist unübersichtlich. Deshalb erstellen wir außerhalb der Buchführung eine **Zinsstaffel**.

Merken Sie sich bitte:

- **In der Zinsstaffel werden nur die jeweiligen Salden verzinst!**
- **Die Kontokorrentrechnung ist eine angewandte summarische Zinsrechnung!**

Lösung durch Zinsstaffel

(1) Datum Wert	(1) Soll (S) Haben (H)	(1) Betrag €	(2) Tage	(4) Zinszahlen Soll	(4) Zinszahlen Haben	$\frac{k \cdot t}{100}$
30.09.	H	**20.000,00**	10		2 000	
10.10.	S	2.000,00				
	H	**18.000,00**	5		900	
15.10.	S	12.000,00				
	H	**6.000,00**	47		2 820	
02.12.	H	25.000,00				
	H	**31.000,00**	1		310	
03.12.	S	15.000,00				
31.12.	H	**16.000,00**	27		4 320	
			90 (3)		**(5) 10.350**	
	H	**(6) 43,13 = Habenzinsen 1,5 % aus # 10.350**				
	H	**16.043,13**				
	S	**(7) 72,50 = Umsatzprovision (1/4 % von 29.000,00 €)**				
31.12.	**H**	**15.970,63 = Guthaben zum 31.12.**				

Antwort:
Am 31.12. beträgt das Guthaben des Rechtsanwalts bei seiner Bank 15.970,63 €.

Lösungsschritte

1) Übernehmen Sie die Beträge vom Konto in die Zinsstaffel und ordnen Sie diese nach dem Datum der Wertstellung. Beachten Sie dabei:
- Immer mit dem Saldovortrag beginnen.
- Berücksichtigen Sie die zeitliche Reihenfolge und saldieren Sie nach jeder Eintragung.
- Geben Sie jedem Umsatz und jedem Saldo das richtige Vorzeichen (Soll, Haben).

2) Ermitteln Sie, wie viel Tage der jeweilige Saldo zu verzinsen ist.

3) Machen Sie die Tageprobe:
Summe der Zinstage = Tage des Abrechnungszeitraumes.
(Unter Kaufleuten: Vierteljahr = 90 Tage, Halbjahr = 180 Tage, Jahr = 360 Tage).

4) Berechnen Sie die Zinszahlen nach der kaufmännischen Zinsformel und tragen Sie diese in die entsprechende Spalte (hier nur Habenzinszahlen) ein.

5) Addieren Sie die Zinszahlen.

6) Berechnen Sie die Zinsen mithilfe des Zinsdivisors oder der Formel und erhöhen Sie das Guthaben um diesen Betrag.

7) Berechnen Sie die Umsatzprovision von der größeren Seite, und zwar **ohne** Saldovortrag, nur von den Zu- und Abgängen. Hier: Zugänge im Haben 25.000,00 €, Abgänge im Soll 29.000,00 €. Kürzen Sie das Guthaben um die Umsatzprovision.

Aufgaben

1 Ermitteln Sie anhand einer Zinsstaffel für das bei der Hausbank geführte Konto das Guthaben zum Abschlusstag

Soll		**Rechtsanwalt Fritz Ungemach**			**Haben**
Wert	Text	€	Wert	Text	€
10.04.	Scheckeinlösung	300,00	31.03.	Saldovortrag	4.500,00
21.05.	Barauszahlung	2.100,00	08.04.	Überweisung	8.000,00
30.05.	Überweisung	4.000,00	03.06.	Bareinzahlung	800,00

Abschluss ist der 30.06., Habenzinsfuß 1 %; Provision 0,30 € pro Buchungsposten.

2 Erstellen Sie die Zinsstaffel für das bei der Bank geführte Sparkonto, wenn die Bank 2,5 % Guthabenzinsen zahlt. Über welchen Betrag kann der Kontoinhaber am 31.12. (02) verfügen?

Wertstellung	Auszahlung €	Einzahlung €	Guthaben €
31.12. (01)			1.000,00
25.02.	400,00		
30.04.		200,00	
15.06.	600,00		
30.10.		3.000,00	
20.12.	900,00		
29.12.		175,00	

3 Ermitteln Sie den Saldo zum 30.06., wenn die Bank 1,75 % Guthabenzinsen gewährt und 0,25 % Umsatzprovision von der größeren Seite verlangt.

Tag	Geschäftsfall	Wert	S/H	Betrag €
02.01.	Saldovortrag	31.12.	H	8.480,00
25.01.	Überweisung an Lieferer	25.01.	S	2.100,00
03.02.	Barabhebung	03.02.	S	3.000,00
11.02.	Bareinzahlung	12.02.	H	5.800,00
25.03.	Scheckgutschrift	27.03.	H	6.000,00
28.03.	Überweisung Vergütung von Mandant	28.03.	H	2.300,00
30.04.	Überweisung unserer Raumkosten	30.04.	S	1.500,00
20.05.	Scheckeinreichung von Mandanten	25.05.	H	10.650,00
27.05.	Überweisung der Gehälter	30.05.	S	8.800,00
03.06.	Barabhebung	03.06.	S	5.000,00
25.06.	Scheckeinlösung	28.06.	S	830,00

4 Rechtsanwalt Jo Bleich unterhält bei der X-Bank ein Anderkonto, das folgende Buchungen aufweist (Buchungen aus der Sicht der Bank):

Soll		Rechtsanwalt Jo Bleich	Haben
05.11.	123,60	30.09. Saldovortrag	8.765,42
13.12.	3.678,12	05.10.	4.235,90
20.12.	5.123,60	20.11.	7.903,10
21.12.	10.612,50		

Ermitteln Sie den Kontostand zum 31.12. bei einem Habenzinsfuß von 1 1/3 % und 1/3 % Umsatzprovision von der größeren Seite.

5 Schließen Sie das Girokonto zum 31.03. aus der Sicht der Bank ab. Berücksichtigen Sie dabei folgende Buchungsposten:

Soll					Haben
Datum	**Wert**	**€**	**Datum**	**Wert**	**€**
10.02.	12.02.	386,12	01.01. Saldo	31.12.	44.800,00
12.02.	15.02.	12.967,09	02.01.	03.01.	60,11
22.03.	22.03.	18.666,67			
24.03.	24.03.	11,18			
28.03.	29.03.	3.207,95			

Die Bank gewährt 1 1/4 % Habenzinsen und berechnet 11,20 € Portoauslagen sowie 35,50 € Umsatzprovision.

11.2 Abrechnung von Schuldkonten

Banken und Sparkassen vereinbaren mit Kaufleuten, Rechtsanwälten usw., dass diese ihr Konto bis zu einer bestimmten Höchstgrenze (Kreditlimit) überziehen dürfen. Die Banken gewähren also einen **Kontokorrentkredit**. Innerhalb der festgelegten Grenze kann der Kreditnehmer zur Abwicklung seiner täglichen Zahlungsgeschäfte frei über den zugesagten Kredit verfügen. Weisen diese Konten **nur Sollsalden** aus, spricht die Praxis von **Schuldkonten**.

Merken Sie sich bitte:

Die Kreditinstitute verlangen für die Kreditgewährung im allgemeinen

- **Sollzinsen**
für den tatsächlich in Anspruch genommenen Kredit,
- **Kreditprovision (Kreditbereitstellungsprovision)**
für den zugesagten (bereitgestellten), aber nicht beanspruchten Kredit;
- **Überziehungsprovision**
für die Überschreitung des Kreditrahmens (Kreditlimits);
- **Umsatzprovision**
für das Führen der Kontokorrentkonten
- **Auslagen**
für das Zusenden von Kontoauszügen usw.

Beispiel mit Lösung

Berechnen Sie die Schuld zum 31.12.

Rechtsanwältin Dorle Spieß unterhält bei der Stadtsparkasse in Hüttlingen ein Kontokorrent zu folgenden Bedingungen:

Eingeräumter Kredit (Kreditlimit)	20.000,00 €
Sollzinsen	9 1/3 %
Kreditprovision vom nicht in Anspruch genommenen Kredit	2 1/2 %
Überziehungsprovision (Kreditlimit 20.000,00 €)	3 3/5 %
Umsatzprovision vom beanspruchten Kredit	1 1/2 %

Im Abrechnungszeitraum Oktober bis Dezember sind folgende Buchungen bei der Bank festzustellen:

Tag	Geschäftsvorgang/Text	Betrag in €	Wertstellung
01.10.	Saldovortrag im Soll	20.000,00	30.09.
21.10.	Erlös aus Vergütung (Scheck)	10.000,00	25.10.
12.11.	Scheck an Lieferer	15.500,00	12.11.
20.11.	Überweisung von Mandant	6.800,00	20.11.
30.11.	Barabhebung	3.000,00	30.11.
11.12.	Lastschrift für Telefonentgelte	250,00	11.12.
11.12.	Scheckgutschrift	9.950,00	11.12.

1) Datum Wert	1) S	H	1) Betrag €	2) Tage	4) Zinszahlen Soll	Zinszahlen Haben	6) Überziehung Betrag	Überziehung Tage	Überziehung Zinszahlen
30.09.	**S**		**20.000,00**	25	5.000				
25.10.		H	10.000,00						
	S		**10.000,00**	17	1.700				
12.11.	S		15.500,00						
	S		**25.500,00**	8	2.040		5.500,00	8	440
20.11.		H	6.800,00						
	S		**18.700,00**	10	1.870				
30.11.	S		3.000,00						
	S		**21.700,00**	11	2.387		1.700,00	11	187
11.12.	S		250,00						
	S		**21.950,00**	–	–				
11.12.		H	9.950,00						

1) Datum Wert	1) S	H	1) Betrag €	2) Tage	4) Zinszahlen Soll	Haben	6) Überziehung Betrag	Tage	Zinszahlen
31.12.	**S**		**12.000,00**	19	2.280				
				90 3)	**15.277**				**627**
	S	5)	**396,07 = Sollzinsen 9 1/3 % aus # 15.277**						
	S		**12.396,07**						
	S	6)	**6,27 = Überziehungsprovision 3 3/5 % aus # 627**						
	S		**12.402,34**						
	S	7)	**63,65 = Umsatzprovision 1,5 % aus # 15.277**						
	S		**12.465,99**						
	S	8)	**23,26 = Kreditprovision 2,5 % vom nicht beanspruchten Kredit**						
31.12.	**S**		**12.489,25 = Schuld zum 31. Dezember**						

Antwort: Am 31.12. beträgt die Schuld der Rechtsanwältin Dorle Spieß 12.489,25 €.

Lösungsschritte[1]

1) Übernehmen und ordnen Sie die Beträge.

2) Berechnen Sie die Zinstage von Saldo zu Saldo.

3) Machen Sie die Tageprobe.

4) Berechnen Sie die Zinszahlen nach der kaufmännischen Methode.

5) Ermitteln Sie die Zinsen mit Hilfe des Zinsdivisors oder der Formel.

6) Berechnen Sie die Überziehungsprovision von den Beträgen, die das Limit übersteigen!

7) Ermitteln Sie die Umsatzprovision vom beanspruchten Kredit:

$$\text{Umsatzprovision} = \frac{\text{Sollzinszahlen \#}}{\text{Zinsdivisor aus dem Umsatzprovisionssatz}} \quad \textbf{oder} \quad \frac{\text{Soll \#} \cdot p}{360}$$

$$= \frac{15.277}{240}$$

$$= \mathbf{63{,}65\ €}$$

8) Berechnen Sie die Kreditprovision vom nicht beanspruchten Kredit wie folgt:

Eingeräumter Kredit ./. beanspruchter Kredit = nicht beanspruchter Kredit

Eingeräumter Kredit = 20.000,00 € (k/100 · t) = 200 · 90 ergibt		**# 18.000**
Berechnung des nicht beanspruchten Kredits		
Beanspruchter Kredit = Sollzinszahlen	# 15.277	
./. Zinszahlen der Überziehung, weil bereits oben enthalten	# 627	
Zinszahlen des beanspruchten Kredites		# 14.650
= **Zinszahlen des nicht beanspruchten Kredites**		**# 3.350**

$$\text{Kreditprovision} = \frac{\text{Zinszahlen des nicht beanspruchten Kredites}}{\text{Zinsteiler aus dem Kreditprovisionssatz}}$$

$$\textbf{oder} \quad \frac{\# \cdot p}{360} = \frac{3.350}{14} = \mathbf{23{,}26\ €}$$

[1] Vergleichen Sie bitte auch die Abrechnung von Guthabenkonten.

Aufgaben

6 Berechnen Sie aus der Sicht des Schuldners die Restschuld einschließlich der Zinsen zum 31.03., wenn ein Gläubiger dem Schuldner am 02.01. Waren geliefert hat und zwischen beiden Vertragsparteien folgende Konditionen vereinbart wurden:

Warenlieferung (Kreditobergrenze)	a) 23.000,00 €	b) 30.000,00 €
Teilzahlungen nach Verkaufserfolgen		
Sollzinsen	7,5 %	9,7 %

Folgende Teilzahlungen wurden geleistet:

Wert	Betrag	Wert	Betrag
15.01.	3.456,80	03.01.	936,50
20.01.	515,00	28.01.	3.211,60
20.02.	1.300,50	04.02.	220,00
27.02.	2.000,00	16.02.	2.860,50
12.03.	7.980,15	28.02.	4.600,10
18.03.	816,10	22.03.	8.743,60
22.03.	2.300,00	26.03.	6.000,00

7 Rechnen Sie das Betriebskonto des Rechtsanwalts Dr. Ede Fix zum 31.12. aus der Sicht der Bank ab, wenn folgende Konditionen gelten:

	a)	b)
Eingeräumter Kredit (Kredithöchstgrenze)	20.000,00 €	18.000,00 €
Sollzinsen	7 1/5 %	12 %
Überziehungsprovision	3 1/3 %	0,95 %
Umsatzprovision vom beanspruchten Kredit	1 %	1,5 %

Folgende Buchungen sollen berücksichtigt werden:

Wert	Text	Betrag in €
30.06.	Saldovortrag im Soll	13.456,90
23.07.	Scheck an Lieferer	4.300,09
05.08.	Überweisung von Mandant	900,11
13.10.	Überweisung an Gericht	5.212,60
01.11.	Scheck von Mandant	2.956,00
28.11.	Barabhebung	3.000,00
15.12.	Überweisung der Gehälter	6.000,00
20.12.	Gutschrift der Vergütung	9.123,00
20.12.	Zahlung der Kanzleimiete	850,00
20.12.	Überweisung von Kfz-Steuer	750,00
21.12.	Bareinzahlung	2.500,00

8 Ermitteln Sie den Saldo eines Kontokorrentkontos zum 30.09., wenn folgende Konditionen zwischen Bank und Rechtsanwalt/Notar vereinbart wurden:

Eingeräumter Kredit (Limit)	15.000,00 €
Sollzinsen	13 %
Kreditprovision vom zugesagten Kredit	2 1/4 %
Umsatzprovision vom beanspruchten Kredit	0,9 %
Überziehungsprovision	3,5 %

Die Kontenbewegungen führten zu folgenden Salden:

Wert	S/H	Betrag in €
30.06.	S	5.600,00
05.07.	H	2.000,00
	S	3.600,00
23.07.	S	16.120,50
	S	19.720,50
25.08.	H	12.360,20
	S	7.360,30
30.08.	S	10.200,00
	S	17.560,30
28.09.	H	11.500,30
	S	6.060,00
29.09.	S	120,00
	S	6.180,00

11.3 Abrechnung von Konten mit wechselndem Schuldverhältnis

Bei reinen **Guthabenkonten** erstattet das Kreditinstitut **Guthabenzinsen** und bei reinen **Schuldkonten** berechnet es **Sollzinsen**. In der Praxis ist es aber vielfach so, dass Rechtsanwälte und Kaufleute **abwechselnd Guthaben und Schulden**[1] bei ihrer Bank verzeichnen. Am Ende einer Abrechnungsperiode **belastet** die Bank also mit **Sollzinsen** und **schreibt Guthabenzinsen** gut.

Aber auch unter Kaufleuten, bei denen zweiseitige Geschäftsbeziehungen bestehen und die ihre finanziellen Ansprüche gegeneinander aufrechnen, wird der Gläubiger mal Schuldner und der Schuldner mal Gläubiger sein.

Das Konto mit wechselndem Schuldverhältnis wird als das **eigentliche Kontokorrent** bezeichnet.

Die Soll- und Habenzinsen sind mit Hilfe der Zinsstaffel zu berechnen, die sowohl Soll- als auch Habensalden aufweist. Für die Sollsalden werden Sollzinszahlen berechnet, für die Habensalden Habenzinsen gutgeschrieben.

11.3.1 Abrechnung von Kontokorrentkonten ohne Zinsfußwechsel

Merken Sie sich bitte:

- Die zwischen Vertragspartnern (Kunde und Bank, Kaufmann und Kaufmann) vereinbarten **Zinssätze ändern** sich während des Abrechnungszeitraumes **nicht.**

[1] Ausgenommen hiervon sind Anderkonten von Rechtsanwälten und Notaren, bei denen kein Sollsaldo entstehen darf.

Beispiel mit Lösung

Wie hoch ist der Schlussbestand (Soll- oder Habensaldo) zum 31.12., wenn Rechtsanwalt Hugo Lustig bei seiner Hausbank ein Kontokorrent unterhält und hierfür folgende Konditionen gelten:

Eingeräumter Kredit (Limit)	10.000,00 €
Zinsfuß	
– Habenzinsen	0,50 %
– Sollzinsen	14 %
Kreditprovision vom nicht beanspruchten Kredit	1,50 %
Umsatzprovision von der größeren Seite	0,75 %

Während der Abrechnungsperiode sind folgende Kontenbewegungen in der **Kanzleibuchhaltung** festgehalten worden:

Wert	**Geschäftsvorgang**	**Betrag in €**
30.09.	Saldovortrag im Soll	8.500,00
12.10.	Überweisung von ... (z. B. Mandant)	9.300,80
20.10.	Überweisung an ... (z. B. Gericht)	2.680,00
03.11.	Bareinzahlung	2.970,00
17.11.	Barabhebung	1.500,00
30.11.	Scheck an ... (z. B. Lieferer)	8.281,80
08.12.	Scheck von ... (z. B. unterlegener Gegner)	12.000,50
18.12.	Fremdgeldeingang von ... (z. B. Versicherung)	15.530,60
20.12.	Fremdgeldausgang an ... (z. B. Mandant)	14.380,70
20.12.	Überweisung der Umsatzsteuerzahllast	1.900,00

Lösung

(1)	(1)	(1)	(2)	(4)	
Wert	S/H	Betrag in €	Tage	Soll #	Haben #
30.09.	S	8.500,00	12	1 020	
12.10.	H	9.300,80			
	H	800,80	8		64
20.10.	S	2.680,00			
	S	1.879,20	13	244	
03.11.	H	2.970,00			
	H	1.090,80	14		153
17.11.	S	1.500,00			
	S	409,20	13	53	
30.11.	S	8.281,80			
	S	8.691,00	8	695	
08.12.	H	12.000,50			
	H	3.309,50	10		331
18.12.	H	15.530,60			
	H	18.840,10	2		377
20.12.	S	14.380,70			
	H	4.459,40	–		
20.12.	S	1.900,00			
31.12.	H	2.559,40	10		256
			90 3)	**2 012**	**1 181**

(1)	(1)	(1)	(2)	(4)	
Wert	S/H	Betrag in €	Tage	Soll #	Haben #
	H	**1,64 = Habenzinsen 0,5 % aus Haben # 1.181 5)**			
	H	**2.561,04**			
	S	**78,24 = Sollzinsen 14 % aus Soll # 2.012 5)**			
	H	**2.482,80**			
	S	**29,12 = Kreditprovision 1,5 % aus # 6.988 6)**			
	H	**2.453,68**			
	S	**298,51 = Umsatzprovision 0,75 % von 39.801,90 7)**			
31.12.	**H**	**2.155,17 = Guthaben zum 31.12.**			

Antwort:
Rechtsanwalt Hugo Lustig verfügt am 31.12. über ein Guthaben von 2.155,17 €.

Lösungsschritte

1) Übernehmen und ordnen Sie die Beträge.

2) Berechnen Sie die Zinstage von Saldo zu Saldo in üblicher Weise!

3) Machen Sie die Tageprobe.

4) Berechnen Sie die Zinszahlen nach der kaufmännischen Methode.

5) Ermitteln Sie die Zinsen mit Hilfe des Zinsdivisors oder der Formel, wie gewohnt!

6) Berechnen Sie die Kreditprovision vom nicht beanspruchten Kredit wie folgt:

Eingeräumter Kredit · Abrechnungsperiode = # des eingeräumten Kredits (k/100 · t)
10.000,00 € · 90 Tage = # 10.000 / 100 · 90 = 100 · 90 = **9.000**

des eingeräumten Kredits ./. Soll # = # des nicht beanspruchten Kredits
9.000 ./. 2.012 = # 6.988

$$\text{Kreditprovision} = \frac{\text{\# des nicht beanspruchten Kredits}}{\text{Zinsdivisor aus dem Kreditprovisionssatz}} = \frac{6.988}{240} = \mathbf{29{,}12\ €}$$

oder

$$\frac{\# \cdot p}{360} = \frac{6.988 \cdot 1{,}5}{360} = \mathbf{29{,}12\ €}$$

7) Ermitteln Sie die Umsatzprovision von der größeren Seite, **ohne** dass Sie die **Salden** berücksichtigen:

Sollbuchungen in €	Habenbuchungen in €
2.680,00	9.300,80
1.500,00	2.970,00
8.281,80	12.000,50
14.380,70	15.530,60
1.900,00	
28.742,50	**39.801,90**

0,75 % von 39.801,90 = 398,019 · 0,75 = **298,51 €**

Aufgaben

9 Die Schuhfabrik Schlappe & Flicker GmbH & Co. KG unterhält mit ihrem Kunden Uwe Lenz-Frühling, der gleichzeitig ihr Lieferer ist, ein Kontokorrent. Berechnen Sie den Kontostand des Kontokorrentkontos zum 30.09. des Lenz-Frühling, wenn zwischen den Vertragsparteien folgende Konditionen vereinbart wurden:

Sollzinsen	9,5 %
Habenzinsen	2,5 %

Buchungen bei Lenz-Frühling:
(Buchungen bei der Schuhfabrik Schlappe & Flicker sind spiegelbildlich.)

Soll (Verbindlichkeiten)			(Forderungen)		Haben
Wert	Eingangsrechnungen	€	Wert	Ausgangsrechnungen	€
15.08.	Damenschuhe	850,00	30.06.	Leder	3.000,00
16.09.	Herrenschuhe	4.000,00	10.07.	Kleinteile	350,10
20.09.	Kinderschuhe	3.512,00			

10 Wie hoch ist das Guthaben oder die Schuld zum 31.03., wenn folgende Konditionen gelten:

Zinsfuß im Soll 9 %, Zinsfuß im Haben 3,5 %, Kreditprovision 1,75 % vom nicht beanspruchten Kredit, eingeräumter Kredit (Limit) 15.000,00 €.

Wert	**Geschäftsfall**	**€**	**Wert**	**Geschäftsfall**	**€**
31.12.	Saldovortrag im Soll	6.800,00	12.01.	Überweisung an Lieferer	5.390,00
20.01.	Bareinzahlung	8.000,00	27.01.	Überweisung von Mandant	9.900,00
29.02.	Scheck von Mandant	215,00	18.03.	Scheck an Lieferer	12.105,00
28.03.	Barabhebung	3.500,00	20.03.	Auszahlung von Lohn	650,00

11.3.2 Abrechnung von Kontokorrentkonten mit wechselndem Zinsfuß

Werden zwischen den Vertragsparteien keine festen, sondern **variable Zinssätze** vereinbart, ist die **Höhe** der Zinsen häufig von der **Zinspolitik** der Europäischen Zentralbank abhängig.

Kredite werden **zinsgünstiger**, wenn die **Europäische Zentralbank (EZB)** die **Leitzinsen senkt,** und sie **verteuern** sich, wenn die Europäische Zentralbank die **Zinsen erhöht**.

Beispiel mit Lösung

Berechnen Sie den Saldo zum 31.12., wenn das Geschäftskonto des Rechtsanwalts K. Lauer bei der Kreissparkasse zu folgenden Bedingungen geführt wird:

Eingeräumter Kredit (Limit)		50.000,00	€
Sollzinsen:	3 1/4 % über dem Leitzinssatz der EZB		
	Leitzinssatz bis zum 30.11.	8 1/2	%
	Leitzinssatz ab dem 01.12.	8	%
Habenzinsen	bis zum 30.11.	2	%
	ab dem 01.12.	1	%
Überziehungsprovision für die Überschreitung des Kreditrahmens		1 1/2	%
Kreditprovision vom nicht beanspruchten Kredit		2	%
Umsatzprovision vom beanspruchten Kredit		1 1/4	%

Folgende Buchungen sind im Laufe der Abrechnungsperiode von der Bank vorgenommen worden:

Wert	**Geschäftsfall/Text**	**Betrag in €**
30.09.	Saldovortrag im Haben	10.980,50
07.10.	Überweisung an Baufirma	5.600,20
08.10.	Bareinzahlung	2.000,00
10.10.	Überweisung an Autohaus	42.860,90
20.10.	Scheck an Lieferer	18.519,40
30.10.	Überweisung von Mandant	25.000,00
20.11.	Überweisung von Finanzamt (Rückerstattung)	22.000,00
20.11.	Scheck an Gericht	100,30
15.12.	Überweisung von Mandant	20.400,00
19.12.	Barauszahlung	5.200,00
27.12.	Überweisung an Krankenkasse	2.860,30
29.12.	Überweisung von Gegner	4.800,00

1) Wert	**1)** S/H	**1)** Betrag in €	**3)** Tage	**5)** Zinszahlen		**8)** Überziehung		
				Soll	Haben	Betrag	Tage	#
30.09.	H	10.980,50	7		769			
07.10.	S	5.600,20						
	H	5.380,30	1		54			
08.10.	H	2.000,00						
	H	7.380,30	2		148			
10.10.	S	42.860,90						
	S	35.480,60	10	3.548				
20.10.	S	18.519,40						
	S	54.000,00	10	5.400		4.000,00	10	400
30.10.	H	25.000,00						
	S	29.000,00	20	5.800				
20.11.	H	22.000,00						
	S	7.000,00	–	–				
20.11.	S	100,30						
30.11.	S	7.100,30	10	710				
2)				**15.458**	**971**			
30.11.	S	7.100,30	15	1.065				
15.12.	H	20.400,00						
	H	13.299,70	4		532			
19.12.	S	5.200,00						
	H	8.099,70	8		648			
27.12.	S	2.860,30						
	H	5.239,40	2		105			
29.12.	H	4.800,00						
31.12.	H	10.039,40	1		100			
			90 4)	**1.065**	**1.385**			**400**
	H	5,39 = Habenzinsen 2 % aus # 971 **6)**						
	H	3,85 = Habenzinsen 1 % aus # 1.385 **6)**						
	H	10.048,64						

	S	504,53 = Sollzinsen 11 3/4 % aus # 15.458 **7)**
	S	33,28 = Sollzinsen 11 1/4 % aus # 1.065 **7)**
	S	1,67 = Überziehungsprovision 1 1/2 % aus # 400 **8)**
	S	158,21 = Kreditprovision 2 % aus # 28.477 **9)**
	S	57,37 = Umsatzprovision 1 1/4 % aus # 16.523 **10)**
31.12.	**H**	**9.293,58 = Guthaben zum 31.12.**

Lösungsschritte

1) Übernehmen und ordnen Sie die Beträge wie gewohnt.

2) **Unterbrechen Sie die Zinsstaffel** am Tag des Zinsfußwechsels; lassen Sie eine Zeile frei!

3) Ermitteln Sie die Tage der Salden. Berechnen Sie die Tage vom letzten Umsatz vor Änderung der Zinssätze bis zum Tag der Änderung einschließlich. Der bisherige Zinsfuß gilt noch am Tag der Änderung. Setzen Sie die Staffel vom Tag der Zinsfußänderung fort.

4) Machen Sie die Tageprobe.

5) Ermitteln Sie die Soll- und Habenzinszahlen in gewohnter Weise. Addieren Sie die Zinszahlen gesondert zum Tag des Zinsfußwechsels und zum Ende der Abrechnungsperiode.

6) Berechnen Sie aus den Habenzinszahlen die Habenzinsen für beide Teile getrennt.

7) Ermitteln Sie ebenso die Sollzinsen.

8) Berechnen Sie die Überziehungsprovision wie gehabt.

9) Ermitteln Sie die Kreditprovision vom nicht beanspruchten Kredit wie gehabt.

10) Berechnen Sie die Umsatzprovision vom beanspruchten Kredit in gewohnter Weise.

Aufgaben

11 Ermitteln Sie den Saldo zum 31.12. des Kontokorrentkontos, das die Rechtsanwältin Isolde Klar bei der Raiffeisenbank unterhält und folgende Konditionen vereinbart wurden:

Kreditlimit		7.500,00	€
Sollzinsfuß	bis zum 10. Oktober	10	%
	ab dem 10. Oktober	12	%
Habenzinsfuß	bis zum 10.Oktober	1 1/5	%
	ab dem 10. Oktober	1 1/2	%
Umsatzprovision vom beanspruchten Kredit		2	%
Kreditprovision vom nicht beanspruchten Kredit		1 1/3	%
Überziehungsprovision für die Überschreitung des Kreditrahmens		2 1/2	%

Im 2. Halbjahr hat die Bank folgende Bewegungen gebucht:

Soll					**Haben**
Tag	**Geschäftsfall**	**Betrag in €**	**Tag**	**Geschäftsfall**	**Betrag in €**
10.07.	Scheck an	3.090,00	30.06.	Saldovortrag	2.235,00
12.07.	Überweisung an	12.000,00	07.07.	Scheck von	1.670,00
16.08.	Barauszahlung	3.500,00	10.08.	Überweisung von	9.900,00
05.10.	Scheck an	5.000,00	05.09.	Bareinzahlung	6.000,00
31.10.	Überweisung an	6.752,00	30.11.	Scheck von	8.324,00
28.11.	Barentnahme	4.000,00	15.12.	Überweisung von	3.123,00

12 Ermitteln Sie den Kontostand zum 30.06., wenn Rechtsanwalt Dr. T. Beutel bei seiner Hausbank ein Kontokorrent unterhält und folgende Konditionen vereinbart wurden:

Kreditobergrenze (Limit)		15.000,00	€
Sollzinsfuß	bis zum 30.04.	12	%
	ab dem 01.05.	11 1/2	%
Habenzinsfuß	bis zum 30.04.	2 1/4	%
	ab dem 01.05.	2	%
Überziehungsprovision		2 2/5	%
Umsatzprovision vom beanspruchten Kredit		1/9	%

Die Bank hat gebucht:

Datum Buchung	**Geschäftsfall**	**Datum Wert**	**Betrag €**
01.04.	Saldovortrag im Soll	31.03.	13.680,00
06.04.	Scheck an	10.04.	7.820,00
20.04.	Überweisung von	21.04.	9.030,00
06.05.	Barauszahlung	06.05.	3.800,00
23.05.	Überweisung von	23.05.	17.120,00
03.06.	Überweisung an	03.06.	1.350,00
18.06.	Scheck von	22.06.	4.300,00
27.06.	Bareinzahlung	27.06.	7.320,00

13 Überprüfen und berichtigen Sie nötigenfalls die folgende Abrechnung des Kontokorrentkontos zum 30.06., wenn die Kreditobergrenze 5.000,00 € beträgt:

Wert	**S/H**	**Betrag €**	**Tage**	**Zinszahlen**		**Überziehung**		
				Soll	**Haben**	**Betrag**	**Tage**	**Zinszahlen**
31.03.	H	1.400,00						
06.04.	S	2.180,00	6		84			
	S	780,00	10	78				
16.04.	S	6.970,00						
	S	7.750,00	30	240		2.750,00	31	797
17.05.	H	395,00						
	S	7.355,00	8	588		2.355,00	8	188
25.05.	H	5.000,00						
31.05.	S	2.355,00	5	118				
				1.024	84			
31.05.	S	2.535,00	3	71				
03.06.	H	5.780,00						
30.06.	H	3.435,00	27		927			
			90	71	927			986
	S	52,88	Sollzinsen 6 % aus Sollzinszahlen bis zum 31.05.					
	S	1,31	Sollzinsen 6 2/3 % aus Sollzinszahlen ab 31.05.					
	H	9,85	Überziehungsprovision 3 3/5 % aus Zinszahlen 40 778					
	H	3.406,77						
	H	0,47	Habenzinsen 2 % aus # 84					
	H	7,87	Habenzinsen 2 2/3 % aus # 876					
30.06.	H	3.414,11	Guthaben zum 30.06.					

14 In der Kanzlei, in der Sie beschäftigt sind, erscheint der Mandant Fritz Treu und erklärt, dass er mit seinem Geschäftsfreund, dem Kaufmann B. Trüger, ein Kontokorrentkonto unterhalte.

Weil sie sich „verkracht" hätten und der B. Trüger seinem Namen alle Ehre machen würde, wolle er mit diesem nichts mehr zu tun haben. Er bittet Sie, den Kontostand des laufenden Kontos zum 31.07. zu ermitteln.

Nach dem Ihnen vorgelegten Vertrag über die Einrichtung des Kontokorrents ist vereinbart:

Sollzinsfuß	bis zum 30.06.	7,35 %
	danach	8 1/4 %
Habenzinsfuß	bis zum 30.06.	1 3/4 %
	danach	2 %

Außerdem übergibt Ihnen Fritz Treu folgende Belege, die er aber noch nicht gebucht hat:

Ausgangsrechnung vom 20.02.	12.100,00 €
Eingangsrechnung vom 12.02.	8.900,00 €
Beleg mit Saldovortrag Treu im Soll zum 31.12.	6.500,00 €
Eingangsrechnung vom 31.03.	15.000,00 €
Ausgangsrechnung vom 25.04.	10.000,00 €
Ausgangsrechnung vom 10.06.	57.300,00 €
Eingangsrechnung vom 11.05.	9.850,00 €
Ausgangsrechnung vom 05.07.	5.850,00 €

15 Erstellen Sie eine Abschlussübersicht und ermitteln Sie den Saldo zum 30.06., wenn für das erste Halbjahr folgende Konditionen zwischen Bank und Rechtsanwalt vereinbart wurden:

	a)	b)
Eingeräumte Kreditobergrenze ab 01.01.	20.000,00 €	30.000,00 €
Habenzinsen 0,75 % aus Habenzinszahlen	2 360	4 567
Sollzinsen 11,5 % aus Sollzinszahlen	13 400	18 000
Kreditprovision vom zugesagten Kredit	3 %	3 1/3 %
Überziehungsprovision aus # 2.900	2 1/2 %	2 1/4 %
Der Sollsaldo beträgt am 30.06. ohne Abschluss	19.800,00 €	32.700,00 €

16 Ermitteln Sie den Kontostand zum 31.12.

Die Rechtsanwaltsfachangestellte Maria Tröstlich hat bei der Kreissparkasse ein Gehaltskonto als Girokonto eingerichtet. Folgende Bedingungen sind vereinbart:

Höchstgrenze der Überziehung		4.000,00	€
Sollzinsfuß	bis zum 17.12.	13 1/2	%
	danach	14	%
Habenzinsfuß	bis zum 17.12.	1/4	%
	danach	1/2	%
Überziehungsprovision		4,75	%

Kontobewegungen bei der Bank:

30.09.	Saldovortrag im Haben	1.780,60	€
02.10.	Gutschrift aus einem Sparvertrag	5.000,00	€
11.10.	Überweisung an Autohaus	12.000,00	€
22.10.	Barabhebung	800,00	€
31.10.	Gehaltsgutschrift	2.100,00	€
22.11.	Barabhebung	300,00	€
29.11.	Gutschrift Gehalt und Weihnachtsgeld	4.000,00	€
03.12.	Scheckeinlösung	120,00	€
15.12.	Überweisung der Versicherungsprämie	180,00	€
20.12.	Bareinzahlung	3.600,00	€

12 Forderungsabrechnung für Mandanten

Rechtsanwälte treiben häufig **Forderungen** ihrer Mandanten gegen deren Gegner **ein**. Diese Beitreibung kann **außergerichtlich** (durch Mahnschreiben) oder im Wege der **Zwangsvollsteckung** mithilfe staatlicher Organe (Vollstreckungsgericht, Gerichtsvollzieher) geschehen. Werden **Gerichte und Gerichtsvollzieher** beauftragt, die Zwangsvollstreckung gegen den Schuldner durchzuführen (Vollstreckungsauftrag), muss der Rechtsanwalt oder dessen Mitarbeiter eine **genaue Aufstellung** der Forderungen vorlegen.

Weil die Schuldner oft nur in Raten bezahlen können, muss **jederzeit** der **aktuelle Stand** der **Restforderung** ersichtlich sein.

Zusammensetzung der einzutreibenden Forderung:

Hauptforderung	z. B. Kaufpreisanspruch, Werklohn, Miete, Darlehen usw.
Nebenforderung	z. B. außergerichtliche Mahnauslagen
verzinsliche Kosten (Prozesskosten)	**Vor** der Zwangsvollstreckung angefallene Kosten, wie z. B. Gerichtskosten, Rechtsanwaltsvergütung
Zinsen	z. B. gesetzliche oder vertragliche Zinsen
unverzinsliche Kosten (Vollstreckungskosten)	**Während** der Zwangsvollstreckung angefallene Kosten, wie z. B. Gerichtsvollzieherkosten, Rechtsanwaltsvergütung.

Hat ein Schuldner neben der Hauptforderung noch Zinsen und Kosten zu zahlen, sind seine **Ratenzahlungen** gem. **§ 367 Abs. 1 BGB** wie folgt zu **verwenden**:

- 1. **Ausgleich** der **Kosten**, dann
- 2. **Anrechnung** auf die **Zinsen** und zuletzt
- 3. **Tilgung** der **Hauptforderung**.

Gem. § 367 Abs. 2 BGB kann der **Schuldner** aber **bestimmen**, welchen Teil der Schuld er **zuerst bezahlen** will.

Beispiel mit Lösung (die Berechnung erfolgt nach der bürgerlichen Zinsrechnung).

Im Auftrag des Rentners Josef Reisch betreibt Rechtsanwalt Dr. Hans Greifzu die Zwangsvollstreckung gegen die Hausfrau Amalie Ziehmutter. Grundlage der Zwangsvollstreckung ist ein Urteil (Vollstreckungstitel) des Amtsgerichts München.

Ermitteln Sie die Restforderung Ihres Mandanten Reisch zum 31.12. unter Berücksichtigung folgender Angaben:

Hauptforderung	7.300,00 €
+ 12 % Zinsen hieraus seit dem 01.03.	
Festgesetzte Kosten	1.000,00 €
+ 4 % Zinsen hieraus seit dem 04.05.[1]	
Gerichtsvollziehernachnahme vom 31.12.	94,00 €
Rechtsanwaltsvergütungsrechnung vom 31.12.	150,00 €

Frau Amalie Ziehmutter zahlt die Schuld ohne nähere Bestimmung in Raten, und zwar

1. Rate am 31. August	1.500,00 €
2. Rate am 30. November	1.000,00 €
3. Rate am 31. Dezember	3.100,00 €

[1] Gem. § 104 Abs. 1 ZPO sind das 5 Prozentpunkte über dem Basiszinssatz. Der Basiszinssatz beträgt gem. § 247 Abs. 1 BGB **3,62 Prozentpunkte.** Er wird jeweils zum 1. Januar und zum 1. Juli eines jeden Jahres als aktuell geltender Basiszinssatz bekannt gegeben.

Forderungsübersicht

Gläubiger: Rentner Josef Reisch
Prozessbevollmächtigter: RA Dr. Hans Greifzu
gegen
Schuldner: Hausfrau Amalie Ziehmutter
aus **vollstreckbarem Urteil (Titel)** des Amtsgerichts München vom … Az …

Hauptforderung	7.300,00 €
zuzüglich 12 % Zinsen hieraus seit dem 01.03.	
Festgesetzte Kosten	1.000,00 €
zuzüglich 4 % Zinsen hieraus seit dem 04.05.	

Datum	**1)** Vorgang	S/H	**2)** Tage	Betrag in €	Unver-zinslich	Saldo
	Hauptforderung	S	184	7.300,00		
31.08.	12 % Zinsen vom 01.03. bis 31.08.	S	–	441,60		
		S		7.741,60		**7.741,60**
	Festgesetzte Kosten	S	120	1.000,00		
31.08.	4 % Zinsen vom 04.05. bis 31.08.	S		13,15		
		S		8.754,75		**8.754,75**
31.08.	1. Rate **3)**	H		1.500,00		
		S	91	7.254,75		**7.254,75**
30.11.	Zinsen vom 01.09. bis 30.11.	S		217,05		
		S		7.471,80		**7.471,80**
30.11.	2. Rate **3)**	H		1.000,00		
		S	31	6.471,80		**6.471,80**
31.12.	Zinsen vom 01.12. bis 31.12.	S		65,96		
		S		6.537,76		**6.537,76**
31.12.	3. Rate **3)**	H		3.100,00		
		S		3.437,76		**3.437,76**
31.12.	Gerichtsvollziehernachnahme	S		**94,00**	**4)** 94,00	**3.531,76**
31.12.	Rechtsanwaltsvergütung	S		**150,00**	**4)** 150,00	**3.681,76**

Antwort: Am 31.12. beträgt die Restforderung 3.681,76 €.

Lösungsschritte

1) Tragen Sie die Vorgänge als **Belastungen (S)** oder als **Gutschriften (H)** in die Tabelle ein!

2) Verzinsen Sie die Salden wie gewohnt. Erfolgt die Rückzahlung der Schuld im Laufe eines Tages, wird dieser Tag noch mitgerechnet, weil die Verzinsungspflicht mit dem Anfang des Tages beginnt.[1]

Berechnen Sie die Zinsen nach der **bürgerlichen Methode**, indem Sie die Tage nach dem Kalender zählen.

[1] Vergleichen Sie auch im Kapitel 9.2.1 die Berechnung der Tage in der bürgerlichen Zinsrechnung.

a) Hauptforderung 184 Tage

$$z = \frac{k \cdot p \cdot t}{100 \cdot \mathbf{365}} = \frac{7.300 \cdot 12 \cdot 184}{100 \cdot 365} = \mathbf{441{,}60\ €}$$

b) Festgesetzte Kosten 120 Tage

$$z = \frac{1.000 \cdot 4 \cdot 120}{100 \cdot \mathbf{365}} = \mathbf{13{,}15\ €}$$

3) Verrechnen Sie die 1. Rate nach § 367 Abs. 1 BGB wie folgt:

Verrechnen Sie die 1. Rate nach § 367 Abs. 1 BGB wie folgt:	1.500,00 €
./. Kosten	1.000,00 €
= verbleiben	500,00 €
./. Zinsen	454,75 €
Rest zur Tilgung der Hauptforderung	**45,25 €**

Alle übrigen Raten werden nach diesem Schema verrechnet.

4) Trennen Sie die verzinslichen Beträge von den unverzinslichen Kosten, indem Sie diese in einer besonderen Spalte festhalten. Bei der Verzinsung der Salden müssen diese Beträge abgezogen werden.

Achtung!

Die Berechnung der Zinsen kann auch nach der kaufmännischen Zinsmethode erfolgen. In der Praxis wird die Berechnung der Forderungen durch EDV-Programme wesentlich erleichtert.

Aufgaben

1 Lösen Sie das Beispiel Josef Reisch nach der kaufmännischen Methode und vergleichen Sie die Abweichung der Ergebnisse!

2 In der Kanzlei, in der Sie beschäftigt sind, ruft der Mandant Fritz Mutig an und bittet Sie, ihm den Restforderungsbetrag in seiner Angelegenheit gegen Sandra Gips-Arm zum 31.05. mitzuteilen:
Sie versprechen zurückzurufen und machen sich an die Arbeit. Viel Spaß!
Berechnen Sie die Restforderung nach der kaufmännischen Methode![1]

Gläubiger: Fritz Mutig … **Schuldner:** Sandra Gips-Arm … **Vollstreckungstitel:** Urteil …	Beträge in €	
	a)	b)
Hauptforderung	3.000,00	11.320,10
+ Zinsen hieraus seit dem 01.02.	11 %	13 %
Festgesetzte Kosten	362,00	1.625,80
+ Zinsen seit dem 03.02.	4 %	4 %
Gerichtsvollzieherkosten vom 31.05. und Rechtsanwaltsvergütung vom 31.05.	100,00	300,00
Frau Sandra Gips-Arm hat folgende Raten gezahlt:		
1. Rate am 20.03.	200,00	400,00
2. Rate am 20.04.	2.000,00	4.800,00
3. Rate am 31.05.	553,35	209,77

[1] Sie berechnen die Zinstage nach der Additions- oder Subtraktionsmethode. Hierbei ist das Enddatum gleichzeitig das Anfangsdatum der folgenden Rechnung.
Beispiel: Tage vom 02.02. bis **20.03.** = 47 Tage
Tage vom **20.03.** bis 20.04. = 30 Tage

13 Rentabilitätsberechnungen[1]

Ein Kaufmann kontrolliert laufend die Leistungen seines Unternehmens, um festzustellen, ob sich sein Kapital- und Arbeitseinsatz auch lohnt. Das Unternehmen ist dann **rentabel**, wenn ein Gewinn erzielt wird. Von einem erwirtschafteten Rohgewinn müssen aber noch die Kosten abgezogen werden, um den Reingewinn zu erhalten.

Merken Sie sich bitte:

- Unter **Rentabilität** versteht man also das **Verhältnis von Reingewinn zum eingesetzten Kapital**. Ist das eingesetzte **Eigenkapital** die Vergleichsgrundlage, wird die **Eigenkapitalrentabilität** oder **Unternehmerrentabilität**, beim eingesetzten **Eigen- und Fremdkapital**, die **Gesamtkapitalrentabilität** oder **Unternehmensrentabilität** gemessen.

Bei Rechtsanwälten und Notaren steht dieses Gewinnstreben nicht im Vordergrund ihrer täglichen Arbeit, weil sie „Diener" der Rechtspflege sind und für ihre Tätigkeit in der Regel feste Gebühren nach dem RVG und der KostO erhalten.

Anders ist es allerdings, wenn Rechtsanwälte und Notare für sich oder andere (Mandanten, Erben) Kapital anlegen, um einen möglichst hohen Nutzen (Gewinn) aus dieser Anlage zu erzielen. Durch die Rentabilitätsberechnung soll das Finanzierungsrisiko ermittelt werden, um unter den vielfältigen Kapitalanlagemöglichkeiten die günstigste festlegen zu können.

Merken Sie sich bitte:

► $$\textbf{Rentabilität} = \frac{\textbf{Reingewinn} \cdot \textbf{100}}{\textbf{Eingesetztes (Eigen-)Kapital}}$$

Beispiel mit Lösung

Ermitteln Sie die Rentabilität (effektive Verzinsung) des eingesetzten Kapitals.

Der Kaufpreis eines Mehrfamilienwohnhauses beträgt 600.000,00 €. Zur Finanzierung nimmt Rechtsanwalt Dr. Hugo Flink ein 1. Hypothekendarlehen über 200.000,00 € auf, das mit 8 % und eine 2. Hypothek über 100.000,00 €, die mit 9,60 % zu verzinsen ist. Der restliche Kaufpreis in Höhe von 300.000,00 € wird aus Eigenmitteln bezahlt. Die monatlichen Mieterträge belaufen sich auf 5.000,00 €; an Kosten fallen an: 2 % Abschreibung vom Kaufpreis, für Reparaturen, Steuern und Versicherung monatlich 400,00 €.

Lösung

	€	€
1. Ermittlung des **Rohgewinns**:		
Mieteinnahmen 12 × 5.000,00 €		60.000,00
2. Ermittlung der **Kosten**:		
a) Zinsen für 1. Hypothek: 200.000,00 € × 8 %	16.000,00	
b) Zinsen für 2. Hypothek: 100.000,00 € × 9,60 %	9.600,00	
c) Abschreibungen: 2 % von 600.000,00 €	12.000,00	
d) Reparaturen, Steuern, Versicherung 12 × 400,00 €	4.800,00	

[1] Vergleichen Sie auch die Effektivverzinsung in Kapitel 9.6 im **Teil Rechnen.**

Gesamtkosten	42.400,00
3. **Reingewinn**	**17.600,00**

- Rentabilität $= \dfrac{\text{Reingewinn} \times 100}{\text{Eingesetztes (Eigen-)Kapital}}$

  $= \dfrac{17.600 \cdot 100}{300.000} = \mathbf{5{,}87\ \%}$

Antwort: Das eingesetzte Eigenkapital bringt eine Rendite von 5,87 %.

Aufgaben

1 Ermitteln Sie die Rendite der folgenden Eigenkapitalanlage in Prozent.

Der Notar Dr. Ede Würdig kauft ein Haus für 560.000,00 €. Zur Finanzierung nimmt er ein Hypothekendarlehen in Höhe von 350.000,00 € zu 5,25 % auf. Den restlichen Kaufpreis zahlt er bar. An Mieteinnahmen werden 4.800,00 € monatlich erwartet. An Kosten fallen an: 2 % Abschreibung vom Kaufpreis; Reparaturen 15.000,00 € jährlich; Haus- und Grundstücksabgaben 0,25 % des Jahresmietertrages; laufende Unterhaltungskosten, wie Strom, Reinigung usw. 650,00 € vierteljährlich.

2 Wie hoch ist die effektive Verzinsung des eingesetzten Kapitals, wenn Abel an einer OHG mit 300.000,00 € beteiligt ist und er neben eines Gewinnanteils von 11.260,00 € noch 8.000,00 € Zinsen erhält?

3 Eine Erbengemeinschaft ist Eigentümerin eines Mietshauses. Die Erben wollen dieses Haus nur dann weiter behalten, wenn sich das eingesetzte Eigenkapital mit mindestens 6 % verzinst.

Ermitteln Sie den monatlichen Mietertrag (Rohgewinn) der Erbengemeinschaft, wenn folgende Kosten gedeckt werden müssen und die Mindestverzinsung erreicht werden soll:

Wert des Gebäudes	900.000,00 €
Belastung mit einer 1. Hypothek	405.000,00 € zu 5,78 %
Belastung mit einer 2. Hypothek	125.000,00 € zu 7,90 %
Jährliche Abschreibung: 2 % vom Gebäudewert	900.000,00 €
Steuern, Abgaben, vierteljährlich	1.705,00 €
Reparaturen, Verwaltung, monatlich	650,00 €

4 Welchen Kaufpreis kann ein Käufer höchstens anlegen, wenn er sein einzusetzendes Eigenkapital mit 8 % verzinsen will?

Ein Immobilienmakler bietet ein „Renditeobjekt" zu 1,8 Mio € zum Kauf an. Die Mieteinnahmen betragen 25.000,00 € im Monat. Auf dem Mietshaus lastet eine Hypothek von 675.000,00 €, die mit 7,72 % zu verzinsen ist.

An sonstigen Kosten fallen an:

Abschreibung jährlich	87.000,00 €
Reparaturen und Verwaltung jährlich	16.300,00 €
Steuern und Abgaben halbjährlich	3.260,00 €

Eine Hypothekentilgung soll unberücksichtigt bleiben.

Anhang

Monat von 1 977,00 € bis 2 021,99 € Auszug aus der **Lohnsteuertabelle**

Lohn/ Gehalt bis	Steuerklasse	Lohnsteuer	ohne Kinderfreibetrag			mit 0,5 Kinderfreibetrag			mit 1,0 Kinderfreibetrag			mit 1,5 Kinderfreibeträgen			mit 2,0 Kinderfreibeträgen			mit 2,5 Kinderfreibeträgen			mit 3,0 Kinderfreibeträgen		
			SolZ 5,5%	Kirchensteuer 8%	Kirchensteuer 9%	SolZ 5,5%	Kirchensteuer 8%	Kirchensteuer 9%	SolZ 5,5%	Kirchensteuer 8%	Kirchensteuer 9%	SolZ 5,5%	Kirchensteuer 8%	Kirchensteuer 9%	SolZ 5,5%	Kirchensteuer 8%	Kirchensteuer 9%	SolZ 5,5%	Kirchensteuer 8%	Kirchensteuer 9%	SolZ 5,5%	Kirchensteuer 8%	Kirchensteuer 9%
1 979,99	I	210,41	11,57	16,83	18,93	7,41	10,78	12,12	0,00	5,15	5,79	0,00	0,77	0,86	0,00	0,00	0,00	0,00	0,00	0,00	0,00	0,00	0,00
	II	181,58	9,98	14,52	16,34	5,35	8,62	9,69	0,00	3,34	3,75	0,00	0,00	0,00	0,00	0,00	0,00	0,00	0,00	0,00	0,00	0,00	0,00
	III	30,83	0,00	2,46	2,77	0,00	0,00	0,00	0,00	0,00	0,00	0,00	0,00	0,00	0,00	0,00	0,00	0,00	0,00	0,00	0,00	0,00	0,00
	IV	210,41	11,57	16,83	18,93	9,46	13,76	15,48	7,41	10,78	12,12	3,55	7,90	8,88	0,00	5,15	5,79	0,00	2,77	3,11	0,00	0,77	0,86
	V	432,33	23,77	34,58	38,90																		
	VI	463,50	25,49	37,08	41,71																		
1 982,99	I	211,08	11,60	16,88	18,99	7,44	10,83	12,18	0,00	5,20	5,85	0,00	0,80	0,90	0,00	0,00	0,00	0,00	0,00	0,00	0,00	0,00	0,00
	II	182,25	10,02	14,58	16,40	5,48	8,67	9,75	0,00	3,38	3,80	0,00	0,00	0,00	0,00	0,00	0,00	0,00	0,00	0,00	0,00	0,00	0,00
	III	31,16	0,00	2,49	2,80	0,00	0,00	0,00	0,00	0,00	0,00	0,00	0,00	0,00	0,00	0,00	0,00	0,00	0,00	0,00	0,00	0,00	0,00
	IV	211,08	11,60	16,88	18,99	9,49	13,81	15,53	7,44	10,83	12,18	3,66	7,94	8,93	0,00	5,20	5,85	0,00	2,81	3,16	0,00	0,80	0,90
	V	433,33	23,83	34,66	38,99																		
	VI	464,50	25,54	37,16	41,80																		
1 985,99	I	211,75	11,64	16,94	19,05	7,48	10,88	12,24	0,00	5,24	5,90	0,00	0,84	0,94	0,00	0,00	0,00	0,00	0,00	0,00	0,00	0,00	0,00
	II	183,00	10,06	14,64	16,47	5,60	8,72	9,81	0,00	3,42	3,84	0,00	0,00	0,00	0,00	0,00	0,00	0,00	0,00	0,00	0,00	0,00	0,00
	III	31,50	0,00	2,52	2,83	0,00	0,00	0,00	0,00	0,00	0,00	0,00	0,00	0,00	0,00	0,00	0,00	0,00	0,00	0,00	0,00	0,00	0,00
	IV	211,75	11,64	16,94	19,05	9,53	13,86	15,59	7,48	10,88	12,24	3,80	8,00	9,00	0,00	5,24	5,90	0,00	2,85	3,20	0,00	0,84	0,94
	V	434,16	23,87	34,73	39,07																		
	VI	465,33	25,59	37,22	41,87																		
1 988,99	I	212,50	11,68	17,00	19,12	7,52	10,94	12,30	0,00	5,29	5,95	0,00	0,87	0,98	0,00	0,00	0,00	0,00	0,00	0,00	0,00	0,00	0,00
	II	183,66	10,10	14,69	16,52	5,73	8,77	9,86	0,00	3,46	3,89	0,00	0,00	0,00	0,00	0,00	0,00	0,00	0,00	0,00	0,00	0,00	0,00
	III	32,00	0,00	2,56	2,88	0,00	0,00	0,00	0,00	0,00	0,00	0,00	0,00	0,00	0,00	0,00	0,00	0,00	0,00	0,00	0,00	0,00	0,00
	IV	212,50	11,68	17,00	19,12	9,57	13,92	15,66	7,52	10,94	12,30	3,91	8,04	9,05	0,00	5,29	5,95	0,00	2,89	3,25	0,00	0,87	0,98
	V	435,16	23,93	34,81	39,16																		
	VI	466,50	25,65	37,32	41,98																		
1 991,99	I	213,16	11,72	17,05	19,18	7,55	10,98	12,35	0,00	5,34	6,00	0,00	0,90	1,01	0,00	0,00	0,00	0,00	0,00	0,00	0,00	0,00	0,00
	II	184,33	10,13	14,74	16,58	5,85	8,82	9,92	0,00	3,50	3,94	0,00	0,00	0,00	0,00	0,00	0,00	0,00	0,00	0,00	0,00	0,00	0,00
	III	32,33	0,00	2,58	2,90	0,00	0,00	0,00	0,00	0,00	0,00	0,00	0,00	0,00	0,00	0,00	0,00	0,00	0,00	0,00	0,00	0,00	0,00
	IV	213,16	11,72	17,05	19,18	9,60	13,97	15,71	7,55	10,98	12,35	4,05	8,10	9,11	0,00	5,34	6,00	0,00	2,92	3,29	0,00	0,90	1,01
	V	436,16	23,98	34,89	39,25																		
	VI	467,33	25,70	37,38	42,05																		
1 994,99	I	213,83	11,76	17,10	19,24	7,59	11,04	12,42	0,00	5,38	6,05	0,00	0,93	1,04	0,00	0,00	0,00	0,00	0,00	0,00	0,00	0,00	0,00
	II	185,00	10,17	14,80	16,65	5,98	8,87	9,98	0,00	3,54	3,98	0,00	0,00	0,00	0,00	0,00	0,00	0,00	0,00	0,00	0,00	0,00	0,00
	III	32,83	0,00	2,62	2,95	0,00	0,00	0,00	0,00	0,00	0,00	0,00	0,00	0,00	0,00	0,00	0,00	0,00	0,00	0,00	0,00	0,00	0,00
	IV	213,83	11,76	17,10	19,24	9,64	14,02	15,77	7,59	11,04	12,42	4,16	8,14	9,16	0,00	5,38	6,05	0,00	2,96	3,33	0,00	0,93	1,04
	V	437,00	24,03	34,96	39,33																		
	VI	468,16	25,74	37,45	42,13																		
1 997,99	I	214,50	11,79	17,16	19,30	7,62	11,09	12,47	0,00	5,43	6,11	0,00	0,96	1,08	0,00	0,00	0,00	0,00	0,00	0,00	0,00	0,00	0,00
	II	185,66	10,21	14,85	16,70	6,11	8,92	10,04	0,00	3,58	4,03	0,00	0,00	0,00	0,00	0,00	0,00	0,00	0,00	0,00	0,00	0,00	0,00
	III	33,16	0,00	2,65	2,98	0,00	0,00	0,00	0,00	0,00	0,00	0,00	0,00	0,00	0,00	0,00	0,00	0,00	0,00	0,00	0,00	0,00	0,00
	IV	214,50	11,79	17,16	19,30	9,68	14,08	15,84	7,62	11,09	12,47	4,30	8,20	9,22	0,00	5,43	6,11	0,00	3,00	3,38	0,00	0,96	1,08
	V	437,83	24,08	35,02	39,40																		
	VI	469,16	25,80	37,53	42,22																		
2 000,99	I	215,25	11,83	17,22	19,37	7,66	11,14	12,53	0,00	5,47	6,15	0,00	1,00	1,12	0,00	0,00	0,00	0,00	0,00	0,00	0,00	0,00	0,00
	II	186,33	10,24	14,90	16,76	6,16	8,97	10,09	0,00	3,62	4,07	0,00	0,00	0,00	0,00	0,00	0,00	0,00	0,00	0,00	0,00	0,00	0,00
	III	33,66	0,00	2,69	3,02	0,00	0,00	0,00	0,00	0,00	0,00	0,00	0,00	0,00	0,00	0,00	0,00	0,00	0,00	0,00	0,00	0,00	0,00
	IV	215,25	11,83	17,22	19,37	9,71	14,13	15,89	7,66	11,14	12,53	4,41	8,24	9,27	0,00	5,47	6,15	0,00	3,04	3,42	0,00	1,00	1,12
	V	438,83	24,13	35,10	39,49																		
	VI	470,00	25,85	37,60	42,30																		
2 003,99	I	215,91	11,87	17,27	19,43	7,70	11,20	12,60	0,00	5,52	6,21	0,00	1,03	1,16	0,00	0,00	0,00	0,00	0,00	0,00	0,00	0,00	0,00
	II	187,08	10,28	14,96	16,83	6,20	9,02	10,15	0,00	3,67	4,13	0,00	0,00	0,00	0,00	0,00	0,00	0,00	0,00	0,00	0,00	0,00	0,00
	III	34,00	0,00	2,72	3,06	0,00	0,00	0,00	0,00	0,00	0,00	0,00	0,00	0,00	0,00	0,00	0,00	0,00	0,00	0,00	0,00	0,00	0,00
	IV	215,91	11,87	17,27	19,43	9,75	14,19	15,96	7,70	11,20	12,60	4,55	8,30	9,33	0,00	5,52	6,21	0,00	3,08	3,47	0,00	1,03	1,16
	V	439,83	24,19	35,18	39,58																		
	VI	471,00	25,90	37,68	42,39																		
2 006,99	I	216,66	11,91	17,33	19,49	7,73	11,25	12,65	0,00	5,57	6,26	0,00	1,06	1,19	0,00	0,00	0,00	0,00	0,00	0,00	0,00	0,00	0,00
	II	187,75	10,32	15,02	16,89	6,24	9,08	10,21	0,00	3,71	4,17	0,00	0,00	0,00	0,00	0,00	0,00	0,00	0,00	0,00	0,00	0,00	0,00
	III	34,50	0,00	2,76	3,10	0,00	0,00	0,00	0,00	0,00	0,00	0,00	0,00	0,00	0,00	0,00	0,00	0,00	0,00	0,00	0,00	0,00	0,00
	IV	216,66	11,91	17,33	19,49	9,79	14,24	16,02	7,73	11,25	12,65	4,68	8,35	9,39	0,00	5,57	6,26	0,00	3,12	3,51	0,00	1,06	1,19
	V	440,66	24,23	35,25	39,65																		
	VI	472,16	25,96	37,77	42,49																		
2 009,99	I	217,33	11,95	17,38	19,55	7,77	11,30	12,71	0,00	5,62	6,32	0,00	1,10	1,23	0,00	0,00	0,00	0,00	0,00	0,00	0,00	0,00	0,00
	II	188,41	10,36	15,07	16,95	6,27	9,12	10,26	0,00	3,75	4,22	0,00	0,00	0,00	0,00	0,00	0,00	0,00	0,00	0,00	0,00	0,00	0,00
	III	34,83	0,00	2,78	3,13	0,00	0,00	0,00	0,00	0,00	0,00	0,00	0,00	0,00	0,00	0,00	0,00	0,00	0,00	0,00	0,00	0,00	0,00
	IV	217,33	11,95	17,38	19,55	9,83	14,30	16,08	7,77	11,30	12,71	4,80	8,40	9,45	0,00	5,62	6,32	0,00	3,16	3,56	0,00	1,10	1,23
	V	441,66	24,29	35,33	39,74																		
	VI	473,00	26,01	37,84	42,57																		
2 012,99	I	218,00	11,99	17,44	19,62	7,80	11,35	12,77	0,00	5,66	6,37	0,00	1,13	1,27	0,00	0,00	0,00	0,00	0,00	0,00	0,00	0,00	0,00
	II	189,08	10,39	15,12	17,01	6,31	9,18	10,32	0,00	3,79	4,26	0,00	0,00	0,00	0,00	0,00	0,00	0,00	0,00	0,00	0,00	0,00	0,00
	III	35,16	0,00	2,81	3,16	0,00	0,00	0,00	0,00	0,00	0,00	0,00	0,00	0,00	0,00	0,00	0,00	0,00	0,00	0,00	0,00	0,00	0,00
	IV	218,00	11,99	17,44	19,62	9,86	14,35	16,14	7,80	11,35	12,77	4,93	8,45	9,50	0,00	5,66	6,37	0,00	3,20	3,60	0,00	1,13	1,27
	V	442,66	24,34	35,41	39,83																		
	VI	474,00	26,07	37,92	42,66																		
2 015,99	I	218,75	12,03	17,50	19,68	7,84	11,40	12,83	0,00	5,71	6,42	0,00	1,16	1,31	0,00	0,00	0,00	0,00	0,00	0,00	0,00	0,00	0,00
	II	189,75	10,43	15,18	17,07	6,34	9,23	10,38	0,00	3,84	4,32	0,00	0,00	0,00	0,00	0,00	0,00	0,00	0,00	0,00	0,00	0,00	0,00
	III	35,66	0,00	2,85	3,20	0,00	0,00	0,00	0,00	0,00	0,00	0,00	0,00	0,00	0,00	0,00	0,00	0,00	0,00	0,00	0,00	0,00	0,00
	IV	218,75	12,03	17,50	19,68	9,90	14,40	16,20	7,84	11,40	12,83	5,06	8,50	9,56	0,00	5,71	6,42	0,00	3,24	3,65	0,00	1,16	1,31
	V	443,50	24,39	35,48	39,91																		
	VI	474,83	26,11	37,98	42,73																		
2 018,99	I	219,41	12,06	17,55	19,74	7,87	11,46	12,89	0,00	5,76	6,48	0,00	1,20	1,35	0,00	0,00	0,00	0,00	0,00	0,00	0,00	0,00	0,00
	II	190,41	10,47	15,23	17,13	6,38	9,28	10,44	0,00	3,88	4,36	0,00	0,00	0,00	0,00	0,00	0,00	0,00	0,00	0,00	0,00	0,00	0,00
	III	36,00	0,00	2,88	3,24	0,00	0,00	0,00	0,00	0,00	0,00	0,00	0,00	0,00	0,00	0,00	0,00	0,00	0,00	0,00	0,00	0,00	0,00
	IV	219,41	12,06	17,55	19,74	9,94	14,46	16,26	7,87	11,46	12,89	5,18	8,55	9,62	0,00	5,76	6,48	0,00	3,28	3,69	0,00	1,20	1,35
	V	444,33	24,43	35,54	39,98																		
	VI	475,83	26,17	38,06	42,82																		
2 021,99	I	220,08	12,10	17,60	19,80	7,91	11,51	12,95	0,00	5,80	6,53	0,00	1,23	1,38	0,00	0,00	0,00	0,00	0,00	0,00	0,00	0,00	0,00
	II	191,08	10,50	15,28	17,19	6,41	9,33	10,49	0,00	3,92	4,41	0,00	0,00	0,00	0,00	0,00	0,00	0,00	0,00	0,00	0,00	0,00	0,00
	III	36,50	0,00	2,92	3,28	0,00	0,00	0,00	0,00	0,00	0,00	0,00	0,00	0,00	0,00	0,00	0,00	0,00	0,00	0,00	0,00	0,00	0,00
	IV	220,08	12,10	17,60	19,80	9,97	14,51	16,32	7,91	11,51	12,95	5,31	8,60	9,68	0,00	5,80	6,53	0,00	3,32	3,74	0,00	1,23	1,38
	V	445,33	24,49	35,62	40,07																		
	VI	476,83	26,22	38,14	42,91																		

Auszug aus der **Lohnsteuertabelle** **Monat von 2 022,00 € bis 2 066,99 €**

Lohn/ Gehalt bis	Steuerklasse	Lohn- steuer	ohne Kinderfreibetrag			mit 0,5 Kinderfreibetrag			mit 1,0 Kinderfreibetrag			mit 1,5 Kinderfreibeträgen			mit 2,0 Kinderfreibeträgen			mit 2,5 Kinderfreibeträgen			mit 3,0 Kinderfreibeträgen		
			SolZ 5,5%	Kirchensteuer 8%	Kirchensteuer 9%	SolZ 5,5%	Kirchensteuer 8%	Kirchensteuer 9%	SolZ 5,5%	Kirchensteuer 8%	Kirchensteuer 9%	SolZ 5,5%	Kirchensteuer 8%	Kirchensteuer 9%	SolZ 5,5%	Kirchensteuer 8%	Kirchensteuer 9%	SolZ 5,5%	Kirchensteuer 8%	Kirchensteuer 9%	SolZ 5,5%	Kirchensteuer 8%	Kirchensteuer 9%
2 024,99	I	220,83	12,14	17,66	19,87	7,95	11,56	13,01	0,00	5,85	6,58	0,00	1,26	1,42	0,00	0,00	0,00	0,00	0,00	0,00	0,00	0,00	0,00
	II	191,83	10,55	15,34	17,26	6,45	9,38	10,55	0,00	3,96	4,45	0,00	0,00	0,00	0,00	0,00	0,00	0,00	0,00	0,00	0,00	0,00	0,00
	III	36,83	0,00	2,94	3,31	0,00	0,00	0,00	0,00	0,00	0,00	0,00	0,00	0,00	0,00	0,00	0,00	0,00	0,00	0,00	0,00	0,00	0,00
	IV	220,83	12,14	17,66	19,87	10,01	14,56	16,38	7,95	11,56	13,01	5,43	8,65	9,73	0,00	5,85	6,58	0,00	3,36	3,78	0,00	1,26	1,42
	V	446,33	24,54	35,70	40,16																		
	VI	477,83	26,28	38,22	43,00																		
2 027,99	I	221,50	12,18	17,72	19,93	7,98	11,62	13,07	0,00	5,90	6,63	0,00	1,30	1,46	0,00	0,00	0,00	0,00	0,00	0,00	0,00	0,00	0,00
	II	192,50	10,58	15,40	17,32	6,48	9,43	10,61	0,00	4,00	4,50	0,00	0,00	0,00	0,00	0,00	0,00	0,00	0,00	0,00	0,00	0,00	0,00
	III	37,33	0,00	2,98	3,35	0,00	0,00	0,00	0,00	0,00	0,00	0,00	0,00	0,00	0,00	0,00	0,00	0,00	0,00	0,00	0,00	0,00	0,00
	IV	221,50	12,18	17,72	19,93	10,05	14,62	16,44	7,98	11,62	13,07	5,56	8,70	9,79	0,00	5,90	6,63	0,00	3,41	3,83	0,00	1,30	1,46
	V	447,16	24,59	35,77	40,24																		
	VI	478,66	26,32	38,29	43,07																		
2 030,99	I	222,16	12,21	17,77	19,99	8,02	11,66	13,12	0,00	5,94	6,68	0,00	1,34	1,50	0,00	0,00	0,00	0,00	0,00	0,00	0,00	0,00	0,00
	II	193,16	10,62	15,45	17,38	6,52	9,48	10,67	0,00	4,04	4,55	0,00	0,00	0,00	0,00	0,00	0,00	0,00	0,00	0,00	0,00	0,00	0,00
	III	37,66	0,00	3,01	3,38	0,00	0,00	0,00	0,00	0,00	0,00	0,00	0,00	0,00	0,00	0,00	0,00	0,00	0,00	0,00	0,00	0,00	0,00
	IV	222,16	12,21	17,77	19,99	10,08	14,67	16,50	8,02	11,66	13,12	5,70	8,76	9,85	0,00	5,94	6,68	0,00	3,45	3,88	0,00	1,34	1,50
	V	448,16	24,64	35,85	40,33																		
	VI	479,66	26,38	38,37	43,16																		
2 033,99	I	222,91	12,26	17,83	20,06	8,05	11,72	13,18	0,00	5,99	6,74	0,00	1,37	1,54	0,00	0,00	0,00	0,00	0,00	0,00	0,00	0,00	0,00
	II	193,83	10,66	15,50	17,44	6,55	9,54	10,73	0,00	4,09	4,60	0,00	0,04	0,04	0,00	0,00	0,00	0,00	0,00	0,00	0,00	0,00	0,00
	III	38,16	0,00	3,05	3,43	0,00	0,00	0,00	0,00	0,00	0,00	0,00	0,00	0,00	0,00	0,00	0,00	0,00	0,00	0,00	0,00	0,00	0,00
	IV	222,91	12,26	17,83	20,06	10,12	14,72	16,56	8,05	11,72	13,18	5,81	8,80	9,90	0,00	5,99	6,74	0,00	3,49	3,92	0,00	1,37	1,54
	V	449,00	24,69	35,92	40,41																		
	VI	480,66	26,43	38,45	43,25																		
2 036,99	I	223,58	12,29	17,88	20,12	8,09	11,77	13,24	0,00	6,04	6,79	0,00	1,40	1,58	0,00	0,00	0,00	0,00	0,00	0,00	0,00	0,00	0,00
	II	194,50	10,69	15,56	17,50	6,59	9,58	10,78	0,00	4,13	4,64	0,00	0,06	0,07	0,00	0,00	0,00	0,00	0,00	0,00	0,00	0,00	0,00
	III	38,66	0,00	3,09	3,47	0,00	0,00	0,00	0,00	0,00	0,00	0,00	0,00	0,00	0,00	0,00	0,00	0,00	0,00	0,00	0,00	0,00	0,00
	IV	223,58	12,29	17,88	20,12	10,16	14,78	16,63	8,09	11,77	13,24	5,95	8,86	9,96	0,00	6,04	6,79	0,00	3,53	3,97	0,00	1,40	1,58
	V	450,00	24,75	36,00	40,50																		
	VI	481,66	26,49	38,53	43,34																		
2 039,99	I	224,25	12,33	17,94	20,18	8,13	11,82	13,30	0,00	6,09	6,85	0,00	1,44	1,62	0,00	0,00	0,00	0,00	0,00	0,00	0,00	0,00	0,00
	II	195,16	10,73	15,61	17,56	6,62	9,64	10,84	0,00	4,17	4,69	0,00	0,09	0,10	0,00	0,00	0,00	0,00	0,00	0,00	0,00	0,00	0,00
	III	39,00	0,00	3,12	3,51	0,00	0,00	0,00	0,00	0,00	0,00	0,00	0,00	0,00	0,00	0,00	0,00	0,00	0,00	0,00	0,00	0,00	0,00
	IV	224,25	12,33	17,94	20,18	10,20	14,84	16,69	8,13	11,82	13,30	6,06	8,90	10,01	0,00	6,09	6,85	0,00	3,57	4,01	0,00	1,44	1,62
	V	451,00	24,80	36,08	40,59																		
	VI	482,66	26,54	38,61	43,43																		
2 042,99	I	225,00	12,37	18,00	20,25	8,16	11,88	13,36	0,00	6,14	6,90	0,00	1,47	1,65	0,00	0,00	0,00	0,00	0,00	0,00	0,00	0,00	0,00
	II	195,91	10,77	15,67	17,63	6,66	9,69	10,90	0,00	4,22	4,74	0,00	0,12	0,14	0,00	0,00	0,00	0,00	0,00	0,00	0,00	0,00	0,00
	III	39,50	0,00	3,16	3,55	0,00	0,00	0,00	0,00	0,00	0,00	0,00	0,00	0,00	0,00	0,00	0,00	0,00	0,00	0,00	0,00	0,00	0,00
	IV	225,00	12,37	18,00	20,25	10,23	14,89	16,75	8,16	11,88	13,36	6,16	8,96	10,08	0,00	6,14	6,90	0,00	3,61	4,06	0,00	1,47	1,65
	V	451,83	24,85	36,14	40,66																		
	VI	483,50	26,59	38,68	43,51																		
2 045,99	I	225,66	12,41	18,05	20,30	8,20	11,93	13,42	0,00	6,18	6,95	0,00	1,50	1,69	0,00	0,00	0,00	0,00	0,00	0,00	0,00	0,00	0,00
	II	196,58	10,81	15,72	17,69	6,69	9,74	10,95	0,00	4,26	4,79	0,00	0,15	0,17	0,00	0,00	0,00	0,00	0,00	0,00	0,00	0,00	0,00
	III	39,83	0,00	3,18	3,58	0,00	0,00	0,00	0,00	0,00	0,00	0,00	0,00	0,00	0,00	0,00	0,00	0,00	0,00	0,00	0,00	0,00	0,00
	IV	225,66	12,41	18,05	20,30	10,27	14,94	16,81	8,20	11,93	13,42	6,19	9,01	10,13	0,00	6,18	6,95	0,00	3,66	4,11	0,00	1,50	1,69
	V	452,66	24,89	36,21	40,73																		
	VI	484,50	26,64	38,76	43,60																		
2 048,99	I	226,33	12,44	18,10	20,36	8,24	11,98	13,48	0,00	6,23	7,01	0,00	1,54	1,73	0,00	0,00	0,00	0,00	0,00	0,00	0,00	0,00	0,00
	II	197,25	10,84	15,78	17,75	6,73	9,79	11,01	0,00	4,30	4,84	0,00	0,18	0,20	0,00	0,00	0,00	0,00	0,00	0,00	0,00	0,00	0,00
	III	40,33	0,00	3,22	3,62	0,00	0,00	0,00	0,00	0,00	0,00	0,00	0,00	0,00	0,00	0,00	0,00	0,00	0,00	0,00	0,00	0,00	0,00
	IV	226,33	12,44	18,10	20,36	10,31	15,00	16,87	8,24	11,98	13,48	6,22	9,06	10,19	0,00	6,23	7,01	0,00	3,70	4,16	0,00	1,54	1,73
	V	453,83	24,96	36,30	40,84																		
	VI	485,33	26,69	38,82	43,67																		
2 051,99	I	227,08	12,48	18,16	20,43	8,27	12,03	13,53	0,00	6,28	7,07	0,00	1,58	1,77	0,00	0,00	0,00	0,00	0,00	0,00	0,00	0,00	0,00
	II	197,91	10,88	15,83	17,81	6,76	9,84	11,07	0,00	4,34	4,88	0,00	0,21	0,23	0,00	0,00	0,00	0,00	0,00	0,00	0,00	0,00	0,00
	III	40,66	0,00	3,25	3,65	0,00	0,00	0,00	0,00	0,00	0,00	0,00	0,00	0,00	0,00	0,00	0,00	0,00	0,00	0,00	0,00	0,00	0,00
	IV	227,08	12,48	18,16	20,43	10,34	15,05	16,93	8,27	12,03	13,53	6,26	9,11	10,25	0,00	6,28	7,07	0,00	3,74	4,20	0,00	1,58	1,77
	V	454,66	25,00	36,37	40,91																		
	VI	486,33	26,74	38,90	43,76																		
2 054,99	I	227,75	12,52	18,22	20,49	8,30	12,08	13,59	0,00	6,33	7,12	0,00	1,61	1,81	0,00	0,00	0,00	0,00	0,00	0,00	0,00	0,00	0,00
	II	198,58	10,92	15,88	17,87	6,80	9,89	11,12	0,00	4,39	4,94	0,00	0,24	0,27	0,00	0,00	0,00	0,00	0,00	0,00	0,00	0,00	0,00
	III	41,16	0,00	3,29	3,70	0,00	0,00	0,00	0,00	0,00	0,00	0,00	0,00	0,00	0,00	0,00	0,00	0,00	0,00	0,00	0,00	0,00	0,00
	IV	227,75	12,52	18,22	20,49	10,38	15,10	16,99	8,30	12,08	13,59	6,29	9,16	10,30	0,00	6,33	7,12	0,00	3,78	4,25	0,00	1,61	1,81
	V	455,66	25,06	36,45	41,00																		
	VI	487,50	26,81	39,00	43,87																		
2 057,99	I	228,50	12,56	18,28	20,56	8,34	12,14	13,65	0,00	6,38	7,17	0,00	1,64	1,85	0,00	0,00	0,00	0,00	0,00	0,00	0,00	0,00	0,00
	II	199,33	10,96	15,94	17,93	6,83	9,94	11,18	0,00	4,43	4,98	0,00	0,27	0,30	0,00	0,00	0,00	0,00	0,00	0,00	0,00	0,00	0,00
	III	41,50	0,00	3,32	3,73	0,00	0,00	0,00	0,00	0,00	0,00	0,00	0,00	0,00	0,00	0,00	0,00	0,00	0,00	0,00	0,00	0,00	0,00
	IV	228,50	12,56	18,28	20,56	10,42	15,16	17,05	8,34	12,14	13,65	6,33	9,21	10,36	0,00	6,38	7,17	0,00	3,82	4,29	0,00	1,64	1,85
	V	456,50	25,10	36,52	41,08																		
	VI	488,33	26,85	39,06	43,94																		
2 060,99	I	229,16	12,60	18,33	20,62	8,38	12,19	13,71	0,00	6,42	7,22	0,00	1,68	1,89	0,00	0,00	0,00	0,00	0,00	0,00	0,00	0,00	0,00
	II	200,00	11,00	16,00	18,00	6,87	10,00	11,25	0,00	4,48	5,04	0,00	0,30	0,34	0,00	0,00	0,00	0,00	0,00	0,00	0,00	0,00	0,00
	III	42,00	0,00	3,36	3,78	0,00	0,00	0,00	0,00	0,00	0,00	0,00	0,00	0,00	0,00	0,00	0,00	0,00	0,00	0,00	0,00	0,00	0,00
	IV	229,16	12,60	18,33	20,62	10,46	15,22	17,12	8,38	12,19	13,71	6,37	9,26	10,42	0,00	6,42	7,22	0,00	3,86	4,34	0,00	1,68	1,89
	V	457,50	25,16	36,60	41,17																		
	VI	489,33	26,91	39,14	44,03																		
2 063,99	I	229,83	12,64	18,38	20,68	8,41	12,24	13,77	0,00	6,48	7,29	0,00	1,72	1,93	0,00	0,00	0,00	0,00	0,00	0,00	0,00	0,00	0,00
	II	200,66	11,03	16,05	18,05	6,91	10,05	11,30	0,00	4,52	5,08	0,00	0,33	0,37	0,00	0,00	0,00	0,00	0,00	0,00	0,00	0,00	0,00
	III	42,33	0,00	3,38	3,80	0,00	0,00	0,00	0,00	0,00	0,00	0,00	0,00	0,00	0,00	0,00	0,00	0,00	0,00	0,00	0,00	0,00	0,00
	IV	229,83	12,64	18,38	20,68	10,50	15,27	17,18	8,41	12,24	13,77	6,40	9,31	10,47	0,00	6,48	7,29	0,00	3,90	4,39	0,00	1,72	1,93
	V	458,50	25,21	36,68	41,26																		
	VI	490,33	26,96	39,22	44,12																		
2 066,99	I	230,58	12,68	18,44	20,75	8,45	12,30	13,83	0,11	6,52	7,34	0,00	1,75	1,97	0,00	0,00	0,00	0,00	0,00	0,00	0,00	0,00	0,00
	II	201,33	11,07	16,10	18,11	6,94	10,10	11,36	0,00	4,56	5,13	0,00	0,36	0,41	0,00	0,00	0,00	0,00	0,00	0,00	0,00	0,00	0,00
	III	42,83	0,00	3,42	3,85	0,00	0,00	0,00	0,00	0,00	0,00	0,00	0,00	0,00	0,00	0,00	0,00	0,00	0,00	0,00	0,00	0,00	0,00
	IV	230,58	12,68	18,44	20,75	10,53	15,32	17,24	8,45	12,30	13,83	6,43	9,36	10,53	0,11	6,52	7,34	0,00	3,94	4,43	0,00	1,75	1,97
	V	459,33	25,26	36,74	41,33																		
	VI	491,16	27,01	39,29	44,20																		